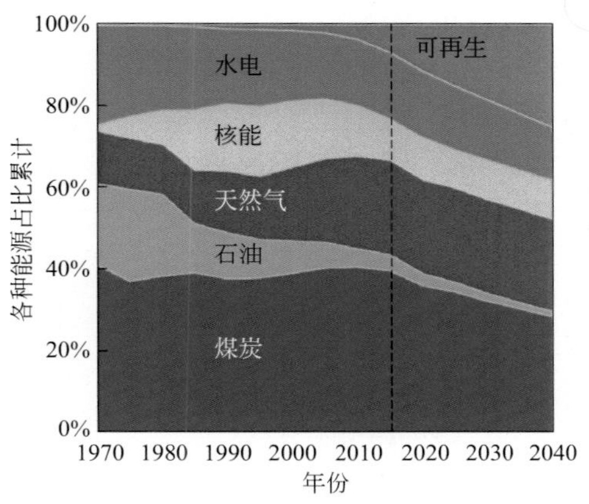

图 1-1　电力供应来源预测

(a) (b)

图 1-5　混杂复合材料飞轮和机织复合材料飞轮

图 1-6　重型永磁轴承

(a) 580m/s双层　(b) 650m/s双层　(c) 750m/s多层　(d) 850m/平纹机织

(e) 15000r/min-7MJ　(f) 18000r/min-7MJ　(g) 15000r/min-15MJ

图 2-1　清华大学飞轮储能课题组研制的复合材料飞轮

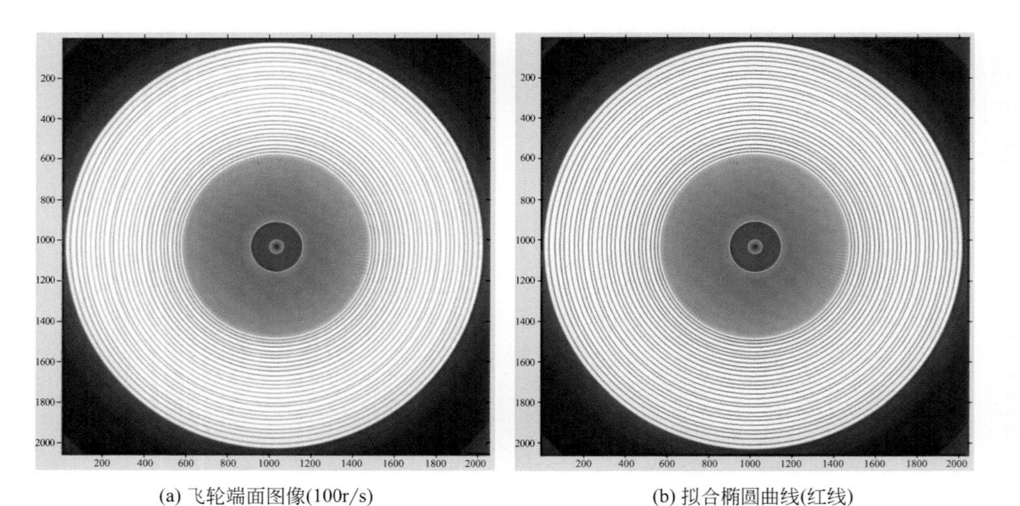

(a) 飞轮端面图像(100r/s)　(b) 拟合椭圆曲线(红线)

图 2-48　铝合金飞轮圆标记代数距离最小二乘椭圆拟合结果

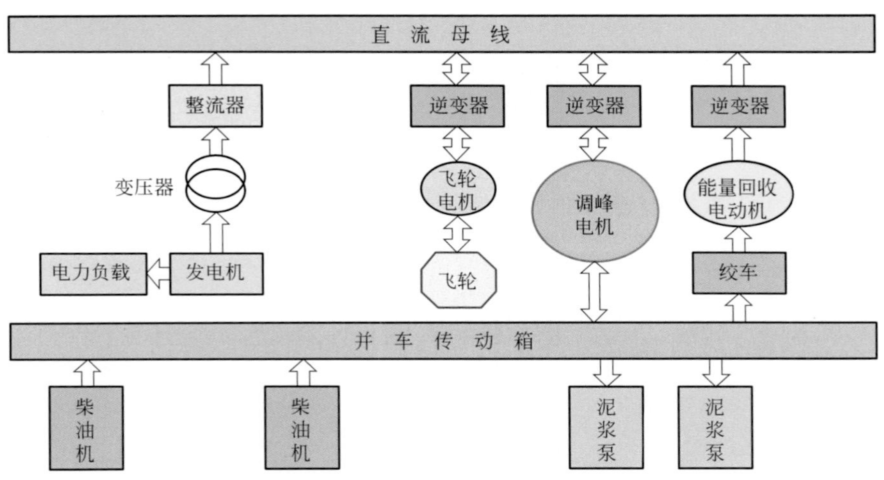

图 9-4　直流母线回收储能调峰动力系统结构

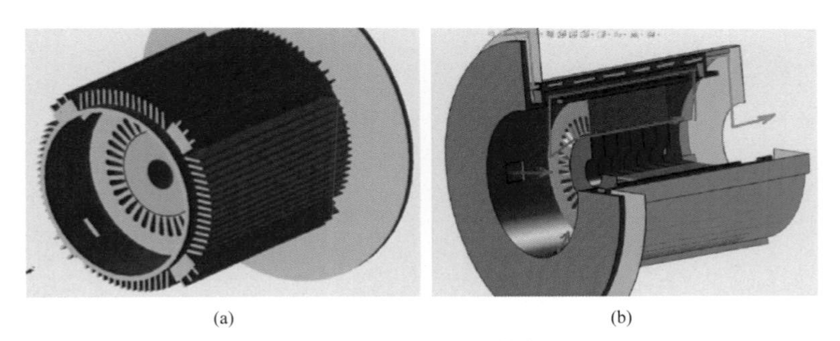

(a)　(b)

图 9-20　电机散热结构

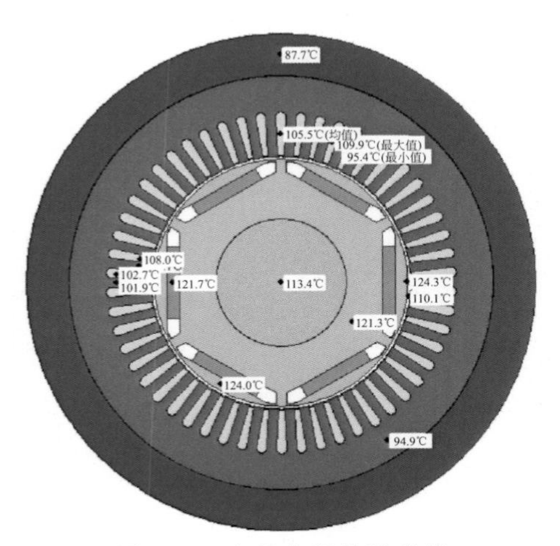

图 9-21　电机各部件温度值

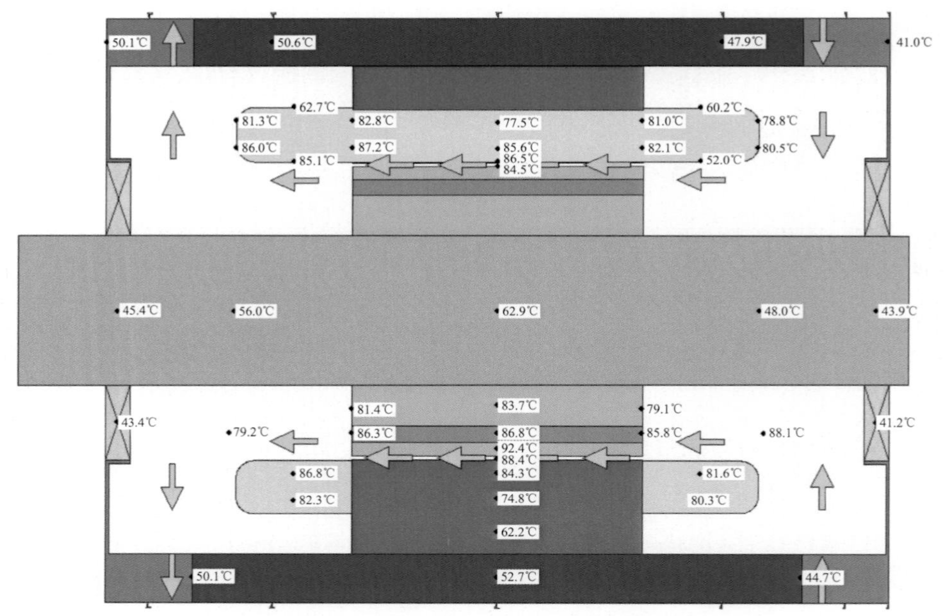

图 9-22 强制风冷状态下的电机温度分布

图 9-41 飞轮储能系统实验平台设备

Flywheel Energy Storage Technology and Engineering Application

国家重点研发计划项目（2018YFB0905500）资助出版

飞轮储能系统技术与工程应用

戴兴建　姜新建　张剀　编著

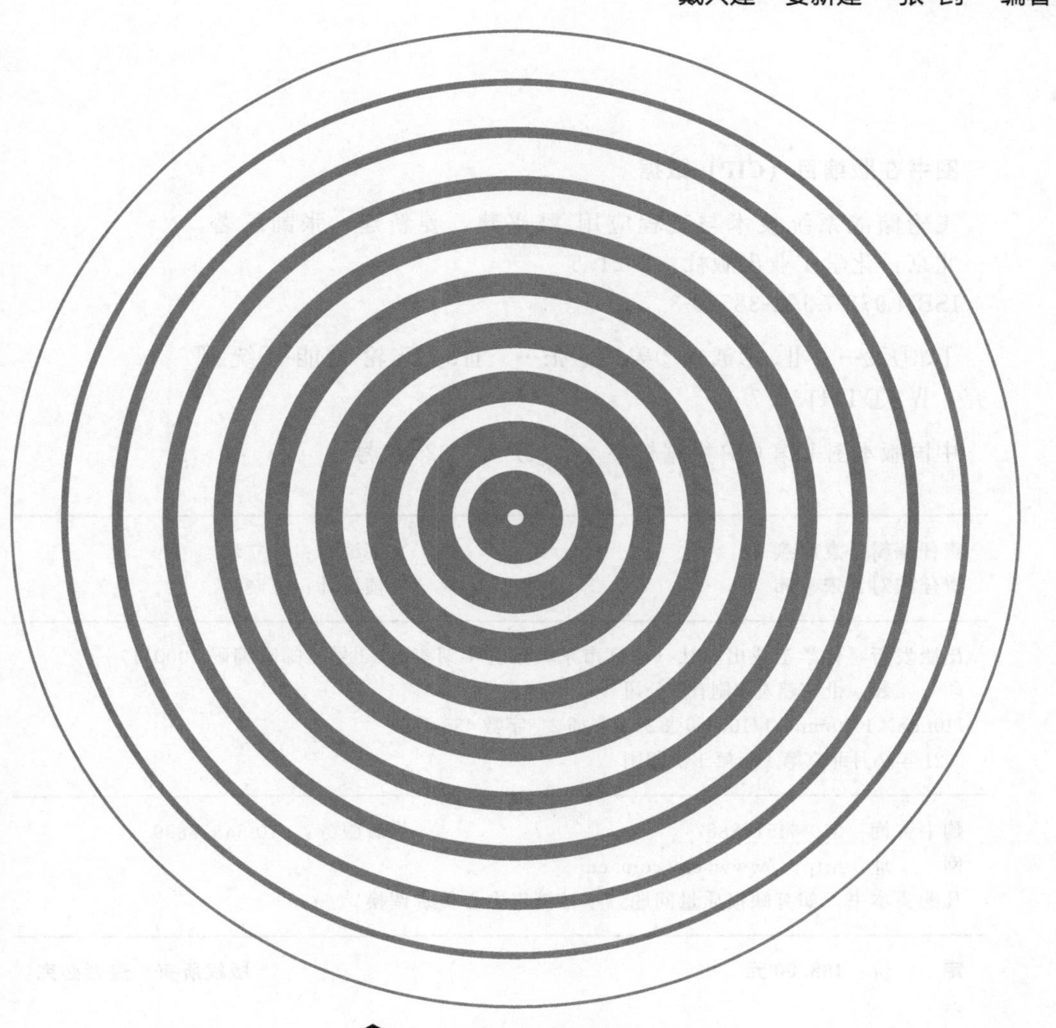

 化学工业出版社

·北京·

内容简介

飞轮储能是快响应、高频次、高效率、大规模、长寿命和环境特性友好的物理储能技术，是我国电储能技术重要方向之一，适合应用于电能质量、过渡电源、电网调频、车辆能量再生、电网大功率支撑以及风电功率平滑等领域。

本书第 1～6 章分别论述了飞轮储能概况，飞轮储能系统三个关键部件飞轮、电机、轴承，轴系动力学以及实现充放电控制的变流器等分项技术。第 7 章分析了确定储能量、功率、效率、损耗的各种因素。第 8～10 章从应用角度出发，首先分析了飞轮储能 UPS 系统的拓扑结构、数学模型、控制算法、仿真和试验系统测试结果，然后给出了 MW 级飞轮储能工程样机在石油钻机混合动力的示范应用案例，最后就飞轮储能阵列在风力发电中的应用进行了仿真研究。本书可为储能技术研究人员，飞轮储能开发企业技术人员、相关教学研究机构研发人员、研究生，相关机械、电气学科提供详实丰富的资料和基础技术。

图书在版编目（CIP）数据

飞轮储能系统技术与工程应用/戴兴建，姜新建，张剀编著.
—北京：化学工业出版社，2021.5
ISBN 978-7-122-38570-3

Ⅰ.①飞… Ⅱ.①戴…②姜…③张… Ⅲ.①飞轮-储能-系统-研究 Ⅳ.①TH133.7

中国版本图书馆 CIP 数据核字（2021）第 032954 号

责任编辑：袁海燕　　文字编辑：陈立璞
责任校对：宋　玮　　装帧设计：王晓宇

出版发行：化学工业出版社（北京市东城区青年湖南街 13 号　邮政编码 100011）
印　　装：北京建宏印刷有限公司
710mm×1000mm　1/16　印张 23　彩插 2　字数 435 千字
2021 年 7 月北京第 1 版第 1 次印刷

购书咨询：010-64518888　　售后服务：010-64518899
网　　址：http://www.cip.com.cn
凡购买本书，如有缺损质量问题，本社销售中心负责调换。

定　　价：**188.00 元**

前言

PREFACE

我国风能、光能等可再生能源的发展已经进入快车道，风光发电的间歇性和波动特性给电网的频率稳定性和供电可靠性带来了极大挑战。储能技术能够实现电力系统的柔性调节，是解决高比例新能源接入引起电网稳定性问题的重要手段，是保障高敏感负荷供电质量的有效途径。飞轮储能技术是一种重要的物理储能技术，具备单机功率大、高频次充放电、循环寿命长、环境特性友好的优点，在满足可再生能源电网短时高频次储能需求中，必将发挥重要的作用。

飞轮储能技术涉及高速机械、电机、变流器等机械、电气学科，是多学科交叉的高新技术学科，需要进行系统而广泛的研究。目前，国内飞轮储能技术应用尚处于起步阶段，技术研发企业有10余家，研究机构有20余家，未来有广阔的发展前景。

本书系统、全面地论述飞轮储能系统技术特征、部件设计理论与方法，并通过飞轮储能系统案例研究论证飞轮储能技术的先进性和工程实用价值。内容主要包括飞轮储能系统原理、结构、关键技术与应用，分析了飞轮储能系统总体特性，提出了飞轮结构、永磁电机、微损耗轴承、变流器、辅助设备的设计方法，通过实验系统、动态UPS样机研制、油井钻机工程示范应用的研究案例检验设计理论与方法，展示飞轮储能系统技术的特性。

飞轮储能技术方面出版的著作非常少，国外的一本已有的专著偏重于飞轮结构、轴承技术，对电机、电机控制变流器技术内容涉及很少。国内的一本已有的专著主要讨论了永磁轴承技术。本书全面、系统，且通过多种飞轮储能案例研究论证飞轮储能技术特性，著述的设计理论方法更具有实用性。

本书可为飞轮储能技术开发企业技术人员、飞轮储能技术研究机构研发人员、研究生，相关机械、电气学科提供详实丰富的资料和基础技术以及可参考性强的案例。

《飞轮储能系统技术与工程应用》是在清华大学、中科院工程热物理研究所飞轮储能技术多年研究基础上编写而成的，并结合了国内国际最新的研究成果，参考文献均列入相关章节，再次感谢各位参考文献的作者，也感谢清华大学、中科院工程热物理研究所飞轮储能团队集体的付出。同时，本书出版得到国家重点研发计划项目“MW级先进飞轮储能关键技术研究”（2018YFB0905500）资助，在此表示感谢。

限于时间和水平，本书难免存在疏漏和不足之处，请各位读者不吝指正。

戴兴建

2020年6月

目录

CONTENTS

第1章 飞轮储能技术概论

飞轮储能作为一种物理储能技术，具有快响应、高频次、高效率、大规模、长寿命和环境特性友好等特点。飞轮储能装置主要构件有飞轮、电机、轴承、密封腔体、充放电控制器以及包括真空、散热和监控仪表的辅助设备，适用于电能质量、过渡电源、电网调频、车辆能量再生、电网大功率支撑以及风电功率平滑等技术领域；世界各国竞相发展大储能量飞轮、高功率高速电机、微损耗轴承和高效率变流器等关键技术。飞轮储能国外已有 50 多年的研究历程，在动态 UPS、电网调频、车辆动能再生利用领域实现了应用；国内有 20 余年的研究积累，处于工程样机开发、示范应用验证阶段。

1.1 储能技术简述

能源是人类文明的重要物质基础，能源的生产、消费离不开能量的存储，储能技术广泛存在于现代工业与生活中。比如，传统燃煤发电的大型电网通常配备总功率容量 2%～10%的抽水储能电站，在电网中发挥调峰、黑启动、电网稳定等重要作用；又比如，锂离子电池在手机、电动车辆里广泛使用。

进入 21 世纪以来，全球太阳能、风能发电的迅速发展正显著改变着传统电网的电源结构（图 1-1）。中国是全球新能源并网规模最大、发展最快的国家，新能源发电成为燃煤发电、水电之后的第三大主力电源。新能源发电的天然波动特性提出了重大的储能技术需求，储能的作用在于：平滑间歇波动电能的功率输出，跟踪计划发电，减少弃风、弃光，提供暂态功率支撑改善故障穿越能力[1～5]。

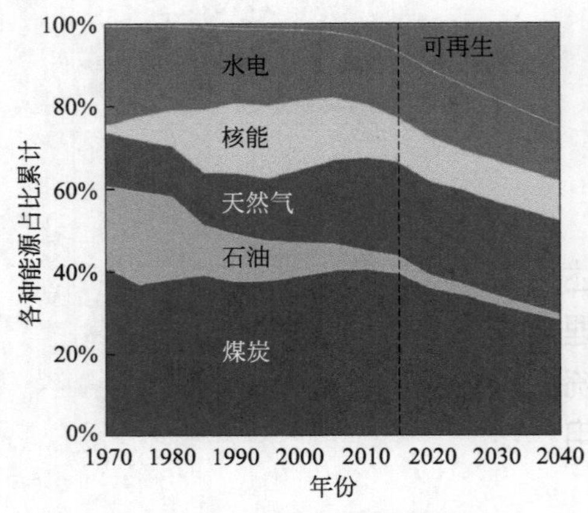

图 1-1　电力供应来源预测

在电力系统中，储能可以调节电能供需在时间、空间、强度和形态上的不匹配性，是合理、高效、清洁利用能源的重要手段，是保障安全、可靠、优质供电的重要技术支撑。

目前大规模电储能以抽水储能为主，各种正在研发的新型储能技术具有良好的应用前景，如飞轮储能、超级电容器储能、超导磁储能、压缩空气储能、锂离子电池储能、液流电池储能和钠硫电池储能等[6,7]。

电能存储按容量可分为长时大容量、短时高功率两种，长时大容量的抽水储能电站能以数百兆瓦持续数小时的电能供给；而短时高功率的飞轮储能可为高端用户端提供高品质不间断电能供给[8]。通常，高品质电能供给、过渡电源、能源管理对储能时间尺度分别为秒分、分时和数小时（图 1-2）。

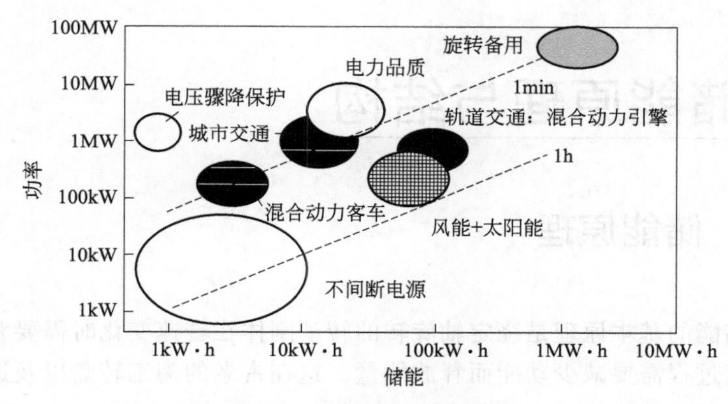

图 1-2　典型的储能需求[9,10]

其中，秒分级的应用场景包括补偿电压跌落、支撑风电机组低电压穿越，这需要短时间、快响应、高功率的能量支持，适用的技术包括超级电容、飞轮和超导磁储能等。分钟至小时的应用包括平滑可再生能源发电波动、跟踪计划出力、二次频率调节等，适用的技术主要为电化学储能。小时级以上的应用包括削峰填谷，需要较长时间、规模大、经济性好的抽水储能、压缩空气储能、熔融盐蓄热储能、储氢等。

各种储能方式的技术对比如表 1-1 所示。从中可以看出，飞轮储能具有效率高（达 90%）、瞬时功率大（单台兆瓦级）、响应速度快（数毫秒）、使用寿命长（10 万次循环和 15 年以上）、环境影响小等诸多优点，是目前最有发展前途的短时大功率储能技术之一。

近年来，在可再生能源及智能电网技术需求的驱动下，在全球建成了 190 多项储能示范工程，其中锂电池项目最多、发展最快。但总体上，抽水储能还是占比高于 95%。

表 1-1 储能方式技术对比[1,2,6,11]

项目	抽水蓄能	化学电池	超导磁能	飞轮储能	超级电容
效率/%	75	85	90	90	90
比能量/(W·h/kg)	—	10～200	—	5～100	5～30
比功率/(W/kg)	低	低	高	高	高
功率费用/(美元/kW)	600～2000	300～2500	300	350	300
循环寿命	很长	中	长	长	长
放电时间	数小时	数小时	数秒	数分	数秒

1.2 飞轮储能原理与结构

1.2.1 储能原理

飞轮储能的基本原理是绕定轴旋转的转动刚体在转速变化时需要获得能量而加速，减速过程需要减少动能而释放能量。这在古老的陶工转盘以及近代发动机的大转动惯量飞轮中都有大量的实际应用[12]。

现代飞轮储能一般是指电能与飞轮动能之间的双向转化，因此其特征是飞轮与电机同轴旋转，通过电力电子装置调控飞轮电机的旋转速度，实现升速储能、降速释能的功能。一种例外是混合动力车辆中，高速飞轮通过变速器与传动系机械连接，实现动能的存储与释放，为车辆驱动提供瞬时较大功率支撑。

飞轮储能在数毫秒内快速响应，持续放电时间为分秒级，因此适合功率应用场景，比如不间断供电过渡电源、调频、电能质量调控等[13]。对比分析表明，在功率型储能应用领域，优于电池储能[14]。美国能源部的研究报告表明，飞轮储能和阀控铅酸电池相比，在 20 年寿命期内循环使用成本低 57%，但初期投资高 42%[15]。

1.2.2 飞轮储能系统结构

如图 1-3 所示，飞轮储能系统/装置（FESS）通常由飞轮、电机、轴承、密封腔体、充放电控制器及包括真空、散热和监控仪表的辅助设备等 6 个部分组成。

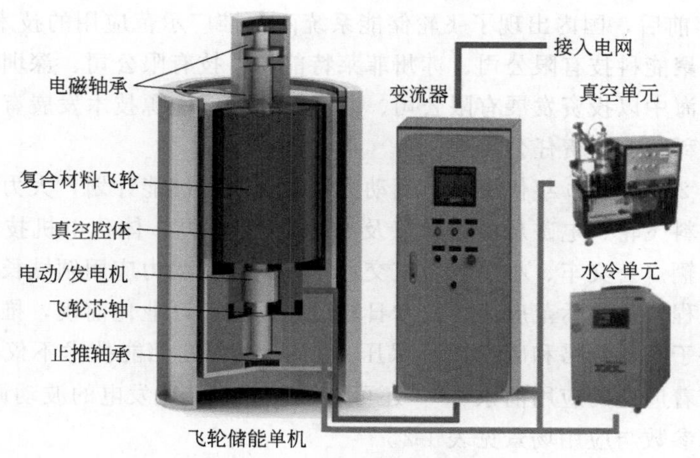

图 1-3　飞轮储能系统结构

飞轮： 飞轮是具有一定转动惯量的轴对称的圆盘、圆柱形固体结构，一般由合金或高强度复合材料制成，其技术特征是大转动惯量和很高的外圆圆周速度。

电机： 飞轮储能系统通常采用高速电机，转速超过 10000r/min；也可以采用中、低速电机实现更高功率。因转速高，电机功率密度高，可以有效节约材料。飞轮储能所用的高速电机需要电动、发电双向运行，工作转速范围宽（通常最低运行转速是最高运行转速的 1/2～1/3）。

轴承： 轴承是旋转机械设备的重要零件，其功能是支撑机械旋转体，并保证其回转精度。飞轮储能用的轴承包括高速滚动轴承、永磁轴承、电磁轴承、混合磁轴承以及超导磁悬浮轴承。飞轮储能应用的轴承特点是高转速、微损耗、高可靠性，可以采用两种以上的轴承组合方式。

充放电控制器： 是包含信号检测电路、信息处理、控制软件、信号输出电路的系统，实现对双向可逆运行变流器的电流、电压控制，完成电能在电机、变流器、电网电源、负载之间的转换和流动。

密封腔体： 由结构材料制成的密闭容器，通常为薄壁圆筒结构，内部为真空，能够承受大气压力的载荷而不发生变形。

1.2.3　飞轮储能技术现状

现代飞轮储能技术自 20 世纪中叶开始发展，至今已有超过 50 年的研究、开发和应用历史。通过前 30 年的技术积累，20 世纪 90 年代中后期，技术最先进的美国进入产业化发展阶段，首先在不间断供电过渡电源领域提供商业化产品；近 10 年来，飞轮储能不间断电源（UPS）市场稳定发展。

2010年前后，国内出现了飞轮储能系统商业推广示范应用的技术开发公司，如北京奇峰聚能科技有限公司、苏州菲莱特能源科技有限公司、深圳飞能能源有限公司、上海中以投资发展有限公司、北京泓慧国际能源技术发展有限公司、唐山盾石磁能科技有限责任公司等。

美国在20世纪70年代提出车辆动力用超级飞轮储能计划，大力研究高能量密度复合材料飞轮、电磁悬浮轴承以及高速电动/发电一体化电机技术。飞轮储能技术在车辆（公交车、小车和轨道交通车辆）混合动力应用领域长期积累，实现了多种工程样机的示范应用，技术日趋成熟，处于产业化前夜，推广速度很大程度上取决于燃料价格和碳排放环保压力[16,17]。飞轮储能技术不仅在风力发电平滑领域有着广泛的应用前景[18]，还可应用于分布光伏发电的波动调控[19]。飞轮储能技术参数与应用场景见表1-2。

表1-2　飞轮储能技术应用参数

指标	电动车	轨道交通	过渡电源	电网质量	风力发电	电网调频
功率/MW	0.06～0.12	0.3～1.0	0.2～1.0	0.2～1.0	0.2～1.0	10～100
能量/kW·h	0.3～1.0	3～5	1～5	1～5	5～20	2500～25000
系统特征	高速	高速	低速 高速	低速 高速	低速 高速	低速 高速
技术成熟度	7～9	7～9	10	9	7～9	7～9

飞轮储能技术领先的美国还重点研究了航天飞轮储能技术，经过20年的积累，完成了地面测试和论证，虽然最终没能实现在轨测试[20]，但其相关关键技术转化到民用领域。

飞轮储能技术发展以提高能量密度、效率及降低成本为目标。通常，依据轴系的旋转速度6000～10000r/min为限，分成低速（但低速飞轮直径较大，边缘圆周速度也远高于通用旋转机械，达到200～400m/s）和高速两类；低转速飞轮储能不以高能量密度、高功率密度为目标，主要发挥其技术成熟、效率高、成本低廉的优势。

高速飞轮储能系统技术门槛较高，复合材料结构技术、磁轴承技术、真空中的高速高效电动发电机技术仍然有一些亟待解决的课题，如复合材料的使用寿命评估问题、电磁轴承和高温超导磁轴承的工程化应用问题、大功率高速电机转子材料和结构设计问题以及高速轴系的机电耦合转子动力学问题等。

飞轮储能技术产业化应用的途径是发展其特定领域的示范、推广和规模应用，而规模化生产是降低使用成本的关键因素。

在EI文献数据库中，以Title \ abstract \ keyword中包含“flywheel energy

storage”为检索策略，得到 3886 篇文献，时间跨度为 50 年（1967～2016 年）。其中最近 10 年内文献发表国的前 5 名分别为中国、美国、日本、英国和韩国。再将文献范围缩小，以 Title 中包含“flywheel energy storage”检索，得到 816 篇论文（表 1-3）。

表 1-3　50 年内的论文发表年分布（总计 816 篇）

发表年/年	文献数/篇
1967～1976	7
1977～1986	59
1987～1996	57
1997～2006	173
2007～2016	520

飞轮储能技术发展经过了 50 多年的历程，前 30 年是发展初期，这期间文献总数小于 1997～2006 年十年间的文献总数，而前 40 年文献量又只有最近 10 年的 57%。最近 10 年文献量的增加中，中国的贡献最大，由 26 篇增长至 198 篇。从工程类文献增长态势看，飞轮储能技术长期持续地受到了工程界的关注，具备较高的工程研发价值。

Web of Science 核心合集两个数据库 Science Citation Index Expanded（SCI-E）和 Conference Proceedings Citation Index-Science（CPCI-S）中“Subject”包含“flywheel energy storage”的近 20 年内发表的论文为 1288 篇；50 年间论文一共为 1358 篇（1969 年第 1 篇）。近 20 年的发表文献快速增长，与 EI 数据库相关文献规律一致，这说明飞轮储能技术在应用基础研究方面，也有一些尚未解决的课题。其中热点问题有高温超导磁悬浮技术。

中国知网（CNKI）数据库中，文献主题中含有“飞轮储能”的文献共 1023 条；标题中含有“飞轮储能”的文献一共 412 篇，其中期刊 288 篇。412 篇文献发表单位前 10 名如图 1-4 所示，近 10 年内发表的被引用超过 40 次的论文 3 篇[21～23]。其他高被引论文的研究内容包括飞轮储能电机控制[24]、微电网调控[25]、可再生能源发电平滑[26～28]、电压暂降抑制[29] 以及不间断电源[30]。

国内主要研究单位有十余家，研究涵盖飞轮储能的各个方面：复合材料飞轮[31～39]、高速电机分析[40] 和设计[41,42]、多型电机的选用[43～45]、磁悬浮[46,47]、轴系动力学[48]、充放电测试[49]、飞轮储能系统充放电控制方法与策略[50～57]。飞轮储能应用领域包括动态电压补偿[58]、地铁能量再生利用[59]、电动车功率补充[60,61]、风力发电[62～64]、动力调峰[65]、钻机势能回收[66]、电网调频[67]。

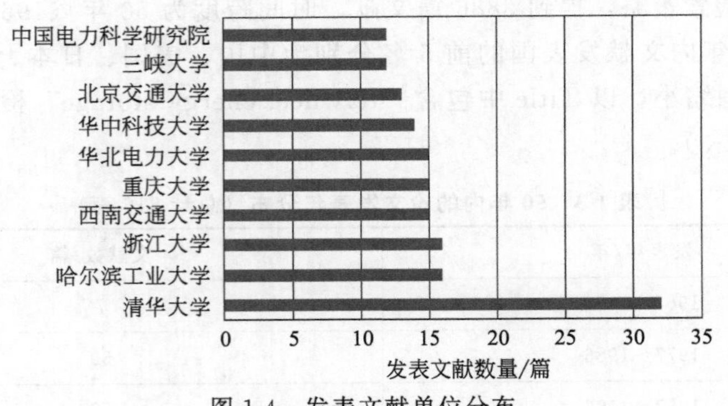

图 1-4　发表文献单位分布

跨度 50 年的国内外文献发表情况表明，飞轮储能技术研发虽然历时弥久，但依然受到储能工程学术界的关注，具备良好的发展前景。发展驱动源于材料、轴承、电机、电力电子技术的不断进步，特别是近年来新能源供给和消费的突出矛盾对各种类型的储能技术提出了强大的需求牵引。

1.3 飞轮储能系统关键技术

1.3.1 飞轮

飞轮是储能元件，需要高速旋转，主要利用材料的比强度性能，经过多年的发展，已有较成熟的设计优化方法。金属材料飞轮的结构设计内容为形状优化[12,68,69]。复合材料飞轮则因为材料的可设计性、材料性能与工艺的相关性以及破坏机理的复杂性而显得不完全成熟，一直是研究的热点问题[70,71]。

50 年以前，人们发现纤维增强复合材料具有高强度、低密度的良好性能，于是进行了复合材料飞轮力学分析研究[72~74]。20 世纪 90 年代，基本理论方法趋于成熟。Arnold 等[75] 给出了圆盘飞轮在过盈、边界压力、离心载荷下的弹性应力解析解，并讨论了厚度、厚径比、材料性能参数对应力的影响，提出了一种飞轮在恒定和循环载荷下破坏极限速度的计算方法，这是复合材料飞轮力学分析的经典文献之一。考虑尺寸、加速度、轮毂接触、吸湿等多种因素，Perezez-Aparicio 等[76] 建立了复合材料力学微分方程，直接积分得到了位移、应力和失效因子的闭合精确解。为评价复合材料飞轮长期持久特性，开发了弹性和黏弹性行为的分析程序[77]。

Arvin 用模拟退火算法优化求解二维平面应力各向异性弹性方程问题，设计出的 5～8 层过盈装配的圆环飞轮，其能量密度 40～50W·h/kg，轮缘线速度 800～900m/s[78]。Ha 等[79～83]采用分瓣型轮毂实现大变形并给轮缘施加内压力，从而减少轮缘径向拉伸应力，研制出了 670m/s、40000r/min 和储能 500W·h 的飞轮，理论强度安全系数 1.7[79]；基于 0.5kW·h 多层轮缘飞轮，放大设计出了 5kW·h 和 100kW·h 的混杂复合材料飞轮[80]；采用了多策略优化算法求解多层混杂纤维复合材料飞轮，实现能量/费用比最大的优化目标[81]；为制作 35kW·h、15000r/min 的飞轮，采用了 4 层玻璃纤维、碳纤维混杂结构组合成两轮缘压装工艺[82]。和通常的金属轮箍不同，形状和制造工艺较复杂的弹性复合材料轮箍设计在 15000r/min 时环向应变达到 1%，以便于与 51kW·h 的飞轮转子内圆配合[83]。

除了采用多环套装、混杂材料、梯度材料、纤维预紧的纤维缠绕设计提高飞轮的储能密度外，二维或三维强化是复合材料飞轮设计中的另一条路径。二次规划算法参数有限单元方法实现环向、径向双向强化铺设纤维的优化[84]。在径向/环向双向纤维铺放叠层优化设计中，最大应力准则、最大应变准则和蔡-吴准则对飞轮的最高储能密度预测影响较大[85]。以最大应变准则为失效判据，三维复合材料圆盘的理论爆破速度达到 1800m/s，储能密度为 150W·h/kg[86]。采用圆环型二维机织结构叠层复合材料实现飞轮径向强化是一种新尝试，理论预计储能密度可达到 53W·h/kg[87]。

清华大学飞轮储能课题组采用玻璃纤维、碳纤维混杂梯度材料设计，湿法缠绕工艺，在 1997 年实现 300W·h 复合材料飞轮储能系统的充放电实验，飞轮线速度达到 580m/s，2004 年实现 700m/s 稳定运行[88]。2006 年实现试验飞轮极限试验速度 796m/s，2015 年研制的二维纺织碳纤维复合材料飞轮（图 1-5）极限试验速度达到 876m/s。为降低制造成本，在 500～1000kW 飞轮储能系统研制中，采用了优化的合金钢飞轮[68,69]；2013 年、2016 年两种金属飞轮混合磁悬浮储能系统分别通过了 5000 次、12000 次充放电考核运行，完成了钻井示范应用工程。

尽管复合材料飞轮的理论储能密度高达 200～400W·h/kg，但考虑到制造工艺、轴系结构设计、旋转试验等复杂制约因素，在试验或工程中，安全稳定运行的复合材料飞轮储能密度通常不高于 100W·h/kg。

文献调研表明，单个复合材料飞轮总设计储能能量为 0.3～130kW·h。国内理论设计研究水平与国外相近，但在试验研究方面，差距较大，离工程应用还有相当的距离，需要重点开展 100kW·h 级飞轮设计、制造和测试研究工作。

(a)

(b)

图 1-5 混杂复合材料飞轮和机织复合材料飞轮

1.3.2 轴承

飞轮轴系使用的轴承包括滚动轴承、流体动压轴承、永磁轴承、电磁轴承和高温超导磁悬浮轴承。为取长补短，采用 2～3 种轴承实现混合支撑。轴承损耗在飞轮储能系统损耗中，有较大占比（几十瓦到几千瓦），因此轴承的研究设计目标主要为提高可靠性、降低损耗和延长使用寿命。

滚动轴承技术成熟、损耗大、成本低、高速承载力低，通常低于 10000r/min，一般与永磁轴承配合使用。电磁轴承技术较成熟、损耗小、系统复杂、成本较高，转速范围在 10000～60000r/min[89]。高温超导磁悬浮损耗最小，系统复杂，成本更高，转速范围为 1000～20000r/min，是超大储能量飞轮储能轴系的首选。高温超导磁悬浮技术自 20 世纪 90 年代出现以来，一直处于试验室研发验证阶段，日本、韩国、美国和德国投入研究力量较大[24]。

考虑到高转速轴系的稳定性问题、电磁系统损耗以及控制功率损耗与旋转频率相关，试验研究用高速轴系转速为 10000～60000r/min，而工程应用中的高速飞轮储能轴系最高转速多设置在 15000～30000r/min；3000～9000r/min 的中低速飞轮储能系统技术难度降低，但体积、重量较大。

永磁、电磁轴承设计理论方法基本成熟，多属于工程应用研究范畴。Filatov 等[90] 将 3.2kg 转子支撑于永磁轴承的轴系，稳定旋转到 20Hz。电磁轴承控制算法中嵌入径向位移同频偏差控制算法[91]。电磁轴承控制策略包括两个模块：控制转子刚性模态的模态分离控制模块和抑制噪声的振动速度测控模块[92]。非线性补偿自适应共振控制算法用于永磁偏置型电磁轴承性能改进控制[93]。于杰建立了在静态和动态线圈电流作用下，磁轴承的自传感解调器各环节的频域解析模型[94]；周明基于电磁轴承差动控制模式，提出一种转子位移的协同估计策略[95]，在四自由度径向电磁轴承刚性转子系统平台上得到试验验证。

超导磁悬浮（SMB）是最晚出现的轴承技术，近年来一直受到重视。Hull等[96] 提出了超导磁轴承等效摩擦系数的计算分析方法，悬浮 0.32kg 的 SMB 摩擦系数为 3×10^{-7}。超导磁悬浮飞轮在试验中运行到 15000r/min，低速运转条件下，气隙 6mm，等效摩擦系数为 9×10^{-6}[97]。剑桥大学分别用 SMB 和机械轴承悬浮 40kg 飞轮，系统功率 5kW，储能 5kW·h（50000r/min）开展比对研究[98]。SMB 仿真分析中采用海尔贝克阵列结构可以增加悬浮力和减少漏磁[99]。Koshizuka[100] 回顾了 NEDO 飞轮计划（2000～2004 年）超导磁悬浮技术进展，提出 100kW·h 级 FESS 的超导磁悬浮技术需求。波音公司[101] 曾研发 1 套 5kW·h/3 kW 小型超导磁悬浮飞轮储能试验装置。SMB 用于悬浮 5kW·h/250kW 飞轮储能系统的 600kg 转子，试验中其稳定性不足，需要增加阻尼[102]。在试验中，测出了高温超导磁轴承的刚度和阻尼分别为 346.6kN/m、1255N·s/m[103]。徐克西[104] 用超高温超导 YBCO 体和 Nd-Fe-B 永磁体，制作了轴向推力和两个径向轴承，实现超导磁全悬浮，分析了涡流和磁滞损耗。Sotelo 等[105] 对比测试了超导磁悬浮和超导磁悬浮与永磁悬浮混合支撑下的轴系共振转速、轴承的径向和轴向承载力特性。

清华大学飞轮储能课题组在小型飞轮储能试验系统研制中，采用永磁上支承、流体油膜下轴承混合支撑方式，实现损耗功率（含风损）低于 60W 的悬浮，稳定运行转速达到 42000r/min。在研制 10kg 飞轮电磁悬浮储能试验系统中，稳定运行转速达到了 28500r/min。采用永磁、滚动轴承混合支撑方式，可实现 100kg 转子 16500r/min 的稳定运行[88]。2012～2016 年，在 500～1000kW 飞轮储能系统研究中，研制出了 50000N 级重型永磁轴承[106]，见图 1-6；混合轴承损耗 6～9kW，约占额定发电功率的 1%。

图 1-6　重型永磁轴承

总的来看，机械轴承、永磁轴承和电磁轴承可以基本满足功率型飞轮储能系统的工业应用需求，而更大能量（100kW·h 级）飞轮储能系统高速支撑技术还需要高温超导磁悬浮技术的突破。

1.3.3 电机

飞轮储能电机为双向变速运行模式，这与电动车辆或轻轨电动机的特性要求类似[107,108]，可根据功率和转速要求选用或定制。各种飞轮储能电机特性对比见表1-4。其电磁学设计理论是成熟的，优化设计的重点是高速转子结构以及通过电磁学设计优化减少损耗。

表 1-4 各种飞轮储能电机特性对比[109]

参数	异步机	磁阻机	永磁
功率	中大	中小	中小
比功率	0.7	0.7	12
转子损耗	铜、铁	铁	无
旋转损耗	可去磁消除	可去磁消除	不可消除
效率/%	93	93	95
控制	矢量	同步、矢量、开关、DSP	正弦、矢量、梯形、DSP
比功率 W/L	2	3	2
转矩脉动	中	高	中
速度	中	高	低
失磁	无	无	有
费用	低	低	高

Kim 等[110] 对比绕线转子和鼠笼感应电机在谐波补偿飞轮储能系统中的应用。单极感应电机-飞轮一体储能系统的功率为 9.4kW，30000～60000r/min 转速区间内效率 83%[111]。含有模态反馈和比例-积分反馈补偿混合控制策略，可用来控制实心结构的高速同步磁阻电机[112]。模糊逻辑 V/f 控制用于感应电机的无速度传感器，依据直流母线电压和电流控制功率，采用电压外环模糊逻辑控制和电流内环比例-积分模糊逻辑优化控制[113]。Choi 等[114] 研究了双侧永磁同步电机的电磁特性和转子动力学特性。无铁芯无刷直流电机绕组线径对铜损影响很大，通过多股分流绕组减少铜损[115]。升降速试验中，Kim 等[116] 分离出了电磁损耗和机械损耗，采用了 3D 有限元分析双侧永磁同步电机转子涡流损耗。田占元利用涡流磁场的屏蔽作用，提出在永磁体外增加一薄层非导磁金属屏蔽环来减小转子铁芯、永磁体和护套损耗的新思路[117]。

为解决高速电机转子的强度问题，采用磁化复合材料是一种新的技术途径，如采用铁粉、磁粉体混入环氧树脂[118] 或磁化磁粉技术（GKN hybrid power 采用的技术）。磁化复合材料可以制作空心圆柱无轴电机[119]。阿灵顿大学和谢菲尔德大学[120,121] 研究了电机与高强复合材料飞轮融合技术。

清华大学飞轮储能课题组在前期采用了小功率永磁无刷直流高速电机（45000r/min），开展试验室飞轮储能系统研究；随后在工程应用研究中，考虑到工程应用条件，研制出了大功率永磁同步交流电机，转速为 2700～3600r/min，功率为 500～1000kW。

1.3.4 变流器

自 20 世纪 60 年代发展的功率电子技术使得电压的幅度和频率可以得到方便的调控[122]。基于功率电子技术，变频驱动的电机转子与飞轮同轴旋转，发展出了电能储存和释放的新技术[123]。应用于飞轮储能的双向变流器是交流-交流系列变频器的一种，通常应用于中低压和中小功率领域[124]。

飞轮储能通常采用 AC-DC-AC 的（Back-to-Back）结构[125]，在这种结构下，网侧变流器首先把交流电压转换成直流，然后机侧变流器将直流逆变为适当的交流变频电压驱动电机。在风电平滑或 UPS 应用中，FESS 通常与网侧变流器共用直流母线。FESS 也可与升压斩波器共用直流母线[126]。传统的双电平结构受高压限制，为此发展出性能更优的多电平变频技术[127,128]。

在 20 世纪 90 年代清华大学飞轮储能课题组首先采用模拟电路控制，实现了小功率可靠的高速飞轮电机系统充放电试验。在 500～1000kW 大功率工业样机研发中，主功率电路采用风力发电变频器功率模块，使得工程样机在调试、考核运行中表现出了很高的可靠性。大功率变换器测试损耗为 2%～3%。

1.3.5 辅助设备

飞轮的转速较高，为防止飞轮结构破坏引起二次危害和减少大量的空气摩擦损耗，需要将飞轮安置在密闭的真空容器内[129,130]。研究表明，10Pa 的真空环境对低速飞轮（300m/s 以下）的机械损耗影响已经较小，而高速飞轮（400m/s 以上）的真空条件应达到 0.1Pa[131]。为保证高速飞轮（400m/s 以上）的安全，设计防护装置并通常安装于地坑之内。

飞轮储能电机、变流器的功率为 100～3000kW，损耗的电能通常转化为热量，需要风冷或水冷散热设备耗散到自然环境中。

飞轮储能系统装置属于高速旋转机械范畴，其状态监控诊断仪表对系统的正常运行是十分必要的。监控的数据主要包括：转速、轴承温度、电流、电压、绕组温度、主功率回路温度。

清华大学飞轮储能课题组[132] 在早期试验研究阶段，采用了分子泵机组，真空达到 0.1Pa 以下；在工程应用中，采用了充氦气技术，实现旋转部件的冷却换热。500～1000kW 飞轮储能工业样机中，配备温度监控和紧急停机放电装置，以保证安全运转。

飞轮储能系统的辅助系统运行对保障飞轮储能系统的运行是必要的，其能量消耗降低了系统的储能效率，在设计中要充分考虑。

1.4 飞轮储能应用

1.4.1 高脉冲功率应用

核能将是继石油、煤和天然气之后的主要能源，据估计若把海水中的氘通过核聚变转化为能源，足以满足人类未来几十亿年对能源的需求[133]。实现受控核聚变有磁约束和惯性约束两种途径。20 世纪 80 年代以来，磁约束受控核聚变工程关键技术迅速发展，高温等离子体的参数逐渐提高，主要物理参数已接近为实现受控核聚变所要求的数值。托卡马克是研究高温等离子体的产生、驱动、维持和约束等特性并最终实现受控热核聚变反应的大型电物理实验装置[134]。为产生和维持磁场，向磁场线圈供电的系统是主体装置外最重要、最庞大的系统。供电系统的平均电源容量为数百兆瓦[135]，由于容量大、工作时间短，一般采用大型飞轮储能发电机组实现供电[136]，以减少对公共电网的冲击。应用于托卡马克电源的飞轮储能发电系统是一种典型的高功率脉冲电源（典型脉冲宽度为毫秒到秒），其特点是电动机与发电机独立设置。托卡马克装置中电源系统的飞轮发电机组参数见表 1-5。

表 1-5 托卡马克装置中电源系统的飞轮发电机组参数

项目	发电容量/MV·A	飞轮质量/t	圆周速度/(m/s)	飞轮转速/(r/min)
JET[137]	400	770	106	210～105
TFTR/NSTX[138]	475	—	—	375～257
JT-60[139]	215	1000	—	600～420
HL-2A[140]	90	88	220	1650～1200

1.4.2 动态不间断电源

97%交流电压闪变低于3s[141]，而备用发电机组启动时间少于10s，过渡电源工作时间20s已经足够，因此采用短时工作的大功率飞轮储能系统可以替代传统电池储能。飞轮储能的初期投资较高，但寿命期内，使用成本低于电池储能。德国Piller公司[142] 为Dresden半导体工厂安装了7kW·h/5 MW的飞轮储能系统，确保5s电源切换不停电。

飞轮储能不间断电源系统在国外已经是成熟的产品，供应商有Active Power、Piller、VYCON和Powerthru。Active Power公司采用7700r/min的磁阻电机飞轮一体技术；Piller公司采用大质量金属飞轮和大功率同步励磁电机，工作上限转速为3600～3300r/min；采用永磁电机和金属飞轮，VYCON产品转速为36000r/min，为电磁全悬浮；Powerthru公司FES转速53000r/min，采用了同步磁阻电机和分子泵技术。飞轮储能系统产品的待机损耗为额定功率的0.2%～2%[143～146]。

1.4.3 车辆动能再生及利用

20世纪50年代，瑞士Oerlikon[17] 设计了飞轮电池驱动公交车，在欧洲和非洲运行了16年。该型电动车有32个座位，飞轮电池储能32MJ（直径1.6m），行驶1200m再次充电（图1-7）。

图1-7 世界上第一种飞轮储能电动车

混合动力车辆传动中，采用电池、电容和飞轮等3种储能方式。高速飞轮与内燃机通过无极变速器连接，简单可靠，已经发展了数十年，具备量产推广应用水平[17]；飞轮燃油混合动力车的节油可达35%[147]。电动车技术局限于电池高功率特性不足，采用飞轮储能与化学电池混合动力是一个可行的解决方案[148]。

飞轮储能作为电动车的辅助动力，早在20世纪70年代的石油危机期，在美国就兴起了研究热潮，实施“车用超级飞轮电池”计划。因为主要在车辆加速阶段使用，飞轮储能容量为500W·h，转速多在20000～40000r/min之间[149]。早在1972年，Whitelaw[150]就依据美国城市通勤车里程为50mile（1mile＝1.609km）、时速为50mile/h（1mile/h＝1.609km/h）的车况，提出了飞轮储能和电池混合驱动直流电机动力结构。20世纪80年代，英国苏塞克斯大学[151～153]研究了飞轮辅助电动车动力问题，飞轮通过齿轮箱与变速器和电机连接。Schaible等[154]分析了飞轮储能电驱系统中三相储能永磁高速电机的转矩控制策略。德国宝马汽车公司概念车研发计划研究了飞轮储能作为调峰动力或主动力的两种模式[155]，其飞轮储能单元由谢菲尔德大学研制[156]。Lundin[157]设计了一种新的双电平飞轮电机双绕组结构，分别与电池和驱动电机相连（图1-8）。

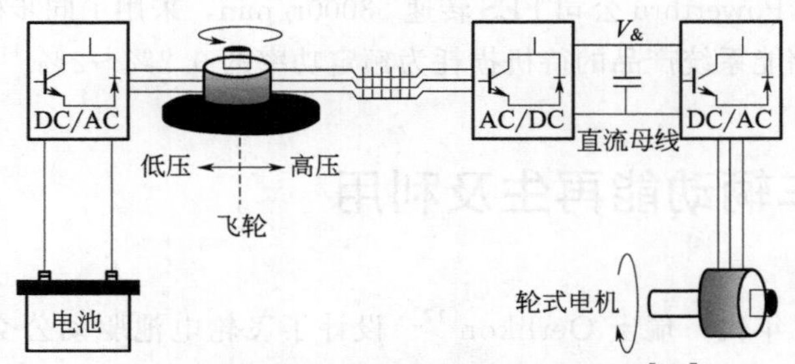

图1-8 飞轮全电力推进系统原理示意图[157]

近年来，车用飞轮储能技术仍然在继续发展。GKN公司[158]为伦敦公交系统开发400W·h飞轮储能系统，用于启动加速和刹车能量回收；预期混合动力公交车节能20%～25%，年省油5300L，碳排放少14t。

轨道交通车辆因质量大，刹车动能很大，如引入制动回收和储能系统，则可实现节能减排目标[159,160]。Radcliffe等[161]分析1MW飞轮储能系统应用于伦敦地铁，投资回收期为5年，使用2.9kW·h/725 kW飞轮储能系统的轻轨车辆节能可达到31%[18]。将飞轮储能系统连入直流电网，可以实现节能21.6%，变电站的电压跌落减少29.8%，容量减少30.1%[162]。

1.4.4 起重机械释能回收利用

德克萨斯大学机电研究中心与VYCON公司[163]联合测试应用于集装箱起重机的飞轮储能系统，燃料节省21%，氮氧化物排放减少26%，颗粒排放减少

67%。测试飞轮储能 300W·h，功率 60kW，双飞轮并联运行[164]。清华大学与中原石油工程有限公司[165] 联合研制了 16MJ/500kW 和 60MJ/1MW 的两种飞轮储能系统（图 1-9），应用于钻机动力调峰和下钻势能回收。2016 年示范应用中，单次下钻回收能量 5MJ，占提升游车上行总需能的 26%，调峰运行使得柴油机的重载转速下降，减少了 50%，大颗粒排放减少 70%。

图 1-9　60MJ/1MW 飞轮储能工业样机试验现场

1.4.5　新能源发电

与众多储能方式对比，飞轮储能技术的优势应用领域在电能质量和调频，其放电时间为分秒级，总投资约 900 欧元/kW，是锂电的 75%；年化循环（1000 次/年）成本为 200 欧元/kW，为锂电的 50%[166]。美国建立了两座 20MW/5MW·h 飞轮储能商业示范电站[167]。随着波动新能源的更多并网，电网的频率波动问题更加突出，研究飞轮储能系统的优化调频控制策略，可满足较长时间尺度（15min 以内）和实时调频需求[168]。

近年来飞速发展的风力发电、太阳能发电是清洁低碳能源，受自然条件影响，风力发电的频繁波动是突出的问题。引入储能技术环节，对风力发电功率平滑控制，可改善其电压和频率特性，实现更好的新能源应用。

双馈感应电机风力系统配合鼠笼感应电机飞轮储能系统（图 1-10），采用了三相交流并网方式，仿真分析中，飞轮储能系统在超频时吸收储存风力发电 30%的功率；在双馈电机亚频状态下，释放的功率占电网额定功率的 30%[169]。

100MW/150kV系统中，包括飞轮储能系统（40MW）、固态开关器和风电场，该系统采用高压直流并联模式[170]。FES可有效补偿风力波动，提高电网质量。1.5MW风力发电机，利用100kW（0.72kg·m^2，31000～15500r/min）FES进行功率平滑，飞轮储能系统与风力发电机共用直流母线（发电侧）；仿真分析表明，依据优化能量管理算法调控FES，风电功率的高频扰动分量减少了92%[171]。在后续研究中，建立了一个小规模的试验装置，包括一个30kW风电模拟器、3kW（10s）飞轮储能装置（永磁同步电机和飞轮）以及电力信息检测系统，经过变频交流并网[172]。

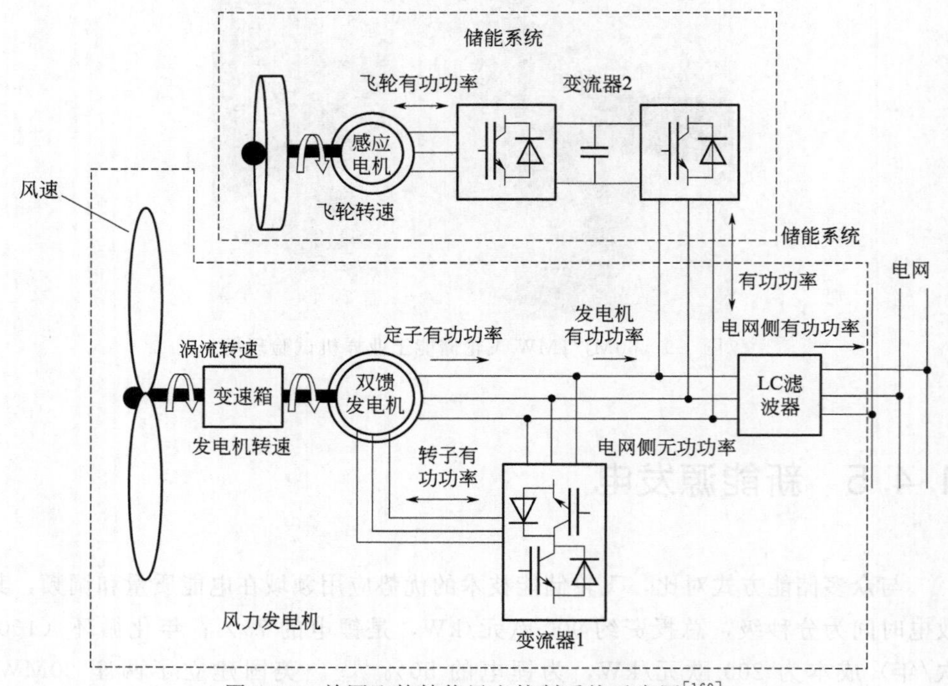

图1-10　并网飞轮储能风电控制系统示意图[169]

仿真对比表明，内燃发电/FES、光伏/内燃/FES、光伏/内燃/FES/电池3种发电模式，其中含有电池和飞轮储能的发电成本最低、CO_2排放最少[173]。多输入-输出定量反馈理论和反馈线性化算法用于9MW风电场配置50套50kW FES系统，实现了8m/s、扰动12.5%风速下风电功率的平滑控制[174]。为减少风柴联合发电系统中柴油机组频繁启停，可引入分钟级别的储能装置（图1-11)。仿真分析表明，飞轮储能改善了独立风柴发电系统的电能质量，并减少柴油机的启停。该系统选用300kW异步电机（3300～1650r/min)，圆盘形金属飞轮可用能量18MJ，柴油发电机组300kW，风力发电机275kW[175]。

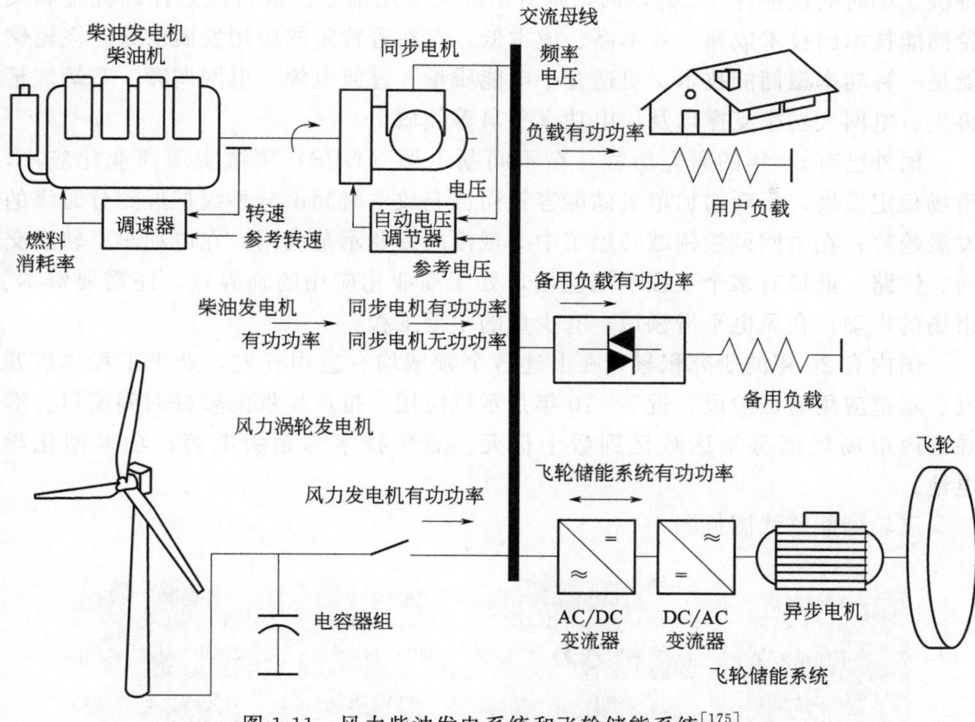

图 1-11　风力柴油发电系统和飞轮储能系统[175]

1.5 本章小结

综上所述，高速飞轮、高速电机关键技术需求源于高能量密度和高功率密度的驱动。高速飞轮电机系统难点有 4 个：结构强度、轴承、转子动力学和电机控制，研究设计的理论基本成熟，需要重点解决技术问题。

大容量飞轮储能系统采用高温超导磁悬浮技术是发展的重要方向，日本、美国、韩国、德国都在建立试验装置，国内研究基础较为薄弱。

飞轮能量容量、轴承损耗难题突破后，飞轮储能系统从分秒级应用拓展到更为广阔的分时级应用，比如 Beacon 公司的 100kW/100kW · h 飞轮储能系统和 Amber 公司的 8kW/32kW · h 系统。

对于能量密度不敏感的一些工业应用环境，低成本金属飞轮储能系统且降低待机1小时能量损耗在2%以内，则有更好的应用前景。混合磁悬浮高强金属飞轮储能技术因技术成熟、效率高、成本低，存在着特定的应用发展前景。飞轮储能是一种功率型储能技术，更适合于电能质量、过渡电源、电网调频、车辆能量再生、电网大功率支撑以及风电功率平滑等领域。

国外已有50年的研究历程，在不间断电源（UPS）领域实现商业化应用，市场稳定发展，呈现增加单机储能容量而将充放电时间由分秒级扩展到分时级的发展趋势；在电网调频领域开展了中等规模的商业示范应用；在电动车、轨道交通、铁路、港口有多个工程示范应用，处于商业化应用的临界点，还需要资本、市场的推动；在风电平滑领域，有少量的示范工程。

国内有20年的研究积累，在上述各个领域均有应用开发，处于工程样机开发、示范应用验证阶段。近5～10年是示范应用、推广发展的较好时间窗口。潜在国内市场规模每年达数亿到数十亿元。竞争技术为超级电容、功率型化学电池。

飞轮储能路线图见图1-12。

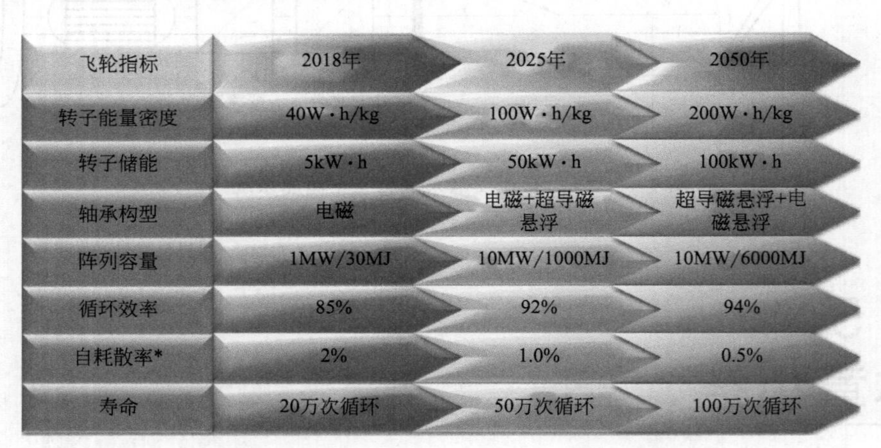

飞轮指标	2018年	2025年	2050年
转子能量密度	40W·h/kg	100W·h/kg	200W·h/kg
转子储能	5kW·h	50kW·h	100kW·h
轴承构型	电磁	电磁+超导磁悬浮	超导磁悬浮+电磁悬浮
阵列容量	1MW/30MJ	10MW/1000MJ	10MW/6000MJ
循环效率	85%	92%	94%
自耗散率*	2%	1.0%	0.5%
寿命	20万次循环	50万次循环	100万次循环

*系统待机消耗功率/额定功率。

图1-12　飞轮储能路线图

参考文献

[1] AMROUCHE S O, REKIOUA D, REKIOUA T, et al. Overview of energy storage in renewable energy systems [J]. International Journal of Hydrogen Energy, 2016, 41(45): 20914-20927.

[2] AKINYELE D O, RAYUDU R K. Review of energy storage technologies for sustainable power networks [J]. Sustainable Energy Technologies and Assessments, 2014, 8:

74-91.

[3] 王松岑，来小康，程时杰. 大规模储能技术在电力系统中的应用前景分析 [J]. 电力系统自动化，2013，37（1）：3-8.

[4] 李建林，田立亭，来小康. 能源互联网背景下的电力储能技术展望 [J]. 电力系统自动化，2015，39（23）：15-25.

[5] 许守平，李相俊，惠东. 大规模储能系统发展现状及示范应用综述 [J]. 电网与清洁能源，2013，29（8）：94-100.

[6] KOUSKSOU T，BRUEL P，JAMIL A，et al. Energy storage：Applications and challenges [J]. Solar Energy Materials & Solar Cells，2014，120（1）：59-80.

[7] BOICEA V A. Energy storage technologies：The past and the present [C] //Proceedings of the IEEE，2014，102（11）：1777-1794.

[8] ARGHANDEH R，PIPATTANASOMPORN M，RAHMAN S. Flywheel energy storage systems for ride-through applications in a facility microgrid [J]. IEEE Transactions on Smart Grid，2012，3（4）：1955-1962.

[9] RIES G，NEUMUELLER H W. Comparison of energy storage in flywheels and SMES [J]. Physica C：Superconductivity，2001，357：1306-1310.

[10] VAZQUEZ S，LUKIC S M，GALVAN E，et al. Energy storage systems for transport and grid applications [J]. IEEE Transactions on Industrial Electronics，2010，57（12）：3881-3895.

[11] ZHAO H，WU Q，HU S，et al. Review of energy storage system for wind power integration support [J]. Applied Energy，2015，137：545-553.

[12] GENTA G. Kinetic energy storage：Theory and practice of advanced flywheel systems [M]. UK：Butterworth-Heinemann，2014.

[13] Electric Power Research Institute（EPRI）. Electric energy storage technology options：A white paper primer on applications，costs，and benefits [M]. Beijing：Electric Power Research Institute，2010.

[14] DOUCETTE R T，MCCULLOCH M D. A comparison of high-speed flywheels，batteries，and ultracapacitors on the bases of cost and fuel economy as the energy storage system in a fuel cell based hybrid electric vehicle [J]. Journal of Power Sources，2011，196（3）：1163-1170.

[15] BROWN D R，CHVALA W D. Flywheel energy storage：An alternative to batteries for UPS systems [J]. Energy Engineering，2005，102（5）：7-26.

[16] DHAND A，PULLEN K. Review of flywheel based internal combustion engine hybrid vehicles [J]. International Journal of Automotive Technology，2013，14（5）：797-804.

[17] RUPP A，BAIER H，MERTINY P，et al. Analysis of a flywheel energy storage system for light rail transit [J]. Energy，2016，107：625-638.

[18] SEBASTIÁN R，PEÑAALZOLA R. Flywheel energy storage systems：Review and simulation for an isolated wind power system [J]. Renewable Sustainable Energy Reviews，

2012，16（9）：6803-6813.
[19] HEARN C S，LEWIS M C，PRATAP S B，et al. Utilization of optimal control law to size grid-level flywheel energy storage [J]. IEEE Transactions on Sustainable Energy，2013，4（3）：611-618.
[20] LAPPAS V，RICHIE D，FAUSZ J，et al. Survey of technology developments in flywheel attitude control and energy storage systems [J]. Journal of Guidance，Control，and Dynamics，2009，32（2）：354-365.
[21] 张维煜，朱熀秋. 飞轮储能关键技术及其发展现状 [J]. 电工技术学报，2011，26（7）：141-146.
[22] 戴兴建，邓占峰，刘刚，等. 大容量先进飞轮储能电源技术发展状况 [J]. 电工技术学报，2011，26（7）：133-140.
[23] 邓自刚，王家素，王素玉，等. 高温超导飞轮储能技术发展现状 [J]. 电工技术学报，2008，23（12）：1-10.
[24] 张建成，黄立培，陈志业. 飞轮储能系统及其运行控制技术研究 [J]. 中国电机工程学报，2003，23（3）：108-111.
[25] 黄宇淇，方宾义，孙锦枫. 飞轮储能系统应用于微网的仿真研究 [J]. 电力系统保护与控制，2011，39（9）：83-87.
[26] 胡雪松，孙才新，刘刃，等. 采用飞轮储能的永磁直驱风电机组有功平滑控制策略 [J]. 电力系统自动化，2010，34（13）：79-83.
[27] 姬联涛，张建成. 基于飞轮储能技术的可再生能源发电系统广义动量补偿控制研究 [J]. 中国电机工程学报，2010，30（24）：101-106.
[28] 阮军鹏，张建成，汪娟华. 飞轮储能系统改善并网风电场稳定性的研究 [J]. 电力科学与工程，2008，24（3）：5-8.
[29] 周龙，齐智平. 解决配电网电压暂降问题的飞轮储能单元建模与仿真 [J]. 电网技术，2009，33（19）：152-158.
[30] 陈峻岭，姜新建，朱东起，等. 基于飞轮储能技术的新型 UPS 的研究 [J]. 清华大学学报（自然科学版），2004，44（10）：1321-1324.
[31] 丁世海，李奕良，戴兴建. 复合材料飞轮结构有限元分析与旋转强度试验 [J]. 机械科学与技术，2008，27（3）：301-304.
[32] 秦勇，夏源明，毛天祥. 纤维束张紧力缠绕复合材料飞轮初应力的三维数值分析 [J]. 复合材料学报，2005，22（4）：149-155.
[33] 戴兴建，汪勇，沈祖培. 飞轮储能密度的理论预测与实验测试 [J]. 储能科学与技术，2014，3（4）：312-315.
[34] 唐长亮，戴兴建，汪勇. 多层混杂复合材料飞轮力学设计与旋转试验 [J]. 清华大学学报（自然科学版），2015，55（3）：361-367.
[35] 李奕良，戴兴建，张小章. 复合材料环向缠绕飞轮轮体工艺应力研究 [J]. 机械强度，2010，32（2）：265-269.
[36] 戴兴建，李奕良，于涵. 高储能密度飞轮结构设计方法 [J]. 清华大学学报（自然科学

版)，2008，48 (3)：378-381.

[37] 陈启军，李成，铁瑛，等. 基于逐渐损伤理论的复合材料飞轮转子渐进失效分析 [J]. 机械工程学报，2013，49 (12)：60-65.

[38] 汤继强，张永斌，刘刚. 超导磁悬浮复合材料储能飞轮转子优化设计 [J]. 储能科学与技术，2013，2 (3)：185-188.

[39] 秦勇，王硕桂，夏源明，等. 复合材料飞轮破坏转速的算法和高速旋转破坏实验 [J]. 复合材料学报，2005，22 (4)：112-117.

[40] 田占元，祝长生，王玎. 飞轮储能用高速永磁电机转子的涡流损耗 [J]. 浙江大学学报工学版，2011，45 (3)：451-457.

[41] 王江波，赵国亮，蒋晓春，等. 飞轮储能用高速永磁同步电机设计 [J]. 微特电机，2013，41 (8)：20-22.

[42] 姚阳，方攸同，董凡，等. 飞轮储能系统中高速电机转子的分析设计 [J]. 机电工程，2014，31 (10)：1306-1310.

[43] 李大兴，夏革非，张华东，等. 基于混合转子结构和悬浮力控制的新型飞轮储能用无轴承电机 [J]. 电工技术学报，2015，30 (1)：48-52.

[44] 王德明，张申，张广明，等. 飞轮储能用盘式永磁电机的研究 [J]. 微特电机，2013，41 (10)：70-72.

[45] 宋良全，孙佩石，苏建徽. 飞轮储能系统用开关磁阻电机控制策略研究 [J]. 电力电子技术，2013，47 (9)：55-57.

[46] 袁野，孙玉坤，黄永红，等. 用于飞轮储能的单绕组磁悬浮飞轮电机径向力补偿方法 [J]. 电工技术学报，2015，30 (14)：177-183.

[47] 陈峻峰，刘昆，肖凯，等. 磁悬浮飞轮储能系统机电耦合动力学特性研究 [J]. 机械科学与技术，2012，31 (4)：562-567.

[48] 蒋书运，卫海岗，沈祖培. 飞轮储能系统转子动力学理论与试验研究 [J]. 振动工程学报，2002，15 (4)：404-409.

[49] 戴兴建，于涵，李奕良. 飞轮储能系统充放电效率实验研究 [J]. 电工技术学报，2009，24 (3)：20-24.

[50] 黄宇淇，姜新建，邱阿瑞. 飞轮储能能量回馈控制方法 [J]. 清华大学学报 (自然科学版)，2008，48 (7)：1085-1088.

[51] 冯奕，林鹤云，房淑华，等. 飞轮储能系统能量回馈的精确小信号建模及控制器设计 [J]. 电工技术学报，2015，30 (2)：27-33.

[52] 张翔，杨家强，王萌. 一种采用负载电流和转速补偿的改进型飞轮储能系统放电控制算法 (英文) [J]. 电工技术学报，2015，30 (14)：6-17.

[53] 杜玉亮，郑琼林，郭希铮，等. 飞轮储能系统反向制动发电问题研究 [J]. 电工技术学报，2013，28 (7)：157-162.

[54] 刘学，姜新建，张超平，等. 大容量飞轮储能系统优化控制策略 [J]. 电工技术学报，2014，29 (3)：75-82.

[55] 郭伟，王跃，李宁. 永磁同步电机飞轮储能系统充放电控制策略 [J]. 西安交通大学学

报，2014，48（10）：60-65.

[56] 刘文军，唐西胜，周龙，等.基于飞轮储能系统的直流 UPS 控制方法研究［J］.电工电能新技术，2014，33（10）：16-22.

[57] 刘文军，唐西胜，周龙，等.基于背靠背双 PWM 变流器的飞轮储能系统并网控制方法研究［J］.电工技术学报，2015，30（16）：120-128.

[58] 朱俊星，姜新建，黄立培.基于飞轮储能的动态电压恢复器补偿策略的研究［J］.电工电能新技术，2009，28（1）：46-50.

[59] 蒋启龙，连级三.飞轮储能在地铁系统中的应用［J］.变流技术与电力牵引，2007，4：13-17.

[60] 文少波，蒋书运.飞轮储能系统在汽车中的应用研究［J］.机械设计与制造，2010，12：82-84.

[61] 王冉冉，徐宁.电动汽车中飞轮储能技术的应用［J］.山东理工大学学报（自然科学版），2003，17（3）：100-102.

[62] 韩永杰，任正义，吴滨，等.飞轮储能系统在 1.5MW 风机上的应用研究［J］.储能科学与技术，2015，14（2）：198-202.

[63] 王健，王昆，陈全世.风力发电和飞轮储能联合系统的模糊神经网络控制策略［J］.系统仿真学报，2007，19（17）：4017-4020.

[64] 向荣，王晓茹，谭谨.基于飞轮储能的并网风电场有功功率及频率控制方法研究［J］.系统科学与数学，2012，32（4）：438-449.

[65] 张超平，戴兴建，苏安平，等.石油钻机动力系统飞轮储能调峰试验研究［J］.石油机械，2013，41（5）：3-6.

[66] 张超平.基于飞轮储能的钻机节能减排技术应用研究［J］.石油天然气学报，2013，35（8）：156-158.

[67] 薛金花，叶季蕾，汪春，等.飞轮储能在区域电网中的调频应用及经济性分析［J］.电网与清洁能源，2013，29（12）：113-118.

[68] 汪勇，戴兴建，孙清德.基于有限元的金属飞轮结构设计优化［J］.储能科学与技术，2015，4（3）：267-272.

[69] 汪勇，戴兴建，李振智.60MJ 飞轮储能系统转子芯轴结构设计［J］.储能科学与技术，2016，5（4）：503-508.

[70] PORTNOV G G. Composite flywheels. Hand book of composites. Structure and design［M］. New York：Elsevier，1989：532-582.

[71] DETERESA S J. Materials for advanced flywheel energy storage devices［J］. MRS Bulletin，1999，24（11）：51-56.

[72] RANTA M A. On the optimum shape of rotating disk of any isotropic material［J］. International Journal of Solids and Structures，1969，5（11）：1247-1257.

[73] TOLAND R H，ALPER J. Transfer matrix for analysis of composite flywheels［J］. J. Compos. Mater.，1976，10：258-261.

[74] DANFELT E L，HEWS S A，CHOV T. Optimization of composite flywheel design［J］.

International Journal of Mechanical Sciences, 1977, 19 (2): 69-78.

[75] ARNOLD S M, SALEEB A F, AL-ZOUBI N R. Deformation and life analysis of composite flywheel disk systems [J]. Composites Part B: Engineering, 2002, 33 (6): 433-459.

[76] PEREZ-APARICIO J L, RIPOLL L. Exact, integrated and complete solutions for composite flywheels [J]. Composite Structures, 2011, 93 (5): 1404-1415.

[77] TZENG J, EMERSON R, MOY P. Composite flywheels for energy storage [J]. Compsites Science and Technology, 2006, 66 (14): 2520-2527.

[78] ARVIN A C, BAKIS C E. Optimal design of press-fitted filament wound composite flywheel rotors [J]. Composite Structures, 2006, 72 (1): 47-57.

[79] HA S K, KIM M H, HAN S C, et al. Design and spin test of a hybrid composite flywheel rotor with a split type hub [J]. Journal of Composite Materials, 2006, 40 (23): 2113-2130.

[80] HA S K, KIM J H, HAN Y. Design of a hybrid composite flywheel multi-rim rotor system using geometric scaling factors [J]. Journal of Composite Materials, 2008, 42 (8): 771-785.

[81] KRACK M, SECANELL M, MERTINY P. Cost optimization of hybrid composite flywheel rotors for energy storage [J]. Structural and Multidisciplinary Optimization, 2010, 41 (5): 779-795.

[82] HA S K, KIM S J, NASIR S U, et al. Design optimization and fabrication of a hybrid composite flywheel rotor [J]. Composite Structures, 2012, 94 (11): 3290-3299.

[83] KIM S J, HAYAT K, NASIR S U, et al. Design and fabrication of hybrid composite hubs for a multi-rim flywheel energy storage system [J]. Composite Structures, 2014, 107: 19-29.

[84] GOWAYED Y, FLOWERS G T, TRUDELL J J. Optimal design of multi-direction composite flywheel rotors [J]. Polymer Composites, 2002, 23 (3): 433-441.

[85] FABIEN B C. The influence of failure criteria on the design optimization of stacked-ply composite flywheels [J]. Structural and Multidisciplinary Optimization, 2007, 33 (5): 507-517.

[86] HIROSHIMA N, HATTA H, KOYAMA M, et al. Optimization of flywheel rotor made of three-dimensional composites [J]. Composite Structures, 2015, 131: 304-311.

[87] DAI X J, WANG Y, TANG C L, et al. Mechanics analysis on the composite flywheel stacked from circular twill woven fabric rings [J]. Composite Structures, 2016, 155: 19-28.

[88] 戴兴建，张小章，姜新建，等. 清华大学飞轮储能技术研究概况 [J]. 储能科学与技术，2012，1 (1): 64-68.

[89] SOTELO G G, DE ANDRADE R, FERREIRA A C. Magnetic bearing sets for a flywheel system [J]. IEEE Transactions on Applied Superconductivity, 2007, 17 (2):

2150-2153.
[90] FILATOV A V, MASLEN E H. Passive magnetic bearing for flywheel energy storage systems [J]. IEEE Transactions on Magnetics, 2001, 37 (6): 3913-3924.
[91] ZHU K Y, XIAO Y, RAJENDRA A U. Optimal control of the magnetic bearings for a flywheel energy storage system [J]. Mechatronics, 2009, 19 (8): 1221-1235.
[92] CHEN L L, ZHU C S, WANG M, et al. Vibration control for active magnetic bearing high-speed flywheel rotor system with modal separation and velocity estimation strategy [J]. Journal of Vibroengineering, 2015, 17 (2): 757-775.
[93] SU Z, WANG D, CHEN J, et al. Improving operational performance of magnetically suspended flywheel with PM-biased magnetic bearings using adaptive resonant controller and nonlinear compensation method [J]. IEEE Transactions on Magnetics, 2016, 52 (7): 8300304.
[94] 于洁，祝长生，余忠磊. 自传感电磁轴承位移解调过程的精确建模和分析 [J]. 中国电机工程学报，2016，36 (21)：5939-5946.
[95] 唐明，祝长生，于洁. 非磁饱和偏置下自传感主动电磁轴承的转子位移协同估计 [J]. 电工技术学报，2014，29 (5)：205-212.
[96] HULL J R, MULCAHY T M, UHERKA K L, et al. Flywheel energy-storage using superconducting magnetics bearings [J]. Applied Superconductivity, 1994, 2 (7): 449-455.
[97] BORNEMANN H J, RITTER T, URBAN C, et al. Low-friction in a flywheel system with passive superconducting magnetic bearings [J]. Applied Superconductivity, 1994, 2 (7/8): 439-447.
[98] COOMBS T, CAMPBELL A M, STOREY R, et al. Superconducting magnetic bearings for energy storage flywheels [J]. IEEE Transactions on Applied Superconductivity, 1999, 9 (2): 968-971.
[99] SOTELO G G, FERREIRA A C, DE ANDRADE R. Halbach array superconducting magnetic bearing for a flywheel energy storage system [J]. IEEE Transactions on Applied Superconductivity, 2005, 15 (2): 2253-2256.
[100] KOSHIZUKA N. R&D of superconducting bearing technologies for flywheel energy storage systems [J]. Physica C: Superconductivity and Its Applications, 2006, 445: 1103-1108.
[101] STRASIK M, HULL J R, MITTLEIDER J A, et al. An overview of Boeing flywheel energy storage systems with high-temperature superconducting bearings [J]. Superconductor Science and Technology, 2010, 23 (3): doi: 10.1088/0953-2048/23/3/034021.
[102] WERFEL F N, FLOEGEL-DELOR U, ROTHFELD R, et al. Superconductor bearings, flywheels and transportation [J]. Superconductor Science and Technology, 2011, 25 (1): doi: 10.1088/0953-2048/25/1/014007.
[103] HAN Y H, PARK B J, JUNG S Y, et al. Study of superconductor bearings for a

35kW·h superconductor flywheel energy storage system [J]. Physica C: Superconductivity and Its Applications, 2012, 483: 156-161.
[104] XU K X, WU D J, JIAO Y L, et al. A fully superconducting bearing system for flywheel applications [J]. Superconductor Science and Technology, 2016, 29 (6): doi: 10.1088/0953-2048/29/6/64001.
[105] SOTELO G G, RODRIGUEZ E, COSTA F S, et al. Tests with a hybrid bearing for a flywheel energy storage system [J]. Superconductor Science and Technology, 2016, 29 (9): doi: 10.1088/0953-2048/29/9/095016.
[106] 汪勇，戴兴建，唐长亮. 大卸载力铠装永磁轴承设计分析 [J]. 机械科学与技术，2015，34 (6)：858-862.
[107] LIU C C. Comparison of AC drives for electric vehicles-a report on experts' opinion survey [J]. IEEE Aerospace and Electronic Systems Magazine, 1994, 9 (8): 7-11.
[108] EHSANI M, GAO Y M, GAY S. Characterization of electric motor drives for traction applications [C] //Industrial Electronics Society, 2003. IECON '03. The 29th annual conference of the IEEE. IEEE, 2003, 1: 891-896.
[109] PENA-ALZOLA R, SEBASTIAN R, QUESADA J, et al. Review of flywheel based energy storage systems [C] //International Conference on Power Engineering, Energy and Electrical Drives. IEEE, 2011: 1-6.
[110] KIM Y H, PARK K S, JEONG Y S. Comparison of flywheel systems for harmonic compensation based on wound/squirrel-cage rotor type induction motors [J]. Electric Power Systems Research, 2003, 64 (3): 189-195.
[111] TSAO P, SENESKY M, SANDERS S R. An integrated flywheel energy storage system with homopolar inductor motor/generator and high-frequency drive [J]. IEEE Transactions on Industry Applications, 2003, 39 (6): 1710-1725.
[112] PARK J D, KALEV C, HOFMANN H F. Control of high-speed solid-rotor synchronous reluctance motor/generator for flywheel-based uninterruptible power supplies [J]. IEEE Transactions on Industrial Electronics, 2008, 55 (8): 3038-3046.
[113] SUN X D, KOH K H, YU B G, et al. Fuzzy-logic-based V/f control of an induction motor for a DC grid power-leveling system using flywheel energy storage equipment [J]. IEEE Transactions on Industrial Electronics, 2009, 56 (8): 3161-3168.
[114] CHOI J H, JANG S M, SUNG S Y, et al. Operating range evaluation of double-side permanent magnet synchronous motor/generator for flywheel energy storage system [J]. IEEE Transactions on Magnetics, 2013, 49 (7): 4076-4079.
[115] LIU K, FU X H, LIN M Y, et al. AC copper losses analysis of the ironless brushless DC motor used in a flywheel energy storage system [J]. IEEE Transactions on Applied Superconductivity, 2016, 26 (7): 611105.
[116] KIM J M, CHOI J Y, LEE S H. Experimental evaluation on power loss of coreless double-side permanent magnet synchronous motor/generator applied to flywheel energy

storage system [J]. Journal of Electrical Engineering and Technology，2017，12 (1)：256-261.

[117] 田占元，祝长生，王玎. 飞轮储能用高速永磁电机转子的涡流损耗 [J]. 浙江大学学报(工学版)，2011，45 (3)：451-457.

[118] MASON P E，ATALLAH K，HOWE D. Hard and soft magnetic composites in high-speed flywheels [C] //Proceedings of the International Committee on Composite Materials，Seattle，WA，USA，1999：12.

[119] KORANE K J. Reinventing the flywheel [EB/OL]. Machine Design，2011：http：// machinedesign. com/news/reinventing-flywheel.

[120] BUCKLEY J M，ATALLAH K，BINGHAM C M，et al. Magnetically loaded composite for roller drives [C] //Proceedings of the IEEE Colloquium on New Magnetic Materials—Bonded Iron，Lamination Steels，Sintered Iron and Permanent Magnets. IEEE Xplore，1998：5/1-5/6.

[121] LYU X，DI L，YOON S，et al. Emulation of energy storage flywheels on a rotor—AMB test rig [J]. Mechatronics，2016，33：146-160.

[122] RASHID M H. Power electronics hand book [M]. Elsevier：Butterworth- Heinemann，2011.

[123] STRZELECKI R，BENYSEK G. Power electronics in smart electrical energy net-works [M]. USA：Springer Science and Business Media，2008.

[124] CHANG X，LI Y，ZHANG W，et al. Active disturbance rejection control for a flywheel energy storage system [J]. IEEE Transactions on Industrial Electronics，2015，62 (2)：991-1001.

[125] AKAGI H. Large static converters for industry and utility applications [J]. Proceedings of the IEEE，2001，89 (6)：976-983.

[126] AWADALLAH M A，VENKATESH B. Energy storage in flywheels：An overview [J]. Canadian Journal of Electrical and Computer Engineering，2015，38 (2)：183-193.

[127] NABAE A，TAKAHASHI I，AKAGI H. A new neutral-point- clamped PWM inverter [J]. IEEE Transactions on industry applications，1981，IA-17：518-523.

[128] BOUHALI O，FRANÇOIS B，SAUDEMONT C，et al. Practical power control design of a NPC multi-level inverter for grid connection of a renewable energy plant based on a FESS and a wind generator [C] //Proceedings of the 32th Annual Ieee Ind. Electronic Conference，2006：4291-4296.

[129] DULANEY A D，BENO J H，THOMPSON R C. Modeling of multiple liner containment systems for high speed rotors [J]. IEEE Transactions on Magnetics，1999，35 (1)：334-339.

[130] SAPOWITH A D，HANDY W E. A composite flywheel burst containment study [R]. Lawrence Livermore National Lab，CA (USA)，1982.

[131] 卫海岗，戴兴建，沈祖培. 储能飞轮风损的理论计算与试验研究 [J]. 机械工程学报，

2005，41（6）：188-193.
[132] 戴兴建，张超平，王善铭，等. 500 kW 飞轮储能电源系统设计与实验研究［J］. 电源技术，2014，38（6）：1123-1126.
[133] 冯开明. 可控核聚变与 ITER 计划［J］. 现代电力，2006，23（5）：82-88.
[134] 石秉仁. 磁约束聚变：原理与实践［M］. 北京：原子能出版社，1999.
[135] LUCASJ，CORT'ES M，M'ENDEZ P，et al. Energy storage system for a pulsed DEMO［J］. Fusion Engineering and Design，2007，82（15）：2752-2757.
[136] ZAJAC J，ZACEK F，LEJSEK V，et al. Short-term power sources for tokamaks and other physical experiments［J］. Fusion Engineering and Design，2007，82（4）：369-379.
[137] BONICELLI'T. High power electronics at JET：An overview［C］//IEEE Colloquium on Power Electronics for Demanding Applications. IEEE Xplore，1999：3/1-3/4.
[138] AWAD M，BAKER E，BONANOS P，et al. TFTR-MG uprate，analysis and performance［C］//Fusion Engineering，1995. SOFE' 95. Seeking a New Energy Era.，16th IEEE/NPSS Symposium. IEEE，1995，1：505-508.
[139] ANDO T，SHIMADA R，MATSUKAWA T，et al. Operation experience of JT-60 magnet system［J］. IEEE Transactions on Magnetics，1988，24（2）：1244-1247.
[140] YAO LY，XUAN WIM，LI HJ，et al. Design and development of the power supply system for HL-2A tokamak［J］. Fusion Engineering and Design，2005，75（11）：163-167.
[141] EMADI A，NASIRI A，BEKIAROV S B. Uninterruptible power supplies and active filters［M］. USA：CRC Press，2004.
[142] ROBERT H，JOSEPH B，ALAN W. Flywheel batteries come around again［J］. IEEE Spectrum，2002，39（4）：46-51.
[143] http：//www. activepower. com/en-GB/4895/fly-wheel technology，（2017，2，10），250kW-25s，or 675kW-15s.
[144] http：//www. piller. com/en-GB/205/energy-storage，（2017，2，10），2400kW，8s，21MJ，3600-1500r/min.
[145] https：//www. calnetix. com/vycon-direct-connect- xe-products，（2017，2，10），300kW，4MJ，36750- 24500.
[146] http：//www. power-thru. com/carbon _ fiber _ fly- wheel _ technology. html.
[147] HEDLUND M，LUNDIN J，DE SANTIAGO J，et al. Flywheel energy storage for automotive applications［J］. Energies，2015，8（10），10636-10663.
[148] HAYES R，KAJS J，THOMPSON R，et al. Design and testing of a flywheel battery for a transit bus［R］. SAE Technical Paper，1999.
[149] DHAND A，PULLEN K. Review of battery electric vehicle propulsion systems，incorporating flywheel energy storage［J］. International Journal of Automotive Technology，2015，16（3）：487-500.

[150] WHITELAW R. Two new weapons against automotive air pollution：The hydrostatic drive and the flywheel-electric LDV [J]. ASME Paper，1975，72-WA/APC-5.
[151] BURROWS C，PRICE G，PERRY F. An assessment of flywheel energy storage in electric vehicles [J]. SAE Technical Paper，1980，No. 800885.
[152] BURROWS C R，BARLOW T M. Flywheel power system developments for electric vehicle applications [C] //Electric Vehicle Development Group 4th Int. Conf.：Hybrid，Dual Mode and Tracked Systems，London，1981.
[153] PRICE G. An Assessment of Flywheel Energy Storage for Electric Vehicles [D]. UK：University of Sussex，1980.
[154] SCHAIBLE U，SZABADOS B. A torque controlled high speed flywheel energy storage system for peak power transfer in electric vehicles [C] //IEEE Industry Applications Society Meeting，1994：435-442.
[155] ANERDI G，BRUSAGLINO G，ANCARANI A，et al. Technology potential of flywheel storage and application impact on electric vehicles [C] //12th international electric vehicle symposium（EVS-12）. 1994，1：37-47.
[156] MELLOR P，SCHOFIELD N，HOWE D. Flywheel and supercapacitor peak power buffer technologies [C] //Electric，Hybrid and Fuel Cell Vehicles. IEEE Xplore，2000：8/1-8/5.
[157] LUNDIN J. Flywheel in an all-electric propulsion system [D]. Uppsala Municipality：Uppsala University，2011.
[158] The Engineers Journal. GKN takes hybrid technology from the race track to the Bus Stop [EB/OL]. http：//www. engineersjournal. ie/gyrodrive- hybrid-technology-bus/.
[159] PASTOR M L，GARCIA-TABARES R L，VAZQUEZ V C. Flywheels store to save：Improving railway efficiency with energy storage [J]. IEEE Electrific. Mag.，2013，1（2）：13-20.
[160] RICHARDSON M B. Flywheel energy storage system for traction applications [C] //Power Electron.，Mach. and Drives，2002. International Conference on（Conf. Publ. No. 487）. IET，2002：275-279.
[161] RADCLIFFE P，WALLACE J S，SHU L H. Stationary applications of energy storage technologies for transit systems [C] //Electric Power and Energy Conference（EPEC），2010 IEEE. IEEE，2010：1-7.
[162] GEE A M，DUNN R W. Analysis of trackside flywheel energy storage in light rail systems [J]. IEEE Transactions on Vehicular Technology，2015，64（9）：3858-3869.
[163] FLYNN M M，MCMULLEN P，SOLIS O. High-speed flywheel and motor drive operation for energy recovery in a mobile gantry crane [C] //Applied Power Electronics Conference，APEC 2007-Twenty Second Annual IEEE. IEEE，2007：1151-1157.
[164] FLYNN M M，MCMULLEN P，SOLIS O. Saving energy using flywheels [J]. IEEE Ind. Appl. Mag.，2008，14（6）：69-76.

[165] 牛跃进，郭巧合，李涛，等. 基于模糊控制的钻机飞轮储能调峰控制系统 [J]. 电气传动自动化，2016，38 (5)：16-18.

[166] ZAKERI B，SYRI S. Electrical energy storage systems：A comparative life cycle cost analysis [J]. Renewable and Sustainable Energy Reviews，2015，42：569-596.

[167] Beacon Power. Smart energy matrix，20MW frequency regulation plant [EB/OL]. http：//www. beaconpower. com/files/SEM _ 20MW _ 2010. Pdf，2011.

[168] ZHANG F，TOKOMBAYEV M，SONG Y，et al. Effective flywheel energy storage (FES) offer strategies for frequency regulation service provision [C] //Power Systems Computation Conference (PSCC)，2014. IEEE，2014：1-7.

[169] TARAFT S，REKIOUA D，AOUZELLAG D. Wind power control system associated to the flywheel energy storage system connected to the grid [J]. Energy Procedia，2013，360：1147-1157.

[170] SAID R G，ABDEL-KHALIK A S，EL ZAWAWI A，et al. Integrating flywheel energy storage system to wind farms-fed HVDC system via a solid state transformer [C] // International Conference on Renewable Energy Research and Application. IEEE，2014：375-380.

[171] DÍAZ-GONZÁLEZ F，SUMPER A，GOMIS-BELLMUNT O，et al. Energy management of flywheel-based energy storage device for wind power smoothing [J]. Applied Energy，2013，110：207-219.

[172] DÍAZ-GONZÁLEZ F，BIANCHI F D，SUMPER A，et al. Control of a flywheel energy storage system for power smoothing in wind power plants [J]. IEEE Transactions ON Energy Conversion，2014，29 (1)：204-214.

[173] RAMLI M A，HIENDRO A，TWAHA S. Economic analysis of PV/diesel hybrid system with flywheel energy storage [J]. Renewable Energy，2015，78：398-405.

[174] Tipakorn Greigarn，Mario Garcia-Sanz. Control of flywheel energy storage systems for wind farm power fluctuation mitigation [J]. Energy tech. IEEE，2011：1-6.

[175] SEBASTIÁN R，PEÑA-ALZOLA R. Control and simulation of a flywheel energy storage for a wind diesel power system [J]. International Journal of Electrical Power and Energy Systems，2015，64：1049-1056.

第2章 飞轮材料应用结构设计及试验

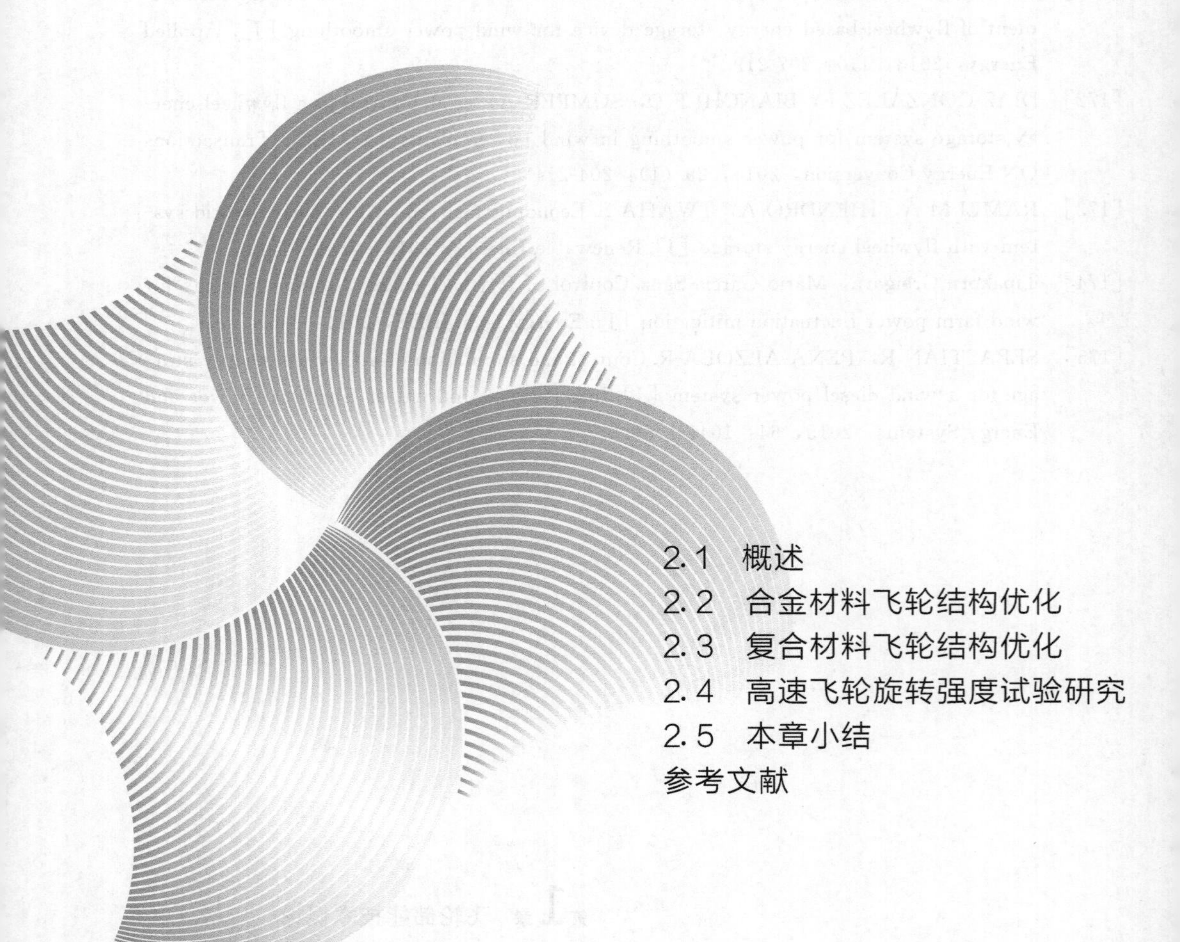

飞轮转子是飞轮储能装置的储能部件，提高飞轮储能密度的最有效方法是提高其转速。材料的比强度是限制转速提高的决定因素，高速飞轮必须采用高强度低密度的材料，比如高强合金、纤维增强复合材料。本章分析了合金材料以及纤维增强复合材料飞轮的弹性力学问题，提出了多种铝合金飞轮优化构型、合金轮毂优化构型，给出了 60MJ-2700r/min 合金钢飞轮、25MJ-24000r/min 高速复合材料飞轮的结构设计案例。大型合金钢飞轮的充放电运行、小型复合材料工艺试验飞轮的运行测试，表明了计算方法的适用性。飞轮转子的旋转强度研究是保障结构安全的重要试验支撑技术，提出并实现了用圆标记图像测量法实时测量高速旋转飞轮径向变形。

2.1 概述

飞轮转子是储能的载体，飞轮储能密度是衡量飞轮储能技术水平的重要指标。储能密度即单位质量的储能量，通常有飞轮系统储能密度 ED_s 和飞轮转子储能密度 ED_r 两个层次上的定义。

飞轮系统储能密度 ED_s 定义为飞轮在最高工作转速时的储能总量与整个飞轮储能系统总质量的比值；飞轮转子储能密度 ED_r 则定义为飞轮在最高工作转速时的储能总量与飞轮转子质量的比值。

在飞轮储能技术的研究中，飞轮转子储能密度 ED_r 应用得更为广泛。这主要是因为 ED_r 能够直接表明飞轮转子结构与材料优化设计和旋转强度试验所达到的水平，通常将其简称为飞轮储能密度 ED_r。由于飞轮储能系统结构较复杂多样，装置系统质量远远大于储能元件飞轮转子，因此 ED_s 远远低于 ED_r。

飞轮动能与转速平方成正比。飞轮储能密度理论最大值的表达式为

$$ED_r = K_s \frac{\sigma_{max}}{\rho} < K_s \frac{\sigma_b}{\rho} \tag{2-1}$$

式中，ρ 为飞轮材料密度；K_s 为飞轮结构形状系数；σ_{max} 为飞轮结构最大应力；σ_b 为飞轮材料强度极限。

提高飞轮储能密度的最有效方法是提高转速。因旋转离心载荷引起转子结构内部的应力也与转速的平方、材料的密度成正比，所以材料强度是限制转速提高的决定因素。式(2-1) 表明，要获得高能量密度，则需要采用高强度低密度的材料，如高强合金、纤维增强复合材料等（图 2-1）。

(a) 580m/s双层　(b) 650m/s双层　(c) 750m/s多层　(d) 850m/平纹机织

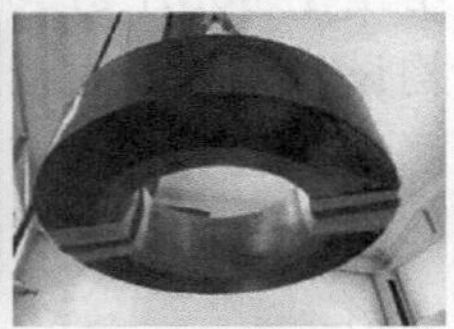

(e) 15000r/min-7MJ　(f) 18000r/min-7MJ　(g) 15000r/min-15MJ

图 2-1　清华大学飞轮储能课题组研制的复合材料飞轮

飞轮可进行结构形状优化以降低其应力，如近似等应力设计的圆盘飞轮，形状利用系数 K_s 可接近于 1。飞轮常用材料可达到的最大理论储能密度见表 2-1。

表 2-1　等应力圆盘飞轮均匀材料及储能密度（$K_s=1$）

材料	强度/GPa	密度/(kg/m^3)	材料许用系数 K_m	最大储能密度/(W·h/kg)
高强铝合金	0.6	2850	0.9	52.6
高强度合金钢	2.4	7850	0.9	76.4
玻璃纤维/树脂	1.8	2150	0.6	140.0
T700 纤维/树脂	2.1	1650	0.6	212.0
T1000 纤维/树脂	4.2	1650	0.6	424.0

2.2 合金材料飞轮结构优化

合金材料飞轮在近代动力传动工业中获得了广泛的应用，早期使用了铸造铁碳合金。应用于现代飞轮储能系统的飞轮，为提高能量密度，通常采用高强度材料，如高强度合金钢、超强合金钢、钛合金、高强铝合金。

2.2.1　材料特性

合金材料特性包括屈服强度、断裂强度极限、泊松比以及弹性模量；材料力学特性决定了在自身离心载荷下的结构内部应力、应变和总的变形。飞轮弹性分析的目标是强度安全、变形协调和连接紧固。高速飞轮合金材料特性见表 2-2。

表 2-2 高速飞轮合金材料特性

合金种类	屈服强度/MPa	典型材料牌号
高强钢合金	800～900	35CrMoA 42CrMoA
超强钢合金	1200～1600	30CrMnSiNi2A 35Si2Mn2MoVA
马氏体时效钢	2400	Ni18Co12Mo4Ti2
钛合金	500	Ti-8V6Cr4Mo3Al4Zr
高强铝合金	450	7050/T651

2.2.2 旋转体弹性分析

飞轮应力应变分析的基础为等厚度圆盘在离心载荷下的弹性力学分析。圆盘以角速度 ω 绕其中心轴旋转，材料密度为 ρ，则径向 r 处的离心力为

$$f_{\mathrm{r}}=\rho\omega^2 r \tag{2-2}$$

该力为体积力作用于圆盘上，对于薄盘（外侧径向半径为 b）按轴对称平面应力问题进行求解，对于长圆柱则按轴对称平面应变问题求解。

圆盘内部任意处的平衡方程为

$$\frac{\mathrm{d}\sigma_{\mathrm{r}}}{\mathrm{d}r}+\frac{\sigma_{\mathrm{r}}-\sigma_{\theta}}{r}+\rho\omega^2 r=0 \tag{2-3}$$

本构方程

$$\left.\begin{aligned}\varepsilon_{\mathrm{r}}&=\frac{1}{E}(\sigma_{\mathrm{r}}-\mu\sigma_{\theta})\\ \varepsilon_{\theta}&=\frac{1}{E}(\sigma_{\theta}-\mu\sigma_{\mathrm{r}})\\ \varepsilon_{z}&=-\frac{\mu}{E}(\sigma_{\mathrm{r}}+\sigma_{\theta})\end{aligned}\right\} \tag{2-4}$$

几何方程

$$\varepsilon_{\mathrm{r}}=\frac{\mathrm{d}u}{\mathrm{d}r},\varepsilon_{\theta}=\frac{u}{r} \tag{2-5}$$

边界条件

$$\begin{aligned}&\sigma_{\mathrm{r}}\,|\,s_{\sigma}=F_{\mathrm{r}}，\quad \text{在力边界上}\\ &u\,|\,s_{\mathrm{u}}=\overline{u}，\quad \text{在位移边界上}\end{aligned} \tag{2-6}$$

通过应力函数或位移方法，求解图 2-2 所示圆盘的应力分量为

$$\left.\begin{aligned}\sigma_{r}&=\frac{3+\mu}{8}\rho\omega^{2}(b^{2}-r^{2})\\ \sigma_{\theta}&=\frac{3+\mu}{8}\rho\omega^{2}\left(b^{2}-\frac{1+3\mu}{3+\mu}r^{2}\right)\end{aligned}\right\}\tag{2-7}$$

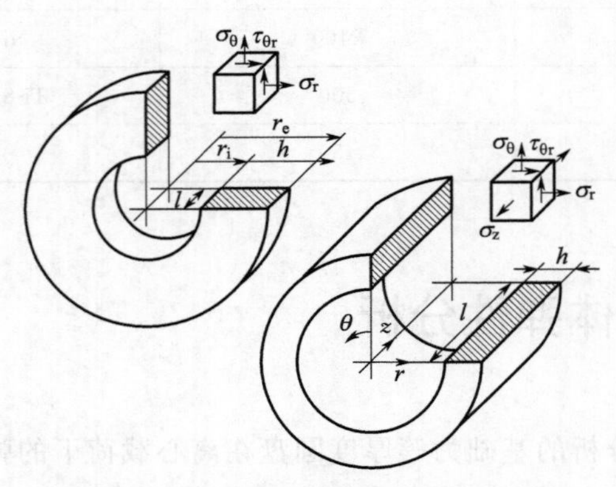

图 2-2　旋转体应力分析

在圆盘的中心 $r=0$ 处，最大引应力

$$\sigma_{r}=\frac{3+\mu}{8}\rho\omega^{2}b^{2}\tag{2-8}$$

应变分量为

$$\begin{aligned}\varepsilon_{r}&=\frac{1-\mu}{8E}\rho\omega^{2}[(3+\mu)b^{2}-3(1+\mu)r^{2}]\\ \varepsilon_{\theta}&=\frac{1-\mu}{8E}\rho\omega^{2}[(3+\mu)b^{2}-(1+\mu)r^{2}]\end{aligned}\tag{2-9}$$

位移分量

$$u=r\varepsilon_{\theta}=\frac{1-\mu}{8E}\rho\omega^{2}r[(3+\mu)b^{2}-(1+\mu)r^{2}]\tag{2-10}$$

在圆盘中心开孔，半径为 a，同样可通过应力函数或位移方法，求解得到应力分量

$$\left.\begin{aligned}\sigma_{r}&=\frac{3+\mu}{8}\rho\omega^{2}\left(b^{2}+a^{2}-\frac{a^{2}b^{2}}{r^{2}}-r^{2}\right)\\ \sigma_{\theta}&=\frac{3+\mu}{8}\rho\omega^{2}\left(b^{2}+a^{2}+\frac{a^{2}b^{2}}{r^{2}}-\frac{1+3\mu}{3+\mu}r^{2}\right)\end{aligned}\right\}\tag{2-11}$$

应变分量

$$
\left.\begin{aligned}
\varepsilon_{\mathrm{r}}&=\frac{3+\mu}{8E}\rho\omega^{2}\left[(1-\mu)(b^{2}+a^{2})-(1+\mu)\frac{a^{2}b^{2}}{r^{2}}-\frac{3(1-\mu^{2})}{3+\mu}r^{2}\right]\\
\varepsilon_{\theta}&=\frac{3+\mu}{8}\rho\omega^{2}\left[(1-\mu)(b^{2}+a^{2})+(1+\mu)\frac{a^{2}b^{2}}{r^{2}}-\frac{1-\mu^{2}}{3+\mu}r^{2}\right]
\end{aligned}\right\}\tag{2-12}
$$

位移分量

$$u=r\varepsilon_{\theta}\tag{2-13}$$

切向应力最大值

$$\sigma_{\theta\max}=\frac{3+\mu}{4}\rho\omega^{2}\left(b^{2}+\frac{1-\mu}{3+\mu}a^{2}\right)\tag{2-14}$$

在 $r=(ab)^{0.5}$ 处，径向应力最大，为

$$\sigma_{\mathrm{r}\max}=\frac{3+\mu}{8}\rho\omega^{2}(b-a)^{2}\tag{2-15}$$

飞轮边缘最大线速度的平方对于

① 实心圆盘

$$\omega^{2}b^{2}=\frac{8\sigma_{\mathrm{s}}}{\rho(3+\mu)}\tag{2-16}$$

② 空心圆盘

$$\omega^{2}b^{2}=\frac{4\sigma_{\mathrm{s}}}{\rho(3+\mu)}\tag{2-17}$$

③ 薄壁圆环

$$\omega^{2}b^{2}=\frac{\sigma_{\mathrm{s}}}{\rho}\tag{2-18}$$

飞轮转子储能密度

$$ED_{\mathrm{r}}=\frac{E}{m}=0.25(b^{2}+a^{2})\omega^{2}\tag{2-19}$$

根据以上弹性分析理论，可以得到合金材料薄壁圆环、厚壁圆盘、实心圆盘达到材料屈服极限的最高旋转速度，如表 2-3 所示。

表 2-3 飞轮结构与线速度及储能密度

材料	物理力学性能	薄壁圆环	厚壁等厚圆盘 ($a=0.1-0.2b$)	实心等厚圆盘
钢合金	屈服极限/MPa	800	800	800
	密度/(kg/m³)	7830	7830	7830
	泊松比	0.29	0.29	0.29
	$\omega^{2}b^{2}$/(m/s)	320	352	498
	U/(W·h/kg)	14	8.6	17

续表

材料	物理力学性能	薄壁圆环	厚壁等厚圆盘 ($a=0.1-0.2b$)	实心等厚圆盘
铝合金	屈服极限/MPa	450	450	450
	密度/(kg/m^3)	2850	2850	2850
	泊松比	0.33	0.33	0.33
	ω^2b^2/(m/s)	397	436	616
	U/(W·h/kg)	22	13	26

从表 2-3 中可看出，将飞轮中心开孔以利于连接轴的方式，储能密度是最低的，高强铝合金的储能密度高于合金钢。

2.2.3 构型优化

2.2.3.1 等强度设计

等外径的圆盘应力分量随半径增加而减小，外侧的材料没有得到有效的利用，从圆盘中心向外缘，厚度逐渐减小，成为变径向厚度圆盘。工程中等强度条件为

$$\sigma_r=\sigma_\theta=\sigma_0=\text{常数} \tag{2-20}$$

满足平衡方程、协调方程的圆盘截面沿着轴向的厚度为

$$h=h_0 e^{-\frac{\rho\omega^2 r^2}{2\sigma_0}} \tag{2-21}$$

为简化曲线，降低加工难度，可以设计为斜直线。等强度设计充分利用了材料，但外侧厚度减小，转动惯量小于等厚度圆盘。

2.2.3.2 多圆盘连接结构设计

当圆盘沿着轴向方向厚度增加后，尺寸变大，铸造、锻造、热处理工艺难度增加，应力最大的中心部位力学性能难以保障。因此，采用多薄盘组合成厚圆盘（圆柱），薄盘与薄盘之间采用联轴器、拉杆连接或焊接。

双飞轮连接结构如图 2-3 所示。

2.2.4 结构有限元分析

在弹性分析、飞轮圆盘结构参数初步设计基础上，在零件设计中，加入曲线优化、连接结构设计。局部有连接孔，弹性分析解较为困难，可以采用结构有限

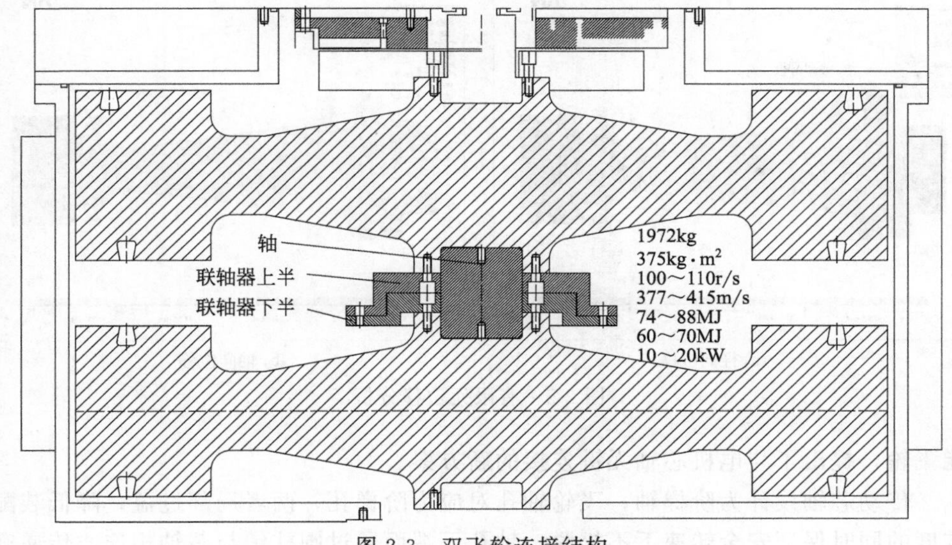

图 2-3　双飞轮连接结构

元弹性分析方法，建立结构有限元分析模型，划分网格、求解、数据处理表达和分析，获得飞轮精细应力应变分布（图 2-4、图 2-5），评价飞轮的强度特性[1~3]。

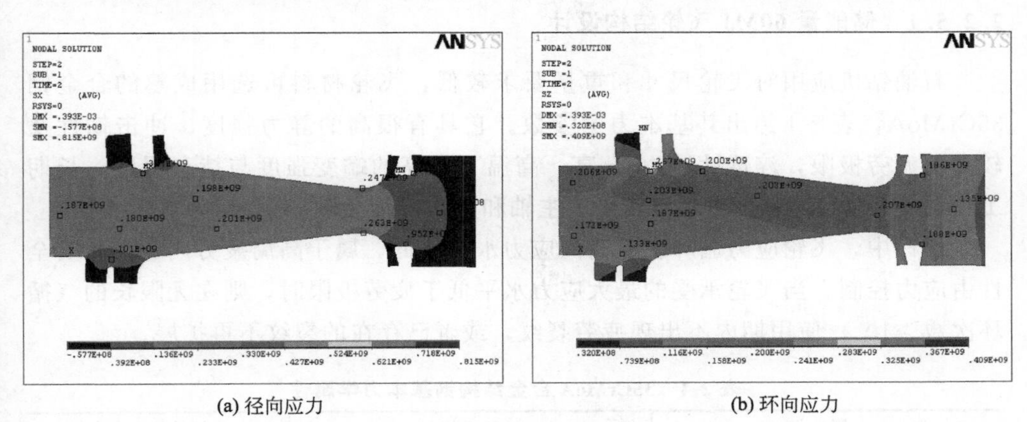

(a) 径向应力　　(b) 环向应力

图 2-4　有限元应力分析

2.2.5　合金飞轮结构设计案例分析

为实现石油钻机混合动力系统中储能单元的“数十兆焦”能量和“兆瓦”级功率技术要求，设计了一种额定转速 2700r/min、储能量 60MJ 变截面合金钢储

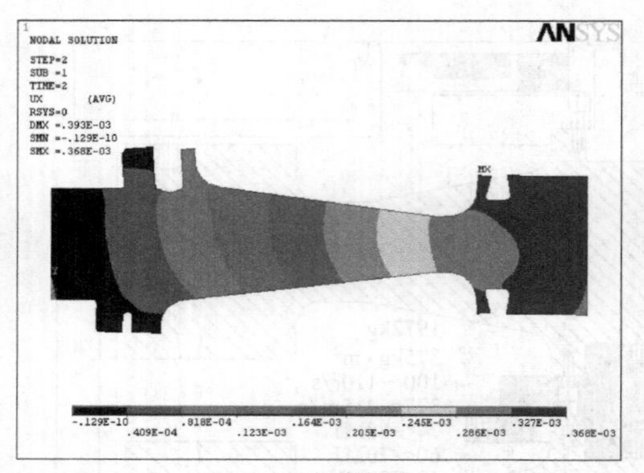

(a) 径向位移

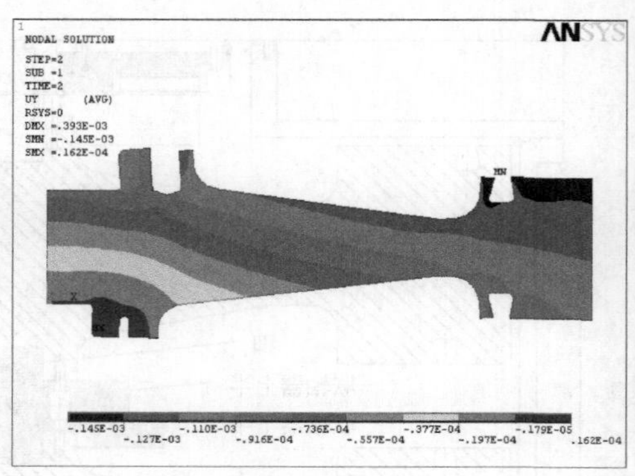

(b) 轴向位移

图 2-5 有限元位移分析

能飞轮，提出了与电机芯轴无键连接的新方案。

传动芯轴设计为阶梯轴，飞轮轴孔对应为阶梯孔，两者局部过盈，降低装配难度的同时保证安全转速下不松脱。轴孔下端面通过圆柱销与芯轴相连，传递升降速过程中的扭矩。飞轮转子重量通过螺栓和底板传递到电机芯轴上，并最终由上部永磁轴承卸载和下部推力轴承承担。

2.2.5.1 储能量 60MJ 飞轮结构设计

石油钻机应用对飞轮尺寸和重量要求较低，飞轮材料可选用成熟的合金钢 35CrMoA，表 2-4 给出其基本力学参数。它具有很高的静力强度、冲击韧性及较高的疲劳极限，淬透性较 40Cr 高，高温下有高的蠕变强度与持久强度，长期工作温度可达 500℃，适用于转子、主轴和重载荷传动轴。

设计中，飞轮应力循环次数高而应力水平较低，属于高周疲劳问题，其安全性由应力控制。当飞轮承受的最大应力水平低于疲劳极限时，则在无限长的（循环次数＞10^7）使用期内不出现疲劳裂纹，或者已存在的裂纹不再扩展。

表 2-4 35CrMoA 合金结构钢基本力学属性

属性	参考值	分析计算参考值
抗拉强度 σ_b/MPa	≥985	1000
屈服强度 σ_s/MPa	≥835	835
弹性模量 E/GPa	195～210	200
泊松比 μ	0.25～0.30	0.28
密度 ρ/(kg/m^3)	7820～7870	7850

飞轮轴系采用立式布局，如图 2-6 所示，自上而下依次为上支承、永磁轴承导磁环、芯轴（传动轴）、电动机/发电机转子、金属飞轮和下支承。

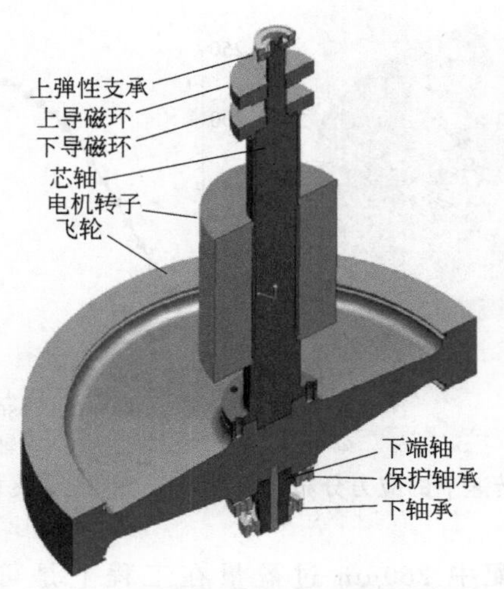

图 2-6 储能 60MJ 飞轮立式轴系图

按组合结构设计思路，飞轮截面设计为“H”形，外轮缘处加厚，调整质量分布，获得大转动惯量。因储能大，实心圆盘与轴安装后再同轴精密加工难度大；采用通孔穿轴设计，储能密度降低。轮毂部分内厚外薄，近似模拟“等强度”盘，减少应力负荷。设计外径 1600mm，厚度 380mm，厚径比 0.2375，轴孔直径 270mm，转动惯量 1520kg·m^2，质量 4000kg。

图 2-7 给出了飞轮在 2700r/s 额定转速下的米塞斯应力分布，最大值 384MPa 出现在轴孔内壁，表现出带孔圆盘在离心载荷下应力分布的基本特点。此外，应力次强点分布在轮辐两端表面，淬火工艺可以有效保障材料表面强度。

2.2.5.2 飞轮-芯轴连接设计

飞轮芯轴将各个部分串联成轴系，同时承担部件转移的重量，并传递给上、下支承。芯轴设计成两端细、中间粗的阶梯轴。芯轴与飞轮的装配需要依托改进的套装工艺，并搭配恰当的键或销传递升降速扭矩。

2.2.5.3 轮轴过盈套装

套装以及过盈套装工艺可以充分保证轮轴装配的对中性。阶梯轴的轴肩结构提供准确轴向定位，同时承载飞轮转移的重力。以图 2-7 中轴孔 Z 方向的 AB 线段为路径，统计额定转速下飞轮轴孔内壁的径向位移分布（图 2-8），呈现两端小、中间大的特点。装配过盈量按照轴孔中段变形设置，大配额保证额定转速下整体不松脱，却增加装配难度。而如果过盈量按照轴孔两端变形设置，小配额有利于套装操作，却容易导致高转速下接触压力不够，摩擦力减小，轮轴松脱。

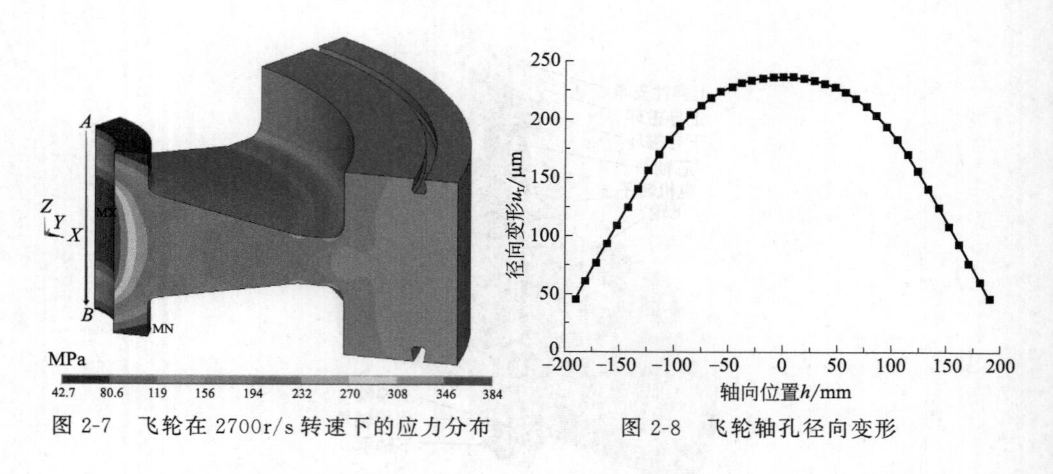

图 2-7　飞轮在 2700r/s 转速下的应力分布

图 2-8　飞轮轴孔径向变形

尽管飞轮芯轴装配中 250μm 过盈量在工程上是可以实现的，但是长达380mm 的过盈面装配操作比较困难。额定转速附近，保证轮轴不松脱仅仅是基本要求，还需要维持一定的接触正应力，提供传递扭矩的摩擦力。此外，金属材料的蠕变效应导致过盈面接触力释放，又影响飞轮的长期使用寿命。综合以上因素，不能采用单纯的过盈套装实现芯轴和飞轮的装配和扭矩传递。

2.2.5.4　轮-轴键槽连接

大扭矩的机械传递中，键槽一直作为典型手段使用。但键槽仅承担传递扭矩的作用，还需要通过过盈套装来保证对中性和避免高速下轮轴分离。那么，类似于传统花键这样的多齿面键，极难实现过盈转配。改进的键槽结构中，键槽部分紧密配合，如图 2-9 所示。

该设计中，键（或称销）选取方块或者圆柱体，芯轴上对称开键槽，飞轮上对应加工滑道。飞轮升降速的扭矩通过键传递，配合面的过盈量只需保证额定转速下轮轴不分离，即 50μm。飞轮轴孔滑道处成为新的应力最大点，直径 40mm 半圆滑道额定转速时的应力达到 657MPa，增加 71.1%。同时发现，轴孔内壁随着转速提高变形逐渐增大，键与飞轮键槽出现空隙，键在离心载荷下偏向飞轮。从而，低速时键被压回芯轴键槽，高速时被甩出；当几根键运动不同步时，将施加瞬态冲击，增加可观的失衡量。

2.2.5.5　轮-轴无键连接

飞轮轮轴装配需要实现三方面功能，其一是传递扭矩（传动），其二是承载飞轮重量并传递给上、下支承，其三是保证芯轴飞轮对中性。整合现有工艺，套装可以实现结构对中，适量过盈确保轮轴不松脱和良好的对中性能，轴肩用来承载飞轮重量，传递扭矩改用轴向圆柱销。

方案如图 2-10 所示，飞轮轴孔加工成阶梯孔；轮轴的两端配合面 12 和 12′为短距离小配额过盈套装，操作方便，保证两者对中性。圆柱销 3 于飞轮底部插入芯轴底孔，传递制动扭矩。外侧挡板 5 封住圆柱销，并通过螺栓 4 连接芯轴与飞轮，传递飞轮质量并提供轴向定位。圆柱销和螺栓皆为 4 枚间隔对称分布，图 2-10 中各表示一枚作示意。4000kg 飞轮重量分配到 4 枚直径 30mm 螺栓上，轴向应力仅为 13.9MPa。

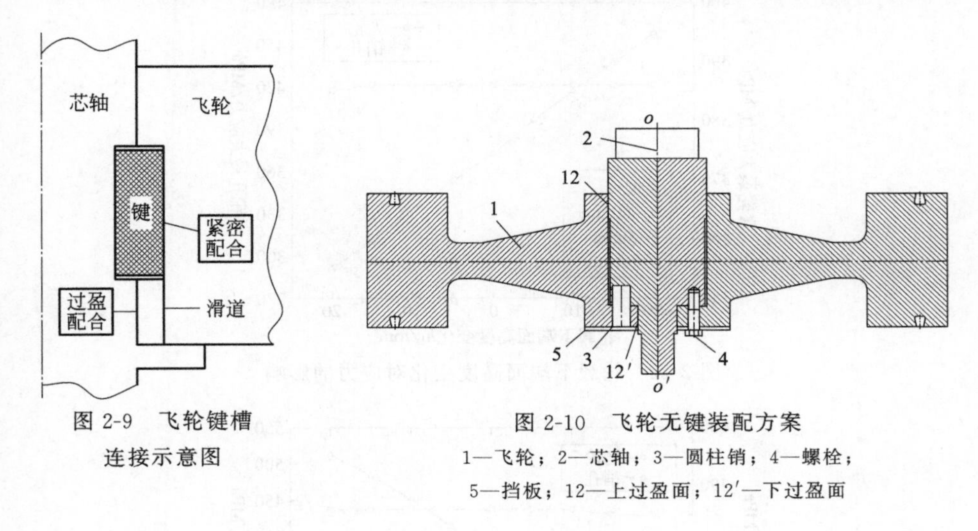

图 2-9 飞轮键槽连接示意图

图 2-10 飞轮无键装配方案

1—飞轮；2—芯轴；3—圆柱销；4—螺栓；5—挡板；12—上过盈面；12′—下过盈面

2.2.5.6 轴孔台阶结构参数研究

图 2-10 中的方案为优化装配附加了轴孔台阶结构，见图 2-11；芯轴外径尺寸远小于飞轮，轴肩开孔的应力集中亦不足以引起强度失效。

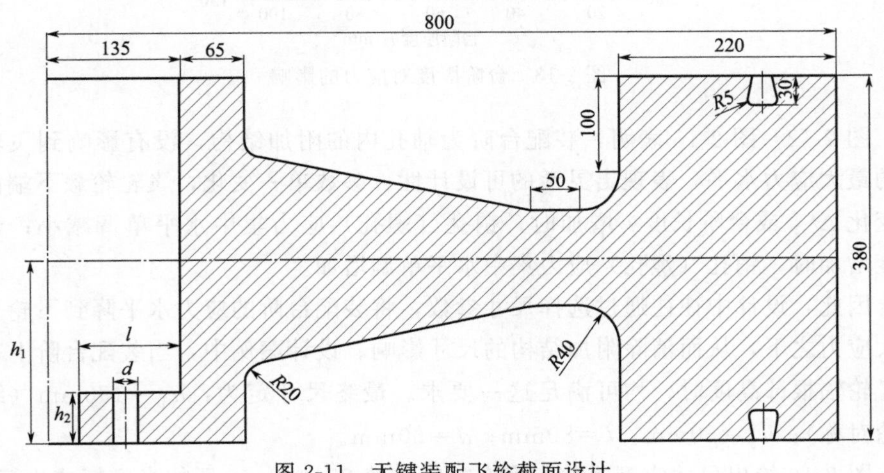

图 2-11 无键装配飞轮截面设计

下面考察轮毂下端面高度 h_1、台阶厚度 h_2、台阶长度 l、销孔（螺孔）直径 d 对飞轮主体最大应力和销孔（螺孔）应力水平的影响，进行尺寸优化研究，结果依次如图 2-12～图 2-15 所示。其中尺寸 h_1 基准值为 190mm，改增量“Δh_1”为自变量；销钉孔是通孔，位于台阶结构中央。

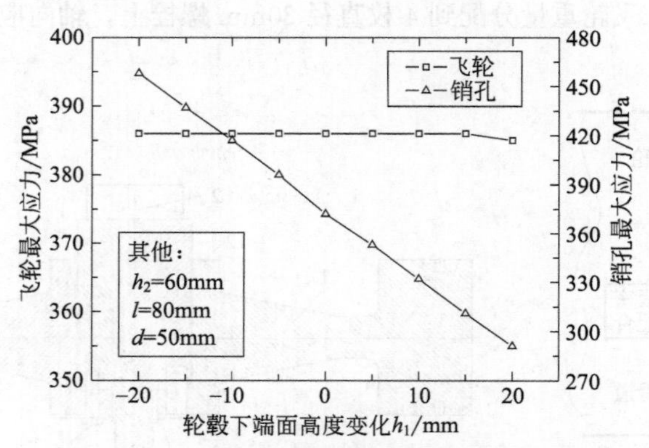

图 2-12　轮毂下端面高度变化对应力的影响

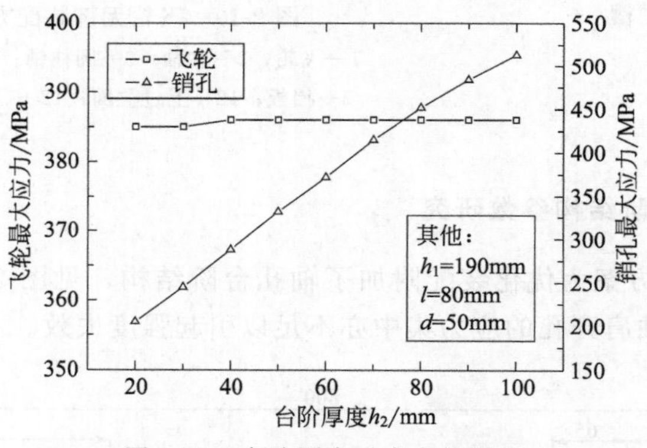

图 2-13　台阶厚度对应力的影响

图 2-12～图 2-15 表明，装配台阶为轴孔内的附加结构，没有影响到飞轮主体的最大应力水平，表现出灵活的可设计性。参数单一变化，飞轮轮毂下端面高度变化 Δh_1 或台阶长度 l 增加时，销孔（螺孔）应力集中水平单调减小；台阶高度增加时，销孔（螺孔）应力集中水平单调增加。

因此，设计中往往通过选择尺寸参数，将装配台阶的应力水平降到飞轮自身最大应力之下，从而消除附加结构的尺寸影响。设计案例中，当装配台阶上表面低于轮辐根部高度时，均可满足这一要求。最终尺寸定为：$h_1=190$mm（维持飞轮对称）；$h_2=60$mm；$l=80$mm；$d=50$mm。

图 2-16 给出尺寸定型飞轮方案在额定转速 2700r/min 下的米塞斯应力云图，

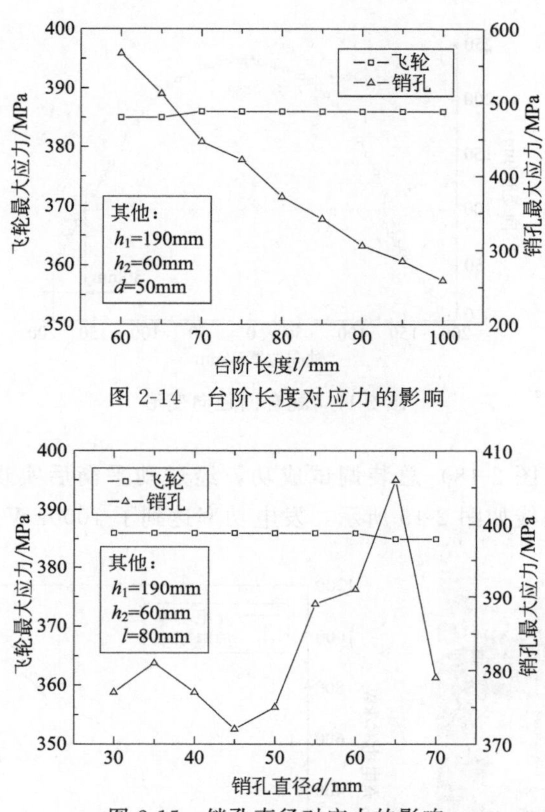

图 2-14 台阶长度对应力的影响

图 2-15 销孔直径对应力的影响

飞轮轴孔内侧应力最大为 386MPa，销孔（螺孔）内缘应力集中最大应力 375MPa。沿着图 2-16 中 A、B 路径统计额定转速下配合面径向变形，结果如图 2-17 所示。设计 100μm 过盈量，保证整个转速区间内芯轴与台阶内孔不松脱，并且芯轴与轴孔端部 30mm 配合面亦保持接触。

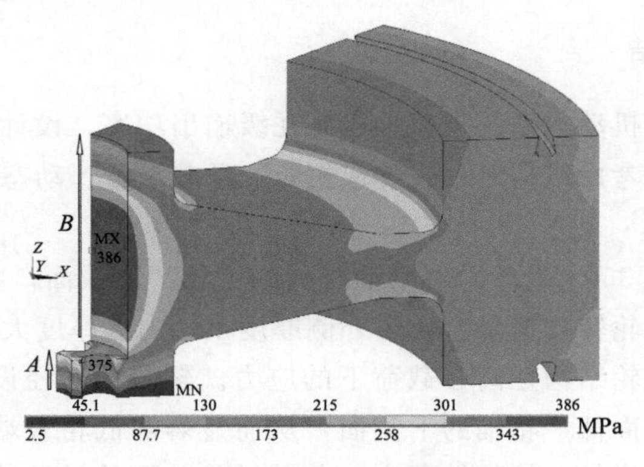

图 2-16 无键装配飞轮米塞斯应力分布

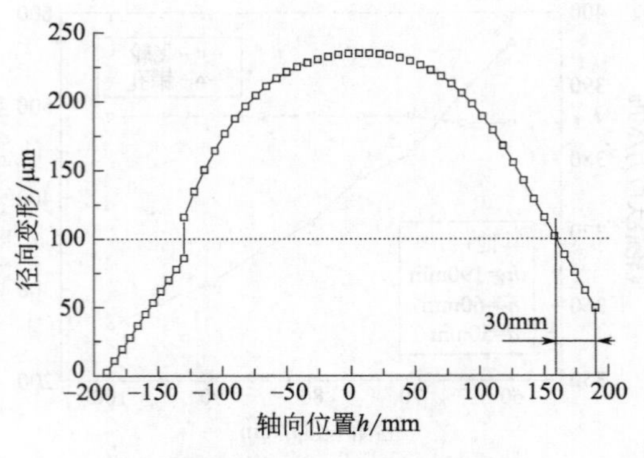

图 2-17　配合面径向变形

该飞轮轴系（图 2-18）总装调试成功，经过动平衡后实现了 2700r/min 稳定运行，充放电曲线如图 2-19 所示，发电功率达到了 1000kW。

图 2-18　60MJ/1 MW 飞轮轴系

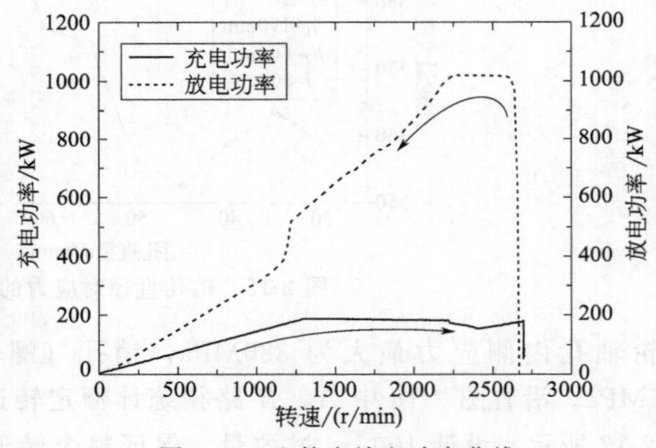

图 2-19　飞轮充放电功率曲线

2.2.5.7　设计小结

为实现石油钻机动力系统飞轮单机兆瓦级输出功率，设计了储能 60MJ 低速合金钢飞轮，综合考虑结构对中、传递扭矩、承载重量、动态变形、轴向定位等多方面功能。

飞轮材料选取 35CrMoA，采用轴对称的“H”形截面，将质量分布偏重于外侧轮缘，增加飞轮转动惯量。轮辐外侧厚度小，内侧厚度大，实现了近似等强度设计，降低了飞轮结构在离心载荷下的应力。轮毂为变径设计，形成阶梯孔，轮毂轴向过渡台阶面低于轮辐的下侧面，从而显著降低轮毂端面开设圆柱销孔、螺栓孔引起的应力增加。轮毂轴孔内，芯轴局部与飞轮过盈装配，配合长度短，压力装配难度大大降低，同轴定位精度高。采用圆柱销传递飞轮与芯轴之间的扭矩，保证飞轮在加速或减速过程中，飞轮与芯轴之间不出现松脱打滑。

2.3 复合材料飞轮结构优化

2.3.1 概述

高比强度的玻璃纤维和碳纤维已被广泛应用于制造飞轮转子（线速度 600～1000m/s）。目前比较成熟的飞轮制造工艺是采用浸润环氧树脂的高强纤维环向缠绕芯模，获得预定厚度的圆筒体后高温固化脱模成型。然而纤维缠绕的复合材料飞轮力学性能是各向异性的，其环向与纤维方向一致，因此强度很高，可以达到 1000MPa 以上；而径向强度主要由环氧树脂与纤维/树脂界面提供，通常低于 50MPa，成为提高飞轮速度的瓶颈。

均匀材料飞轮工作在高速旋转状态，其环向拉应力及径向拉应力与转速的平方成正比，最大径向拉应力还与飞轮径向厚度的平方成正比。对于纤维缠绕的厚壁复合材料飞轮，其较低的径向强度大大制约了径向厚度；而减小径向厚度制成的薄壁型飞轮转子，其质量储能密度虽然较高，但是体积储能密度较低。

国内外学者为解决纤维缠绕复合材料飞轮径向强度不足问题进行了大量研究[4～6]，提出了多层圆环复合材料飞轮设计方法；采用一组环向缠绕的单层薄圆环组成，层间采用过盈装配，以产生层间预压应力来平抑飞轮旋转时产生的径向拉应力[7]，也可以采用纤维张紧缠绕来实现层间的预压应力[8]。多层圆环套装飞轮在固化降温时，温度变化带来的各向异性材料内应力有时甚至超过飞轮的径向强度[9]。多层套装圆环复合材料飞轮具有四个缺点：一是为了降低旋转时的径向拉应力，复合材料轮缘内半径较大，金属轮毂与轮缘的变形难以协调；二是体积储能密度较低；三是过盈装配或张紧缠绕产生的初始应力会使树脂基体因本身较大的黏弹性而容易产生蠕变；四是装配工艺难度大。

2.3.2 纤维增强复合材料特性

环向缠绕的单层复合材料圆环转子往往因径向强度低而产生层内径向拉裂。采用复合材料多环缠绕装配、优化配比和过盈量可以有效协调径向变形，提高转子的径向强度[13,14]，从而提高转子转速及储能量。表 2-5 给出了一种 4 层复合材料轮缘的力学参数。

表 2-5 多层复合材料轮缘各层材料力学参数

轮缘层号	1	2	3	4
纤维	GF-Sglass	GF-Sglass/CFT700 混杂各 50%	CF-T700	CF-M40J
基体	环氧树脂	环氧树脂	环氧树脂	环氧树脂
纤维体积率%	65	65	65	65
厚度/mm	d_1	d_2	d_3	d_4
环向模量/GPa	56.4	103.9	150.7	227.6
径向模量/GPa	8	7	7	7
环向泊松比 μ_1	0.28	0.29	0.3	0.29
径向泊松比 μ_2	0.33	0.33	0.36	0.36
环向剪切模量/GPa	5.8	5.7	5.5	5.5
径向剪切模量/GPa	5.8	5.5	4.9	4.9
密度/(kg/m^3)	2012.5	1801.3	1590	1557.5
环向强度/MPa	2751.0	2978.5	3206	2881.0

2.3.3 构型设计

2.3.3.1 多薄层过盈套装

先用纤维缠绕成型工艺，绕制固化多个薄层圆柱体，然后过盈套装。单层圆环内表面因芯模固化中比较光滑，可以直接利用，但外表面需要磨削到装配尺寸和表面粗糙度精度要求，如图 2-20 所示。

2.3.3.2 两环套装

为简化多层套装工艺，先绕制成两个比较厚的空心圆柱体，然后过盈套装。通常，内环采用低模量的复合材料，外环采用高模量复合材料。

2.3.3.3 双向叠层强化

解决环向缠绕飞轮径向强度不足问题的另一个思路是在径向引入强化纤维[10]。一种方式是纯径向纤维铺层与环向缠绕层混合叠层（图 2-21），分成环向纤维层、径向纤维层，采用铺层工艺，各层堆叠固化。

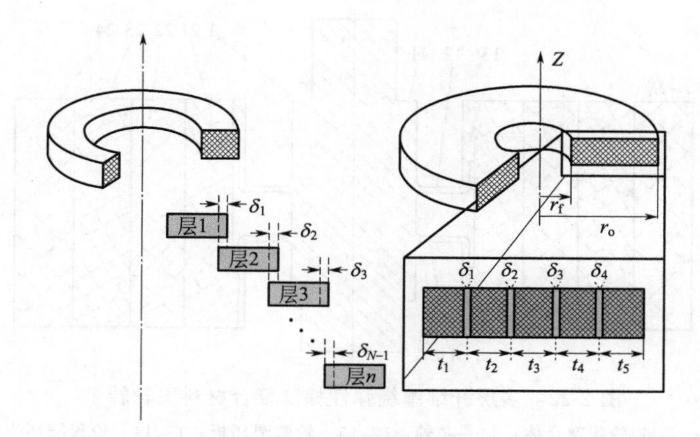

图 2-20　多薄层过盈套装

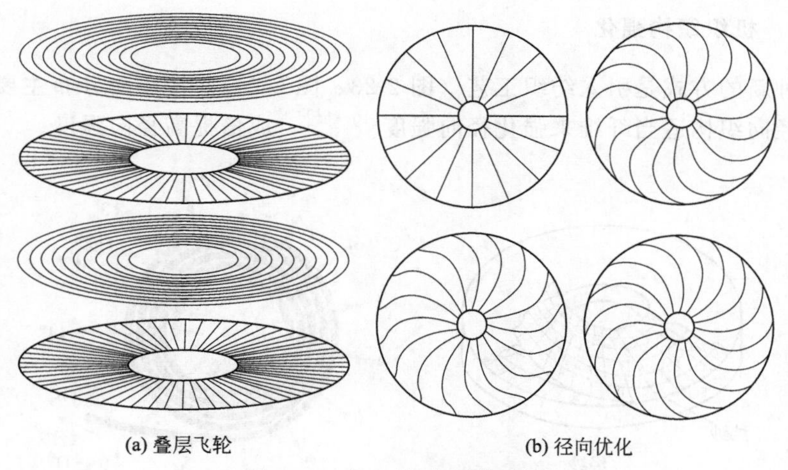

图 2-21　环向/径向纤维叠层

2.3.3.4　多层纤维弹性梯度分次固化缠绕

如图 2-22 所示，纤维增强采用 3～4 层多种纤维增强复合材料新轮缘结构以及轮毂/芯轴融合一体结构。制作复合材料轮缘时，只需一个芯模，各层内分 3～4 次缠绕固化、内层固化后再缠绕固化相邻外层，实现 700～900m/s 的超高速旋转。

由内层向外层，不同种类的纤维增强同一基体相的复合材料弹性模量逐次增加，在相同离心载荷下变形更小，形成内部压向外部的作用力效果，部分抵消分层的径向应力，从而实现层间自紧效应。

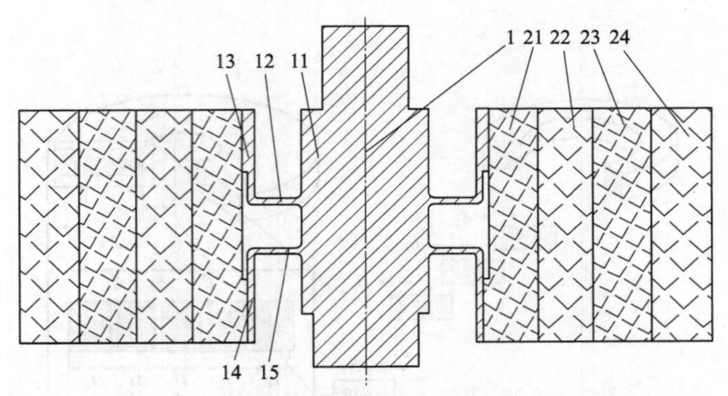

图 2-22　多层纤维缠绕弹性梯度复合材料飞轮转子

1—芯轴-轮毂融合体；11—芯轴；12,15—轮毂圆环板；13,14—轮毂圆环壳；21—轮缘内层；22—轮缘次内层；23—轮缘次外层；24—轮缘外层

2.3.3.5　机织织构强化

一种新的方式是引入纺织工艺（图 2-23、图 2-24），在环向分布主要纤维的同时在径向织构适当纤维来强化径向强度[10~14]，成倍提高径向强度。

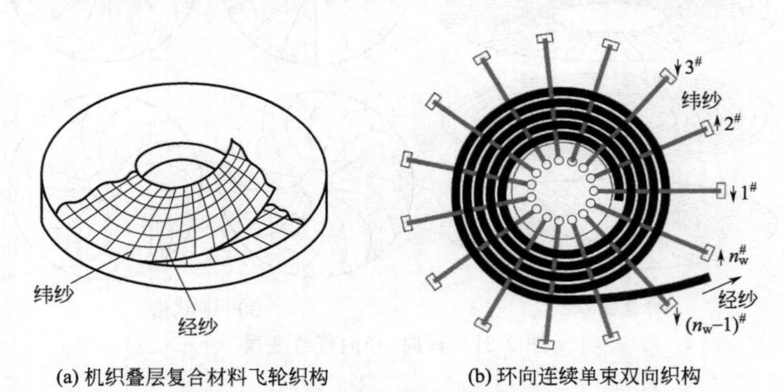

(a) 机织叠层复合材料飞轮织构　(b) 环向连续单束双向织构

图 2-23　纤维纺织织构强化飞轮

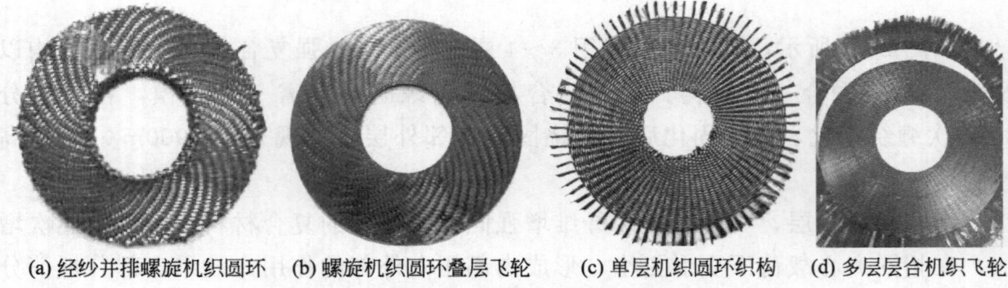

(a) 经纱并排螺旋机织圆环　(b) 螺旋机织圆环叠层飞轮　(c) 单层机织圆环织构　(d) 多层层合机织飞轮

图 2-24　机织复合材料飞轮研制样品

清华大学飞轮储能研究课题组与天津工业大学纺织学院的郭兴峰教授合作在国内首先试制出新型碳纤维薄层螺旋圆环形连续织物、新型具有环向单一连续经纱的单层二维机织完整圆环织构，叠层后与环氧树脂复合得到试验飞轮（图 2-24）；开展了旋转测试，飞轮边缘线速度达到 800m/s，探索表明二维机织圆环复合材料在飞轮结构中具有良好的应用前景。

2015 年，日本学者 Hiroshima 等提出了三维复合材料织物强化的飞轮设计，直径为 300mm，纤维排布如图 2-25 所示；并进行了力学分析，等厚截面飞轮的设计转速为 1376m/s，变厚截面飞轮为 1797m/s，但是受限于测试平台动力学稳定性问题，目前测试转速未超过 800m/s。

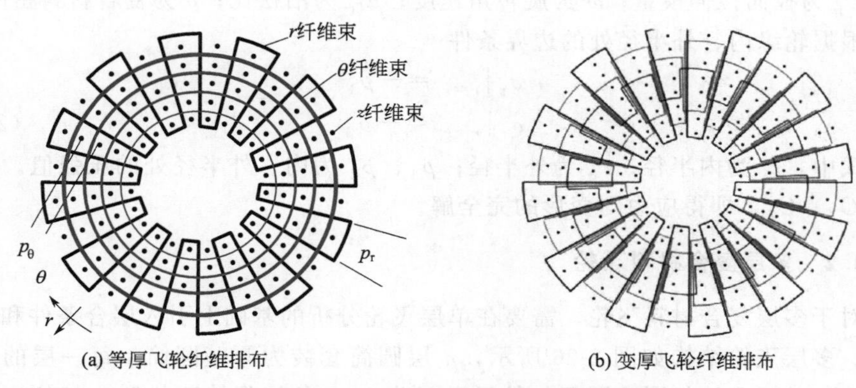

图 2-25 三维复合材料织物强化飞轮纤维排布

2.3.4 简化弹性分析

2.3.4.1 单层复合材料飞轮

复合材料飞轮轮缘为轴对称圆筒状，以角速度 ω 绕中心轴旋转，不考虑剪切应力，则简化为平面应力状态。以圆环平面以及圆心为坐标原点建立极坐标系（r，θ），根据圆环上微元体受力情况，得到位移 u 表示的平衡方程[15]

$$r^2\frac{\mathrm{d}^2u}{\mathrm{d}r^2}+r\frac{\mathrm{d}u}{\mathrm{d}r}-\frac{E_\theta}{E_r}u=-\frac{\rho\omega^2}{E_r}\left(1-\frac{\mu_{\theta r}^2E_r}{E_\theta}\right)r^3 \tag{2-22}$$

令 $\lambda=\sqrt{E_\theta/E_r}$，求解式(2-22) 得出径向位移表达式

$$u=C_1r^\lambda+C_2r^{-\lambda}-\frac{\lambda^2}{E_\theta}\rho\omega^2\frac{\left(1-\frac{\mu_{\theta r}^2}{\lambda^2}\right)}{9-\lambda^2}r^3 \tag{2-23}$$

将式(2-23) 代入几何方程、本构方程，解得环向应力与径向应力的表达式[15]

$$\sigma_\theta=C_1\frac{E_\theta}{1-\frac{\mu_{\theta r}}{\lambda}}r^{\lambda-1}+C_2\frac{E_\theta}{1+\frac{\mu_{\theta r}}{\lambda}}r^{-\lambda-1}-\frac{\left(1+3\frac{\mu_{\theta r}}{\lambda^2}\right)}{9-\lambda^2}\lambda^2\rho\omega^2r^2 \tag{2-24}$$

$$\sigma_r=C_1\frac{E_\theta/\lambda}{1-\frac{\mu_{\theta r}}{\lambda}}r^{\lambda-1}-C_2\frac{E_\theta}{1+\frac{\mu_{\theta r}}{\lambda}}r^{-\lambda-1}-\frac{3+\mu_{\theta r}}{9-\lambda^2}\rho\omega^2r^2$$

式中，σ_θ 为环向应力；σ_r 为径向应力；u 为径向位移；E_θ 为环向拉伸模量；E_r 为径向拉伸模量；ω 为旋转角速度；$\mu_{\theta r}$ 为泊松比；ρ 为复合材料密度。

根据轮缘内、外半径处的边界条件

$$\begin{aligned}\sigma_r\big|_{r=r_i}&=-p_1\\ \sigma_r\big|_{r=r_o}&=-p_2\end{aligned} \tag{2-25}$$

式中，r_i 为内半径；r_o 为外半径；p_1、p_2 为内、外半径处的压强值。解得系数 C_1、C_2，即得应力与变形的完全解。

2.3.4.2　多层复合材料飞轮

对于多层复合材料飞轮，需要在单层飞轮分析的基础上引入层合条件和边界条件。多层飞轮结构如图 2-26 所示，n 层圆筒套装为厚壁圆筒，每一层的应力分布均与单层飞轮相同；层间初始过盈量为 δ_n，各层保持不松脱，相邻层的内层外径与外层内径处的径向应力要相等。

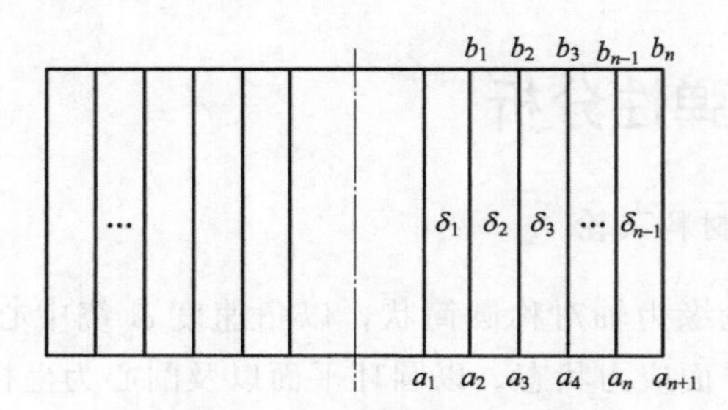

图 2-26　多层飞轮转子结构

设各层内、外径分别为 a_i、b_i $(i=1,2,\cdots,n)$，则应力边界条件为

$$\begin{aligned}\sigma_{a_1}&=p_i\\ \sigma_{b_n}&=p_o\end{aligned} \tag{2-26}$$

径向应力层合条件为

$$\sigma_{b_i}=\sigma_{a_{i+1}}\ (i=1,2,\cdots,n) \tag{2-27}$$

径向位移层合条件为

$$u_{i+1}-u_i=\delta_i(i=1,2,\cdots,n-1) \tag{2-28}$$

以上共有 $2n$ 个方程，联立求得 n 个 C_1、C_2，即得各层应力和变形的完全解。若某一层合处径向应力为正，则表示径向受拉，此层发生松脱，转子失效。

多层飞轮的力学问题，如过盈量设计、张紧力设计以及本文发展的多层层内混杂设计均可通过上面的方程求解。

2.3.5 有限元分析

将复合材料视为横观各向异性均匀材料，建立几何模型，划分网格，求解；与弹性解析近似解进行对比，互相印证。

有限元模型及计算变形分布如图 2-27 所示。

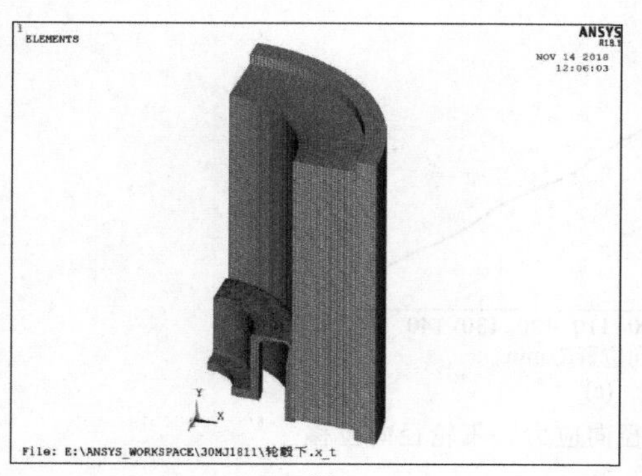

(a)

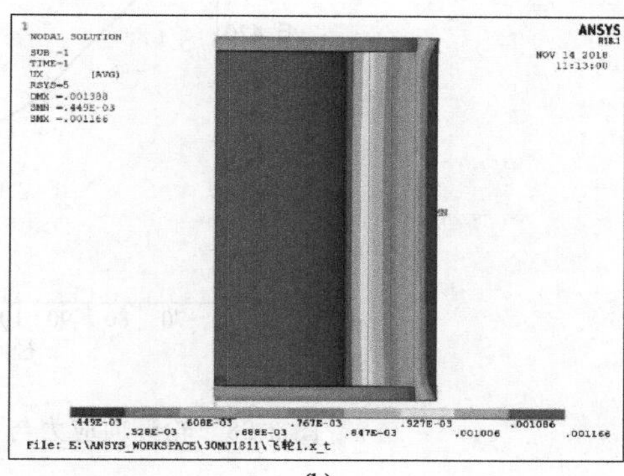

(b)

图 2-27 有限元模型及计算变形分布

2.3.6 多层圆环工艺试验飞轮设计

复合材料及工艺试验小飞轮总体预设结构参数如下：外径 300mm，内径 140mm，高度 10mm，设计目标转速 48000r/min。

飞轮轮缘采用四层复合材料缠绕设计，层内均匀。按照材料强度和变形约束由内到外分别采用 S2 玻璃纤维、T700/S2 玻璃纤维各 50%混杂、T700 碳纤维、M40J 碳纤维，纤维体积比设置为 0.65。通过优化设计确定各层的厚度，保持适当的应力应变水平，最大限度地发挥材料的比强度特性。

在表 2-5 中多层厚度 $d_1=d_2=d_3=d_4=20$mm 的设定条件下，计算飞轮的应力状态，结果如图 2-28 所示。

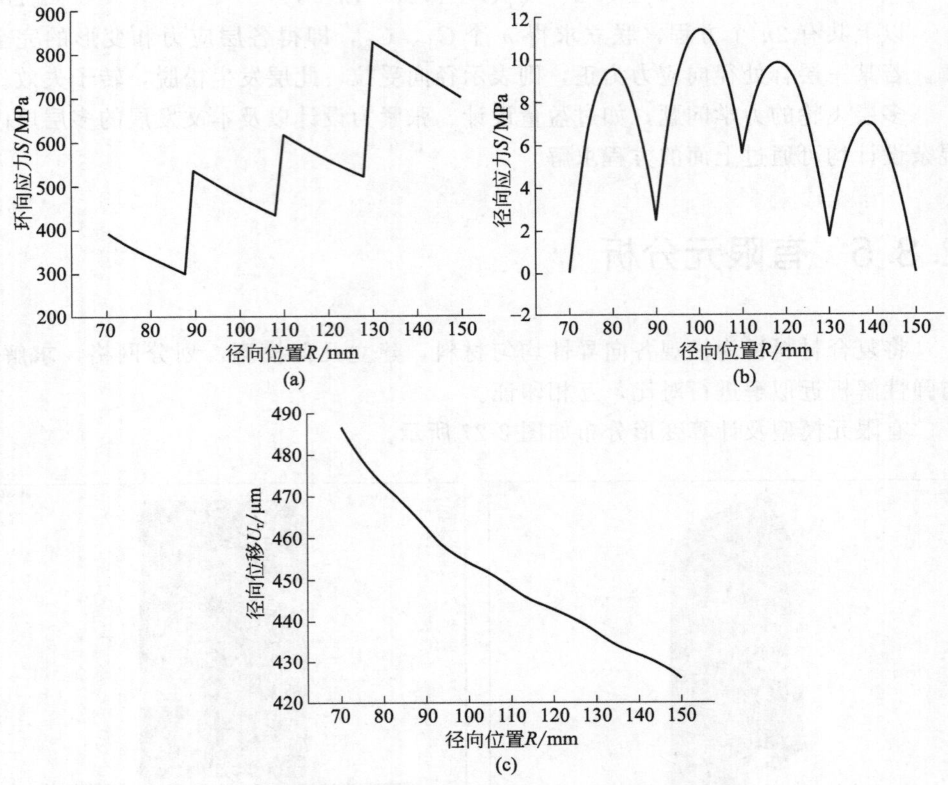

图 2-28　轮环向应力与径向应力、飞轮径向位移

从图 2-28 中可以看出在该尺寸条件下，飞轮最小环向应力发生在第 1 层的最外端，大小为 280MPa；最大环向应力发生在第 3 层的最内端，大小为 820MPa。飞轮层间径向均为拉应力，小于 6MPa，层内拉应力不大于 12MPa；飞轮径向位移随半径单调递减，最内层径向位移为 0.485mm，最外层径向位移为 0.425mm。该设计尺寸径向强度足够，层间不发生分离。

根据设计，制作了 9 个试验样品，全部达到 48000r/min 运行，线速度达到 750m/s。

2.3.7　飞轮-芯轴连接结构优化

因缠绕复合材料飞轮径向厚度受限，其内圆不能做到与轴直接连接。因为实心轴的变形量很小，复合材料飞轮内圆的变形量较大，需要在芯轴与轮缘之间设计轮毂，实现变形协调和传递扭矩。轮毂构型如图 2-29、图 2-30 所示。

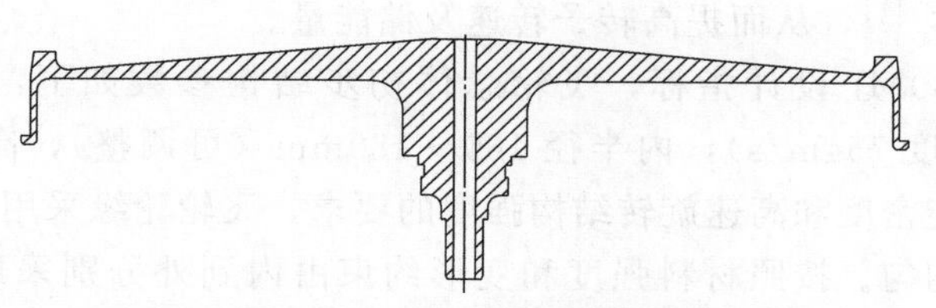

图 2-29　构型 1：圆环板补偿轮毂

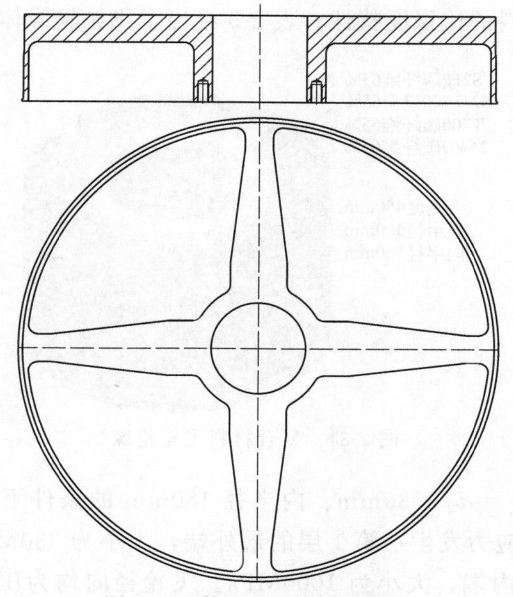

图 2-30　构型 2：轮辐式轮毂

2.3.8 10kW·h级复合材料飞轮设计案例分析

2.3.8.1　设计要求

飞轮储能系统对飞轮储能部件设计技术的要求是：总储能量 25MJ，最高工作转速 24000r/min，边缘线速度 650～800m/s。

2.3.8.2　多层复合材料轮缘结构设计

环向缠绕的单层复合材料圆环转子往往因径向强度低而产生层内径向拉裂。采用复合材料多环缠绕装配、优化配比和过盈量可以有效协调径向变形，提高转子的径向强度[13,14]，从而提高转子转速及储能量。

依据储能 30MJ 设计指标，飞轮总体初步结构参数如下：外半径 300mm（飞轮圆周线速度 754m/s），内半径 160～180mm（可调整），高度 450mm。为满足飞轮大储能密度和高速旋转结构强度的要求，飞轮轮缘采用四层复合材料缠绕设计，层内均匀。按照材料强度和变形约束由内到外分别采用 S2 玻璃纤维、T700/S2 玻璃纤维各 50%混杂、T700 碳纤维、M40J 碳纤维，纤维体积比设置为 0.65（图 2-31）。通过优化设计确定各层的厚度，保持适当的应力应变水平，最大限度地发挥材料的比强度特性。表 2-5 给出了飞轮轮缘体各层材料参数。

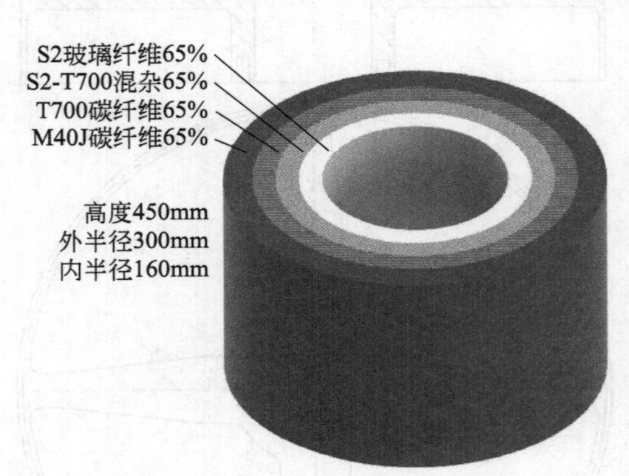

图 2-31　复合材料飞轮轮缘

在 $d_1=d_2=d_3=d_4=30$mm、内半径 180mm 的条件下计算飞轮的应力状态，飞轮最小环向应力发生在第 1 层的最外端，大小为 330MPa；最大环向应力发生在第 3 层的最内端，大小为 1000MPa。飞轮径向均为压应力。飞轮径向位移随半径单调递减，满足变形约束条件，最内层径向位移为 1.310mm，最外层径向位移为 1.050mm。各层内径向应力分布并不均匀，没有充分发挥材料的抗拉性能，并且内层径向位移大于 1.2mm，不利于轮缘与轮毂的紧密配合。改变 d_1、d_2、d_3、d_4 值满足外半径 300mm、内半径 160mm 的条件，重新计算飞轮应力状态，结果见表 2-6。

表 2-6　轮缘各层材料力学参数

轮缘尺寸组	1	2	3	4
内半径/mm	160	160	160	160
d_1/mm	40	36	36	35
d_2/mm	50	42	40	35
d_3/mm	40	42	44	35
d_4/mm	10	20	20	35

续表

轮缘尺寸组	1	2	3	4
最小环向应力/MPa	350	330	330	310
最大环向应力/MPa	1000	960	950	900
最大径向压应力/MPa	−5	−5	−5	−3
最大径向拉应力/MPa	13	7	6	16
内层径向位移/μm	1355	1240	1230	1150
外层径向位移/μm	1180	1050	1040	940

表 2-6 中第 3 组的分层结构应力分布较为均匀，能够充分发挥四层材料的性能，各层最大拉应力不大于 6MPa（图 2-32），且节省 M40J 材料；内层径向位移为 1.230mm，仍然较大（图 2-33）。

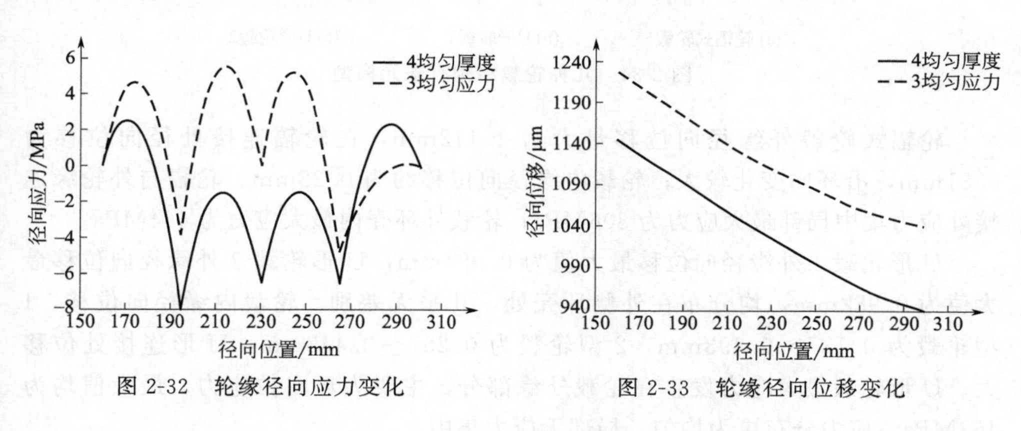

图 2-32　轮缘径向应力变化　　图 2-33　轮缘径向位移变化

第 4 组的分层结构几何更加均匀，各层等厚度，飞轮最小环向应力发生在第 1 层的最外端，大小为 310MPa；最大环向应力发生在第 3 层的最内端，大小为 900MPa。飞轮层间径向均为压应力，层内拉应力不大于 3MPa（图 2-32）；飞轮径向位移随半径单调递减，满足变形约束条件，最内层径向位移为 1.150mm，最外层径向位移为 0.940mm（图 2-33）。该分层方案各层厚度均为 35mm，由于增加了外层碳纤维厚度，其径向位移变形更为理想，能够有效约束其内层径向位移，更容易与轮毂达到变形适配。

2.3.8.3　轮毂构型设计

轮毂作为飞轮与主轴的连接部件，其径向变形要与飞轮内层变形协调，即轮毂外缘径向位移要大于飞轮内层径向位移。轮毂外径采用 320mm，与轮缘相适配；内径初定为 180mm，根据构型和芯轴的方案调整。

采用 ANSYS 进行轮毂应力分析，计算轮毂结构的位移和应力。考虑一种轮辐式外环连接构型和两种 U 形构型的轮毂，材料为铝合金 7050，密度 2830kg/m^3，弹性模量 71GPa。

轮辐式轮毂径向采用四梁连接，U 形轮毂径向采用变厚度薄圆盘连接，外部均为薄壁环壳结构，如图 2-34 所示。有限元模型采用 1/4 或 1/6 对称模型计算，约束轮毂剖面镜像无摩擦位移、底面轴向位移，设计转速 24000r/min。

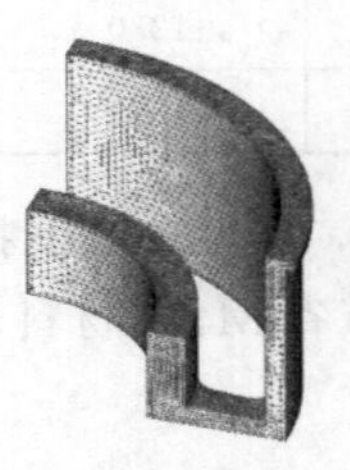
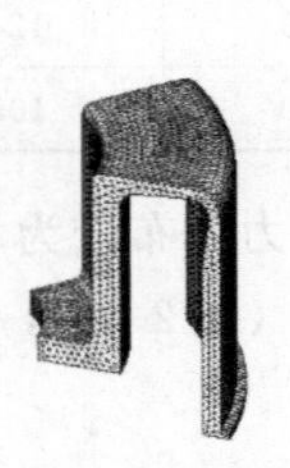

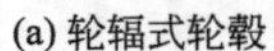

(a) 轮辐式轮毂　　(b) U形轮毂1　　(c) U形轮毂2

图 2-34　几种轮毂结构有限元模型

轮辐式轮毂外缘径向位移最大为 1.112mm，在轮辐连接处径向位移为 0.81mm，沿环向变化较大；轮毂内缘径向位移约为 0.28mm。轮辐与外轮缘连接处应力集中局部最大应力为 806MPa；轮毂外环壳内最大应力为 464MPa。

U 形轮毂 1 外缘径向位移最大值为 0.984mm，U 形轮毂 2 外缘径向位移最大值为 0.982mm，均分布在外侧环壳处，几乎无差别。轮毂内缘径向位移，1 型轮毂为 0.137～0.493mm，2 型轮毂为 0.257～0.442mm，U 形连接处位移大。U 形轮毂最大应力发生在轮毂外缘部分，主要为环向拉应力，最大值均为 463MPa，应力分布更为均匀，局部无应力集中。

超硬铝合金抗拉强度约为 460MPa，从以上计算结果可知，轮毂外缘应力 460MPa 已经接近极限强度，而轮辐式轮毂连接处局部应力集中已远超出抗拉极限，并且考虑到轮辐的结构强度，难以进一步优化局部应力水平。所以轮辐式轮毂在这种径向跨度较小的结构中并不适用，应采用 U 形全盘连接式轮毂。U 形轮毂外缘径向位移平均值约为 0.960mm，与轮缘内环仍有间隙，须采用过盈配合设计并精确设计过盈量。

轮毂内侧边的直径和边界条件变化对轮毂整体应力变形的影响：针对两种 U 形轮毂进行计算评估，将轮毂的内直径改为 120mm，与原 180mm 的 U 形轮毂进行对比（图 2-35）。1 型轮毂外缘径向位移最大值为 0.990mm，2 型轮毂外缘径向位移最大值为 0.988mm，均分布在外侧环壳处（中部最大），与直径 180mm 轮毂相比无差别。轮毂内缘径向位移，1 型轮毂为 0.032～0.271mm，2 型轮毂为 0.072～0.276mm。最大应力发生在轮毂外缘部分，主要受环向拉应力，最大值均为 467MPa。两种构型对轮毂的内外侧位移和应力分布均无影响；而减小内侧直径后，对外侧的位移和应力分布几乎无影响；内侧径向位移减小，但变化范围不变。

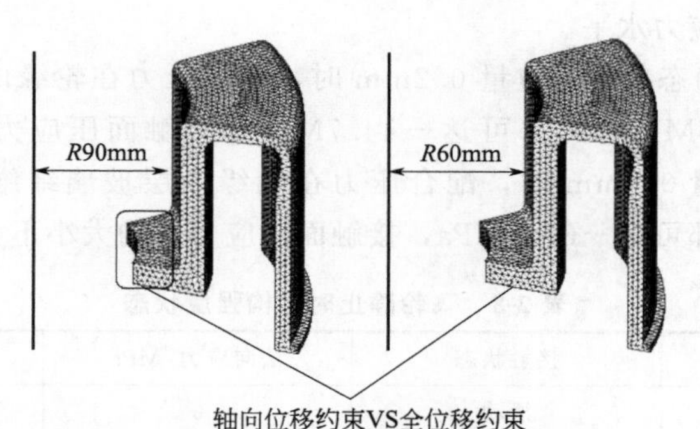

图 2-35　U 形轮毂结构尺寸和约束条件变化

综合以上计算结果可以得知在 U 形轮毂结构中，轮毂内侧的直径和边界条件对轮毂外侧变形和应力值的改变在工程设计中可以忽略不计，轮毂内环和外环之间几乎没有影响，其应力和位移不会相互耦合。所以可以单独对内、外两侧施加载荷，独立对内、外两侧进行过盈量和预应力设计。

2.3.8.4　轮缘-轮毂连接过盈量设计

额定转速 24000r/min 下，轮毂-轮缘设置不同的过盈量，计算轮毂与轮缘内壁的接触状态和接触应力（表 2-7），判断二者是否贴合。

表 2-7　飞轮 24000r/min 时结构配合状态

过盈量/mm	接触状态	法向应力/MPa	摩擦应力/MPa
0.0	滑动	0	0
0.1	滑动	＞＋36	0
0.2	紧密贴合	＜＋11.7	＞5.63
0.3	紧密贴合	＜＋5.5	8.33～12.5

注：“＋”表示接触面间为拉应力。

过盈量小于 0.1mm 时，接触面大部分处于滑动状态，极少区域紧密贴合，整体径向位移不协调。接触面法向拉应力达到＋36MPa，实际局部区域已经产生径向分离。过盈量大于 0.2mm，接触面大部分处于紧密贴合状态，整体径向位移协调；接触面法向应力均不大于＋11.7MPa（0.3mm 时接触面均为压应力），径向可以贴合，接触面环向摩擦应力大于 5.63MPa，足以提供转动时的扭矩。

2.3.8.5 飞轮静止状态强度计算校核

采用过盈装配，需要校核飞轮静态时过盈配合压力是否引起大于轮毂和轮缘径向抗压强度的应力水平。

表 2-8 中，静态装配过盈量 0.2mm 时，配合压力在轮缘内层玻璃纤维层的压应力达到－6.6MPa，局部可达－44.7MPa，接触面压应力平均大小不大于 31.3MPa。过盈量 0.3mm 时，配合压力在轮缘内层玻璃纤维层的压应力达到－9.92MPa，局部可达－67.3MPa，接触面压应力平均大小不大于 44.2MPa。

表 2-8　飞轮静止时结构强度状态

过盈量/mm	接触状态	法向应力/MPa	摩擦应力/MPa
0.0	滑动	0	0
0.2	紧密贴合	－6.6～－44.7	＞5.63
0.3	紧密贴合	－9.92～－67.3	8.33～12.5

注：“－”表示接触面间为压应力。

考虑到制造时装配的难度，应尽量采用过盈量小的方案；根据以上计算结果可以得出，设置过盈量为 0.2mm 方案可行。额定转速 24000r/min 下，接触面紧密贴合，整体径向位移协调；接触面法向压力均不大于 11.7MPa，接触面环向摩擦应力大于 5.63MPa，满足 400kW 下最大扭转应力要求。飞轮静止时，配合压力在轮缘内层玻璃纤维层的压应力数值小于 44.7MPa，接触面压应力平均大小不大于 31.3MPa，均低于铝合金和玻璃纤维复合材料的抗压强度；轮毂 U 形连接处造成的局部压应力大小达到 121MPa，在铝合金屈服强度范围内。

2.3.8.6 芯轴-轮毂配合方案设计优化

采用 ANSYS 有限元计算进行轮毂应力分析，计算轮毂和芯轴 1/4 模型结构。表 2-9 显示了芯轴和轮毂的材料参数。

表 2-9　金属材料参数

材料属性	合金钢 35CrMoA	铝合金 7050
密度/(kg/m^3)	7800	2830
弹性模量 E/Pa	2.1×10^{11}	7.0×10^{10}
泊松比 μ	0.3	0.33
屈服强度/MPa	＞875	＞505
抗拉强度/MPa	＞985	＞570

采用内直径 140mm、厚度 20mm 的空心圆轴结构与轮毂直接套装连接，芯轴

外层径向变形为 0.111mm，最大应力为 358MPa，而相同位置铝合金轮毂的径向变形在 0.3～0.4mm 之间，半径间隙大于 0.2mm。可以看出采用简单的套装连接难以通过直接过盈配合设计补偿，该部分设计应采用更加复杂的嵌套结构方案。

设计了一种组合式嵌套结构方案，利用相同位置下铝合金径向变形比结构钢大的特点，在连接处形成凸台自锁紧结构。为了能够加工和装配凸台自锁紧结构，芯轴须采用分段式结构设计，并通过轴向螺钉定位装配。

采用三段芯轴和螺栓固定 U 形轮毂的形式，轮毂与芯轴在径向形成自紧结构以达到变形协调，销钉固定各段结构以传递扭矩。整体结构如图 2-36 所示。

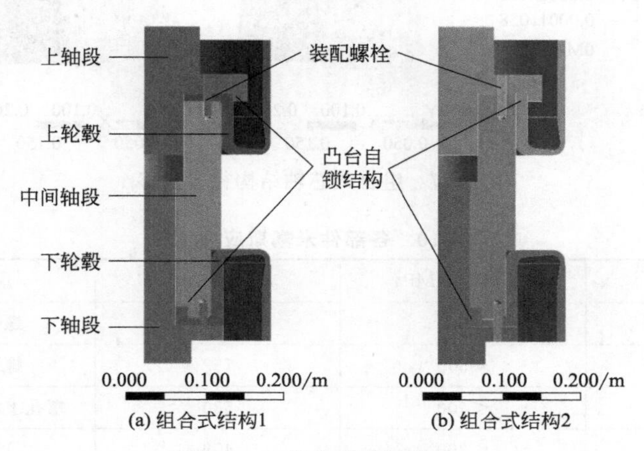

图 2-36　组合式芯轴结构

结构 1 采用上下销钉连接结构，上端芯轴增加外凸台限制上轮毂的运动，销钉连接两段芯轴和轮毂内水平凸台。结构 2 在结构 1 的基础上更改了上轮毂连接结构，上销钉仅连接两段芯轴，依靠上芯轴和上轮毂形成限位配合；每个部件均有环向 12 个螺孔位，间隔安装 6 颗销钉形成总体结构，不设置初始过盈量。

三段芯轴与轮毂用螺钉连接为整体，接触设置：螺钉与其紧固面为绑定接触，其余接触面为摩擦接触，摩擦系数 0.2。边界条件设置：1/4 模型剖面对称边界，旋转角速度 2512rad/s，约束轴端面轴向位移。

有限元计算结果表明组合结构轮毂外侧最大径向位移为 0.995mm，轴向接触面轴向面部分紧固，径向轮毂与中间轴段 2 内侧根部贴合达到径向变形协调（图 2-37）。计算结果显示芯轴实心轴段与中间空心轴段之间径向位移相差 0.070～0.098mm（半径相差量），相较于前面的方案其间隙更大但也在 0.1mm 以内；空心轴段上端的平均半径增大导致上部径向位移变大，仍需要设置过盈量以达到表面贴合。

表 2-10 显示了各部分的整体米塞斯应力水平。

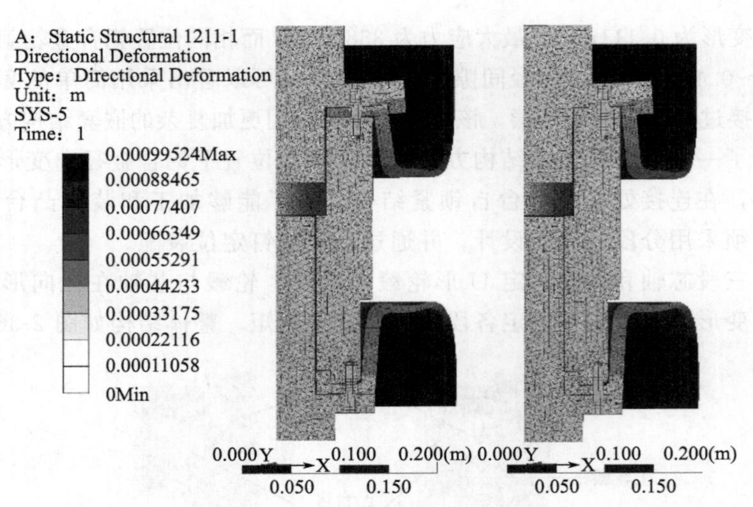

图 2-37 组合式芯轴结构径向位移

表 2-10 各部件米塞斯应力水平

应力大小	主体部分/MPa	最大值/MPa	应力集中处
芯轴上段	<500	752	螺孔内壁端口
芯轴中段	<500	752	螺孔内壁端口
芯轴下段	<400	530	螺孔上端和销钉挤压处
上半轮毂	<300	459	U 形外环壁
下半轮毂	<300	468	U 形外环壁
定位螺钉	<300	500	

芯轴上段和中段局部大应力分布在螺孔内壁端口（图 2-38），约 752MPa，有销钉孔的局部应力约为 400MPa；可以判断是由于无销钉螺孔部分扩张翘曲造成的局部应力集中，应在所有开孔处加锁紧销钉形成变形约束以降低其应力水平，结构优化后局部应力小于 700MPa。销钉局部应力约为 500MPa。芯轴下段局部最大应力分布在螺孔上端和销钉挤压处，可达 530MPa；圆盘根部连接处局部应力小于 300MPa。

上轮毂采用销钉固定结构和径向贴合结构，外环最大应力均为 459MPa，二者应力水平无差别，不受内环结构的影响。下轮毂结构相同，外环最大应力为 468MPa，螺孔处无集中应力。

2.3.8.7 案例设计结论

为实现额定转速 24000r/min、储能量 25MJ 的多层复合材料缠绕储能飞轮转子，采用轮缘-轮毂过盈装配、轮毂-芯轴分段组合连接的结构设计，综合考虑

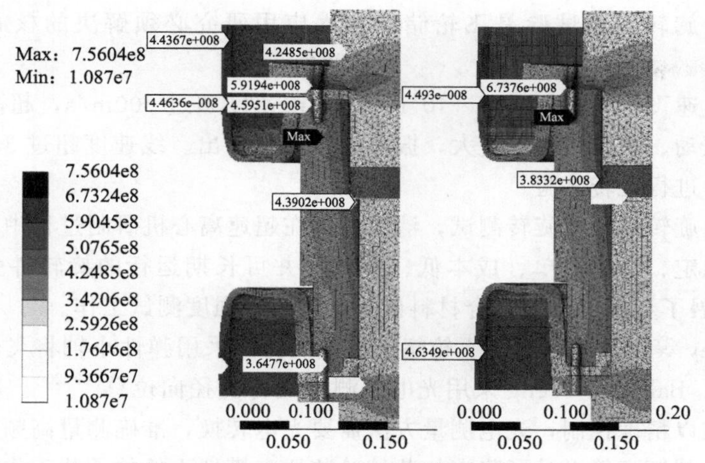

图 2-38　组合式芯轴结构整体米塞斯应力

了轮缘、轮毂和转子芯轴的整体变形协调与强度，以及降低制造装配难度、提高经济性等多方面因素。

为保证轮缘内侧径向位移与轮毂协调一致，复合材料轮缘部分高模量碳纤维用量较多，层间均为压应力，整体强度余量较大。铝合金轮毂采用 U 形全盘连接结构，局部最大应力 467MPa，达到抗拉强度的 80%。在轮毂与轮缘之间设置 0.2mm 过盈量，能够满足工作转速和静止条件下的变形协调和强度安全。芯轴与轮毂变形协调通过分段组合结构和销钉约束实现，连接处形成凸台自锁紧结构，螺孔局部产生了约 700MPa 的局部应力集中，仍然比 35CrMoA 合金钢抗拉强度低 20%，可通过紧固螺栓进一步降低。

有限元计算验证了设计的可行性，飞轮 24000r/min 额定转速下整体最大应力小于 500MPa，35CrMoA 合金钢局部最大应力 700MPa，具有 1.4 倍安全系数。

2.4 高速飞轮旋转强度试验研究

2.4.1 高速旋转驱动技术

复合材料的突出特点是可设计性，其力学性能、强度破坏极限与破坏机理和结构的具体应用场合密切相关，力学性能测试和强度试验研究具有重要意义，复合材料飞轮旋转强度试验是飞轮储能技术应用研究必须解决的核心基础问题之一[16]。

先进高速飞轮转速超过 3×10^4r/min，线速度超过 500m/s，超高速旋转试验装置的驱动、轴承技术难度大，振动问题十分突出。线速度超过 300m/s 需要在真空条件进行旋转试验。

为开展旋转件强度旋转测试，清华大学在超速离心机研制过程中，采用了高速动力学稳定、结构简单、成本低、易调速并可长期运行的旋转件强度测试装置[17]，开展了金属材料及复合材料试验件的旋转强度测试工作。

Dulaney 等进行复合材料飞轮超速爆破试验，采用弹性小轴将飞轮与驱动涡轮连接[18]。Bakis 及 Tzeng 采用光电法测量飞轮的径向位移[19,20]。涡轮驱动方式中转速难以精确控制，光电测量方法需要光电转换，准确测量高频脉冲的宽度难度较大。刘怀喜等设计了静态加载试验装置来模拟飞轮的承载工作条件，并利用声发射技术检测飞轮的断裂与损伤[21]。秦勇等的试验研究局限于飞轮破坏转速的验证[22]。

2.4.2 频闪光学应变片动态应变测量新方法

通常的应变测量方法不适用于旋转飞轮试验，首先应变片在离心载荷下可能飞脱；其次，应变信号传递困难，采用无线发射方法只能应用于低速。普通光学应变测量也不能应用于高速运动部件。对高速旋转的部件，可供借鉴的是“频闪光学变形测量”方法；在不同转速下，在与转动频率相同的频闪光源照射下的圆盘旋转试验件边际线的相对静止影像对同一固定参照对象的变化可以被测量出来，从而得到圆盘整体宏观变形量。

这就需要采用数字图像处理技术。数字图像相关法（digital image correlation method，DICM），又称为数字散斑相关法（digital speckle correlation method，DSCM），是现代数字图像处理技术与光测力学结合的产物[23]。

数字图像相关测量方法是在 20 世纪 80 年代初期由日本的 Yamaguchi 和美国的 Peters 教授、Ranson 教授等同时提出的[24]。DIC 测量技术是一种应用计算机视觉技术的非接触的用于全场形状、变形、运动测量的方法。它将物体表面随机分布的斑点或伪随机分布的人工散斑场作为变形信息载体[25]，是一种对材料或者结构表面在外载荷或其他因素作用下进行全场位移和应变分析的新的试验力学方法。目前，静态或准静态的数字图像相关测量技术已经形成完善的产品，广泛地用于物体表面形貌、位移、应变测量，并扩展应用到高温、动态、振动、大变形、显微应变等领域。

国内多家高校和研究机构在数字图像相关光测力学方面开展了大量研究，西安交通大学发明了复杂工况三维全场动态变形检测技术；东南大学何小元教授等将 DIC 方法大量应用到土木结构的表面应变测量；北京科技大学在复合材料力学行为的研究中也采用了 DIC 方法[26～28]。

将 DIC 光测力学方法与传统的频闪光源同步观测法结合起来，大大降低了对高速相机的要求，实现了对高速旋转机械实时变形和应变测量，同时为机织复合材料旋转载荷下的渐进损伤行为研究提供了试验基础。频闪光源同步观测法是高速旋转机械在同频（或者倍频）光源的照射下，出现“相对静止”的视觉暂留现象。频闪光源是脉冲光源，频率与物体旋转频率相同时，每一次照亮物体相同位置的表面，都为普通相机提取物体表面散斑场提供了可能。

为测量机织复合材料圆环结构旋转动态应变，需要基于“频闪光学变形测量”思想发展出“频闪光学应变片”测量新方法（图 2-39），即在旋转试验中，在试件表面多处设计特定图样，采用普通速度的高精度相机实时观测图样的变形来在线监测高速飞轮结构的应变。

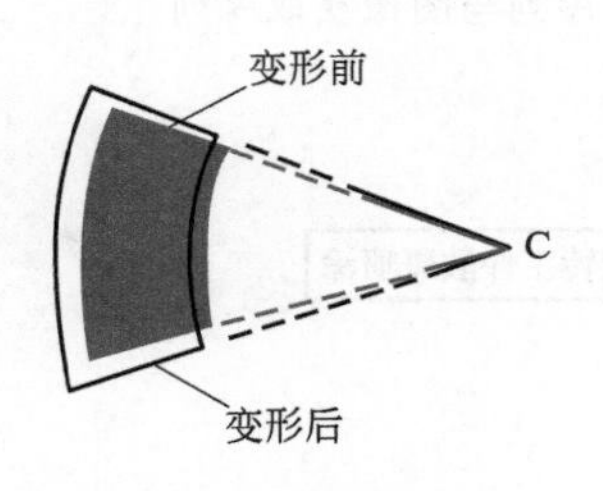

(a) 飞轮表面图样

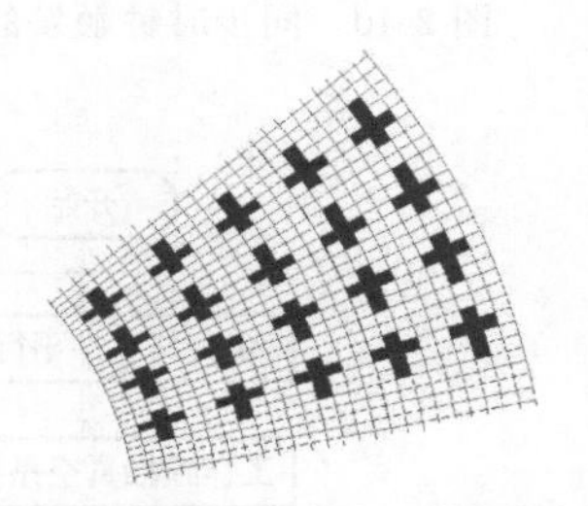
(b) “频闪光学应变片”在飞轮表面分布

图 2-39　一种飞轮表面图样和“频闪光学应变片”在飞轮表面分布

为克服频闪光源频率、图像获取动作频率、旋转频率不协调而引起的错位、图像叠加的问题以及散斑场出现“尾迹”甚至混乱，需要设置统一时钟触发。当频闪光源点亮时，相机图像获取同时启动，并设置图像曝光时间小于频闪光源脉宽，减少频率波动影响，如图 2-40 所示。

时钟触发信号依赖旋转机械转速的获取，对振动信号进行 FFT 分解，提取基频或倍频作为频闪光源频率，也即相机图像获取的触发信号；也可以通过光电传感器直接获取飞轮工件转速。高速旋转试件 DIC 检测流程如图 2-41 所示。

由于旋转机械不可避免的振动和机织复合材料飞轮圆环薄板的壳曲都将带来显著的离面位移问题，试验平台的镜头选用双远心镜头（宽景深），实现高精度二维数字图像获取。数字图像相关计算采用快速、高精度 Newton-Raphson 迭代算法，应变场计算采用逐点最小二乘应变估计方法。

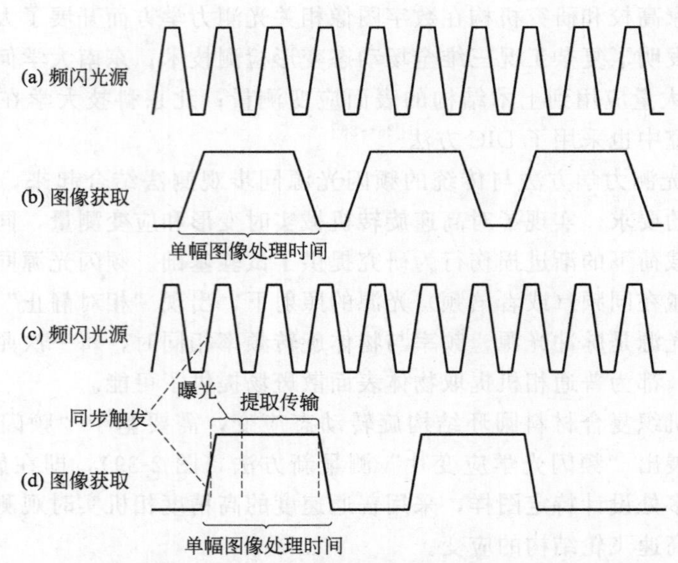

图 2-40 同步时钟触发的频闪光源序列与图像获取序列

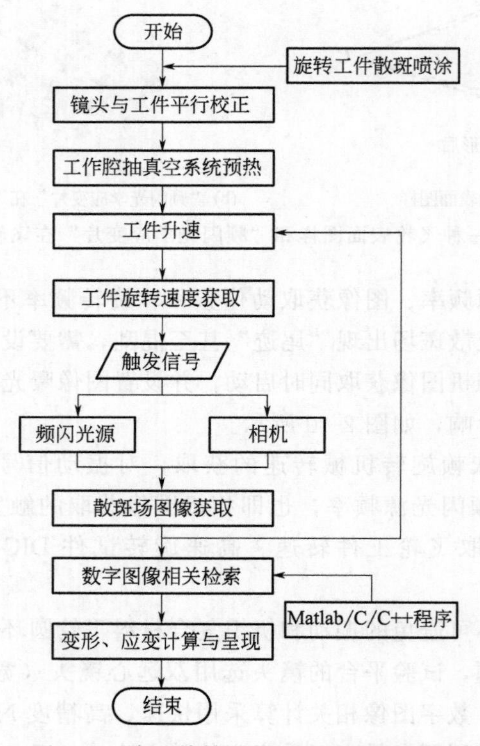

图 2-41 高速旋转试件 DIC 检测流程图

2.4.3 圆标记法测量变形

高速旋转飞轮因为离心载荷和转子稳定性问题，不便实施传统接触式测量操作。本节将着力于非接触式图像测量旋转测试平台的软硬件开发，用机织飞轮径向变形，依据几何关系拟合计算出应变。最后用各向同性铝合金飞轮旋转测量试验，对该方法进行验证。

2.4.3.1 硬件设计

飞轮变形和应变图像测量平台，包括高速旋转测试装置光学相机、全自由度微动平台和图像采集控制器。系统全体设备如图 2-42 所示。

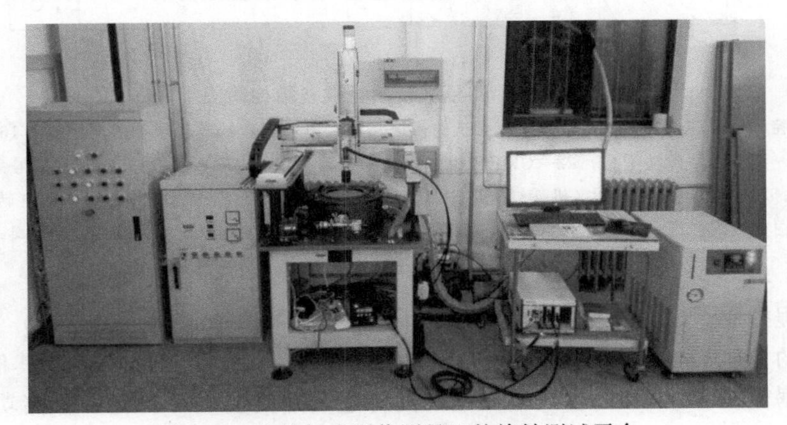

图 2-42 非接触式图像测量飞轮旋转测试平台

系统结构简图如图 2-43 所示，共分为三个模块，重要组件见图注。A 模块为高速旋转台，主体为真空腔，为飞轮旋转提供低风阻环境，顶部开大口径玻璃观察窗。飞轮样件为薄板状，通过磁滞电动机驱动；轴系底部的针尖轴承立于宽屏带挤压油膜阻尼器的顶部球窝中，能够有效吸收轴系振动。B 模块为图像采集和计算环节，由 LabVIEW 软件平台负责流程控制。采集卡 NI PXI-6225 负责实时采集飞轮光电测速信号，生成同频方波触发频闪光源。视频采集卡 NI PXIe-1435 连接 CMOS 相机，采集飞轮端面图像。C 模块为辅助设施，包括变频电源、真空泵、冷却循环水和相机微动平台控制器。

2.4.3.2 测试软件

硬件平台的采集卡和控制器皆为 NI（National Instruments，美国国家仪器有限公司）标准设备，可以通过虚拟仪器 LabVIEW 程序图形化编程，实现图像

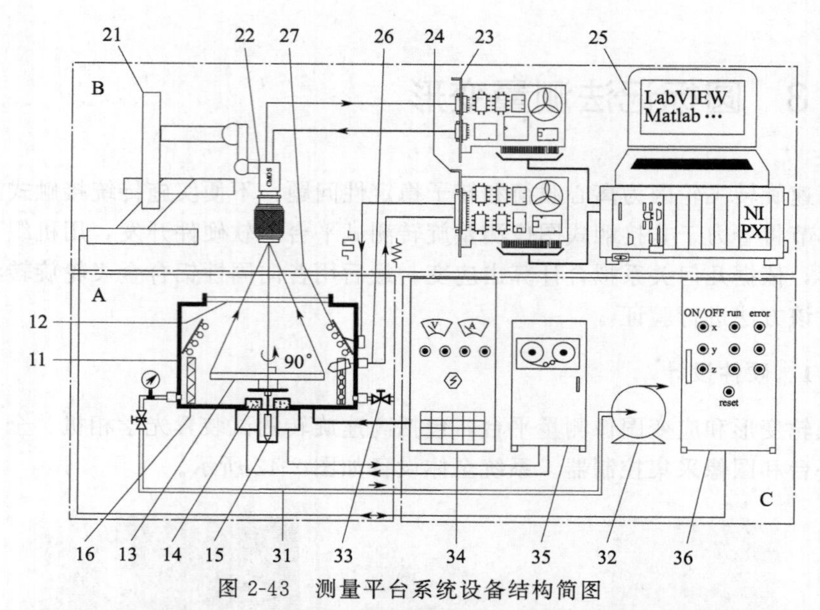

图 2-43　测量平台系统设备结构简图

11—真空腔；12—玻璃观察窗；13—飞轮测试件；14—盘式电动机；15—挤压油膜阻尼器；16—碰摩保护罩；21—全自由度微动平台；22—CMOS 相机；23—视频采集卡 NI PXIe-1435；24—信号采集卡 NI PXI-6225；25—计算中控平台（机箱 NI PXIe-1062Q 和控制器 NI PXIe-8115）；26—光电转速探头；27—环形白光频闪光源；31—抽真空管道（含真空规和阀门）；32—真空泵；33—真空腔放气阀；34—变频电源；35—循环冷水机；36—微动平台控制器

采集流程控制。LabVIEW 的程序模块称为“VI（Virtual Instrument）”，被封装调用的 VI 又称为“子 VI”，并且任何级别的 VI 都可以封装后被其他 VI 调用；数据流在各级 VI 的输入输出端口间传递，并能实现可视化和存储功能。飞轮图像测量软件中控平台模块关系如图 2-44 所示。

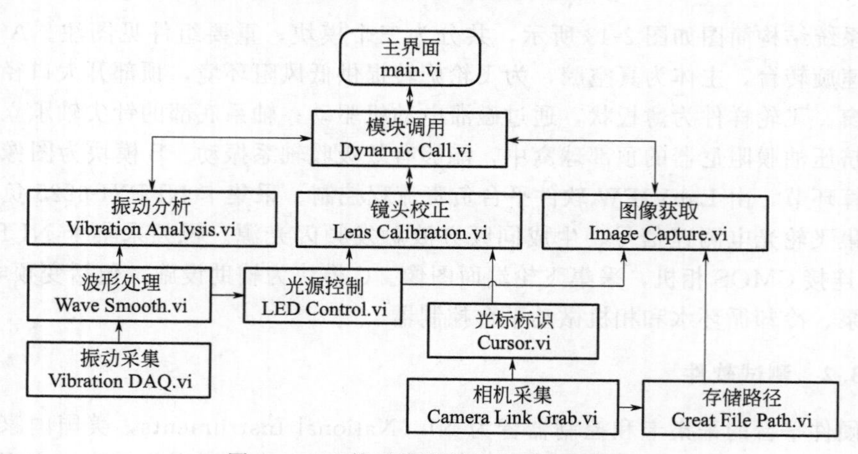

图 2-44　飞轮图像测量软件平台框架图

软件中控平台包含三大模块，分别为振动分析、镜头校正和图像获取。主界面（Main. vi）提供三个模块对应选项按钮，通过动态调用（Dynamic Call. vi）进入各个子模块。振动分析模块（Vibration Analysis. vi）为辅助环节，采集振动信号（Vibration DAQ. vi）并进行波形处理（Wave Smooth. vi），提取飞轮实时旋转速度。实际中，飞轮振动被挤压油膜阻尼器吸收，难以在外部检测，改用高速光电转速传感器信号代替振动信号。镜头校正模块（Lens Calibration. vi）和图像获取模块（Image Capture. vi）非常相似，光源控制子 VI（LED Control. vi）依据飞轮转速信号生成相位、频率和幅度可调方波信号，实时触发频闪光源工作。光标标识功能（Cursor. vi）可以辅助图像中心定位，进行相机空间位置、方向角和曝光时间调整。相机采集（Camera Link Grab. vi）分为手动和自动模式，图像存储（Create File Path. vi）设置完成后，图像获取根据相应设定逐次完成。其中，镜头校准和图像存储模块的程序前面板布局如图 2-45、图 2-46 所示。

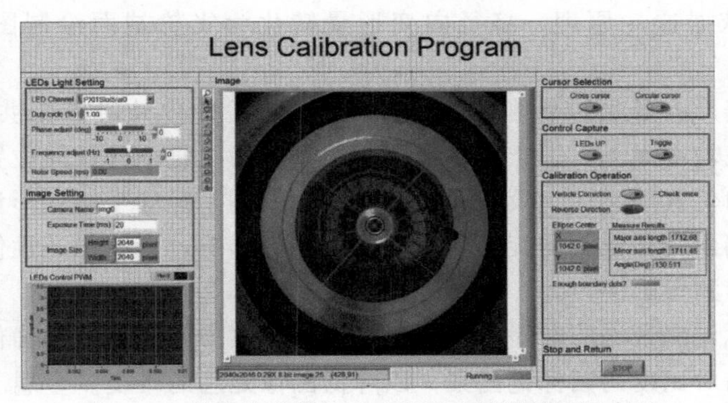

图 2-45　镜头校准模块 LabVIEW 程序前面板布局

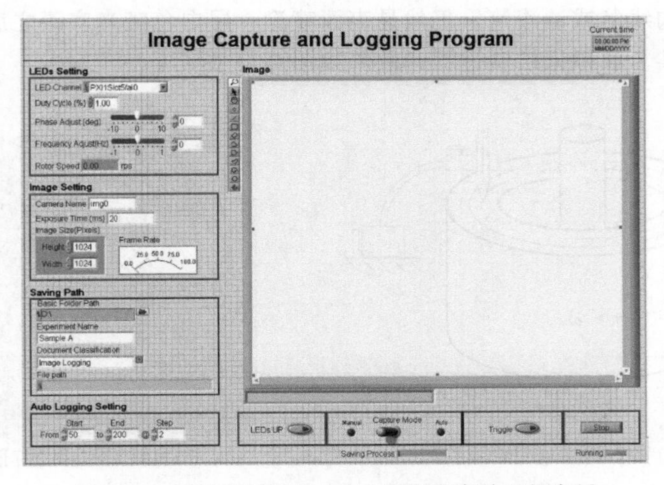

图 2-46　图像存储模块 LabVIEW 程序前面板布局

飞轮端面图像处理由 MATLAB 软件完成，其“.m”文件可读性强，执行效率较高，能够与 LabVIEW 兼容，是图像测量平台原理搭建的首选。真实连续的物体场景经 CMOS 或 CCD 等固态阵列感光元件采集、离散和量化后形成数字图像，每一个感光点称为一个像素（pixel）。8 位灰度图像表示每一个像素位置采用 0～255 整数（0 为黑色，255 为白色）表达其有效亮度，$m \times n$ 像素图像在数学上表述为 $m \times n$ 阶矩阵。MATLAB 软件本意为矩阵实验室，就是因矩阵运算而生，同时提供丰富的图像处理函数。

2.4.3.3 圆标记变形测量原理

轴对称飞轮旋转载荷下应力、应变和位移分布是径向位置 r 的函数，即端面上相同径向位移的位置点构成一个圆。如果能识别该圆半径的变化，即可以测量旋转中对应径向位置的变形量。Simpson 和 Emerson 等优化的光电应变测量法 OESM 就是依据这一原理，将径向变形量转化为飞轮端面绘制图案的占空比变化。

圆标记变形测量法的基本思想相同，首先飞轮的内外边界提供一组圆边界，同时可以在飞轮端面上人工绘制一组同心圆，作为飞轮不同径向位置的标记。圆标记具有径向位置敏感性，没有环向辨识度，仅用于径向平均变形量的测量。换言之，飞轮端面圆标记不受旋转状态或光照条件影响，形状稳定性使该方法具备高速飞轮变形测量的潜力。

实现圆标记测量法的前提是提取飞轮端面图案中圆标记的准确位置，为此需要制作具有高对比度的圆标记图案，以降低图像处理的难度。金属飞轮表面光泽可以直接用黑色勾线笔绘制圆标记。碳纤维复合材料本身为黑色，因为缺少笔触流畅的白色勾线笔或油漆笔，仍然是表面喷涂一层白色哑光底漆之后同法绘制黑色同心圆图案。圆标记绘制过程和效果如图 2-47 所示。

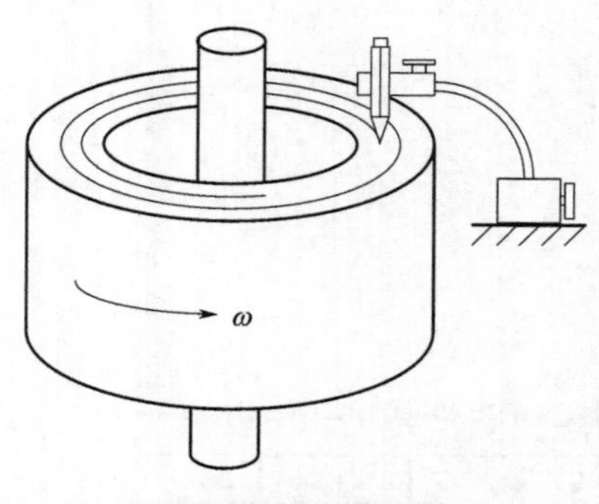

(a) 飞轮端面圆标记绘制过程

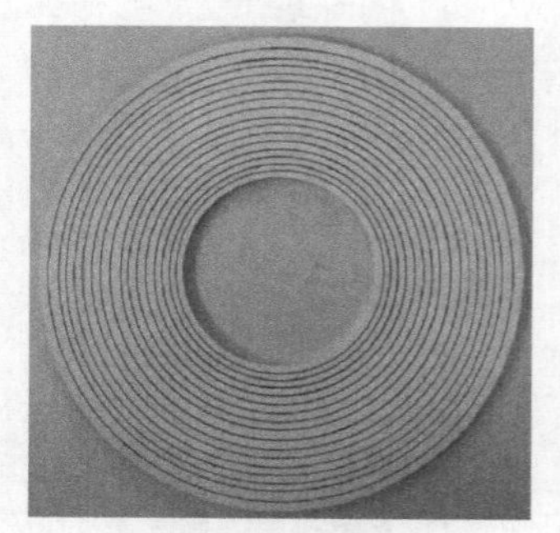
(b) 机织飞轮端面圆标记

图 2-47 飞轮端面圆标记绘制过程及效果

飞轮端面白底黑线，对比度大，标记线线宽小于 0.2mm，从数字图像灰度值的变化上即可提取标记圆图案。

因为客观存在的飞轮振动和相机光轴不完全垂直等问题，圆标记的投影图像是椭圆形，并且椭圆长半轴 a 保持与理想圆的半径 R 相等。椭圆拟合的常见算法包括 Hough 变化、不变矩法、最小二乘法以及它们的优化和演化算法，其中最小二乘法原理简洁，依据“测量误差平方和最小原理”在最大似然法意义下寻求最优估计。

飞轮端面绘制的圆标记是其位移（即径向变形）的信号载体，测量方法的实现必须依赖这些圆标记半径数据的高精度获取。飞轮端面图像中，椭圆线彼此独立，不存在交叠等复杂情况，最小二乘椭圆拟合法可以高效地计算椭圆参数。具体算法详见参考文献［29］。

图 2-48 给出代数距离最小二乘椭圆拟合的一组结果，得益于待拟合点全部落在真实椭圆曲线附近，拟合结果非常好。

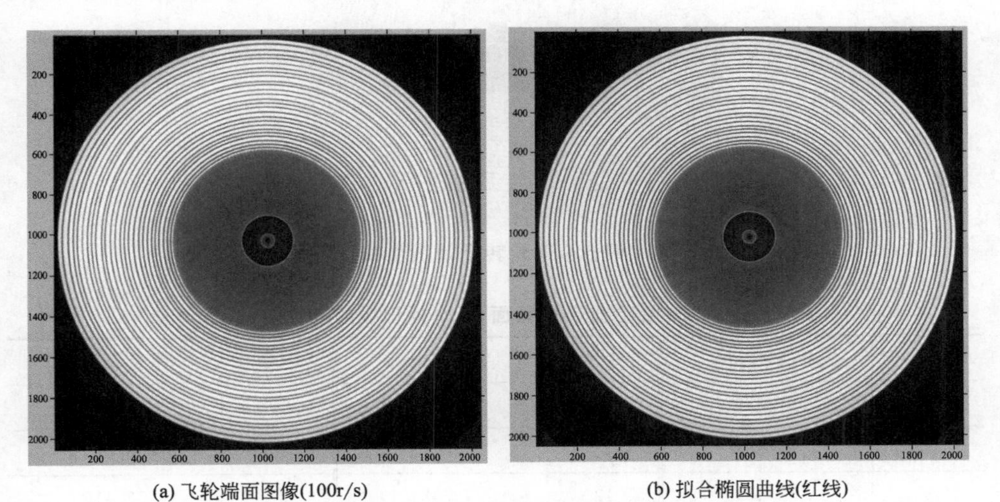

(a) 飞轮端面图像(100r/s)　　(b) 拟合椭圆曲线(红线)

图 2-48　铝合金飞轮圆标记代数距离最小二乘椭圆拟合结果

2.4.3.4　飞轮旋转测量验证

铝合金飞轮材料均匀，旋转变形的理论解明确，可以用来检测圆标记变形测量方法的可行性。表 2-11 列出了铝合金飞轮的实测材料参数，飞轮内径 80mm，外径 200mm，厚度 2mm，转速区间 50～450r/s，应力水平保持在弹性范围。

图 2-49 为铝合金飞轮转子组装轴系及表面圆标记图案，并给出端面 25 个标记线的半径数据，见表 2-12。

表 2-11 铝合金 2024 材料参数

参数	数值	单位
弹性模量 E	67.3	GPa
泊松比 μ	0.334	
密度 ρ	2780	kg/m^3
抗拉强度 σ_b	320	MPa
0.2%屈服强度 σ_s	250	MPa

图 2-49 铝合金飞轮转子轴系及表面圆标记

表 2-12 铝合金飞轮端面 25 个标记线的半径数据

序号	半径 R/mm	序号	半径 R/mm	序号	半径 R/mm
1	97.386	10	77.219	19	57.241
2	94.558	11	74.713	20	55.049
3	92.204	12	72.481	21	53.416
4	90.361	13	70.045	22	51.670
5	87.925	14	68.151	23	49.446
6	85.511	15	66.179	24	47.602
7	83.583	16	63.790	25	46.011
8	81.642	17	61.365		
9	78.873	18	59.367		

对图像像素与真实距离的关系进行标定，如图 2-50 所示，图像一个像素对应空间距离约 100μm；如果边界拟合精度达到 0.1 像素，测量精度为 10μm。

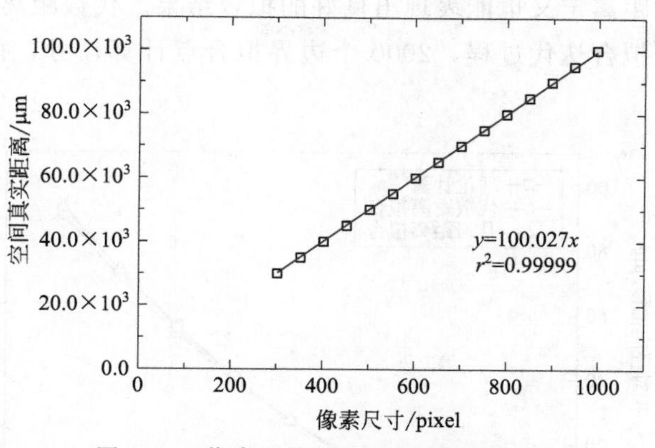

图 2-50　像素尺寸与空间真实距离标定

飞轮外边缘的径向变形影响真空腔间隙的设计，同时外边缘也是自然圆标记，可以优先考察。不同转速下，铝合金飞轮的位移计算理论值以及两种椭圆拟合圆标记测量方法的结果见表 2-13。

表 2-13　铝合金飞轮外边缘变形理论计算与实验测量结果

转速 Ω/(r/s)	位移-理论计算		位移-代数距离拟合			位移-几何距离拟合		
	u_r/pixel	u'_r/μm	u_r/pixel	u'_r/μm	误差/μm	u_r/pixel	u'_r/μm	误差/μm
50(基准)	1.2	0.0	0.000	0.0	0.0	0.000	0.0	0.0
100	4.9	3.6	0.018	1.8	1.8	0.018	1.8	1.8
150	10.9	9.7	0.082	8.2	1.5	0.082	8.2	1.5
200	19.5	18.2	0.158	15.8	2.4	0.158	15.8	2.4
250	30.4	29.2	0.274	27.4	1.8	0.274	27.4	1.8
300	43.8	42.6	0.408	40.8	1.8	0.408	40.8	1.8
350	59.6	58.4	0.568	56.8	1.6	0.556	55.6	2.8
400	77.9	76.6	0.732	73.3	3.3	0.736	73.7	2.9
450	98.5	97.3	0.934	93.4	3.9	0.936	93.6	3.7

单点支承的飞轮轴系在低速条件下不能稳定旋转，为了保证飞轮端面与光轴的垂直度，以 50r/s 转速为基准点，位移对比值作相应的扣除。飞轮外边缘为“阶跃型”边界，坐标由常规的边界提取“Canny”算子拾取。图 2-51 对比了铝合金飞轮外边缘不同转速下径向变形的理论值和实验测量值，将理论计算视作真值，圆标记法测量值有良好的匹配度。整个转速区间上圆标记测量法的绝对精度优于 5μm，代数距离和几何距离椭圆最小二乘法没有明显的优劣，这是因为“Canny”算子提取的飞轮边缘是单像素宽度连续边界点，几乎都位于理想的椭

圆边界上，代数距离定义也能表现出良好的拟合结果。代数距离拟合的计算速度远快于几何距离拟合迭代过程，2000 个边界拟合点计算任务，前者为 ms 量级，后者耗时数秒。

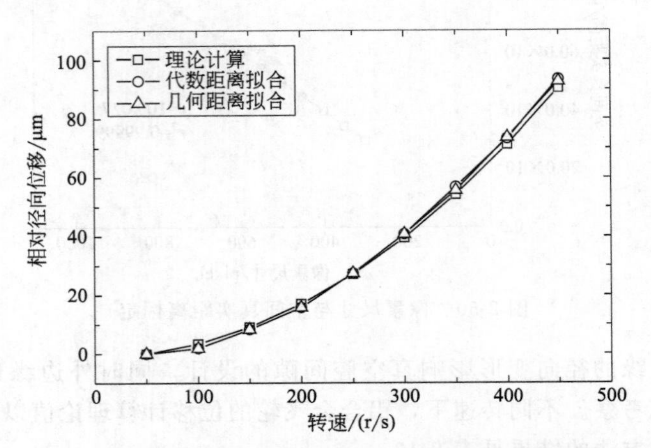

图 2-51　铝合金飞轮外边缘径向变形的理论值和实验测量值

此外，人为绘制的圆标记可以测量面内位置随着转速变化的径向变形，图 2-52 和图 2-53 分别绘制了第 13 根（径向位置 $R_{13}=70.045\text{mm}$）和第 23 根（径向位置 $R_{23}=49.446\text{mm}$）标记线位置的变形规律。同样，两种椭圆拟合算法给出的测量结果接近，并依据几何距离椭圆最小二乘数据点给出拟合曲线（二次多项式拟合）；整个转速区间内，测量精度优于 $10\mu\text{m}$。

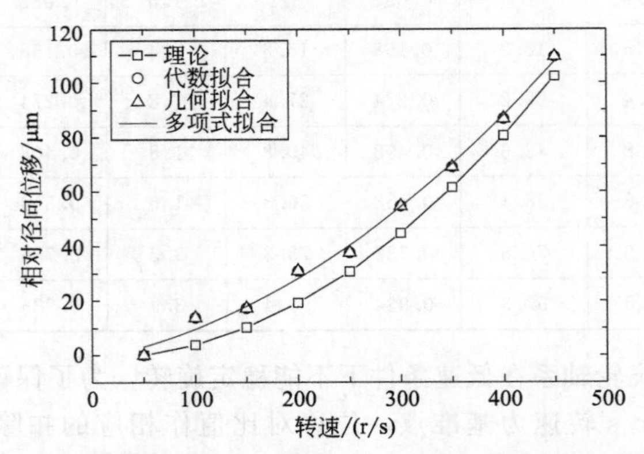

图 2-52　第 13 根圆标记位置（$R_{13}=70.045\text{mm}$）随转速径向变形曲线

另一方面，一组同心圆标记可以代表更多的径向位置，用来测量飞轮面内位移分布。图 2-54 为铝合金飞轮 450r/s 转速时面内相对位移（50r/s 为参考零点）的理论分布和测量结果，红色曲线对应几何距离椭圆拟合测量点的拟合分布。测

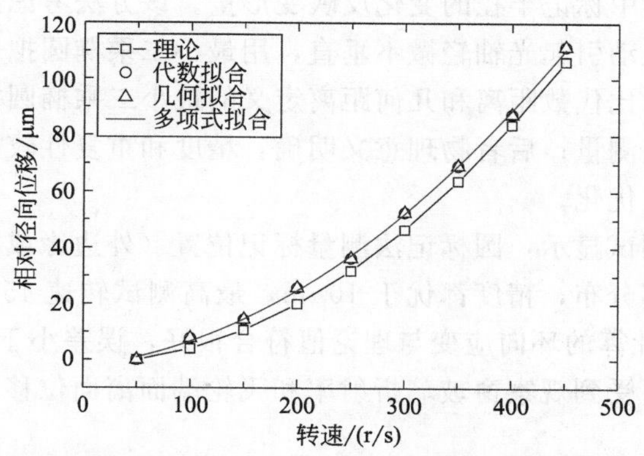

图 2-53　第 23 根圆标记位置（R_{23} = 49.446mm）随转速径向变形曲线

量结果落在理论值的±10μm 范围以内，测量散点的分布一致性欠佳，但是其拟合曲线可以较好地反映面内变形的趋势。

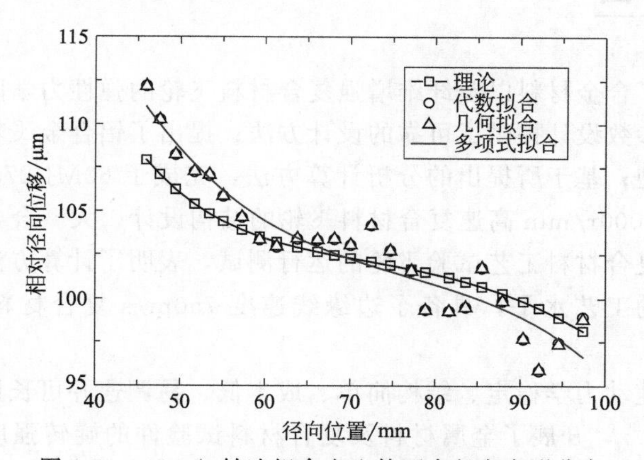

图 2-54　450r/s 转速铝合金飞轮面内径向变形分布

2.4.3.5　动态变形测量小结

提出了圆标记图像测量法实时测量高速旋转飞轮径向变形，具有简单可靠、非接触和实时动态特点，并能根据一组圆标记位移测量值拟合计算应变分布。

测试飞轮轴系单点支承，全幅端面可观察，能够进行 50～2000r/s 转速调节，底部宽频带挤压油膜阻尼器能够有效衰减轴系振动。转速信号测量、光源触发、飞轮图像摄取和存储等流程控制采用虚拟仪器 LabVIEW 搭建平台，图像处理环节采用 MATLAB 编程实现。

圆标记法测量操作简单，飞轮外边缘和人为绘制的同心圆标记都可以作为位置基准，旋转变形中标记半径的变化反映变形量。该方法考虑到圆标记图像椭圆退化，允许飞轮振动引起光轴轻微不垂直，用最小二乘椭圆拟合法拾取长半轴作为圆标记半径。对比代数距离和几何距离定义的最小二乘椭圆拟合法，前者耗时少，用于实时动态测量；后者物理意义明确，精度和重复性较好，但是迭代收敛耗时，仅用于后续优化。

铝合金飞轮测试显示，圆标记法测量标记位置（外边缘或面内位置）随转速变形量和面内位移分布，精度都优于 10μm，最高测试转速 450r/s，对应线速度 282.7m/s。拟合计算的环向应变与理论值符合很好，误差小于 5%。测量误差来源于多方面，主要受到观察窗玻璃折射率和飞轮端面离面位移影响。

2.5 本章小结

本章分析了合金材料以及纤维增强复合材料飞轮的弹性力学问题，弹性解析解为飞轮结构参数设计提供了可靠的设计方法；提出了铝合金飞轮优化构型、合金轮毂优化构型；基于所提出的分析计算方法，完成了 60MJ-2700r/min 合金钢飞轮、25MJ-24000r/min 高速复合材料飞轮的结构设计。大型合金钢飞轮的充放电运行、小型复合材料工艺试验飞轮的运行测试，表明了计算方法的适用性。当前，基于国内的工艺水平，具备了边缘线速度 750m/s 复合材料飞轮工程应用条件。

采用了高速动力学稳定、结构简单、成本低、易调速并可长期运行的旋转件强度测试装置[29]，开展了金属材料及复合材料试验件的旋转强度测试工作，提出并实现了圆标记图像测量法实时测量高速旋转飞轮径向变形。

参考文献

［1］ 哈尔滨工业大学理论力学教研室. 理论力学［M］. 北京：高等教育出版社，2009.

［2］ 汪勇，戴兴建，李振智. 60MJ 飞轮储能系统转子芯轴结构设计［J］. 储能科学与技术，2016，5（04）：503-508.

［3］ 汪勇，戴兴建，孙清德. 基于有限元的金属飞轮结构设计优化［J］. 储能科学与技术，2015，4（03）：267-272.

［4］ ARNOLD S M，SALEEB A F，AL-ZOUBI N R. Deformation and life analysis of composites flywheel disk systems［J］. Composites：Part B，2002，33：433-59.

［5］ PEREZ-APARICIO J L，RIPOLL L. Exact，integrated and complete solutions for composite flywheels [J]. Composite Structures，2011，93 (5)：1404-1415.

[6] HA S K，KIM S J，NASIR S U，et al. Design optimization and fabrication of a hybrid composite flywheel rotor [J]. Composite Structures，2012，94 (11)：3290-3299.

[7] 秦勇，夏源明，毛天祥. 复合材料空心飞轮多环套装整体变形及应力分析 [J]. 复合材料学报，2003，20 (5)：95-99.

[8] HA S K，HAN H H，HAN Y H. Design and manufacture of a composite flywheel press-fit multi-rim rotor [J]. Journal of Reinforced Plastics and Composites，2008，27 (9)：953-965.

[9] 李奕良，戴兴建，张小章. 复合材料环向缠绕飞轮轮体工艺应力研究 [J]. 机械强度，2010，32 (2)：265-269.

[10] FAISSAL A H，GEORGE B，YASSER G，et al. Manufacture and NDE of multi-direction composite flywheel rims [J]. Journal of Reinforced Plastics and Composites，2004，24 (4)：413-421.

[11] 郭兴峰. 飞轮缠绕用圆环织物的设计 [J]. 纺织学报，2007，28 (7)：52-54

[12] CROOKSTON J J，LONG A C，JONES J A. A summary review of mechanical properties prediction methods for textile reinforced polymer composites. Proceedings of the Institution of Mechanical Engineers，Part L：Journal of Materials Design and Applications，2005 (219)：91-109.

[13] LEVENT O，SABIT A. Modeling of Elastic，Thermal，and Strength/Failure Analysis of Two-Dimensional Woven Composites—A Review [J]. Applied Mechanics Reviews，ASME，2007，60：37-49.

[14] 吴德隆，沈怀荣. 纺织结构复合材料的力学性能 [M]. 长沙：国防科技大学出版社，1998.

[15] 李文超，沈祖培. 复合材料飞轮结构与储能密度 [J]. 太阳能学报，2001 (22)：96-101.

[16] GENTA G. Kinetic energy storage-Theory and practice of advanced flywheel systems. London：Butterworths & Co. (Publishers) Ltd，1985.

[17] 丁世海. 飞轮转子强度分析与结构优化设计 [D]. 北京：清华大学，2007.

[18] DULANEY K A，BENO J H，THOMPSON R C. Modeling of multiple liner containment system for high speed rotors [J]. IEEE Transactions on Magnetics，1999，35 (1)：334-339.

[19] BAKIS C E，HALDEMAN B J，EMERSON R P. Optoelectronic displacement measurement method for rotating disks [M] //Gdoutos E E. Recent Advance in Experimental Mechanics. Springer，2002：315-324.

[20] TZENG J，EMERSON R，MOY P. Compsite flywheels for energy strage [J]. Composites Science and Technology，2006，66：2520-2527

[21] 刘怀喜，贺跃进，张恒. 声发射检测复合材料飞轮损伤与断裂的结构模拟试验 [J]. 材料开发与应用，2004，19 (4)：4-8.

[22] 秦勇，王硕桂，夏源明，等. 复合材料飞轮破坏转速的算法和高速旋转破坏实验 [J].

复合材料学报，2005，22（4）：112-117.
[23] 夏桂锁.数字图像相关测量方法的理论及应用研究［D］.天津：天津大学，2004.
[24] YAMAGUCHI I. Speckle Displacement and deformation in the diffraction and image fields for small object deformation［J］. Opt. Acta，1981，28（10）：1359-1376.
[25] 潘兵.数字图像相关方法基本理论和应用研究进展［R］//中国科协青年科学家论坛——极端复杂测试环境下实验力学的挑战与应对，2011.
[26] 潘兵，俞立平，吴大方.使用双远心镜头的高精度二维数字图像相关测量系统［J］.光学学报，2013：97-107.
[27] 潘兵，谢惠民.数字图像相关中基于位移场局部最小二乘拟合的全场应变测量［J］.光学学报，2007，27（11）：1980-1986.
[28] 章超.数字图像相关方法在动态测试中的应用［D］.合肥：中国科学技术大学，2014.
[29] 汪勇.平纹机织复合材料飞轮的力学分析与图像测量［D］.北京：清华大学，2017.

第3章 飞轮电机设计与分析

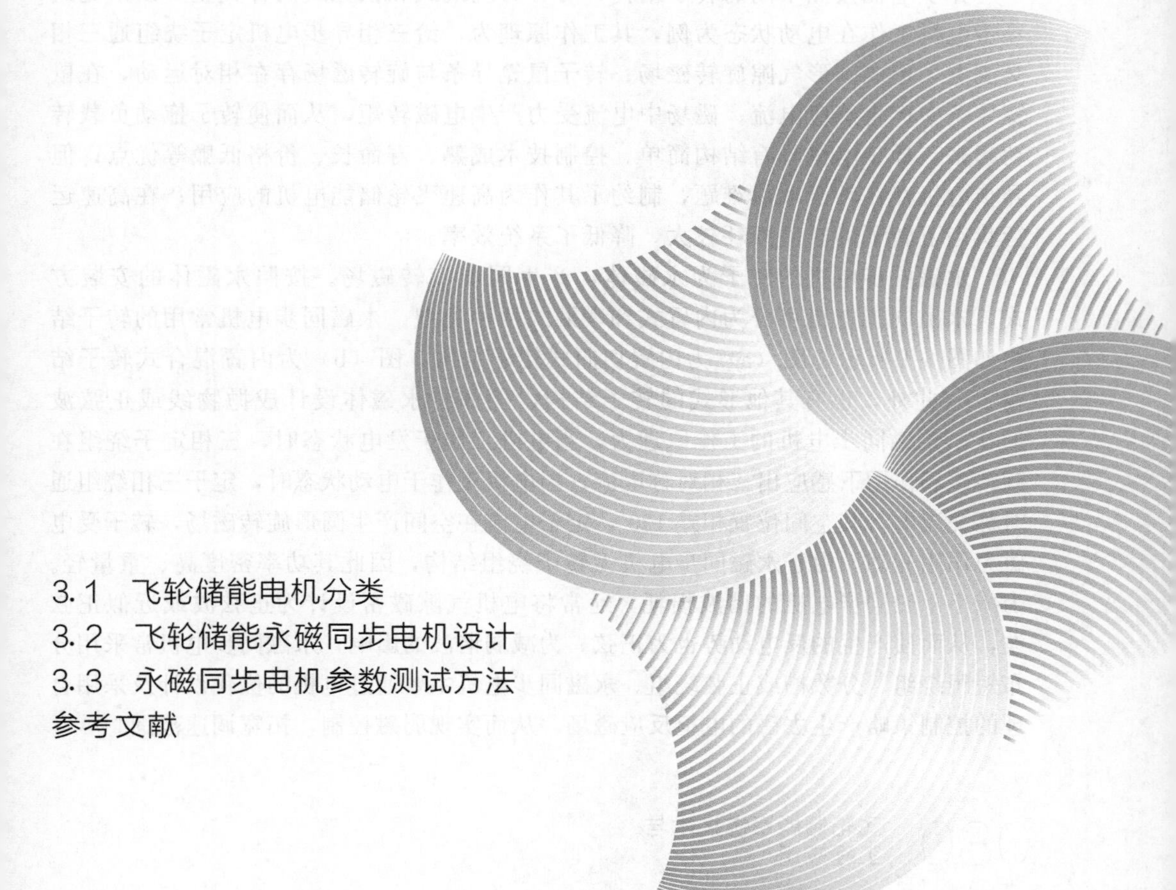

电机是飞轮储能装置实现机电能量转换的关键部件，它具有电动/发电、宽变速范围和高效率等特性。本章分析了飞轮储能电机分类、永磁同步电机设计和电机参数测试方法，并采用格栅结构和碳纤维强化环技术解决了高速电机转子强度问题，给出了 1000kW 永磁同步电机的转子强度设计案例。

3.1 飞轮储能电机分类

3.1.1 飞轮电机类型

飞轮储能系统中使用的电机是实现机械能与电能转换的关键部件。当前使用的电机主要包括异步电机、永磁同步电机、永磁无刷直流电机和感应子电机，下面分别介绍。

异步电机按照不同的转子结构，可分为绕线式和鼠笼式两种类型。以鼠笼式异步电机工作在电动状态为例，其工作原理为，给三相异步电机定子绕组通三相交流电，形成圆形气隙旋转磁场；转子鼠笼导条与旋转磁场存在相对运动，在鼠笼导条中产生感应电流；磁场中电流受力产生电磁转矩，从而使转子拖动负载转动起来。异步电机具有结构简单、控制技术成熟、寿命长、价格低廉等优点；但异步电机存在转子散热难题，制约了其作为高速飞轮储能电机的应用；在高速运行状态下转子的转差损耗较大，降低了系统效率。

永磁同步电机的转子为永磁体，产生同步旋转磁场。按照永磁体的安装方式，永磁同步电机可分为内置式和表贴式两种类型。永磁同步电机常用的转子结构如图 3-1 所示，图（a）为内置切向式转子结构，图（b）为内置混合式转子结构[1]。此外，也有其他形式的转子结构，例如将永磁体设计成抛物线或正弦波形状。永磁同步电机的工作原理为，当电机工作于发电状态时，三相定子绕组在旋转磁场作用下感应出三相对称电流；当电机工作于电动状态时，定子三相绕组通对称交流电，其空间位置相差 120°，定子电流在空间产生圆形旋转磁场，转子受电磁力作用运动。由于永磁同步电机无转子绕组结构，因此其功率密度高、重量轻。为减小永磁同步电机的谐波损耗，通常将电机气隙磁密设计为正弦波或近似正弦波，从而使产生的反电动势也为正弦。为减弱谐波的影响，永磁同步电机常采用分布短距绕组、分数槽或正弦绕组。永磁同步电机主要通过电机的优化设计及采用合理的控制策略产生去磁的电枢反应磁场，从而实现弱磁控制，拓宽调速范围。

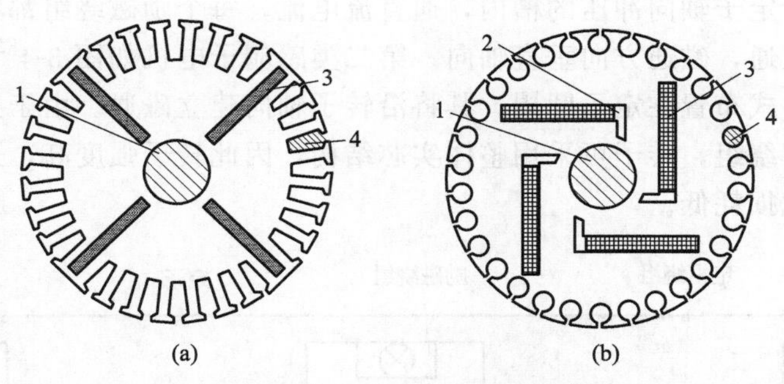

图 3-1　永磁同步电机转子结构

1—转轴；2—空气隔磁槽；3—永磁体；4—转子导条

永磁无刷直流电机中使用的是电子换向器，其转子为永磁体结构，通常设计成瓦片形状，详见图 3-2[1]；定子是电枢绕组，定子电流为方波，通常将定子绕组设计成集中、整距绕组，提高电机绕组的利用率。永磁无刷直流电机工作原理是，在电机正常工作时，实时检测电机转子位置；根据检测到的转子位置，对电机定子绕组的不同相通以对应电流，产生的电磁转矩驱动电机旋转。永磁无刷直流电机的最大优点是不再使用传统换向器和电刷进行转子换相，而是采用转子位置传感器，通过采集到的转子位置信息控制变流器实现转子换相，消除了由电刷、换向器所引起的问题。永磁无刷直流电机结构简单，既具备传统直流电机调速性能好的优点，又具备运行可靠性高的优越性能；但其不足之处是转矩脉动较大，受电机连续工作电流的限制，其弱磁调速范围较窄。

感应子电机包括定子与转子两部分，其中定子中同时放置电枢绕组和励磁绕组，转子中则不放置任何绕组。根据励磁绕组在定子中的安装位置，可将感应子电机分为异性极式和同性极式两种类型。第一类感应子电机如图 3-3[2] 所示，励

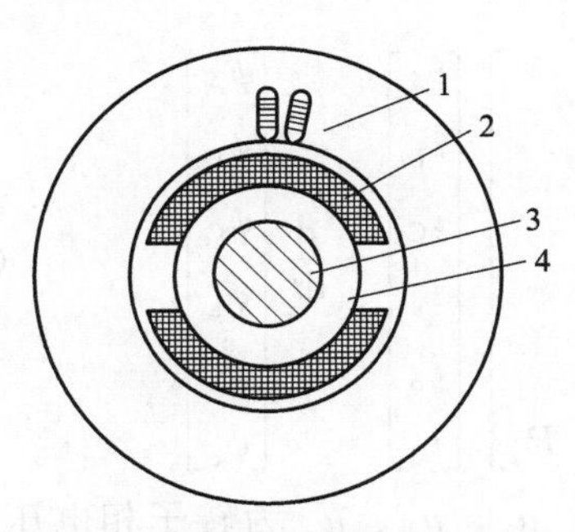

图 3-2　永磁无刷直流电机的转子结构

1—定子；2—永磁体；3—转轴；4—转子铁芯

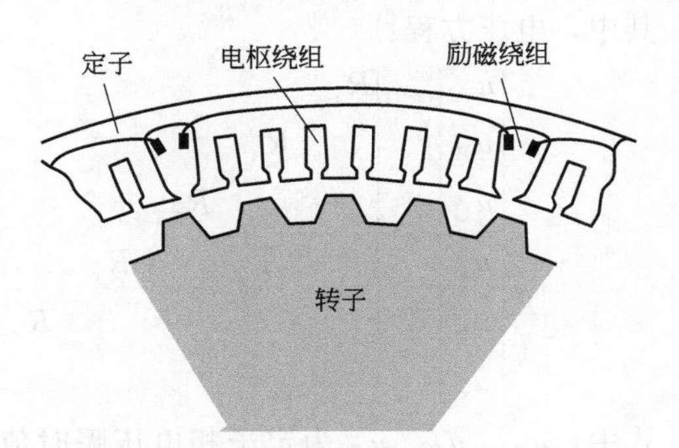

图 3-3　异性极式磁通方向垂直轴向感应子电机

磁绕组嵌进沿定子轴向冲压的槽内，通直流电流，每个励磁绕组都将在自身宽度范围内建立磁通，磁通方向垂直轴向；第二类感应子电机如图 3-4[2] 所示，励磁绕组以环形方式布置在定子圆周，其将沿转子轴向建立磁通。由于感应子电机转子不放置任何绕组，转子可采用整体实芯结构，因此转子强度高，适合高转速运行，同时空载损耗低。

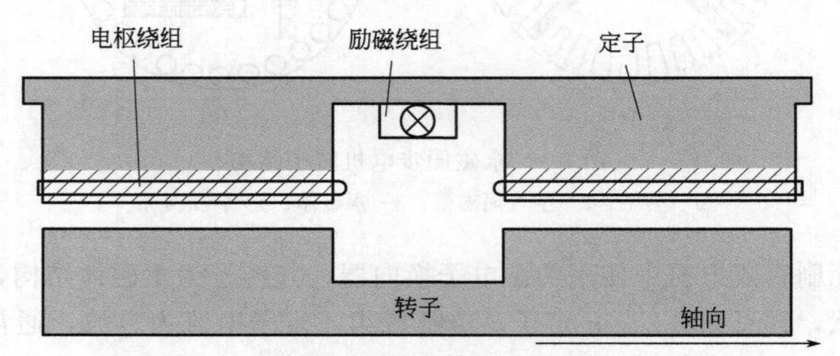

图 3-4　同性极式磁通平行转子轴向感应子电机

3.1.2　飞轮电机数学模型

3.1.2.1　异步电机数学模型

异步电机的数学模型具有高阶、非线性和强耦合等特点。本节仅分析并建立三相鼠笼式异步电机数学模型，其中定子绕组空间位置固定，转子绕组（鼠笼条）随转子同速旋转。以定子绕组轴线 A 轴为参考坐标轴，所建数学模型由如下电压方程、磁链方程、转矩方程和运动方程组成[3]。

其中，电压方程：

$$\begin{bmatrix} u_A \\ u_B \\ u_C \\ u_a \\ u_b \\ u_c \end{bmatrix} = \begin{bmatrix} R_s & & & & & \\ & R_s & & & & \\ & & R_s & & & \\ & & & R_r & & \\ & & & & R_r & \\ & & & & & R_r \end{bmatrix} \begin{bmatrix} i_A \\ i_B \\ i_C \\ i_a \\ i_b \\ i_c \end{bmatrix} + \frac{d}{dt} \begin{bmatrix} \psi_A \\ \psi_B \\ \psi_C \\ \psi_a \\ \psi_b \\ \psi_c \end{bmatrix} \tag{3-1}$$

式中，u_A、u_B、u_C 为定子相电压瞬时值，u_a、u_b、u_c 为转子相电压瞬时值；i_A、i_B、i_C，i_a、i_b、i_c 为定子和转子相电流瞬时值；ψ_A、ψ_B、ψ_C，ψ_a、ψ_b、ψ_c 为定子和转子各相绕组的全磁链；R_s、R_r 为定子和转子绕组电阻。

磁链方程：

$$
\begin{bmatrix} \psi_A \\ \psi_B \\ \psi_C \\ \psi_a \\ \psi_b \\ \psi_c \end{bmatrix} = \begin{bmatrix} L_{AA} & L_{AB} & L_{AC} & L_{Aa} & L_{Ab} & L_{Ac} \\ L_{BA} & L_{BB} & L_{BC} & L_{Ba} & L_{Bb} & L_{Bc} \\ L_{CA} & L_{CB} & L_{CC} & L_{Ca} & L_{Cb} & L_{Cc} \\ L_{aA} & L_{aB} & L_{aC} & L_{aa} & L_{ab} & L_{ac} \\ L_{bA} & L_{bB} & L_{bC} & L_{ba} & L_{bb} & L_{bc} \\ L_{cA} & L_{cB} & L_{cC} & L_{ca} & L_{cb} & L_{cc} \end{bmatrix} \begin{bmatrix} i_A \\ i_B \\ i_C \\ i_a \\ i_b \\ i_c \end{bmatrix} \tag{3-2}
$$

对角元素表示定子绕组和转子绕组自感，其余元素为定子绕组与定子绕组间、定转子绕组间、转子绕组与转子绕组间的互感。其中，互感可分为两类：定子绕组与定子绕组间、转子绕组与转子绕组间的互感是定值；定转子绕组间的互感为变化值。

转矩方程：

$$
\begin{aligned} T_e = pL_m[(e_a i_a + e_b i_b + e_c i_c)\sin\theta + (e_a i_a + e_b i_b + e_c i_c)\sin(\theta + 2\pi/3) \\ + (e_a i_a + e_b i_b + e_c i_c)\sin(\theta - 2\pi/3)] \end{aligned} \tag{3-3}
$$

式中，p 为电机极对数；L_m 为最大的定子互感值。

运动方程：

$$
T_e = T_L + \frac{J}{p} \times \frac{d\omega}{dt} \tag{3-4}
$$

式中，T_L 为负载转矩；J 为转动惯量。

3.1.2.2 永磁同步电机数学模型

建立永磁同步电机的数学模型前，首先假设[4]：

① 不计铁芯饱和及涡流、磁滞的影响；

② 定子三相电流为对称的正弦电流；

③ 转子无阻尼绕组，不计温度、频率变化的影响。

在三相静止坐标系下，永磁同步电机的数学模型可表达为式(3-5)～式(3-7)。

定子电压：

$$
u_s = R_s i_s + \frac{d\psi_s}{dt} \tag{3-5}
$$

定子磁链：

$$
\psi_s = L_s i_s + \psi_f e^{j\theta_r} \tag{3-6}
$$

电磁转矩：

$$
T_e = \frac{3}{2} p \psi_s i_s \tag{3-7}
$$

式中，

$$i_s=\begin{bmatrix}i_A\\i_B\\i_C\end{bmatrix},R_s=\begin{bmatrix}R&0&0\\0&R&0\\0&0&R\end{bmatrix},\psi_s=\begin{bmatrix}\psi_A\\\psi_B\\\psi_C\end{bmatrix},u_s=\begin{bmatrix}u_A\\u_B\\u_C\end{bmatrix}$$

通常运用坐标变换理论将电机在三相静止坐标系下的数学模型变换到两相旋转坐标系下,以实现简化求解数学模型的目的。两相旋转 $d-q$ 坐标系下的数学模型如式(3-8)～式(3-10)所示。

电压方程：

$$\begin{cases}u_d=\dfrac{d\psi_d}{dt}-\omega\psi_q+R_1i_d\\u_q=\dfrac{d\psi_q}{dt}+\omega\psi_q+R_1i_q\end{cases}\tag{3-8}$$

磁链方程：

$$\begin{cases}\psi_d=L_di_d+\psi_f\\\psi_q=L_qi_q\end{cases}\tag{3-9}$$

电磁转矩方程：

$$T_{em}=\frac{3}{2}p(\psi_di_q-\psi_qi_d)=\frac{3}{2}p[\psi_fi_q+(L_d-L_q)i_di_q]\tag{3-10}$$

式中 u_d，u_q——定子电压矢量的 d-q 轴分量；

i_d，i_q——定子电流矢量的 d-q 轴分量；

ψ_d，ψ_q——磁链的 d-q 轴分量；

ψ_f——永磁磁链；

ω——转子电角速度；

T_{em}——电磁转矩；

p——极对数；

L_d，L_q——d-q 轴电感。

3.1.2.3 永磁无刷直流电机数学模型

本节以定子绕组采用星形连接的三相两极永磁无刷直流电机为研究对象。建立数学模型进行分析之前，首先作出如下四点假设：

① 不计铁芯饱和及磁滞、涡流和电枢反应的影响；

② 不计齿槽转矩的影响；

③ 定子三相绕组对称分布；

④ 控制电路中的功率开关器件均为理想开关器件，不计其损耗。

永磁无刷直流电机定子绕组的相电压由定子绕组电阻上的压降和定子绕组的感应电势组成，定子电压[5]：

$$\begin{bmatrix} u_a \\ u_b \\ u_c \end{bmatrix} = \begin{bmatrix} R_a & 0 & 0 \\ 0 & R_b & 0 \\ 0 & 0 & R_c \end{bmatrix} \begin{bmatrix} i_a \\ i_b \\ i_c \end{bmatrix} +$$

$$\begin{bmatrix} L-M & 0 & 0 \\ 0 & L-M & 0 \\ 0 & 0 & L-M \end{bmatrix} \frac{\mathrm{d}}{\mathrm{d}t} \begin{bmatrix} i_a \\ i_b \\ i_c \end{bmatrix} + \begin{bmatrix} e_a \\ e_b \\ e_c \end{bmatrix} \tag{3-11}$$

式中，u_a、u_b、u_c 为三相定子相电压；e_a、e_b、e_c 为三相定子反电势；i_a、i_b、i_c 为三相定子电流；L 为定子自感；M 为定子间互感。

电磁转矩：

$$T_e = (e_a i_a + e_b i_b + e_c i_c)/\omega \tag{3-12}$$

式中，T_e 为电磁转矩；ω 为电机转子的机械角速度。

3.1.2.4 感应子电机数学模型

应用交流电机理论对感应子电机进行分析建模[8]，对各电磁量正方向作如下规定：定子绕组产生的磁链 ψ_a、ψ_b、ψ_c 正方向与转子 a、b、c 轴正方向相同，定子三相电流 i_a、i_b、i_c 产生相应相的磁势和磁链，定子三相绕组端电压与相电流之间的方向采取电动机惯例。忽略转子阻尼绕组的作用，建立感应子电机在静止 abc 坐标系下的磁链方程[2]：

$$\begin{bmatrix} \psi_a \\ \psi_b \\ \psi_c \\ \psi_f \end{bmatrix} = \begin{bmatrix} L_{aa} & L_{ab} & L_{ac} & L_{af} \\ L_{ba} & L_{bb} & L_{bc} & L_{bf} \\ L_{ca} & L_{cb} & L_{cc} & L_{cf} \\ L_{fa} & L_{fb} & L_{fc} & L_{ff} \end{bmatrix} \begin{bmatrix} i_a \\ i_b \\ i_c \\ i_f \end{bmatrix} \tag{3-13}$$

针对式(3-13) 中的电感参数，忽略磁饱和的影响，应用电磁场数值计算方法求取电感参数。仅考虑基波气隙磁场时，定子绕组自感分别如式(3-14)～式(3-16) 所示[2]。

$$L_{aa} = L_{01} + L_{0\delta} + L_2 \cos 2\theta \tag{3-14}$$

$$L_{bb} = L_{01} + L_{0\delta} + L_2 \cos 2(\theta - 2\pi/3) \tag{3-15}$$

$$L_{cc} = L_{01} + L_{0\delta} + L_2 \cos 2(\theta + 2\pi/3) \tag{3-16}$$

式中，L_{01} 为定子自感的漏磁分量；$L_{0\delta}$ 为气隙分量的恒定幅值；L_2 为气隙分量的脉动幅值；θ 为沿转动方向 d 轴领先定子 a 轴的电角度。

定子绕组间的互感[2] 为

$$L_{ab} = L_{ba} = M_{01} - \frac{1}{2} L_{0\delta} + L_2 \cos 2(\theta - \pi/3) \tag{3-17}$$

$$L_{bc}=L_{cb}=M_{01}-\frac{1}{2}L_{0\delta}+L_2\cos2\theta \tag{3-18}$$

$$L_{ac}=L_{ca}=M_{01}-\frac{1}{2}L_{0\delta}+L_2\cos2(\theta+\pi/3) \tag{3-19}$$

式中，M_{01} 为定子互感的漏磁分量。

励磁绕组与定子绕组间的互感为

$$L_{af}=M_{fd}\cos\theta \tag{3-20}$$

将式(3-20）中的 θ 换为 $\theta-2\pi/3$ 和 $\theta+2\pi/3$ 后分别是 b、c 相与励磁绕组的互感。

电压方程为

$$\begin{bmatrix} u_a \\ u_b \\ u_c \\ u_f \end{bmatrix}=p\begin{bmatrix} \psi_a \\ \psi_b \\ \psi_c \\ \psi_f \end{bmatrix}+\begin{bmatrix} R_s & & & \\ & R_s & & \\ & & R_s & \\ & & & R_f \end{bmatrix}\begin{bmatrix} i_a \\ i_b \\ i_c \\ i_f \end{bmatrix} \tag{3-21}$$

式中，p 为微分算子；R_s 为定子绕组电阻；R_f 为励磁绕组电阻。

转矩方程[2] 为

$$T_e=\frac{1}{2}p\boldsymbol{i}^T\frac{\partial L}{\partial\theta}\boldsymbol{i} \tag{3-22}$$

式中，p 为电机极对数；L 为电感矩阵；$\boldsymbol{i}$ 为电机电流向量，即 $\boldsymbol{i}=(i_a, i_b, i_c, i_f)^T$。

转子运动方程为

$$J\frac{d\omega}{dt}=p(T_e-T_L)-B\omega \tag{3-23}$$

式中，ω 为电机转子的电角速度；J 为转动惯量；B 为摩擦系数；T_L 为负载转矩，飞轮储能系统中 $T_L=0$。

3.1.3 飞轮储能电机特性要求

飞轮储能系统中电能和机械能的转换是通过对飞轮储能电机的控制实现的，因此飞轮储能电机的选用对储能系统的整体性能具有较大影响。该电机需满足飞轮储能系统充放电过程的各项特殊要求，如高效率、高转速、高可靠性等性能指标。

为了方便确定飞轮储能电机的选用标准，对电机的具体要求归纳如下[6]：

① 飞轮储能电机应可运行于电动和发电两种工况；

② 飞轮储存的能量和飞轮转速平方成正比，因此飞轮储能电机应可运行于较高转速范围；

③ 系统储能和释放能量的原理要求飞轮储能电机能够运行于宽转速范围，且具备较好的调速性能和较高的运行效率；

④ 飞轮储能系统应可实现不间断运行，飞轮储能电机应具有较长的使用寿命；

⑤ 飞轮储能系统应可以在短时间内实现能量的存储，飞轮储能电机在作为电动机运行时应具有较高的输出功率和转矩；

⑥ 飞轮储能电机大都运行在真空环境下，应满足转子散热要求；

⑦ 飞轮储能电机的转速比较高，应具有较小的空载损耗。

3.2 飞轮储能永磁同步电机设计

3.2.1 永磁同步电机电磁方案设计

在设计电机的电磁方案时需要综合考虑机械强度、电磁性能等多种情况。下面从极槽配合选择、主要尺寸设计、材料选择、定子绕组及定子铁芯设计、转子结构、电磁负荷选择几方面来分别介绍。

3.2.1.1 极槽配合选择

电机的极对数是设计时需要考虑的基本参数，随着极对数的增加电机的铁耗和器件损耗会增多，但相应的电机尺寸也会缩小[7]。

对于电机槽数，有整数槽和分数槽两种选择，两者各有优缺点，性能比较见表3-1。关于具体的整数槽槽数选择将在后面章节详细介绍。

表3-1 电机整数槽和分数槽性能对比

项目	分数槽	整数槽
弱磁扩速能力	较强	稍弱
磁阻转矩	较低	较高
铜耗	较低	较高
铁耗	较高	较低
转矩波动	较高	较低

3.2.1.2 主要尺寸设计

（1）主要尺寸关系式

永磁同步电机的主要尺寸与计算功率、转速、电磁负荷的关系和普通直流电动机相似，如式(3-24) 所示[7]。

$$D_{i1}^2 L_{ef}=\frac{P}{n}\times\frac{6.1\times10^4}{\alpha_i K_{wl} K_{Nm} A B_\delta} \tag{3-24}$$

式中，P 为计算功率，$P=\frac{K_E P_N}{\cos\varphi}$，$K_E$ 为额定负载时感应电动势与相电压的比值；n 为额定转速；α_i 为计算极弧系数；K_{wl} 为基波绕组系数；K_{Nm} 为波形系数，一般取 1.1；A 为电负荷；B_δ 为气隙磁密。

（2）主要尺寸比

将铁芯有效长度 L_{ef} 与极距 τ 之比定义为主要尺寸比 λ[7]，即 $\lambda=L_{ef}/\tau$。其中，极距为

$$\tau=\frac{\pi D_{i1}}{2p} \tag{3-25}$$

式中，p 为电机极对数；λ 的大小与发电机运行性能、经济性能、工艺性能等密切相关，一般随极数的增加而增大。

（3）气隙长度的选取

气隙长度 δ 与电机静态过载能力、励磁功率以及附加损耗有关[7]。δ 的取值不仅要从建立气隙磁场的角度考虑，而且要考虑到制造和装配的限制。对于高速电机而言，需要加一层不导磁高强度的保护套，使得转子在高速旋转时机械强度足够，因此等效气隙长度应选择得大一些[8]。

3.2.1.3 材料选择

永磁同步电机的定子铁芯一般采用硅钢片叠成，转子一般使用永磁材料。关于常用永磁材料在 3.2.2 节详细介绍，定子绕组的材料是铜。

3.2.1.4 定子绕组及定子铁芯设计

（1）定子绕组

虽然单层绕组下线便捷、槽满率高，但一般只有整距接法可以选择，也不能保证电、磁动势波形的正弦性；由于短距分布绕组可以改善电、磁动势波形，因此定子绕组的整、分数槽设计一般均采用双层短距绕组，具体的定子绕组连接方式如图 3-5 所示[9]。

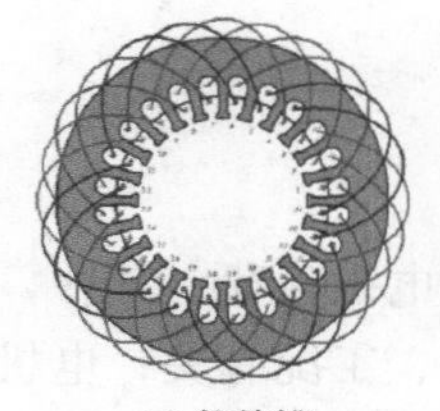

图 3-5 绕组连接方式

(2) 定子铁芯设计

① 定子槽数确定。永磁同步电机的定子槽数 Q 由极数 $2p$ 和每极每相槽数 q 确定，它们之间的关系见式(3-26)[10]。

$$q=\frac{Q}{2pm} \tag{3-26}$$

式中，Q 为定子槽数；m 为相数。

为了减少谐波磁动势，q 一般取整数，并且为了降低杂散损耗、提高功率因数，一般采用较大的值；但同时 q 的增加，也会使槽绝缘复杂，槽利用率降低，增加线圈制造难度[7]。

② 槽形尺寸确定。槽形尺寸一般包括槽口尺寸、斜高、斜肩宽等，定子槽形不同其设计也不同，此部分不再详细介绍。

3.2.1.5 转子结构

常用的高速永磁同步电机的转子有表贴式和内置式两种结构，性能比较如表 3-2 所示。

表 3-2 表贴式及内置式转子结构性能比较

项目	表贴式	内置式
弱磁扩速能力	较弱	较强
磁体抗去磁能力	较弱	较强
磁阻转矩	无	有
气隙磁密	略低	略高
磁体用量	略低	略高

需要注意的是，高速电机在旋转时会产生巨大应力，因此其转子需要在保证电磁特性的前提下有充足的机械强度，以免损坏。与此同时，电机振动可能带来转子形变，为防止此现象的发生，转子的动态特性需要满足要求[11]。

一般在高速和低速场合用来保护转子上永磁体的方式可能不同，在高速场合下，需要使用保护材料来加固；在低速场合下，可以直接使用硅钢片保护永磁体，不需要保护套。

3.2.1.6 电磁负荷选择

电机的电负荷与磁负荷统称为电机的电磁负荷。其中，电机电枢绕组的安培导体数为电负荷，它与电机的功率、体积、工况有关；电机的气隙磁场密度幅值为磁负荷，与电机的永磁体、定转子结构有关。一般而言，电机的电磁负荷都是先初步选取，再经过不断迭代计算进行修正和校验的[12]。

3.2.2 电机永磁材料

一般来说，磁性材料可以根据磁化后退磁的难易程度分为软磁材料和硬磁材料，其中硬磁材料又称为永磁材料。在这两种材料中，软磁材料磁化后较易退磁；硬磁材料磁化后较难退磁，经过外加磁场磁化能长时间保持较高的剩余磁性。此外，常见的永磁材料还具有如下磁性特征：高的磁感矫顽力和内禀矫顽力、高的最大磁能积、高的对外加磁场和环境温度等外界因素的稳定性。常用的永磁材料包括铁氧体永磁材料、金属永磁材料和稀土永磁材料三种，其中金属永磁材料中铝镍钴和铁铬钴较常用，稀土永磁材料以钕铁硼等为代表[13]。表 3-3 给出了常用永磁材料的性能比较[7]。

表 3-3 常用永磁材料的性能比较

材料	优点	缺点
铁氧体	不含贵金属，价格低廉，制造工艺简单，退磁曲线很大部分接近直线，不需稳磁	剩余磁感应强度低，最大磁能积小，磁性能受环境的影响较大，材料硬脆可加工性差
铝镍钴	温度系数低，剩余磁感应强度高	矫顽力低，退磁曲线呈非线性变化
稀土钴	剩余磁感应强度、矫顽力、最大磁能积均较高，退磁曲线基本为直线，抗去磁能力强	价格昂贵，加工性能差
钕铁硼	相比磁性能最好	温度系数高，磁稳定性差，居里温度低，化学稳定性差

飞轮储能电机由于气隙磁场频率较高、气隙较大，因此需要永磁材料具有较高的剩磁和矫顽力。

3.2.3 永磁电机转子结构强度分析

近年来，针对高速永磁电机转子强度分析已有一些研究成果。转子结构发生形变甚至破坏的主要原因是转子受外力作用，包括离心力、电磁力和转子温升引起的热应力等。

用 ANSYS 有限元软件仿真分析可以得到永磁电机转子应力、变形分布情况，提供强度安全、变形协调设计依据；对电机转子进行较全面深入的多工况因素（包括离心力、电磁力、温度）的数值仿真分析，发现引起转子结构破坏的主要原因是离心力效应导致了转子的结构形变和应力增加，以及考虑安装误差，导致电机转子和定子相互摩擦。

对采用非导磁合金钢护套和碳纤维绑扎带的永磁转子强度分析表明碳纤维绑扎带的厚度要小，而且不产生高频涡流损耗。对永磁体与护套之间进行过盈配合，施加一定的预压力使永磁体高速旋转时仍处于受压状态，保证永磁体不会被拉应力破坏。

3.2.4 1MW 永磁电机转子强度分析实例

3.2.4.1 材料

武钢产的硅钢 35W270，材料参数如表 3-4 所示。

表 3-4 武钢产的硅钢 35W270 基本材料参数

项目	符号	数值	单位
抗拉强度	σ_b	≥450	MPa
断裂伸长率	δ_1	≥10	%
模量	E	200	GPa
密度	ρ	约 7810	kg/m^3
泊松比	μ	0.26	

牌号 N40 的钕铁硼永磁体材料参数如表 3-5 所示。

表 3-5 牌号 N40 的钕铁硼永磁体基本材料参数

项目	符号	数值	单位
抗压强度	σ_c	≥1050	MPa
抗拉强度	σ_b	约 80	MPa
模量	E	160	GPa
密度	ρ	约 7600	kg/m^3
泊松比	μ	0.28	

3.2.4.2 转速

电机额定转速：2700r/min；速度极限：3000r/min。

3.2.4.3 几何模型与有限元模型

如图 3-6 所示为基于 ANSYS 软件的电机转子几何模型，虚线圈内显示的是强行添加的零位移条件，约束键槽单边，环向位移为 0；同时，顶角点的径向位移为 0。

如图 3-7 所示为基于 ANSYS 软件的电机转子有限元模型，用于进行有限元分析计算。

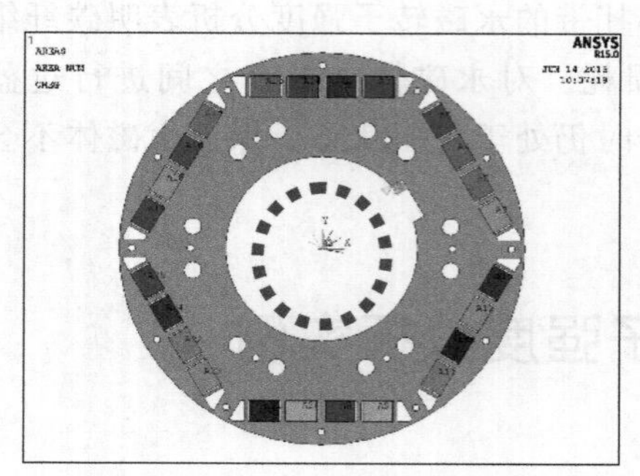

图 3-6 电机转子几何模型

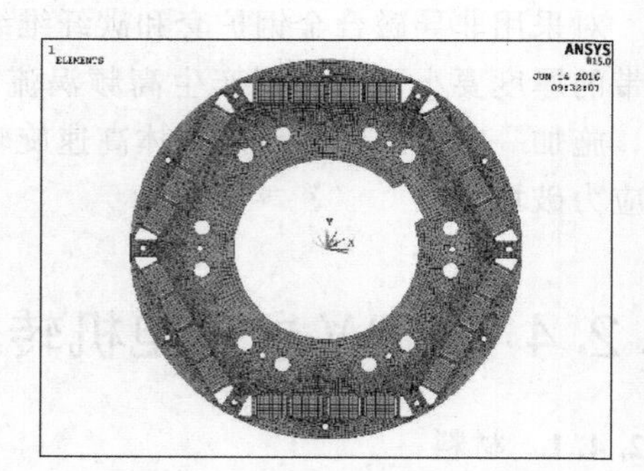

图 3-7 电机转子有限元模型

3.2.4.4 额定转速 2700r/min 强度校核

电机额定转速 2700r/min 时，转子整体的米塞斯应力分布如图 3-8 所示；最大应力点分布在多处倒角倒圆处，幅值为 141MPa，满足强度要求。

同理，图 3-8 中的虚线表示原始模型的轮廓线，后文相同。变形量放大了 100 倍进行观察，具体变形云图见图 3-9。

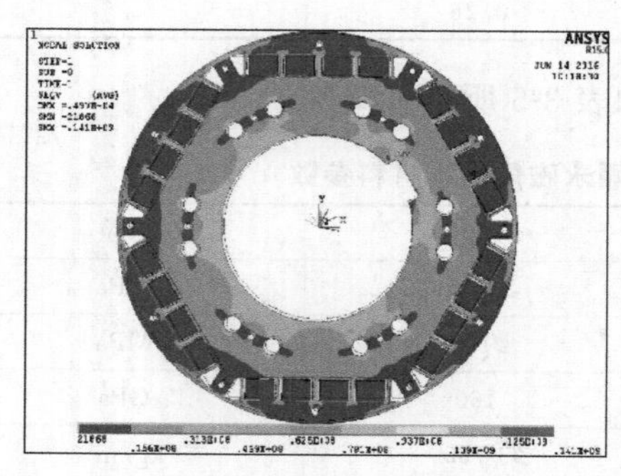

图 3-8 额定转速下转子整体米塞斯应力分布云图

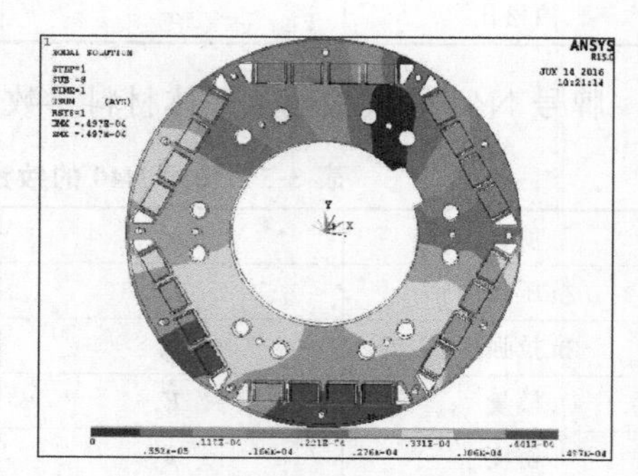

图 3-9 额定转速下转子整体变形分布云图

变形云图分布表现出“单边倾斜”特点是因为，人为设定了强制位移零边界条件；图 3-9 中显示键槽零边界处位移最小，对立面位移最大。这恰恰证明了计算的有效性。

观察磁钢和磁槽接触边界的压力情况，见图 3-10；压力呈现对称分布，幅值仅为 24.8MPa。

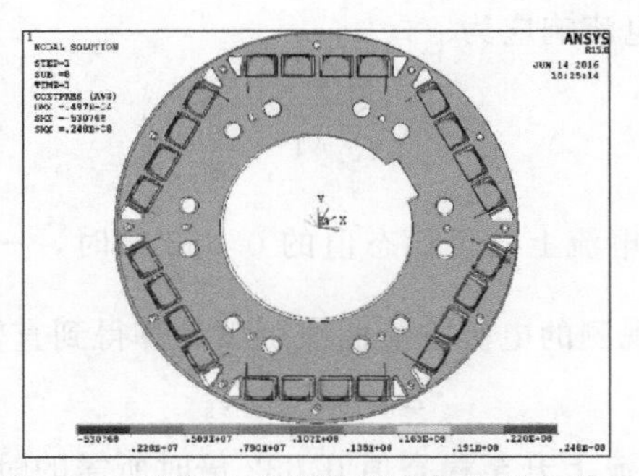

图 3-10　磁钢和磁槽接触边界的压力分布

综上所述，额定转速下，上述电机转子设计能满足强度要求。

3.3 永磁同步电机参数测试方法

3.3.1　定子电阻的测量

通过控制变流器功率器件的开关状态，给电机绕组通电，即通入一个任意的非零空间电压矢量及零矢量；同时记录电机的定子相电流，缓慢增加非零空间电压矢量的幅值，直到定子电流达到额定值。当电机状态稳定后，电机转子定位，记录此时的稳态相电流。分别用 U_d 表示直流侧电压，I_d 表示采集的直流母线电流值，经计算，定子电阻可以表示为[17]

$$R_s = \frac{2U_d}{3I_d} \tag{3-27}$$

3.3.2　直轴电感的测量

控制变流器功率器件的开关状态，先将变流器各桥臂开关管全关断，永磁同步电机处于自由状态；再向其施加一个恒定幅值、矢量角度与直流实验相同的脉

冲电压矢量，则 d 轴电压方程可以简化为

$$u_{\mathrm{d}}=R_{\mathrm{s}}i_{\mathrm{d}}+L_{\mathrm{d}}\frac{\mathrm{d}i_{\mathrm{d}}}{\mathrm{d}t} \tag{3-28}$$

d 轴电压输入时电流响应为

$$i(t)=\frac{U}{R_{\mathrm{s}}}\left(1-\mathrm{e}^{-\frac{R_{\mathrm{s}}}{L_{\mathrm{d}}}t}\right) \tag{3-29}$$

由式(3-29) 可知电流上升至稳态值的 0.632 倍时，$-\frac{R_{\mathrm{s}}}{L_{\mathrm{d}}}t=-1$，利用测量得到的定子电阻值和观测的电流响应曲线可以计算得到直轴电感值[17]

$$L_{\mathrm{d}}=t_{0.632}R_{\mathrm{s}} \tag{3-30}$$

式中，$t_{0.632}$ 为电流上升至稳态值 0.632 倍时所需的时间。

3.3.3 交轴电感的测量[18]

控制变流器功率器件的开关状态，在 q 轴方向施加一脉冲电压矢量，控制其作用时间，使电机轴保持静止，则 q 轴电压方程可以简化为

$$u_{\mathrm{q}}=R_{\mathrm{s}}i_{\mathrm{q}}+L_{\mathrm{q}}\frac{\mathrm{d}i_{\mathrm{q}}}{\mathrm{d}t} \tag{3-31}$$

q 轴电流的时域响应为

$$i(t)=\frac{U}{R_{\mathrm{s}}}\left(1-\mathrm{e}^{-\frac{R_{\mathrm{s}}}{L_{\mathrm{q}}}t}\right) \tag{3-32}$$

与测量直轴电感类似可以得到交轴电感。

3.3.4 反电势系数的测量

采用空载实验法，带动被测永磁同步电机以一定的转速旋转；同时保持电机负载开路，测试此时的电机空载相电压，即为反电势电压，结合转速、反电势可以计算得出相应的反电势系数

$$K_{\mathrm{e}}=\frac{E}{n}\times1000 \tag{3-33}$$

式中，E 为反电势；n 为转速。

3.3.5 转动惯量的测量

忽略电机运动方程中的摩擦系数等量，将其简化为

$$T_e - T_L = J\frac{d\omega}{dt} \tag{3-34}$$

在电机恒转矩运行过程中，测量一定时间内电机转速的变化，即可计算得转动惯量。列写方程组

$$\begin{cases} J\dfrac{\omega_2-\omega_1}{t_2-t_1}=T_m-T_0 \\ J\dfrac{\omega_4-\omega_3}{t_4-t_3}=0-T_0 \end{cases} \tag{3-35}$$

式中，T_m 为拖动转矩，由拖动电机的功率与转速求得，即 $T_m=P/(nP\omega)$；T_0 为空载转矩；ω_1、ω_2、ω_3 和 ω_4 分别为时间 t_1、t_2、t_3 和 t_4 对应的转速。解方程组即可得转动惯量 J。

3.3.6 电机电磁参数实例

下面给出一组用于飞轮储能系统高速永磁同步电机的电磁参数示例，如表 3-6 所示。

表 3-6 高速永磁同步电机的电磁参数示例

参数	数值
极数	4
槽数	36
永磁体型号	40uH
相对磁导率	1.04
永磁体密度	7500kg/m^3
定子绕组	Y 接，3 相，双层叠绕
相电阻	0.012Ω
直轴电感	0.415mH
交轴电感	1.135mH

续表

参数	数值
总的转动惯量(包括轴)	0.0189kg·m^2
电机铁芯外直径	300mm
电机轴向长度	210mm+160mm

参考文献

[1] 曹荣昌，黄娟. 方波. 正弦波无刷直流电机及永磁同步电机结构、性能分析 [J]. 电机技术，2003 (01)：3-6.

[2] 王秋楠. 感应子电机飞轮储能系统优化控制研究 [D]. 北京：清华大学，2017.

[3] 余秋实. 异步电机 SVPWM 的矢量控制系统研究 [D]. 重庆：重庆大学，2010.

[4] 皮秀. 用于电动汽车的永磁同步电动机弱磁特性的研究 [D]. 北京：清华大学，2011.

[5] 夏长亮，张茂华，王迎发，等. 永磁无刷直流电机直接转矩控制 [J]. 中国电机工程学报，2008 (06)：104-109.

[6] 张娟. 飞轮储能系统用感应子电机的研究 [D]. 哈尔滨：哈尔滨工业大学，2010.

[7] 高义冬. 飞轮储能用高速永磁同步电机的设计与分析 [D]. 镇江：江苏科技大学，2014.

[8] 严岚. 永磁无刷直流电机弱磁技术研究 [D]. 杭州：浙江大学，2005.

[9] 张维. 高速永磁同步电机的设计及应用 [D]. 武汉：华中科技大学，2017.

[10] 李发海，朱东起. 电机学 [M]. 5 版. 北京：科学出版社，2013.

[11] HENDERSHOT J R，MILLER TJE. Design of brushless permanent-magnet motors. Oxford：Magna Physics Publishing and Clarendon Press，1994.

[12] 黄国治，傅丰礼. 中小旋转电机设计手册 [M]. 北京：中国电力出版社，2014.

[13] 陈斯翔. 飞轮储能用高速永磁同步电机磁钢涡流损耗研究 [D]. 重庆：重庆大学，2011.

[14] 胡光伟. 高速内置式永磁同步电机结构强度分析与电磁校核 [D]. 重庆：重庆大学，2014.

[15] 马振杰. 高速永磁电机机械特性分析 [D]. 沈阳：沈阳工程学院，2016.

[16] 电机制造工艺及装配图解. https：//www.dgzj.com/zhishi/diandongji/83935.html.

[17] 刘军，吴春华，黄建明，等. 一种永磁同步电机参数测量方法 [J]. 电力电子技术，2010，44 (01)：46-48.

[18] 高景德，王祥珩，李发海. 交流电机及其系统的分析 [M]. 北京：清华大学出版社，2007.

第4章 微损耗轴承系统研究设计

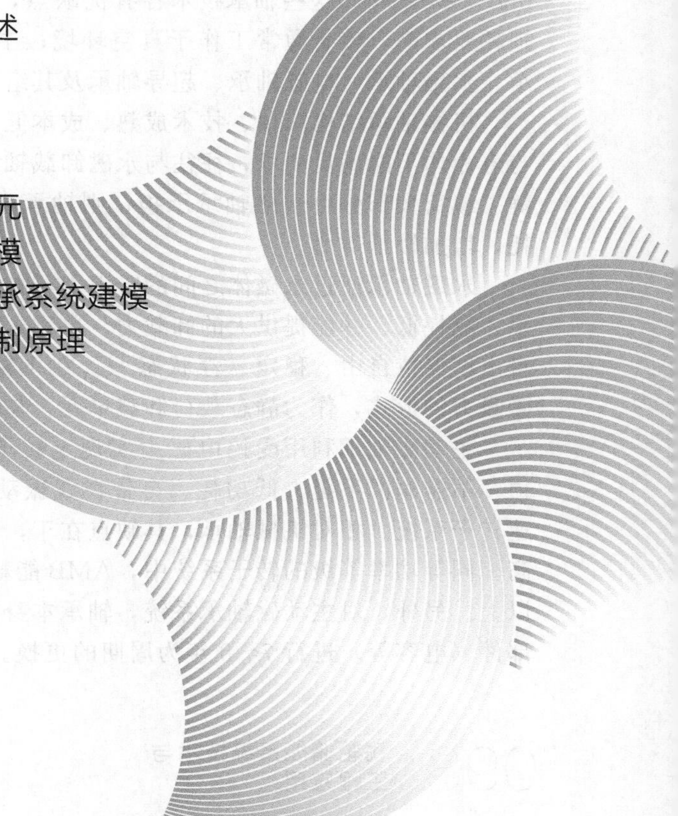

飞轮电机轴系速度高、真空环境，主要微损耗轴承包括机械轴承、永磁轴承、电磁轴承、超导轴承及其组合；分析了轴承的设计方法，重点讨论了永磁轴承设计、电磁轴承设计、主动控制算法及其振动抑制效能；给出了50kN永磁轴承的设计案例；在小型电磁悬浮飞轮转子模态（包括平动模态与章动、进动模态）抑制中，使用了比例积分微分（PID）控制加交叉反馈控制方法，可以借助控制器相位整形方法强化挠性模态阻尼。

4.1 飞轮储能装置轴承技术概述

飞轮储能系统通常需要在高速下待机，其待机能耗或称其固有自损耗中，轴承损耗是一个重要因素，需要轴承具有微损耗特性。因此，高速可靠的微损耗轴承技术，是储能飞轮系统发展的关键技术。

高速轴承技术主要包括机械轴承、油膜轴承、磁轴承、气体轴承等。磁轴承可以进一步细分为永磁轴承（permanent magnetic bearing，PMB）、主动磁轴承（active magnetic bearing，AMB）、超导磁轴承（superconducting magnetic bearing，SMB）[1]。这些轴承技术各有优缺点，具体到飞轮系统应用上，由于待机损耗要求高，转子通常工作于真空环境；主要的飞轮储能轴承技术包括机械轴承、永磁轴承、电磁轴承、超导轴承及其组合[2]。

机械轴承结构简单、技术成熟、成本低，但高速大承载条件下，其轴承损耗与寿命均不能满足要求，往往与永磁卸载轴承共同使用。将飞轮转子重力引起的静态载荷大部分由永磁轴承承担，则轴承在高速轻载条件下，大幅降低轴承损耗，增加轴承寿命。

永磁轴承通过永磁体之间的吸引力或排斥力工作，永磁体无需电源，结构简单，能耗低，并能提供大的卸载力。单靠永磁体，不能使一个铁磁体在所有六个自由度保持自由、稳定悬浮状态[1]。在飞轮应用上，永磁体往往以提供非受控磁吸力的形式，作为静态载荷卸载单元，与机械轴承结合，参与飞轮转子支承。

主动磁轴承利用受控电磁力实现定转子的非接触支承，具有转速高、无磨损、不需润滑系统、低功耗、自带在线振动监测功能等优点[3]，尤其适用于高速转子系统。相对机械轴承，其缺点在于，需要不间断供电，结构复杂，成本偏高。同等功率等级的转子系统中，AMB能耗比油膜轴承等传统轴承低一个量级以上。另外，对主动磁轴承系统，轴承本身的机械部分无需维护；但需要对电子部件（电容等）进行7～8年为周期的更换。依托不平衡控制等振动主动控制技术，主动磁轴承飞轮可以达到极低的振动噪声水平。

超导磁轴承利用迈斯纳效应（Meissner effect），基于超导体的抗磁性，可以获得具有足够大磁场力的转子磁悬浮。超导悬浮既可采用永磁体与超导体的磁通钉扎方式，又可采用超导体与超导线圈的磁通排斥方式。高温超导轴承通常使用永磁体和超导体的磁通钉扎方式工作，转子为永磁体，超导体定子通过迈斯纳效应提供本征磁悬浮力，借助磁通钉扎效应保证转子悬浮稳定性，具有不需要外部闭环反馈控制，就能实现悬浮自稳定的优点[4]。

如果能够实现可靠的高温超导磁悬浮，其应用前景广阔。但超导效应需要在极低温环境下产生，所需低温恒温系统构成复杂，成本高，自身有维持能耗。此外，相较主动磁轴承，超导磁轴承还有承载刚度和阻尼较小，存在悬浮力衰减等问题，限制了它们的应用。实际工程中，超导轴承往往还要与机械轴承、主动磁轴承等配合使用。比如 Hasegawa 在 2015 年进行的 300kW 光伏发电站用超导磁轴承飞轮储能系统示范试验中，其超导磁轴承仅作为轴向推力轴承使用，而径向轴承采用的是主动磁轴承[5]。

4.2 轴承工程应用

总的说来，飞轮储能轴承应具备高速、长寿命、微损耗、耐真空等特性。目前在工程上应用的轴承技术主要包括：机械轴承结合永磁轴承方案及主动磁轴承方案。

4.2.1 机械轴承结合永磁轴承

在这种方案中，永磁轴承不需要实现转子稳定悬浮，但需要提供足够大的卸载力。永磁轴承承载力与材料及体积相关，随着永磁材料快速发展，其单位体积承载力也在迅速增加。永磁轴承通常由一对或多个磁环作径向或轴向排列而成，其中也可以加入软磁材料。永磁体要实现高速旋转，需要针对性的设计，需要减小径向尺寸或以导磁钢环代替永磁环；机械轴承润滑也需要考虑真空环境的影响。

例如美国 Active Power 公司所生产的飞轮储能不间断电源（UPS）中，其飞轮支承系统采用的就是永磁轴承结合机械轴承的方案，转子转速达 7700r/min。

德国 Piller 公司的大型飞轮储能系统，也采用永磁/电磁卸载与机械轴承组合方案，转速为 3300～3600r/min，功率高达 3MW。

机械轴承结合永磁轴承方案主要适合于低转速飞轮，且其机械轴承（滚珠轴承）每 3～4 年需要进行更换。当飞轮转速进一步提高时，更适合的轴承方案是主动磁轴承。

4.2.2 主动磁轴承

主动磁轴承在 20 世纪 70 年代便开始在航天飞轮领域得到应用，到 20 世纪 90 年代，美国、法国、德国与日本等国家相继加大了相关投入，开展了多个高速磁轴承飞轮研究计划，主要关注诸如动量轮、反作用轮、储能飞轮的应用研究，取得一系列突破性成果。主要研究机构（不包括商业公司）及其项目主要应用领域见表 4-1[6]。

表 4-1 主动磁轴承飞轮主要研究机构

机构	应用领域
德州大学奥斯汀分校(Austin,美国)	公共汽车、港口起重机
德州农工大学(Texas A&M University,美国)	航天飞轮
弗吉尼亚大学(University of Virgina,美国)	不明确
达姆施塔特工业大学(TU Darmstadt,德国)	航天飞轮
开姆尼茨工业大学(Chemnitz University of Technology,德国)	车载飞轮
都灵理工大学(Politecnico di Torino,意大利)	不明确
乌普萨拉大学(Uppsala University,瑞典)	汽车、缆车飞轮
维也纳工业大学(Vienna University of Technology,奥地利)	不明确
苏黎世联邦理工大学(ETH Zürich,瑞士)	自动焊机
比亚威斯托克技术大学(Bialystok Technology University,波兰)	不明确
千叶大学(Chiba University,日本)	电动汽车
忠南国立大学(Chungnam National University,韩国)	电网
清华大学(中国)	航天飞轮、储能飞轮
北京航空航天大学(中国)	航天飞轮
国防科技大学(中国)	航天飞轮
浙江大学(中国)	储能飞轮

这些研究机构在飞轮主动磁轴承技术上的突破，最终孕育出了成功的基于主动磁轴承技术的高速储能飞轮公司。具有代表性的是美国 Vycon 公司，其推出的 300kW 主动磁轴承储能飞轮产品，飞轮转子工作转速达到 36000r/min，已经成功应用于 UPS 电源、牵引电源、风电、移动电源、船厂移动式起重机、智能电网储能等领域。

4.3 重型永磁轴承设计

重型永磁轴承载荷为 10000～100000N，永磁环通常采用拼装结构。

4.3.1 永磁轴承构型

磁轴承采用单磁环构型。鉴于充磁范围有限，磁环采用扇形磁瓦拼接，以实现大卸载力需求（图 4-1）。磁环表面贴装导磁垫圈削弱间隙磁场不均匀性，外套磁轭导磁并减少漏磁。永磁环、垫圈、磁轭、外气隙、衔铁转子盘（与轴系同步旋转）、内气隙、垫圈之间形成闭合磁路，定子与转子盘的吸力提供轴向卸载力。

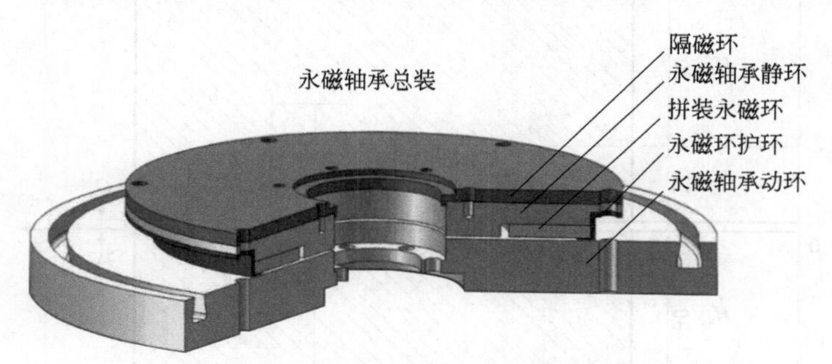

图 4-1　大型飞轮电机轴系的轴向永磁轴承结构

另一种构型是内置永磁环，见图 4-2，给出轴承永磁环、磁轭和衔铁等主要部件的尺寸。该 10000N 级永磁轴承应用于 400kW/16MJ 飞轮储能系统样机研制中，飞轮电机轴系对永磁轴承的要求是，工作气隙 1.5mm 时卸载力达到 12000N。

重载永磁轴承在结构参数优化设计分析中，提出如图 4-3 所示的简化结构，主要优化的参数有磁环内径 R_1、磁环外径 R_2、磁环磁轭边缘间隙 L_b、磁轭边缘台宽 L_e、衔铁厚度 H_s、磁环厚度 H_m、磁气隙 G_a 和磁轭厚度 H_e。

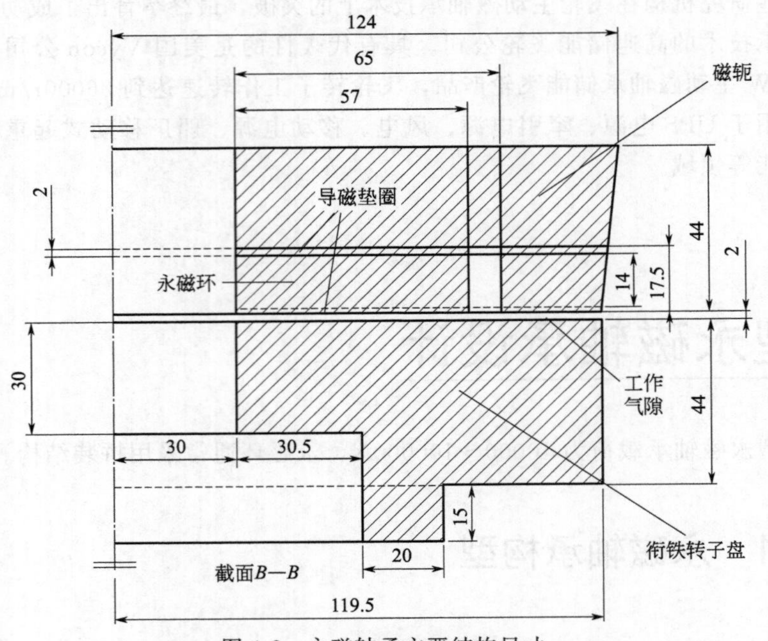

图 4-2　永磁轴承主要结构尺寸

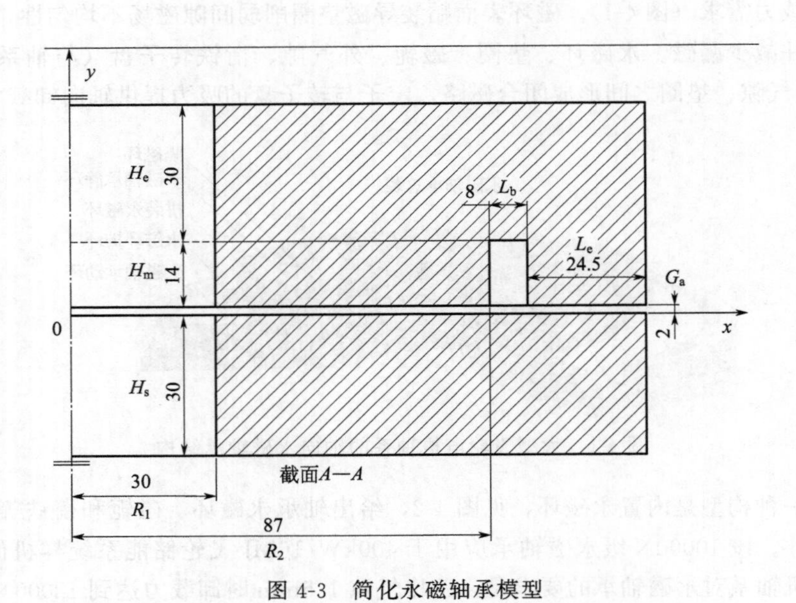

图 4-3　简化永磁轴承模型

永磁环材料为铝铁硼（NdFeB）稀土永磁，牌号 N40，剩磁 B_r 为 1.275T，矫顽力 H_{cb} 为 929kA/m，磁环体积为 293.32cm^3。磁轭、导磁垫圈、衔铁转子盘为软磁材料 40Cr 钢，是典型的非线性软磁材料。转轴和轴承封装使用 1Cr18Ni9Ti 奥氏体合金钢以及铝合金，均不导磁。

4.3.2 永磁轴承设计

（1）尺寸参数限制条件

衔铁转子盘不含永磁材料，因随轴系高速旋转，需要考虑转子盘的应力强度问题。针对简化结构，匀速运动下的衔铁薄圆盘视为平面应力问题，内外边界无径向应力，用位移法解得转子盘转速 ω 时的应力分布；应力分析只能给出特定转速下衔铁转子盘外径尺寸的上限值，下限值则依赖于结构振动特性。转轴越细，轴系刚度越低，临界频率也会降低。

（2）ANSYS 有限元建模计算

永磁轴承具有轴对称结构，暂不考虑磁场均匀性问题，可以用 Plane53 单元建立平面模型计算（图 4-4）。将衔铁转子盘设为组件，添加 Maxwell 标志面，可在结果中以虚功力和 Maxwell 力两种方式计算卸载力（表 4-2）。轴承周围包裹空气层，模拟漏磁。

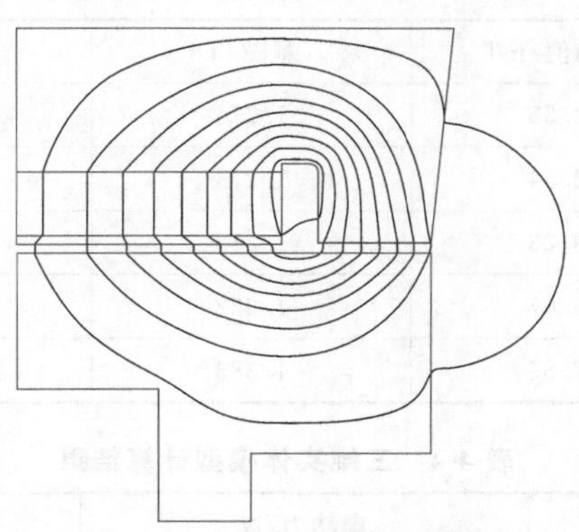

图 4-4　平面轴对称模型的磁感线分布

表 4-2　平面轴对称模型计算结果

气隙 G_a/mm	虚功力/N	Maxwell 力/N
1.5	12915	12936
2.0	10920	10889
2.5	9376.4	9357.1
3.0	8146.7	8142.4

为了考虑拼装磁瓦的磁块差异和间隙的磁场不均匀性，需要在三维实体建模下对每片磁瓦赋加不同属性。利用特斯拉计测量磁环环向磁感应强度分布，线性比例的放大缩小磁瓦的剩磁和矫顽力，对其特性做平均化处理（图 4-5、表 4-3、表 4-4）。

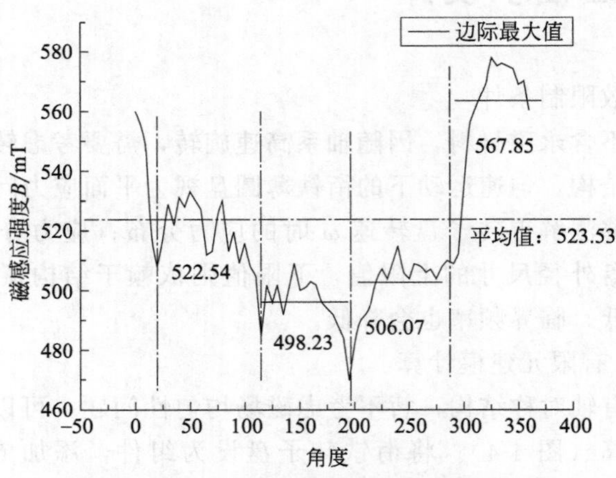

图 4-5　永磁环环向磁感应强度测量值

表 4-3　磁瓦性质线性均匀化处理

区块	B 平均值/mT	剩磁/T	矫顽力/(A/m)
总体	523.53	1.275	929000
1	522.54	1.273	927243
2	498.23	1.213	884105
3	506.07	1.232	898017
4	567.85	1.383	1007645

表 4-4　三维实体模型计算结果

气隙 G_a/mm	虚功力/N	Maxwell 力/N
1.5	13439	13219
2.0	11434	11193
2.5	9904.0	9579.8
3.0	8579.2	8296.4

(3) 卸载力实验测量

10000N 永磁轴承特性实验台如图 4-6 所示。

测量时，用柱形力传感器替代图 4-6 中的推力杆，通过长螺杆压紧传感器并顶

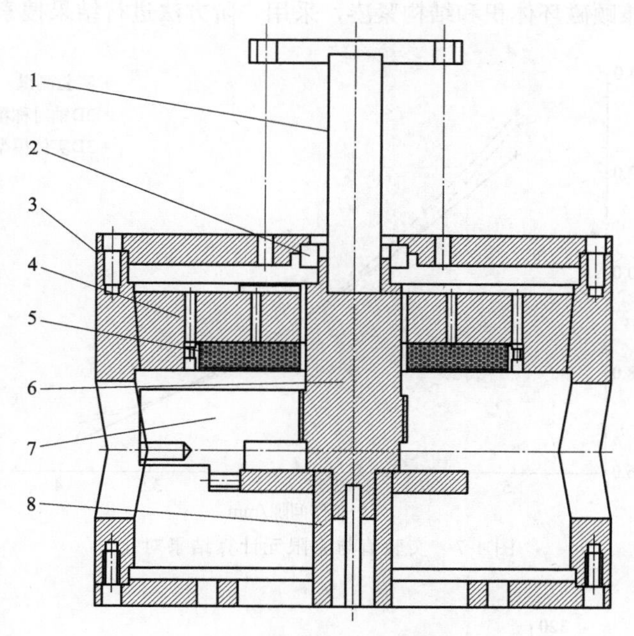

图 4-6　铠装永磁轴承剖面图

1—推力杠杆；2—推力轴承；3—外缸体；4—磁轭；5—拼装磁环；
6—转轴；7—衔铁转子盘；8—传动轴

开衔铁转子盘，获得不同的工作气隙尺寸，将推力轴承的载荷转移到力传感器之上。测量中，以标准厚度铜片卡位，标定工作气隙。轴承卸载力测量结果见表 4-5。

表 4-5　轴承卸载力测量

气隙/mm	1.5	1.9	2.4	2.9	3.4	3.9
卸载力/kg	1260	1132	1011	851	773	677

(4) 有限元计算与实验对比分析

图 4-7 表明，有限元计算结果与实验值具有良好的一致性，各点误差都在5%以内；2D 轴对称模型计算值与实验符合更好；实测 1.5mm 气隙时卸载力为12899N，满足设计要求。

(5) 结构尺寸优化

永磁轴承优化目标有两个：

① 减少永磁材料使用量，降低成本；

② 结构紧凑，满足转速要求。

优化过程依托 ANSYS 结构优化算法，定义结构参数为设计变量，卸载力和衔铁外径为状态变量，磁环体积为目标函数，得到高承载比的永磁轴承。限制设计变量变化范围，兼顾磁环体积和结构紧凑，采用一阶方法进行结果搜索（图 4-8）。

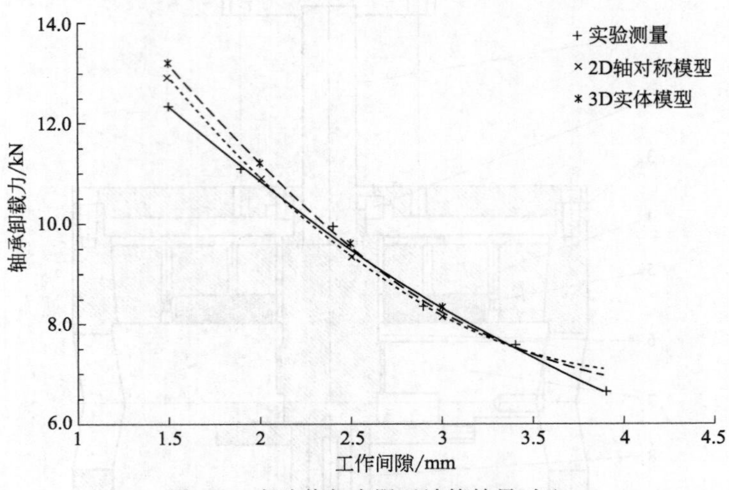

图 4-7 实验值与有限元计算结果对比

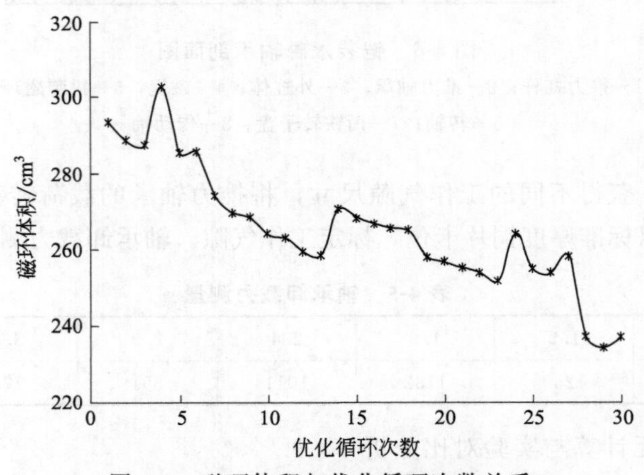

图 4-8 磁环体积与优化循环次数关系

随着优化次数的增加，磁环体积显著下降，前 30 次优化中的最好一组结果如表 4-6 所示。

表 4-6 最好优化结果与选型尺寸

变量	优化结果	选型尺寸
H_m/mm	9.8045	9.5
H_e/mm	27.767	28.0
H_s/mm	23.316	23.5

续表

变量	优化结果	选型尺寸
L_b/mm	7.877	7.5
L_e/mm	14.392	14.5
R_2/mm	91.804	92.0
衔铁外径/mm	114.070	114.0
磁环体积 V/cm^3	231.87	225.75
卸载力/N	12335	12097

依据最好的优化结果，选择磁轴承定型尺寸，其中磁环内径 R_1 保持 30mm 不变。该尺寸下，轴承卸载力达到设计要求，磁环体积减小 23.0%，优化效果显著。

(6) 设计流程

以图 4-3 简化设计为基础，磁环内径限定为 30mm，讨论衔铁厚度 H_s、磁轭厚度 H_e、边缘间隙 L_b、磁轭外缘长度 L_e 和磁环厚度 H_m（磁环体积不变）单独变化时对轴承卸载力的影响（图 4-9）。

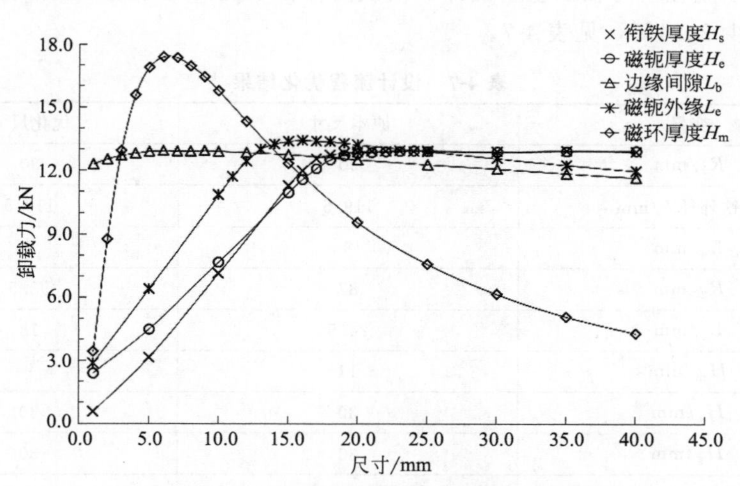

图 4-9 轴承尺寸单一变化对卸载力的影响

衔铁、磁轭包裹永磁环形成铠式结构，其厚度影响导磁和漏磁，但当厚度稍大于磁环厚度后，吸力饱和。磁环与磁轭的边缘间隙对卸载力影响很小，为了便于拼装磁环套装固定，预留 4～10mm 间隙为宜。磁环体积和内径一定，选择薄型磁环，磁阻小，吸力大。磁轭外缘长度具有与衔铁厚度相似的性质，李奕良指出双磁环吸力轴承内外磁环面积相同时吸力最大，说明了磁铁衔铁构型的吸力是相同体积双磁铁构型的一半。据此，磁环面积是磁轭外缘面积两倍时轴承吸力最大，并得到验证。

综上所述，飞轮储能系统铠装永磁卸载轴承设计流程如下：

① 明确材料参数、安全域度、飞轮工作转速区间和卸载力设计要求；

② 暂定永磁环内径 R_1（即衔铁转子盘内径 a）；

③ 由转子盘强度极限公式计算出最大许可外径 b_{max}，选定转子盘外径 b；

④ 预留边缘间隙 L_b 作为装配空间，由永磁环面积是磁轭外缘面积2倍计算出永磁环外径 R_2 和磁轭外缘台宽 L_e；

$$R_2+L_b+L_e=b$$

$$\pi(R_2^2-R_1^2)=2\pi[b^2-(R_2+L_b)^2] \tag{4-1}$$

⑤ 选定磁环厚度 H_m，一般6～20mm；

⑥ 选定衔铁厚度和磁轭厚度，$H_s=H_e\geqslant 2H_m$；

⑦ 有限元建模计算，校核卸载力。

根据设计结果，通过增大磁轭外径 b 和磁环厚度 H_m，可以增大卸载力。重复上述③～⑦，直到满足设计要求。此外，还需在总体动力学设计中根据飞轮工作频率区间和轴系临界频率调整转轴外径，以提供合适刚度。

依照该流程，对轴承重新设计，衔铁内外径不变，磁环用6块磁瓦拼接，永磁用量减少24.4%，见表4-7。

表4-7 设计流程优化结果

变量	原本尺寸	优化尺寸
R_1/mm	30	30
衔铁外径 b/mm	119.5	119.5
L_b/mm	8	8
R_2/mm	87	93.5
L_e/mm	24.5	18
H_m/mm	14	9
H_e/mm	30	30
H_s/mm	30	30
磁环体积 V/cm^3	293.32	221.73
卸载力/N	12622	12199

4.3.3 50kN重载永磁轴承设计案例

(1) 内磁环方案（图4-10）

飞轮电机总质量为5300kg，轴向永磁载荷为51940N。结构参数：

转轴：半径 80mm；

衔铁：内半径 90mm，外半径 228mm，厚度 40mm；

磁环：内半径 88mm，外半径 188mm，厚度 15mm；

磁轭：厚度 40mm，边缘间隙 8mm，外缘长度 32mm。

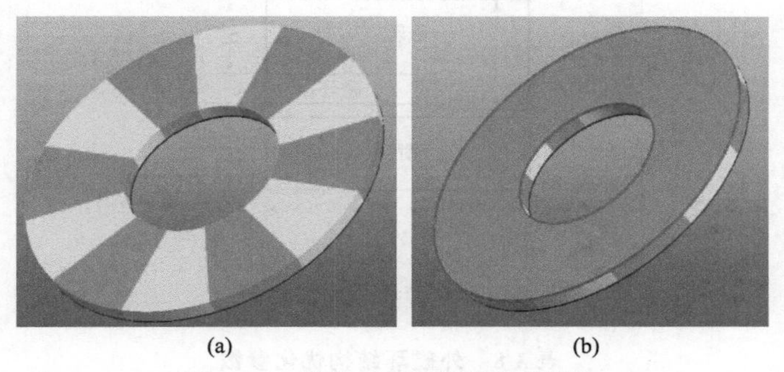

图 4-10　拼装式重型永磁轴承结构

(2) 外磁环方案（图 4-11）

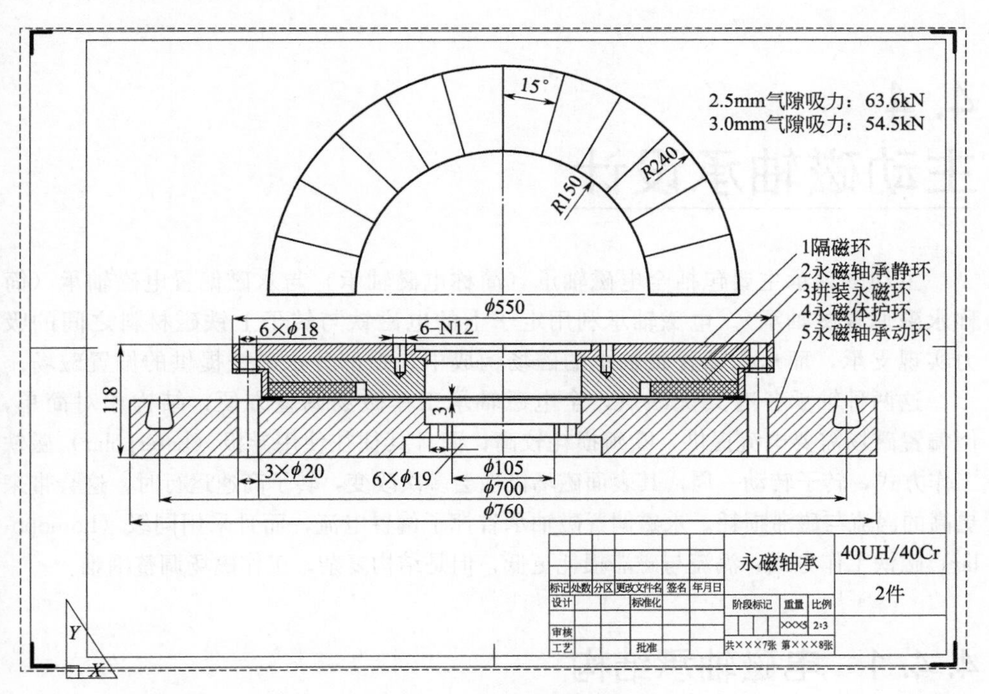

图 4-11　重型永磁轴承

(3) 优化方案参数

轴系的长度限定定子磁轭和转子衔铁的主体厚度为 30mm，优化方案

(图 4-12）与初步方案设计有所差别；通过优化，提高轴向吸力，减少衔铁厚度不足引起的吸力不足，设计参数见表 4-8。

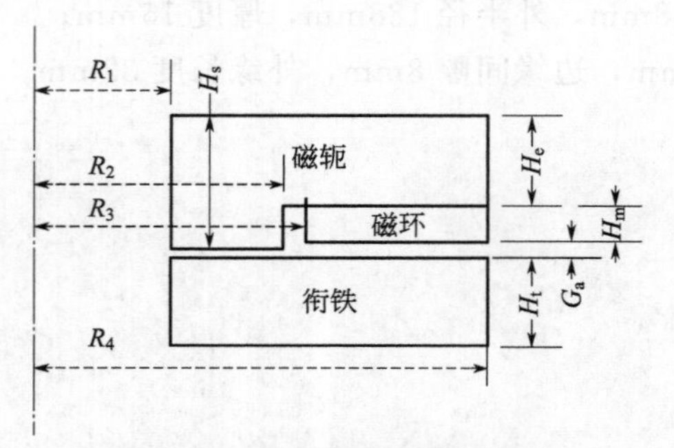

图 4-12　外磁环结构优化参数

表 4-8　外磁环结构优化参数

名称	R_1	R_2	R_3	R_4	H_m	H_e	H_t	H_s	G_a
尺寸/mm	80	150	160	240	15	30	30	46.5	5

4.4 主动磁轴承设计

主动磁轴承主要包括全电磁轴承（简称电磁轴承）与永磁偏置电磁轴承（简称永磁偏置磁轴承）。电磁轴承利用定子上的电磁铁与转子上铁磁材料之间的吸力实现支承，而永磁偏置磁轴承的磁场构成中包括部分永磁铁提供的偏置磁场。

这两种轴承各有其优缺点，全电磁轴承工作磁场调整方便，结构相对简单，但偏置磁场需要电流提供，欧姆损耗较高；而且其往往使用异极（heterpolar）磁铁工作方式，转子转动一周，其表面磁场极性会多次改变，转子高速运行时，这会带来更高的涡流与磁滞损耗。永磁偏置磁轴承省掉了偏置电流，而且采用同级（homopolar）磁铁工作方式，涡流与磁滞损耗更低，但是结构复杂，工作磁场调整困难。

4.4.1 电磁轴承结构

电磁轴承系统本身是开环不稳定的，必须与控制系统结合，组成稳定的闭环系统，才能正常工作。一套完整的电磁轴承系统通常由转子、位移传感器、控制器、功率放大器和电磁铁组成，如图 4-13 所示。

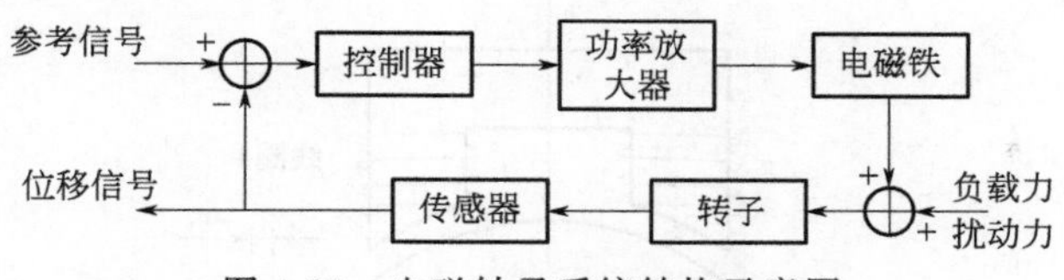

图 4-13　电磁轴承系统结构示意图

其中转子为被控对象；传感器为检测机构，用于检测转子位移并输出相应的电压信号，一般为非接触传感器，如电涡流传感器、电感传感器、电容传感器、霍尔传感器、光学传感器等；功率放大器和电磁铁通常统称为系统的执行机构，功率放大器将控制电压信号转换为相应控制电流输入电磁铁中，生成控制力；控制器基于转子实际位置与参考位置之间的偏差，按照一定的控制规律输出控制电压信号，它通常被视为磁轴承系统的核心。

4.4.2　电磁轴承磁铁及电磁力模型

电磁铁只能产生单向吸引力，单自由度的磁轴承，为了能够产生正反方向的力，需将两个电磁铁布置在转子正反方向，以差动方式同时工作，通过独立控制这两个电磁铁的电流大小，合成出所需要的受控电磁力。当需要控制一个平面内方向正交的两自由度转子运动时，则需要四个电磁铁，两两配对，分别以差动方式工作。图 4-14 为两自由度磁轴承结构示意，通过控制线圈 1 与线圈 3 的电流产生所需 x 方向电磁力，通过控制线圈 2 与线圈 4 的电流产生所需 y 方向电磁力。

在一个转子的前后端各安装这样一套磁轴承，其四自由度的刚体运动可以得到控制；再添加上一套轴向磁轴承，则转子可以实现五自由度全悬浮。

对单电磁铁，忽略漏磁及铁芯磁阻，则线圈电流为 i_{m}，磁极与转子间隙为 s_{m} 时，磁铁产生的电磁力为

$$f_{\mathrm{m}}=k\frac{i_{\mathrm{m}}^{2}}{s_{\mathrm{m}}^{2}} \tag{4-2}$$

令磁铁线圈匝数为 n，磁极面积为 A，真空磁导率为 μ_0，磁极夹角为 θ，则

$$k=\frac{1}{4}\mu_0 n^2 A\cos\theta \tag{4-3}$$

电磁铁差动工作时，为使系统具有好的动力学控制特性，两个电磁铁线圈中会通偏置电流 i_0；在 i_0 上再叠加控制电流 i，假定转子平衡间隙为 s_0，位移偏

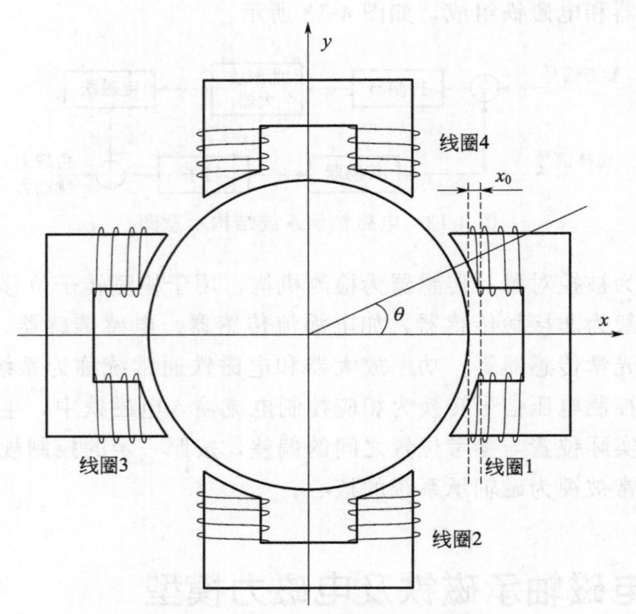

图 4-14　两自由度磁轴承结构示意

移量为 s，则电磁力合力为

$$f_{\mathrm{AMB}}=k\left[\frac{(i_0+i)^2}{(s_0-s)^2}-\frac{(i_0-i)^2}{(s_0+s)^2}\right] \tag{4-4}$$

式(4-4) 中电磁力与电流平方成正比，与定转子间隙平方成反比，这是一个非线性模型。基于非线性模型进行电磁力控制，不利于简化问题。实际工作中，往往会对其进行线性化。以电流 i_0 与定转子静态间隙 s_0 为工作点，分别对 f_{m} 求 i 与 s 的偏导，可获得电磁力的线性表达式。

以 x 方向磁轴承为例，如图 4-15 所示，当电流为 i_0 时，在 x_0 处 ($x_0=s_0$) 求 x 偏导可得

$$f_{\mathrm{m,x}}=-2k\frac{i_0^2}{s_0^3}x \tag{4-5}$$

当位移为 x_0 时，在 i_0 处求 i 偏导可得

$$f_{\mathrm{m,i}}=2k\frac{i_0}{s_0^2}i \tag{4-6}$$

则单个电磁铁电磁力线性化模型为

$$f(x,i)=f_{\mathrm{m,x}}\big|_{i_{\mathrm{m}}=i_0}+f_{\mathrm{m,i}}\big|_{x_{\mathrm{m}}=x_0}=2k\frac{i_0}{s_0^2}i-2k\frac{i_0^2}{s_0^3}x \tag{4-7}$$

一对差动电磁铁电磁力线性化模型为

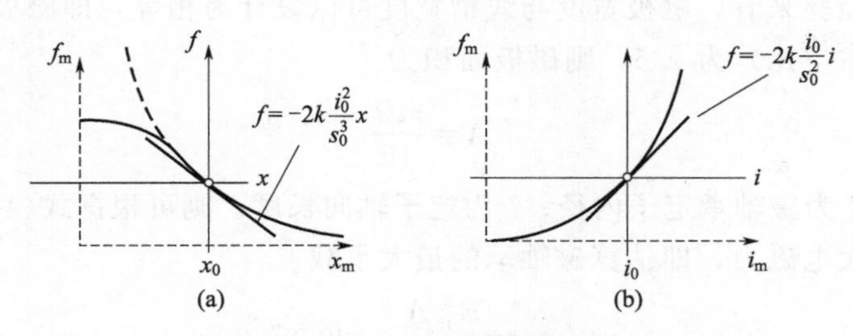

图 4-15 电磁力模型线性化

$$f(x,i)=4k\frac{i_0}{s_0^2}i-4k\frac{i_0^2}{s_0^3}x=k_i i+k_x x \tag{4-8}$$

式中，k_i 称为磁轴承的力电流系数；k_x 称为磁轴承的力位移系数。

虽然以上讨论基于径向磁轴承，但轴向磁轴承的线性化模型推导过程类似。

4.4.3 径向电磁轴承定转子设计

为降低损耗、保障带宽，与异步电机定转子类似，径向轴承定转子一般采用叠片结构。叠片通常为硅钢片，如果导磁性能要求较高，也可采用非晶合金薄片等。

对于一般的应用，电磁轴承定子通常设计为经典的八磁极结构，如图 4-16 所示。电磁铁共有 8 个磁极，其中磁极 1-2、5-6 为垂直方向的一对磁铁，磁极 3-4、7-8 为水平方向的一对磁铁。在相邻磁极之间开有线槽，用于线圈绕线。

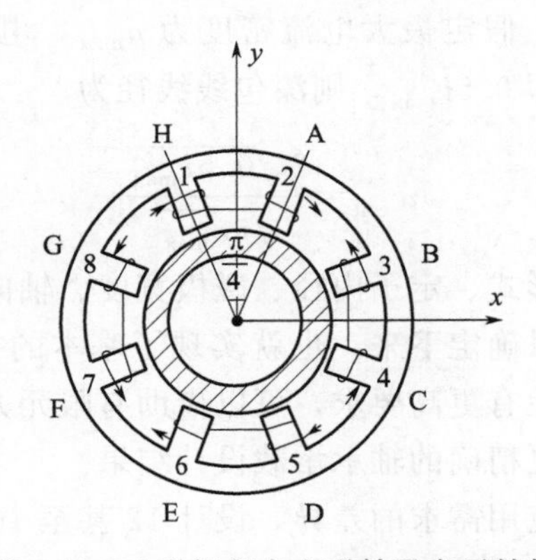

图 4-16 八磁极径向电磁轴承定子结构

从工程经验来看，磁极宽度与线槽宽度可以设计为相等，即磁极占周向面积比例（简称占空比）为 0.5，则磁极面积为

$$A=\frac{\pi dl}{16} \tag{4-9}$$

式中，d 为磁轴承定子内径；l 为定子轴向长度。则可根据式(4-10) 计算单个磁铁的最大电磁力，即估算磁轴承的最大承载。

$$f_{\max}=\frac{B_{\mathrm{m}}^{2}A}{\mu_0}\cos 22.5^{\circ} \tag{4-10}$$

式中，B_{m} 为磁铁最大工作磁感应强度，它应小于饱和磁感应强度 B_{s}，对于硅钢片可以取 $B_{\mathrm{m}}=1.5\mathrm{T}$。

基于同样的假设，可以获得经验公式(4-11)。

$$f_{\max}=32dl(\mathrm{N}) \tag{4-11}$$

式中，dl 为磁轴承转子轴向剖面的面积，cm^2。

当转子外径（可近似视为定子内径）确定下来后，根据磁轴承所需载荷上限，利用式(4-11) 可确定径向轴承硅钢片轴向长度，从而确定整个径向磁轴承尺寸。载荷与具体应用需求相关，转子外径的确立还需要考虑动力学、材料强度等因素的影响，所以轴承空间几何参数的确定实际上是一个系统性的事情。不过令 $d=l$ 是一个不错的设计出发点。

基本几何尺寸确定下来以后，还要考虑线圈参数，这又与电流功放参数及磁轴承定转子间隙有关。当定转子间隙为 s_0，功放最大输出电流为 $i_{\max}$ 时，线圈匝数 n 为

$$n=\frac{2B_{\mathrm{m}}s_0}{\mu_0 i_{\max}} \tag{4-12}$$

功放 $i_{\max}$ 确定后，线圈漆包线线径与容许的电流密度有关，而电流密度又与磁轴承散热条件有关；假定最大电流密度为 $\rho_{\max}$，电磁轴承最大持续输出电流为峰值电流的一半，即 $0.5i_{\max}$，则漆包线线径为

$$d_{\mathrm{coil}}=\frac{2\sqrt{0.5i_{\max}}}{\sqrt{\pi\rho_{\max}}} \tag{4-13}$$

至此，磁轴承磁极形式、定子内径、磁极宽度、轴向长度、线圈匝数、漆包线线径等基本参数均可以确定下来，也就实现了基本的径向电磁轴承设计方案。如果对电磁力设计精确性有更高要求，可以借助有限元方法进行电磁铁建模，通过静态电磁场分析获得更精确的轴承承载设计结果。

当然，也可以根据应用需求的差异，设计 12 甚至 16 磁极的定子结构，有利于优化磁轴承体积；由于设计思想类似，在此不再展开。

4.4.4 轴向电磁轴承定转子设计

典型轴向电磁铁结构如图 4-17 所示。推力盘左、右两边各有一个轴向盘定子，剖面为 U 形，由内、外环构成；线圈通电时，磁力线经内环、推力盘到达外环，再经磁轭回到内环。因此设计时内、外环面向推力盘的面积要相等，且推力盘厚度要超过内环宽度。考虑强度要求，推力盘与定子磁钢均采用实心钢结构；推力盘通常使用高强度导磁钢，定子磁钢可以使用导磁性能优良的电工钢。由于轴向定子磁极在转子旋转方向不会发生极性变化，因此磁场强度也基本一致；虽然采用了实心钢结构，转子上的涡流损耗还是比径向轴承要小很多。

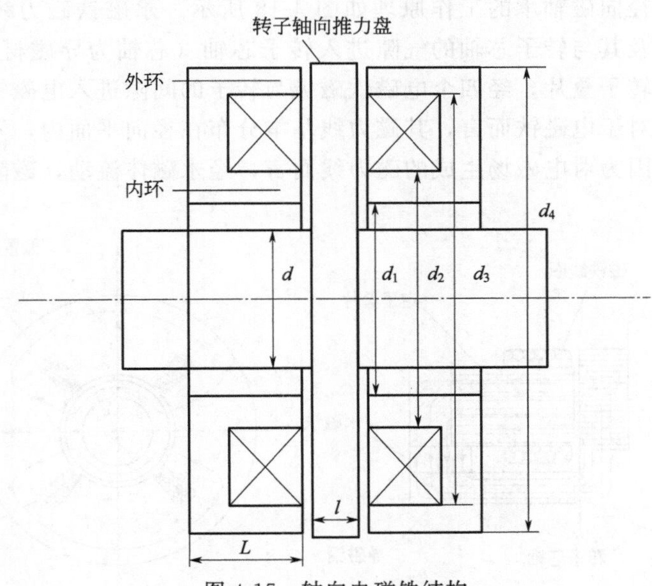

图 4-17 轴向电磁铁结构

推力盘承载与内、外环面积 A 的关系为

$$f_{\max}=\frac{B_{\mathrm{m}}^{2}A}{\mu_{0}} \tag{4-14}$$

可以按照以下步骤确定轴向轴承基本尺寸参数：先由轴向承载力需求确定面积 A；设定轴向盘厚度 l，则由 $A\approx\pi d_4 l$ 可估算 d_4，然后结合 A 与 d_4 确定 d_3；由转子芯轴外径 d 可初步确定 d_1（为避免严重漏磁，选取 d_1 比 d 大 8～10mm），结合 A 与 d_1 可确定 d_2，也就同时确定了线圈绕线窗口径向宽度［$(d_3-d_2)/2$］；与径向轴承类似，利用公式(4-12)，可根据定转子间隙确定线圈匝数；根据匝

数、许用电流密度、绕线槽满率等参数可确定绕线窗口面积，结合绕线窗口径向宽度可估算绕线窗口轴向长度，此长度加上定子盘内环厚度即可得到定子盘轴向总长度 L。

如果对电磁力设计精确性有更高要求，同样可以借助有限元方法进行轴向电磁铁建模，通过静态电磁场分析获得更精确的承载设计结果。

需要指出，采用实心钢结构后，由于磁滞与涡流影响，轴向轴承力响应速度明显低于径向轴承，电流到力的响应带宽往往不足 200Hz。

4.4.5 永磁偏置径向磁轴承工作原理

永磁偏置径向磁轴承的工作原理如图 4-18 所示。永磁铁磁力线从永磁体出发，经导磁钢及其与转子芯轴的气隙进入转子芯轴（芯轴为导磁材料），之后沿转子轴向进入转子叠片，经四个电磁铁磁极与转子的间隙进入电磁铁定子，然后返回永磁体。对于电磁铁而言，其磁力线基本分布在径向平面内，不会经永磁铁沿轴向流动。因为对电磁场生成的磁力线而言，经永磁体流动，磁阻太高。

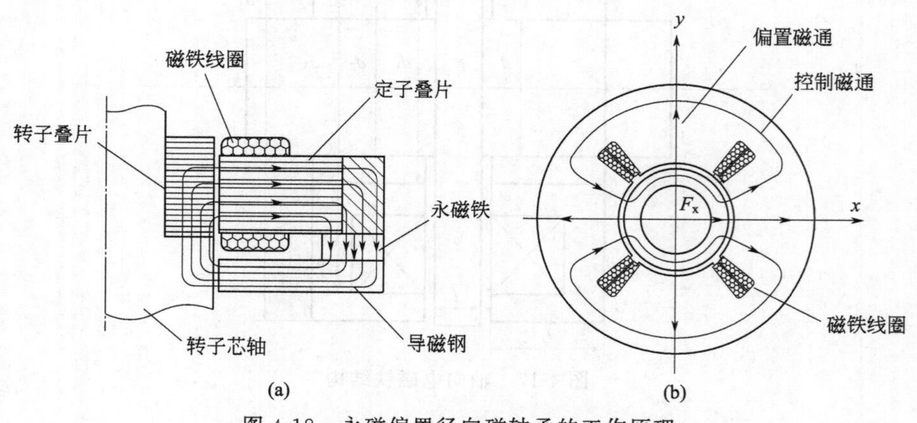

图 4-18　永磁偏置径向磁轴承的工作原理

以图 4-19 中 y 向磁铁为例说明磁力的作用原理：对永磁场磁力线而言，当转子静态居中时，磁力线均匀流过四个径向磁极，并由导磁钢均匀回流，则永磁场在转子上产生的力是均匀的；当要产生 y 向朝上的磁力时，可在下磁极线圈通电产生由下磁极流入气隙进入转子叠片的磁力线，同时在上磁极线圈通反向等值电流，则磁力线由下磁极出发，经下磁极气隙进入转子叠片后，从上磁极气隙进入上磁极，再经径向叠片磁轭返回下磁极。对下磁极而言，电磁场生成的磁力线与永磁场生成的磁力线方向相反，则下磁极磁场被削弱，相反的上磁极磁场被加强，磁轴承获得向上的磁力合力。反之，如果要产生向下的磁力合力，线圈中需要通反向电流。

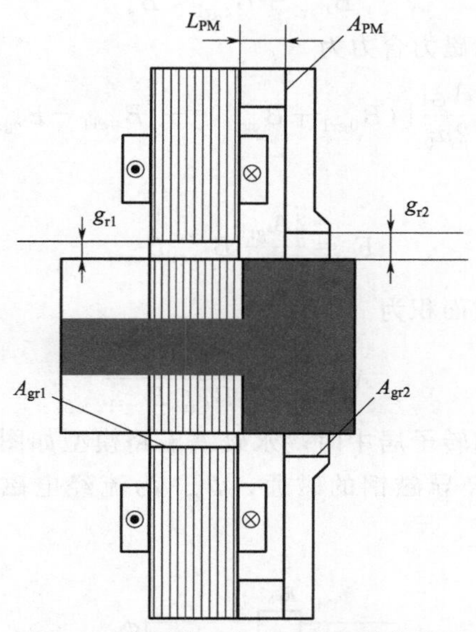

图 4-19　永磁偏置径向磁轴承结构简图

由于使用永磁铁代替线圈生成偏置磁场，电磁铁磁极占空比可以适当高些；另外，由于需要生成正反向控制磁场，电磁铁电流功放需能产生正反向电流。

4.4.6　永磁偏置径向磁轴承设计

永磁偏置径向磁轴承的设计与电磁轴承虽有类似之处，但也有其特殊性，需要确定永磁体尺寸等核心参数，还需要给出永磁偏置磁场下，磁轴承的关键模型参数[7]。

图 4-19 为永磁偏置径向磁轴承结构简图。L_{PM} 为永磁环轴向长度，A_{PM} 为永磁环截面积，g_{r1} 为电磁铁与转子间隙，A_{gr1} 为电磁铁单个磁极面积，g_{r2} 为导磁环与转子间隙，A_{gr2} 为导磁环内表面面积。在此把设计目标定为轴承承载 F_{des}，需要确定的核心参数为 A_{gr1}、L_{PM}、A_{PM}，其他几何参数可比照径向电磁轴承设计过程，通过具体应用需求确定。为简化问题，假定磁力线仅在图 4-18 的磁路上分布，忽略漏磁影响；并假定 g_{r1}、g_{r2}、A_{gr2}、永磁铁生成的径向偏置磁场 B_{0gr1}、电磁铁最大控制磁场 B_{cgr1}、转子外径等参数均已先确定下来。

为保证磁场合力处于正常范围，B_{0gr1} 与 B_{cgr1} 及材料饱和磁感应强度应满足如下关系：

$$B_{0\mathrm{gr1}} > B_{\mathrm{cgr1}} \tag{4-15}$$

$$B_{0\mathrm{gr1}} + B_{\mathrm{cgr1}} < B_{\mathrm{s}} \tag{4-16}$$

径向轴承单个方向磁力合力为

$$F_{\mathrm{r}} = \frac{A_{\mathrm{gr1}}}{2\mu_0}\left[(B_{0\mathrm{gr1}} + B_{\mathrm{cgr1}})^2 - (B_{0\mathrm{gr1}} - B_{\mathrm{cgr1}})^2\right] \tag{4-17}$$

可化简为

$$F_{\mathrm{r}} = \frac{2A_{\mathrm{gr1}}}{\mu_0} B_{0\mathrm{gr1}} B_{\mathrm{cgr1}} \tag{4-18}$$

则可确定单个磁极面积为

$$A_{\mathrm{gr1}} = \frac{F_{\mathrm{des}}}{2\mu_0 B_{0\mathrm{gr1}} B_{\mathrm{cgr1}}} \tag{4-19}$$

根据磁路理论，当转子居中时，永磁铁磁路模型如图 4-20 所示。Φ_{PM} 为永磁体磁通，Φ_{gr2} 为流经导磁钢的磁通，Φ_{gr1} 为流经电磁铁单个磁极的永磁场磁通。

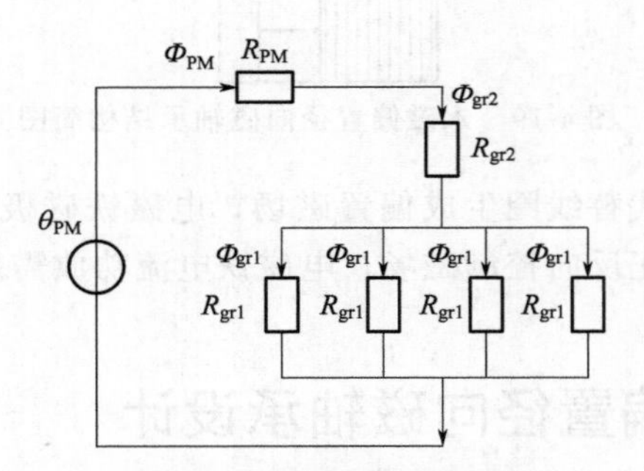

图 4-20　永磁铁磁路模型

忽略漏磁情况下有

$$\Phi_{\mathrm{PM}} = \Phi_{\mathrm{gr2}} = 4\Phi_{\mathrm{gr1}} \tag{4-20}$$

可得关系式

$$A_{\mathrm{gr1}} B_{0\mathrm{gr1}} = \frac{A_{\mathrm{gr2}} B_{0\mathrm{gr2}}}{4} = \frac{A_{\mathrm{PM}} B_{\mathrm{PM}}}{4} \tag{4-21}$$

令 H_{PM}、H_{gr1}、H_{gr2} 分别为永磁体、导磁钢与电磁铁磁极上的磁场强度，则有

$$H_{\mathrm{PM}} L_{\mathrm{PM}} + H_{\mathrm{gr1}} g_{\mathrm{r1}} + H_{\mathrm{gr2}} g_{\mathrm{r2}} = 0 \tag{4-22}$$

对永磁体、导磁钢及电磁铁磁极分别有（B_{r} 为永磁体剩余磁感应强度，$\mu_{\mathrm{PM}} = \mu_0 \mu_{\mathrm{rm}}$ 为永磁体磁导率，μ_{rm} 为永磁体相对回复磁导率）

$$B_{\mathrm{PM}} = B_{\mathrm{r}} + \mu_{\mathrm{PM}} H_{\mathrm{PM}} \tag{4-23}$$

$$B_{0gr2}=\mu_0 H_{gr2} \tag{4-24}$$

$$B_{0gr1}=\mu_0 H_{gr1} \tag{4-25}$$

则由式(4-21)～式(4-25) 可推出 L_{PM} 与 A_{PM} 满足如下关系：

$$L_{PM}=\frac{\mu_{PM}A_{PM}}{\mu_0 A_{gr2}}\times\frac{(A_{gr2}g_{r1}+4A_{gr1}g_{r2})B_{0gr1}}{A_{PM}B_r-4A_{gr1}B_{0gr1}} \tag{4-26}$$

由于永磁体体积 $V_{PM}=L_{PM}A_{PM}$，结合式(4-26) 有

$$V_{PM}=\frac{\mu_{PM}(A_{gr2}g_{r1}+4A_{gr1}g_{r2})B_{0gr1}}{\mu_0 A_{gr2}}\times\frac{A_{PM}^2}{A_{PM}B_r-4A_{gr1}B_{0gr1}} \tag{4-27}$$

从成本角度考虑，应该尽量减少永磁体的使用量，则设计优化目标为最小化 V_{PM}。式(4-27)，对 A_{PM} 求导，并令其为 0，即

$$\frac{dV_{PM}}{dA_{PM}}=\frac{d}{dA_{PM}}\left(\frac{\mu_{PM}(A_{gr2}g_{r1}+4A_{gr1}g_{r2})B_{0gr1}}{\mu_0 A_{gr2}}\times\frac{A_{PM}^2}{A_{PM}B_r-4A_{gr1}B_{0gr1}}\right)=0 \tag{4-28}$$

可确定

$$A_{PMmin}=8\frac{B_{0gr1}}{B_r}A_{gr1} \tag{4-29}$$

结合式(4-26) 可确定

$$L_{PM}=2\frac{\mu_{PM}B_{0gr1}}{\mu_0 B_r}\left(g_{r1}+\frac{4A_{gr1}}{A_{gr2}}g_{r2}\right) \tag{4-30}$$

4.4.7 永磁偏置径向磁轴承线性模型参量

与电磁轴承相似，永磁偏置轴承的核心线性模型参量为其力电流系数 k_i 与力位移系数 k_x，下边分别进行推导。

单个电磁铁线圈匝数为 n，线圈电流为 i，叠加偏置磁通与控制磁通后，转子居中时，电磁铁等效磁路如图 4-21 所示。

由式(4-18) 及 $2B_{cgr1}g_{r1}=\mu_0 ni$，可获得轴承磁场合力与电流的关系为

$$F_r(i)=\frac{B_{0gr1}A_{gr1}n}{g_{r1}}i \tag{4-31}$$

对上式求 i 的导数，即可获得 k_i：

$$k_i=\frac{B_{0gr1}A_{gr1}n}{g_{r1}} \tag{4-32}$$

接下来推导磁轴承力位移系数，此时可假定电磁铁电流为 0。当转子偏向某个磁极，比如偏向负 x 方向时，则其正 x 向磁铁磁通变为 Φ_{gr1+}，磁阻变为

R_{grl+}；负 x 向磁铁磁通变为 Φ_{grl-}，磁阻变为 R_{grl-}。发生小位移偏移时，可假定永磁体磁通 Φ_{PM} 保持不变，即 $\Phi_{PM}=4\Phi_{0grl}$，轴承等效磁路如图 4-22 所示。

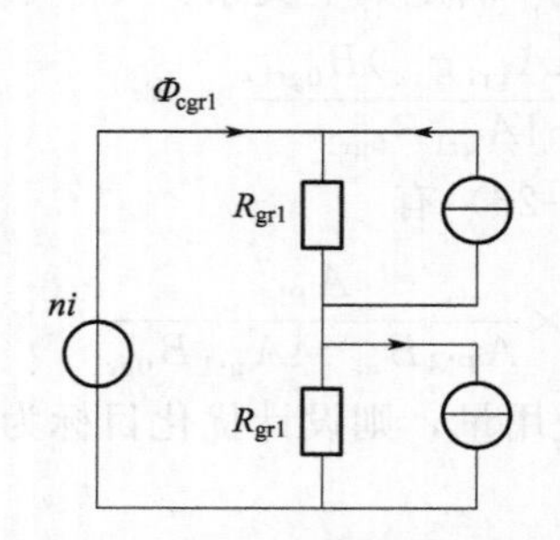

图 4-21　叠加偏置磁通与控制磁通后的轴承等效磁路

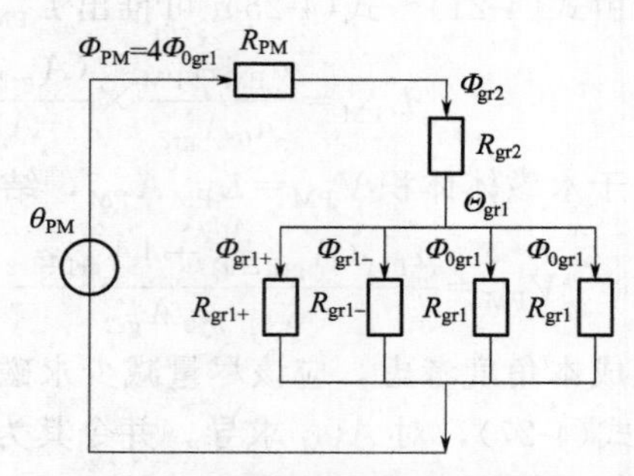

图 4-22　位移偏移时轴承等效磁路

图 4-22 中，磁铁气隙磁阻 R_{grl}、R_{grl+}、R_{grl-} 分别为

$$R_{grl}=\frac{g_{rl}}{\mu_0 A_{grl}} \tag{4-33}$$

$$R_{grl+}=\frac{g_{rl}+x}{\mu_0 A_{grl}} \tag{4-34}$$

$$R_{grl-}=\frac{g_{rl}-x}{\mu_0 A_{grl}} \tag{4-35}$$

则磁铁气隙磁阻上的磁动势 Θ_{grl} 满足

$$\Theta_{grl}\left(\frac{2}{R_{grl}}+\frac{1}{R_{grl+}}+\frac{1}{R_{grl-}}\right)=4\Phi_{0grl} \tag{4-36}$$

有

$$\Theta_{grl}=4\Phi_{0grl}\ \frac{R_{grl}R_{grl+}R_{grl-}}{2R_{grl+}R_{grl-}+R_{grl}R_{grl+}+R_{grl}R_{grl-}} \tag{4-37}$$

正 x 向磁铁磁力为

$$F_{r+}=\frac{\Theta_{grl}^2}{2\mu_0 A_{grl}R_{grl+}^2} \tag{4-38}$$

负 x 向磁铁磁力为

$$F_{r-}=\frac{\Theta_{grl}^2}{2\mu_0 A_{grl}R_{grl-}^2} \tag{4-39}$$

x 向磁力合力为

$$F_r=F_{r+}-F_{r-}=\frac{\Theta_{grl}^2}{2\mu_0 A_{grl}}\left(\frac{1}{R_{grl+}^2}-\frac{1}{R_{grl-}^2}\right) \tag{4-40}$$

结合式(4-33)~式(4-37) 可得

$$F_{r}(x)=-\frac{8}{\mu_0 A_{gr1}}\times\frac{g_{r1}^3\Phi_{0gr1}^2}{(2g_{r1}^2-x^2)^2}x \tag{4-41}$$

对上式求 x 的导数，即可获得 k_x：

$$k_x=-\frac{2}{\mu_0 A_{gr1} g_{r1}}\Phi_{0gr1}^2 \tag{4-42}$$

4.5 主动磁轴承控制器硬件单元

在进行实际控制器设计之前，需要解决两个主要问题：一是完整被控对象模型的获取；二是磁轴承飞轮动力学控制的基本原理。在闭环系统中，把控制器除外，其余部分作为被控对象模型，该模型主要包括电磁铁模型、传感器模型、功放模型、数字控制平台模型、转子模型等。下面对除转子模型外的相关硬件单元进行介绍。

4.5.1 磁轴承位移传感器

主动磁轴承系统中，位移传感器负责检测转子位移，并将相应的检测电压信号输送给控制板，作为控制器进行闭环反馈运算的依据。磁轴承转子通常为高速转子，位移传感器要求为非接触式，能真实地反映转子中心位移变化，具有高的灵敏度、信噪比、线性度、温度稳定性、抗干扰能力以及精确的重复性，同时也要求有与转子动力学控制需求相适应的测量带宽。

目前在电磁轴承系统中主要使用电涡流传感器、电感传感器、电容传感器、霍尔传感器、光学传感器等。这些传感器应用于磁轴承时，各有其优缺点。

电涡流传感器的特点：灵敏度和分辨率高，响应快，体积小，可靠性高，安装方便，性能价格比高；非线性和温漂较高。

电感传感器的特点：线性好，抗干扰能力强，灵敏度较高，带宽较高（可大于 2kHz），应用温度范围宽，成本较低，结构简单，安装方便。

电容传感器的特点：体积小，温漂小，灵敏度高；抗污染能力和高频响应特性差（2500Hz 时的典型相移为 50°）。

霍尔传感器的特点：与电容传感器相似，2500Hz 时的相移为 50°左右；体积可以很小；成本低；温度稳定性差。

光学传感器的特点：线性度高，测量范围宽，带宽高（>10kHz），对电磁噪声不敏感；体积大，对灰尘非常敏感，分辨率受衍射效应限制。

现有磁轴承商业产品基本采用电涡流或电感传感器。

电涡流传感器在检测线圈内通高频正弦激励信号，利用线圈电磁场与被测体内产生的涡流电磁场间的相互作用进行位移测量；位移变化会引起线圈等效电感和等效电阻变化，通过把阻抗变化转换为电参量，可以实现位移检测。应用电涡流传感器时，会根据应用需求自行制作或定制，往往还会将传感器激励与调理电路前置在机械结构中，以解决长线传输受干扰的问题。图 4-23 为磁轴承分子泵产品中的定制电涡流传感器探头阵列。

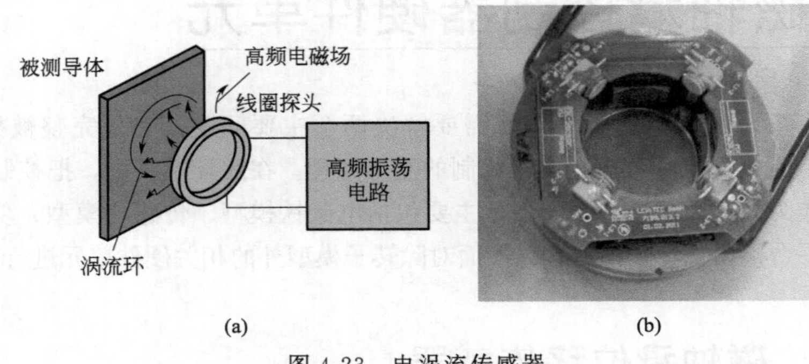

图 4-23 电涡流传感器

电感式传感器实质上是一个带铁芯的线圈，它利用线圈电感或互感的改变来实现位移测量。根据结构的不同，电感式传感器又可分为自感式电感传感器、差动变压器式电感传感器等几种。差动变压器式电感传感器线性度好，磁轴承电感位移传感器多为此类型。

图 4-24 为最简单的电感传感器原理图。其铁芯和活动衔铁均由导磁材料制成，衔铁和铁芯之间有气隙。当衔铁移动时，磁路中气隙的磁阻发生变化，引起线圈电感变化，这种电感量的变化与衔铁位置（即气隙大小）相对应。只要利用测量电路检测出电感量变化，就能判定衔铁位移量的大小。该传感器结构简单，但线性范围较小，线性度较低；在磁轴承应用中，通常用于线性度要求不高的轴向位移检测。

差动变压器式传感器的结构原理和输出特性如图 4-25 所示。当初级线圈 W 通入交流激励信号时（通常为数十千赫兹正弦波），两个同参数的次级线圈 W_1、W_2 中会生成感应电势输出，其大小与线圈之间的互感成正比。工程应用中，常将传感器的两个次级线圈反向串联。测量时，初级线圈通 E_p 信号，铁芯 P 与被测物体刚性连接，当铁芯处于中间位置（即被测位移 $d=0$）时，次级线圈间的互感相等，即 $M_1=M_2$，因而输出的感应电势 $E_{s1}=E_{s2}$；当铁芯偏离中间位置时，$E_{s1} \neq E_{s2}$，因此两输出感应电势之差值即可反映被测位移。

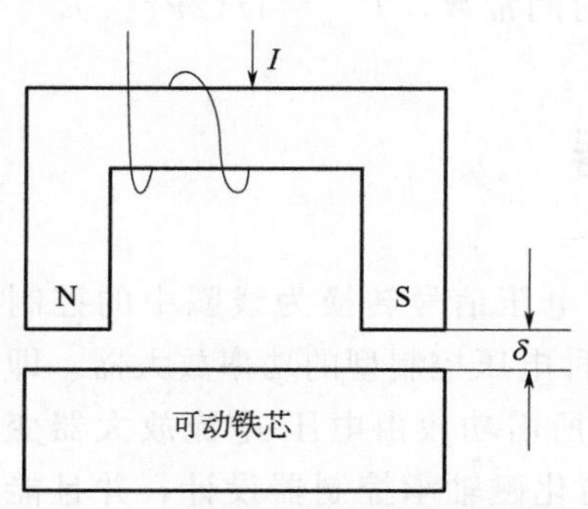

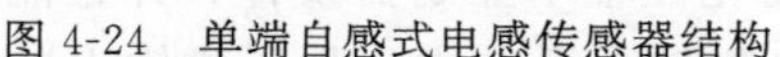
图 4-24　单端自感式电感传感器结构

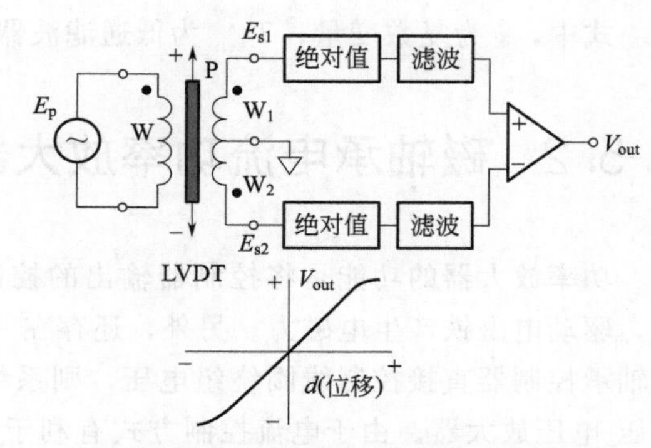

图 4-25　差动变压器式传感器工作原理

将差动变压器式传感器工作方式由互感改为自感，可以进一步简化设计[8]。图 4-26 为径向电感传感器定子，其被测体为硅钢叠片转子，加工工艺与磁轴承类似。这样的一个径向传感器定子环包括了四个线圈探头，图（a）标示了其中的一个，由 5 个小磁极构成；它的绕组作为线圈 1，与对面的线圈 2 串接，构成一组测量线圈。正弦激励信号由线圈 1 输入，从线圈 2 返回，当叠片转子与线圈探头距离改变时，线圈 1、2 中间抽头上的信号幅度相应变化，通过电路检测这一变化，即可提取位移信息。

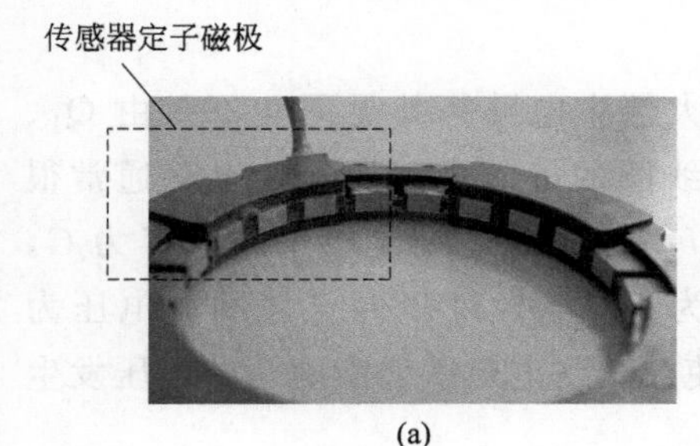

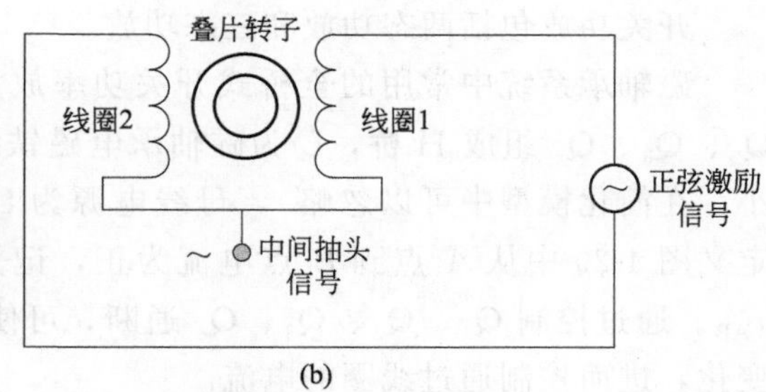

图 4-26　磁轴承径向电感传感器

通常，电涡流传感器测量带宽超过 5kHz，电感传感器带宽超过 2kHz，而磁轴承系统控制带宽一般小于 1kHz，则在磁轴承闭环系统中，传感器可以用比例单元进行建模，即其传递函数可记为

$$G_{sen}=k_{sen} \tag{4-43}$$

如果考虑其引入的少量相位延迟对闭环系统性能的影响，可根据传感器真实频响特性，在传递函数中添加一转折频率较高的一阶低通滤波器，比如可取 $f_{sen}=5000\text{Hz}$，则式(4-43) 变为

$$G_{sen}=k_{sen}\ \frac{1}{T_{sen}s+1} \tag{4-44}$$

式中，s 为复数变量；T_{sen} 为低通滤波器时间常数，$T_{sen}=1/(2\pi f_{sen})$。

4.5.2 磁轴承电流功率放大器

功率放大器的功能是将控制器输出的控制电压信号转换为线圈中的控制电流，驱动电磁铁产生电磁力。另外，还存在一种电压控制型的功率放大器，即由磁轴承控制器直接控制线圈绕组电压，则系统所需功放由电压-电流放大器变为电压-电压放大器。由于电流控制方式有利于简化磁轴承控制器设计，并且能满足绝大多数应用场合，因此获得广泛应用。电磁轴承系统中，除了磁铁上的涡流、磁滞等损耗，功率放大器损耗占了系统损耗的很大一部分。

早期功放为线性功率放大器，基本结构如图 4-27 所示；功率三极管工作在线性区间，根据输入电压信号与电流采样电阻 R_f 反馈的电流信号偏差，控制电磁铁线圈电流。线性功放具有电流噪声小的优点，但其三极管部分导通并通过大电流时，管上压降较大，管上功率损耗很大，导致功放能效低。

后来出现的开关功放损耗远低于线性功放，它的功率管工作于开关状态，即要么全开，要么全关，因此其导通损耗很小，效率很高。目前在磁轴承工业应用领域基本都采用开关功放。

开关功放包括两态功放和三态功放。

磁轴承系统中常用的全桥式开关功率放大器主电路拓扑见图 4-28。由 Q_1、Q_2、Q_3、Q_4 组成 H 桥，L 为磁轴承电磁铁线圈的等效电感（等效电阻通常很小，在简化模型中可以忽略），母线电源为 U，并联在母线电压上的电容为 C。定义图 4-29 中从 A 点到 B 点电流为正，记为 i_{AB}，A 和 B 两点之间的电压为 u_{AB}。通过控制 Q_1、Q_2、Q_3、Q_4 通断，可使加载到电磁铁线圈两端的电压发生变化，进而控制通过线圈的电流。

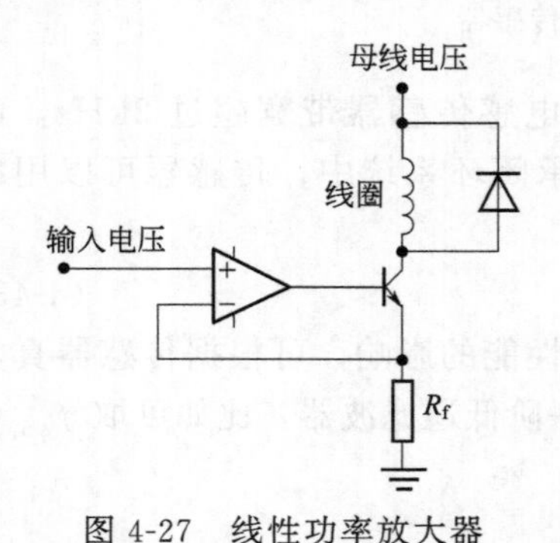

图 4-27　线性功率放大器

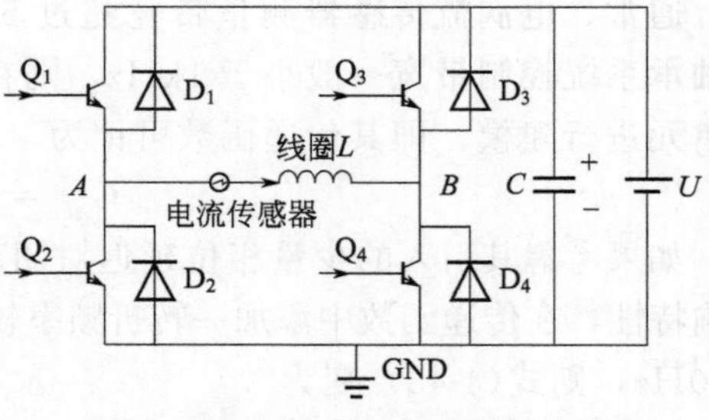

图 4-28　全桥式开关功率放大器（以下简称开关功放）的主电路拓扑

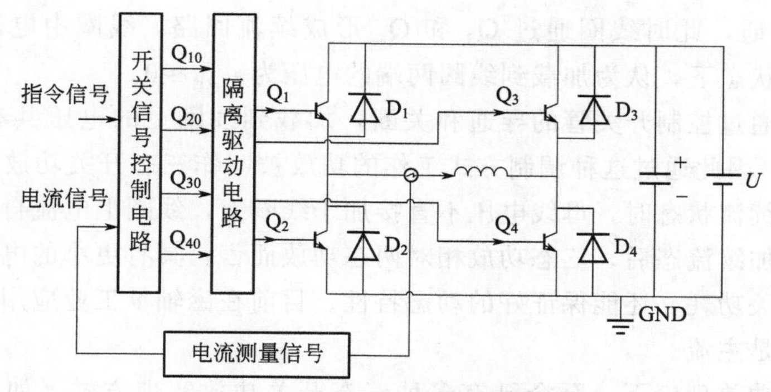

图 4-29　三态开关功放电路结构图

磁轴承功率放大器的核心工作便在于控制全桥上四个开关管的开关状态，通过高频次的开关动作改变施加在线圈两端的等效电压，达到增加或减小线圈电流的目的，最终令线圈电流与电流指令一致。

假定线圈电流为图 4-29 中的方向，并要求稳定于特定正向电流目标值。当 Q_1、Q_4 打开，Q_2、Q_3 关闭时，母线电压施加到 L 两端，线圈电流增加；当 Q_1、Q_4 关闭，Q_2、Q_3 打开时，L 两端电压反向，L 中电流注入电容 C 为其充电，线圈电流减小。如果功放控制电路可以通过比较线圈电流与电流指令的偏差，决定对线圈进行充电或放电，进而控制功率管开关；并且此过程以特定时间步长重复，频次足够高，或说电流调整速度足够快，线圈平均电流可以稳定在设定值，这便是两态功放的工作原理。高速充放电带来的负面效应是稳态电流中叠加有较高的高频开关电流，这造成损耗增加，尤其不利于减小磁轴承转子发热。

三态功放工作时，相较两态功放，它增加了一个续流态，避免了过于频繁的开关动作，减小了电流纹波。三电平调制下的开关功放工作状态包括电流增加、电流减小、电流续流三种状态，也是通过控制开关管开关组合实现的。具体过程如下：

（1）电流增加

使 Q_1 和 Q_4 导通，Q_2 和 Q_3 截止，此时直流母线电源 U 通过 Q_1 和 Q_4 加载到线圈两端给线圈充电，线圈中电流快速增加；忽略管压降，加载到线圈上的电压 $u_{AB}=U$。

（2）电流减小

使 Q_1 和 Q_4 截止，Q_2 和 Q_3 导通，此时直流母线电源 U 通过 Q_2 和 Q_3 加载到线圈两端，给线圈反向充电，线圈中电流快速减小；忽略管压降，加载到线圈上的电压 $u_{AB}=-U$。

（3）电流续流

该状态有两种实现方式，一种使 Q_1 和 Q_2 导通，Q_3 和 Q_4 截止，此时线圈通过 Q_1 和 Q_2 形成续流回路，线圈中电流缓慢减小；另一种使 Q_1 和 Q_2 截止，

Q_3 和 Q_4 导通，此时线圈通过 Q_3 和 Q_4 形成续流回路，线圈中电流也缓慢减小。在续流状态下，认为加载到线圈两端的电压为 $u_{AB}\approx 0$。

以上，通过控制开关管的导通和关断，加载到线圈上的电压共有 U、$-U$、0 三种状态，因此通过这种调制方式工作的功放被叫作三态开关功放，又称三电平功放。在续流状态时，母线电压不直接加于线圈上，线圈上电流自然续流，缓慢变化。增加续流态后，三态功放相对两态功放而言，具有更小的电流纹波，因此降低了开关功耗，还能保证好的动态特性。目前在磁轴承工业应用中，三态开关功放已经是主流。

在三态功放理论下，至今已有多种三态开关功放实现方式，如三态脉宽调制、三态滞环比较、三态采样-保持等。不同实现方式，其电路拓扑结构相似（图 4-29），而控制信号的产生机制则有所差异。

三态采样-保持开关功放利用给定频率的时钟信号，在每个信号的上升沿进行采样，判断给定参考电流与实际线圈中电流误差信号的极性，在此基础上控制功率管的开关，使桥路进入充电或放电状态。之后继续监测电流误差信号，单个周期内，当误差信号极性翻转时，功放进入续流态，并保持到下一个上升沿。规定上升沿来临，完成开关状态调整后，在一个时钟周期内，功率管至多只能再改变一次开关状态，如此就能有效限制功率管开关频率。总体来说，三态采样-保持开关功放克服了两态采样-保持开关功放信号失真大的缺点，具有可靠性高、频带宽、电路简单及电流纹波小的优点。

但这种控制方式也有其自身的缺陷。虽然这种引入误差信号极性变化作为控制量的方式能够有效控制功率管的开关频率，减小高频开关信号对系统的电磁干扰，但当这种误差极性改变不是实际电流变化而是噪声信号触发时，功放将进入错误的续流态并保持到下个周期。这就导致功放的实际响应速度降低而电流纹波增大。

三态脉宽调制开关功放将增益调整后的线圈电流和参考电流的误差信号，与一对双极性的三角波进行比较。这对三角波将整个空间分为三部分，当误差信号高于正三角波、处于两者之间、低于负三角波，即图 4-30 中 1、2、3 区域时，功放分别处于正向电流、负向电流、续流电流状态。在两个三角波相接的尖端区

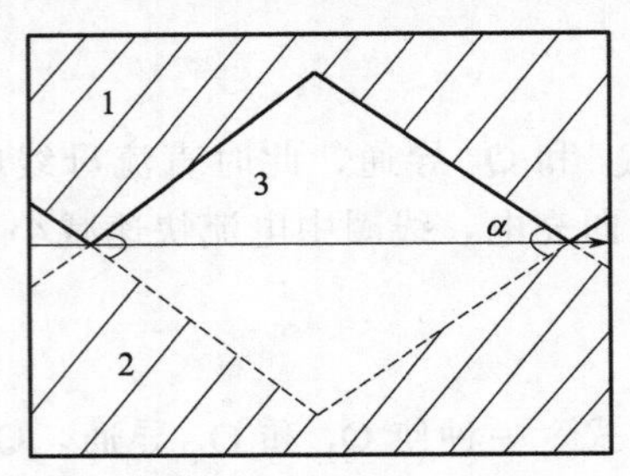

图 4-30　载波电压分区

域（如 α 位置），功放敏感，一般在此处进行充电或放电；而在 3 区域的中心位置，则允许有一定误差，一般电路处于续流状态。采用三态脉宽调制技术，电流纹波小，能够有效控制功率管开关频率，可靠性高。电流误差信号的增益调整可利用比例电路（P）、比例积分电路（PI）或者比例微分积分电路（PID）。

与三态采样-保持原理不同，三态脉宽调制方式在整个控制过程中都对误差信号进行监控，能够更有效地应对噪声干扰。而且，将信号与三角波的上升沿和下降沿进行比较，本身就引入了一种纠偏机制：功放允许电流有小波动，从而降低开关频率，同时也能及时地控制大的波动，保证了电流控制精度。

基于相同的硬件条件，进行功放性能对比试验时，使用两种控制方式跟踪直流参考信号，仅观察交流纹波，忽略开关噪声，可以得到图 4-31（a）和（b）所示的典型电流纹波对比试验波形。通过比较可以发现，三态 PWM 功放电流纹波更小，电流控制精度更高。

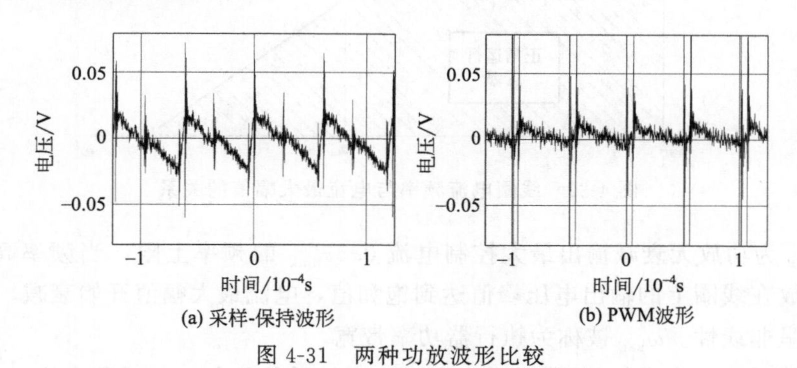

图 4-31　两种功放波形比较

4.5.3　磁轴承执行器带宽

功率放大器与轴承电磁铁共同构成磁轴承系统的执行器，其响应受到电流幅度、电流频率、线圈电感、线圈电阻、功放母线电压等参数影响。功率放大器负责控制指令电压到线圈驱动电流的转换，电磁铁实现电流到实际电磁力的转换。径向电磁铁通常采用 0.35mm 甚至更薄的硅钢叠片制作，此时电流到力的转换带宽通常高于 1kHz，则功放带宽高于 1kHz 时，执行器带宽可超过 1kHz。

按常规设计考量，假定电磁铁偏置电流 i_0 为功放最大输出电流 i_{max} 的一半，则允许叠加的控制电流范围为 $\pm 0.5 i_{max}$。当电流频率为 0 时，线圈可输出的最大电流 $I_{max}=U/R$；U 为功放母线电压，R 为线圈电阻。当电流频率增加时，线圈阻抗主要由感抗构成。假定线圈电感为 L，需生成的电流为 $i_m = I\sin(\omega t)$，线

圈上电压为 U_m，则

$$U_m = L\frac{\mathrm{d}i_m}{\mathrm{d}t} = LI\omega\cos(\omega t) \tag{4-45}$$

则有

$$I = 0.5i_{max} < \frac{U_m}{L\omega} \Rightarrow i_{max} = \frac{2U}{L\omega} \tag{4-46}$$

根据 I_{max} 及式(4-46)可绘制电磁铁线圈电流频率与电流最大幅值的关系曲线，如图 4-32 所示。

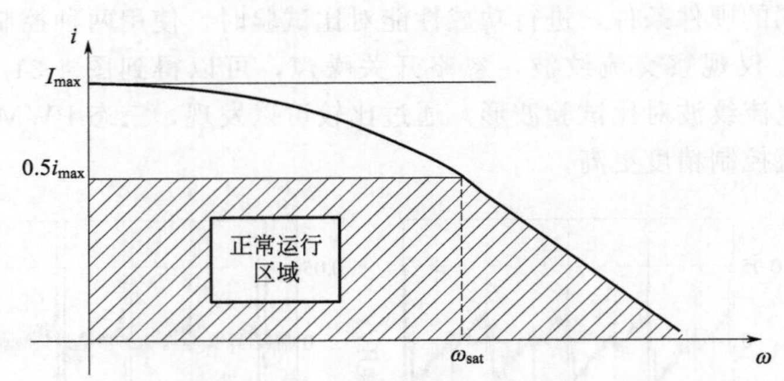

图 4-32 线圈电流频率与电流最大幅值的关系

ω_{sat} 为功放无衰减输出最大控制电流 $0.5i_{max}$ 的频率上限，当频率高于 ω_{sat} 时，功放在线圈上的输出电压峰值达到饱和值，电流最大幅值开始衰减，功放动态特性呈非线性。ω_{sat} 被称为执行器功率带宽。

当转子居于轴承中心平衡点时，差动电磁铁对其吸力 f 与线圈电流 i_m 及线圈电压 U_m 满足如下关系式（注意：此处的各变量均为单一频率成分的正弦谐波量）。

$$\frac{\partial f}{\partial t} = 2\frac{i_m U_m}{s_0}\cos\theta \tag{4-47}$$

简单推导过程如下：

$$f = 2k\frac{i_m^2}{s_0^2} \Rightarrow \frac{\partial f}{\partial t} = 4k\frac{i_m}{s_0^2} \times \frac{\partial i_m}{\partial t}$$

$$\left.\begin{aligned} k &= \frac{1}{4}\mu_0 n^2 A\cos\theta \\ L &= \frac{\mu_0 n^2 A}{2s_0} \end{aligned}\right\} \Rightarrow k = \frac{s_0 L\cos\theta}{2} \Bigg\} \Rightarrow f = 2\frac{i_m}{s_0}\left(L\frac{\partial i_m}{\partial t}\right)\cos\theta = 2\frac{i_m U_m}{s_0}\cos\theta$$

则由电流幅值 $0.5i_{max} \geqslant i_m$、母线电压 $U \geqslant U_m$ 知

$$f_{max}\omega_{sat} = 2\frac{0.5i_{max}U}{s_0}\cos\theta \tag{4-48}$$

可知

$$\omega_{sat}=\frac{i_{max}U}{s_0 f_{max}}\cos\theta=\frac{P_{max}}{s_0 f_{max}}\cos\theta \tag{4-49}$$

式中，$P_{max}=i_{max}U$，即功放最大输出功率。可通过式(4-49)，确定功放参数[1]。

对于小负载、小电流工况，功放模型也可以简化为线性单元，即其传递函数可记为

$$G_{power}=k_{power} \tag{4-50}$$

与传感器单元类似，如果考虑其引入的少量相位延迟对闭环系统性能的影响，可根据输出小控制电流情况下功放真实频响特性，在传递函数中添加一转折频率较高的一阶低通滤波器，比如可取 $f_{power}=2000\text{Hz}$，则式(4-50) 变为

$$G_{power}=k_{power}\frac{1}{T_{power}s+1} \tag{4-51}$$

式中，s 为复数变量；T_{power} 为低通滤波器时间常数，$T_{power}=1/(2\pi\times 2000)$。

4.5.4 磁轴承控制平台

控制器是磁轴承系统的核心单元，它包括控制代码及其所依托的控制平台。控制平台是控制算法实现的物理基础。早期的控制平台基于模拟电路构建，具有成本低廉、信号质量高、速度快、性能稳定及对 PID 控制算法适应良好的优点。随着控制理论的发展及对磁悬浮轴承系统性能要求的不断提高，磁轴承控制器需要实现的控制算法复杂程度日渐加大，模拟控制器越来越难以满足需求。随着数字控制硬件技术不断进步，成本不断下降，目前在磁轴承应用领域，模拟控制器已经基本被数字控制器取代。要开展磁轴承控制研究，需要构建具备强大运算能力与数据吞吐能力的数控平台；而数控平台本身，也在不断向前发展，目前已经从单核发展到双核甚至多核系统。

典型数字控制系统结构如图 4-33 所示。

控制平台主控中央处理单元为一单核数字信号处理（digital signal processor，DSP）芯片，通过高速模-数转换器（analog-to-digital converter，ADC）采集来自位移传感器的位移信号；然后运行控制算法，计算控制转子所需的控制信号，并通过高速数-模转换器（digital-to-analog converter，DAC）以控制电压的形式传递给功率放大器，进行后续的电流输出控制。DSP 一般使用调试器，通过 JTAG 接口进行程序下载调试，也可通过 RS232 串口实现简单的外部交互。此外，为了监测磁悬浮轴承系统的运行状态，一般还需要通过数据采集卡采集转

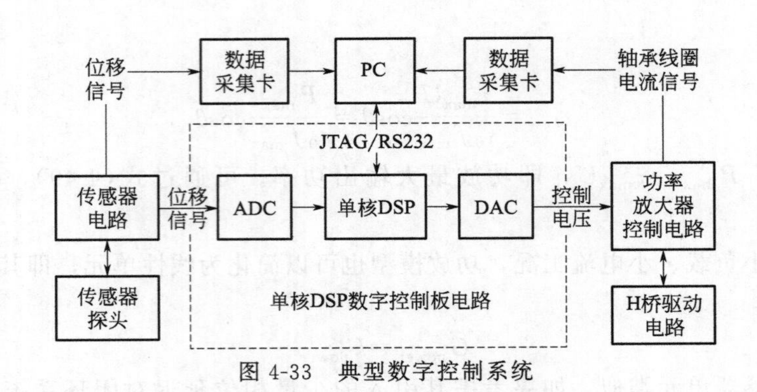

图 4-33 典型数字控制系统

子的位移信号和电磁铁线圈的电流信号，并将其传输到 PC 主机。

基于多核架构，可以开发集成度更高、功能更完善的集成式数控平台。典型多核系统结构如图 4-34 所示，选用双核芯片替换单核 DSP 芯片，并添加 FPGA 作为协处理单元。

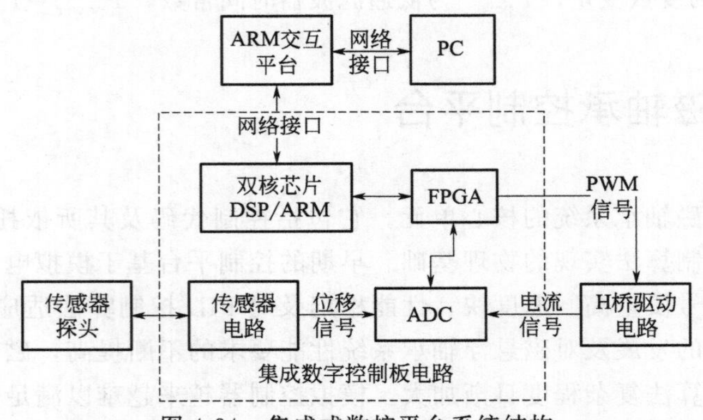

图 4-34 集成式数控平台系统结构

通过引入 FPGA 作为协处理单元，接管原 DSP 负责的 AD 转换等硬件操作，可减少 DSP 核的非控制算法运算负担。另外通过 FPGA 实现对位移信号的过采样和数字滤波、对转速信号整形等功能，可提升输入数据质量，从而提升磁悬浮轴承的控制精度，增强系统稳定性。DSP 核任务量得到大幅简化后，可以专注于运行高阶控制算法，发展更智能化的控制器，对高速飞轮等动力学更复杂的磁轴承转子系统进行更有效的动力学控制。

实际应用中，ARM 核可负责与前端交互平台或 PC 主机进行通信；其上运行嵌入式 Linux 系统，可实现复杂的 IO 协议栈处理，通过 RS232、百兆网口等与外部数据中心进行控制参量、位移数据、电流数据等数据的高速传递。

数控平台最核心的指标包括：工作周期、AD 精度、AD 转换速度、DA 精度、DA 转换速度、输出延迟等。

4.6 单自由度电磁轴承系统建模

基于各子系统模型，可构建完整闭环系统，并开展仿真研究。

最简单的磁轴承系统为单自由度悬浮系统，假定转子为单质点 m，质量为 6kg，轴承负刚度（力位移系数）$k_x=-0.2\times10^6$N/m，力电流系数为 $k_i=$ 200N/A，传感器增益 $k_{sen}=40000$V/m，功放增益为 1A/V，控制平台增益为 1，则可建立如图 4-35 所示的单质点电磁轴承闭环系统模型。

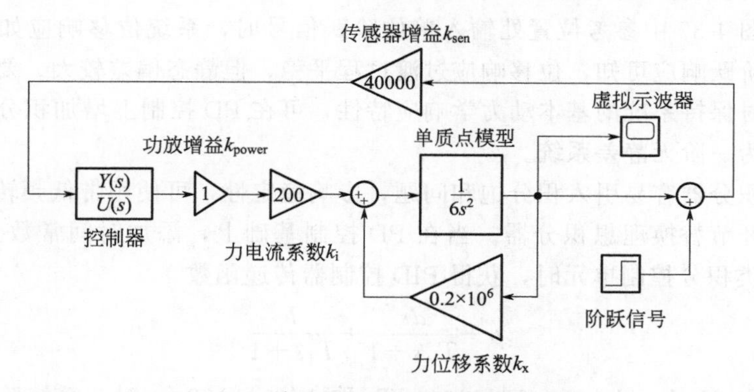

图 4-35　单质点电磁轴承闭环系统模型

由于存在负刚度，电磁轴承是开环不稳定系统；为获得稳定悬浮，必须添加适当的控制器并构成反馈闭环。最基本的控制器为比例微分控制器（PD），采用 PD 控制时，需要确定比例系数 p 及微分反馈系数 d。当磁轴承负刚度确定后，通过特定增益的比例反馈，可以将磁轴承负刚度特性改变为正刚度特性；如果通过反馈使得正刚度与原来的负刚度等值，则磁轴承系统变为具有“自然刚度”的类弹簧振子系统，这种刚度特性可以很好地匹配系统动力学控制需求。即便需要针对特定应用需求优化刚度特性，也可以将自然刚度对应的参数作为控制器性能改进的出发点。

自然刚度对应的比例反馈系数 $p=2\mid k_x\mid/(k_i k_{sen} k_{power})$，自然刚度下弹簧谐振子谐振频率为

$$\omega_0=\sqrt{|k_x|/m} \tag{4-52}$$

为使“弹簧谐振子”具有好的稳定性，需将其变为“弹簧阻尼谐振子”（刚度 k_x，质量 m），即增加阻尼单元，这需要添加微分反馈环节。阻尼大小可以借助最优阻尼比 $\zeta=0.707$ 确定，当转子以 ω_0 谐振时，其最优阻尼系数 D 为

$$D=2\zeta\sqrt{|k_x|m} \tag{4-53}$$

则微分反馈系数为

$$d=2\zeta\sqrt{|k_x|m}/(k_i k_{sen} k_{power}) \tag{4-54}$$

将具体数值代入，可得 $\omega_0 \approx 183$，$p=0.05$，$d \approx 1.9\times10^{-4}$，则 PD 控制器传递函数为 $p+ds$。微小高频噪声输入理想微分器时，高频成分对应的极高增益必然会导致微分器输出饱和，并不利于稳定。为此，需要增加一低通环节减小控制器高频增益，实际控制器传递函数为

$$p+\frac{ds}{T_d s+1} \tag{4-55}$$

$1/T_d$ 为微分转折频率，当其取为 $10\omega_0$ 时，不会对 ω_0 处的阻尼造成大的影响，则最终控制器传递函数为 $0.05+1.9\times10^{-4}s/(5.5\times10^{-4}s+1)$。

当在图 4-37 中参考位置处输入单位阶跃信号时，系统位移响应如图中实线所示。由阶跃响应可知，位移响应过渡过程平稳，但静态偏差较大。要消除静态偏差，同时保持系统的基本动力学响应特性，可在 PD 控制上增加积分环节，将系统改造为一阶无静差系统。

理想积分器容易引入积分饱和问题，影响稳定性，可使用带低频转折特性的近似积分环节替换理想积分器。当在 PD 控制基础上，添加时间常数为 T_I、增益为 I 的类积分控制单元时，获得 PID 控制器传递函数

$$p+\frac{ds}{T_d s+1}+\frac{I}{T_I s+1} \tag{4-56}$$

当 I 取 $2k_i k_{sen} k_{power}=16\times10^6$，$T_I$ 取 $1/(0.1\times2\pi)$ 时，系统阶跃响应如图 4-36 中点划线所示，静差基本消除。

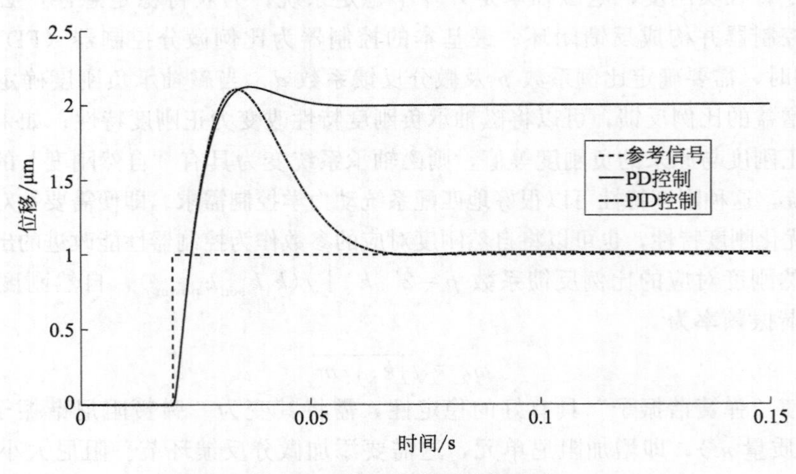

图 4-36　单质点模型阶跃响应

4.7 刚性转子多自由度电磁轴承系统建模

典型的刚性转子系统，如果前后径向耦合不强，并且转子陀螺效应不明显，如磁轴承铣削电主轴，往往可以将其五自由度（除绕自转轴旋转之外的运动自由度）刚体运动进行解耦（即分解为各个自由度的独立运动，不考虑这些运动的相互耦合），作为五个独立单自由度系统进行控制，按上节介绍的单自由度电磁轴承系统进行建模。

磁轴承飞轮转子通常为短粗转子结构，可以作为刚性转子处理，但其陀螺效应很明显，造成 x、y 径向正交方向运动耦合严重；另外，其前后径向磁轴承间距较小，即便转子不旋转，前后轴承平面的运动耦合也比较强。对这样的强耦合转子对象，简单按各自由度解耦处理是不合适的，很容易造成转子运行时动力学失稳。因此飞轮转子建模应充分考虑各自由度的运动耦合。

AMB 支承的典型飞轮转子的受力情况如图 4-37 所示，施加在转子上的力包括右（上）径向磁轴承 MB1、左（下）径向磁轴承 MB2 和轴向磁轴承 MB3 的电磁力（假定轴向转子与飞轮轮体为一体）。由图可得转子运动方程式(4-57)。

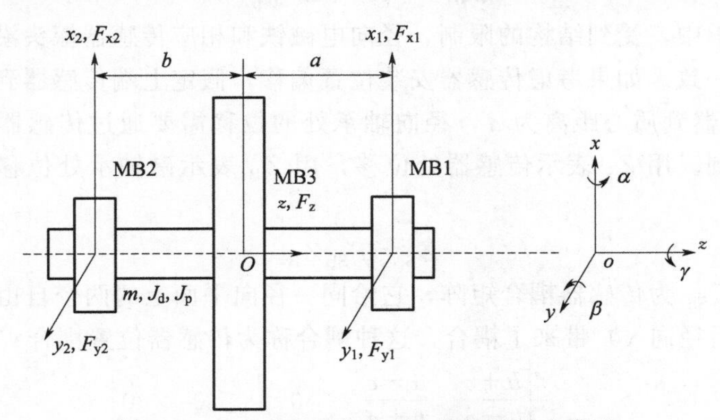

图 4-37 AMB 支承的典型飞轮转子受力模型

$$\begin{cases} m\ddot{x}=F_{x1}+F_{x2} \\ m\ddot{y}=F_{y1}+F_{y2} \\ J_{d}\ddot{\alpha}=-aF_{y1}+bF_{y2}-\Omega J_{p}\dot{\beta} \\ J_{d}\ddot{\beta}=aF_{x1}-bF_{x2}+\Omega J_{p}\dot{\alpha} \\ m\ddot{z}=F_{z} \end{cases} \tag{4-57}$$

式中，Ω 为转子转速；J_{p} 为转子极转动惯量；J_{d} 为横向转动惯量；m 为转子质量；下标 x1、y1 为 MB1 中心平面坐标，x2、y2 为 MB2 中心平面坐标；x、y 为质心处坐标；a 为 MB1 到质心距离；b 为 MB2 到质心距离。令各自由度受力矢量为 $f=[F_{x1}, F_{x2}, F_{y1}, F_{y2}, F_{z}]^{T}$，位移矢量为 $Z_{\mathrm{B}}=[x_1, x_2, y_1, y_2, x_z]^{T}$，可得转子的传递函数模型

$$Z_{\mathrm{B}}=G_{\mathrm{r}}(s)f \tag{4-58}$$

式中（den 为定义的分母变量），

$$G_{\mathrm{r}}=\begin{bmatrix} \frac{1}{ms^2}+\frac{a^2J_{\mathrm{d}}s}{den} & \frac{1}{ms^2}-\frac{abJ_{\mathrm{d}}s}{den} & -\frac{a^2J_{\mathrm{p}}\Omega}{den} & \frac{abJ_{\mathrm{p}}\Omega}{den} & 0 \\ \frac{1}{ms^2}-\frac{abJ_{\mathrm{d}}s}{den} & \frac{1}{ms^2}+\frac{b^2J_{\mathrm{d}}s}{den} & \frac{abJ_{\mathrm{p}}\Omega}{den} & -\frac{b^2J_{\mathrm{p}}\Omega}{den} & 0 \\ \frac{a^2J_{\mathrm{p}}\Omega}{den} & -\frac{abJ_{\mathrm{p}}\Omega}{den} & \frac{1}{ms^2}+\frac{a^2J_{\mathrm{d}}s}{den} & \frac{1}{ms^2}-\frac{abJ_{\mathrm{d}}s}{den} & 0 \\ -\frac{abJ_{\mathrm{p}}\Omega}{den} & \frac{b^2J_{\mathrm{p}}\Omega}{den} & \frac{1}{ms^2}-\frac{abJ_{\mathrm{d}}s}{den} & \frac{1}{ms^2}+\frac{b^2J_{\mathrm{d}}s}{den} & 0 \\ 0 & 0 & 0 & 0 & \frac{1}{ms^2} \end{bmatrix},$$

$$den=J_{\mathrm{d}}^2s^3+\Omega^2J_{\mathrm{p}}^2s \tag{4-59}$$

在磁轴承中，受到结构的限制，径向电磁铁和相应传感器探头沿轴向安装的位置通常不一致。如果考虑传感器安装位置偏移，假定上端传感器到质心距离为 c，下端传感器到质心距离为 d，径向轴承处的位移需要通过传感器检测点的位移作转换得到。用 Z_{S} 表示传感器处位移，用 Z_{B} 表示磁轴承处位移，则二者关系为

$$Z_{\mathrm{S}}=T_{\mathrm{SB}}Z_{\mathrm{B}} \tag{4-60}$$

式中，T_{SB} 为传感器耦合矩阵，它给同一径向平面上的两个自由度（前后径向 x，或前后径向 y）带来了耦合，这种耦合称为传感器位置耦合。

$$T_{\mathrm{SB}}=\begin{bmatrix} \frac{b+c}{b+a} & \frac{a-c}{b+a} & 0 & 0 & 0 \\ \frac{b-d}{b+a} & \frac{d+a}{b+a} & 0 & 0 & 0 \\ 0 & 0 & \frac{b+c}{b+a} & \frac{a-c}{b+a} & 0 \\ 0 & 0 & \frac{b-d}{b+a} & \frac{d+a}{b+a} & 0 \\ 0 & 0 & 0 & 0 & 1 \end{bmatrix} \tag{4-61}$$

则结合刚性转子模型、传感器耦合矩阵，可获得力到传感器测量位置位移的转子模型传递函数

$$G_0(s)=T_{SB}G_r(s) \tag{4-62}$$

G_0 可以嵌入到图 4-38 模型中，替换掉其中的单质点模型。当然，此模型是五自由度模型，即五入五出模型，替换单质点模型后，图 4-35 模型中的所有单元，包括传感器增益、功放增益、力电流系数、力位移系数、控制器、阶跃信号等，均要根据实际参数扩展为五自由度单元，从而构成多自由度闭环系统。

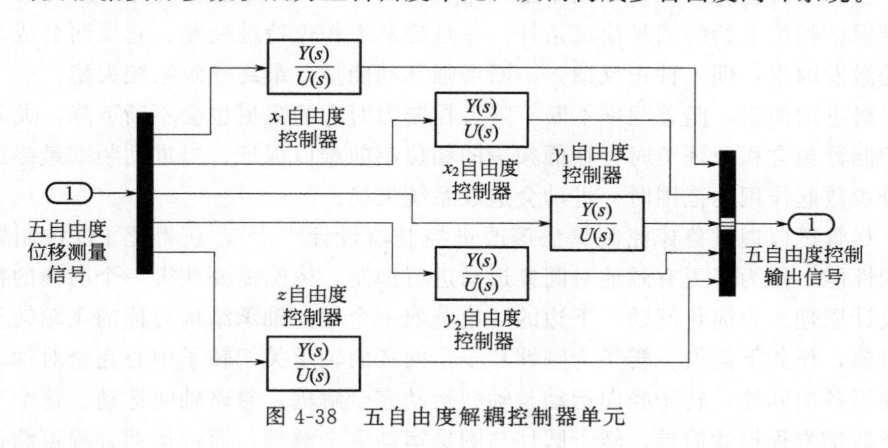

图 4-38　五自由度解耦控制器单元

4.8 磁轴承飞轮陀螺力学与控制原理

当转子极转动惯量 J_p 与横向转动惯量 J_d 的比值比较大时，转子旋转起来后，陀螺效应对转子模态频率影响非常大。弹性支承条件下，刚性转子章动频率在高速下与转子转动同步频率的比值接近于转子的惯量比，即 J_p 与 J_d 的比值；而转子进动频率在高速下趋近于 0。章动与进动都属于转子的涡动，现形象地将它们统称为圆锥运动，而将其余刚性振动称为圆柱运动。

磁悬浮飞轮采用的是电磁力闭环反馈支承方式，电磁铁施加于转子上的电磁力在频域上需要满足一定的相位特性；否则电磁力会激发转子的振动，导致系统失稳。就飞轮转子而言，对圆锥运动有效抑制是保证转子高速稳定运行的一个重要基础[9~14]。

如果电磁铁、功放、传感器等环节是理想线性环节，没有时间延迟，并且系统中没有噪声，则通过 PD 控制器，便可以满足转子系统的刚度和阻尼要求，使

转子能在高速下稳定运行。但是磁悬浮闭环系统中各组成部分的频率响应受到实际条件的制约，电磁铁响应速度、功放响应速度、传感器响应速度、控制器运算时间、采样保持时间等因素都会造成电磁力响应的时间延迟。高频噪声客观存在，当控制器高频增益较高时，噪声会阻塞控制器输出，湮没有效的控制信号。为了抑制高频噪声的影响，控制器带宽不能设计为无限宽，其高频段的增益需要被抑制，这会降低高频段的相位品质。

当转子转速上升，章动频率进入高频段时，PD 控制器生成的控制力对章动很难保证相位上始终满足稳定条件。一旦控制力相位特性变差，它反而会成为章动的激发因素，即一种正反馈，不断增强章动能量，最终导致系统失稳。

对进动而言，随着频率不断下降，控制力对它的阻尼也会不断下降，尤其是当控制器包含积分环节时，在低频段的相位超前难以保证；当进动频率最终进入积分参数起作用的范围时，进动会造成系统失稳。

尽管可以通过鲁棒控制算法等改进控制器设计[13,14]，获得比 PD 控制器优越的性能，但为了更有效地对圆锥运动进行抑制，依然需要获得一个明确的控制器设计原理。为简化问题，下边的讨论选取一个径向轴承结构对称的飞轮转子作为对象，作如下假设：转子为刚性转子，两径向轴承关于转子中心完全对称，径向轴承各向同性，转子径向运动与轴向运动完全解耦，忽略轴向运动。这个飞轮模型数学方程描述简单，转子圆柱与圆锥运动完全解耦，通过运动方程可获得形式简单的解析解，利于阐述问题；且对线性系统而言，很大程度上也不失一般性。

所用转子坐标系如图 4-39 所示，O 为转子质心。

为进行稍具体的讨论，给出满足上边假设条件的磁轴承飞轮示例，结构见图 4-40，转子相关参数见表 4-9。此飞轮的一阶弹性模态频率远高于设计工作转速，是典型的刚性转子。

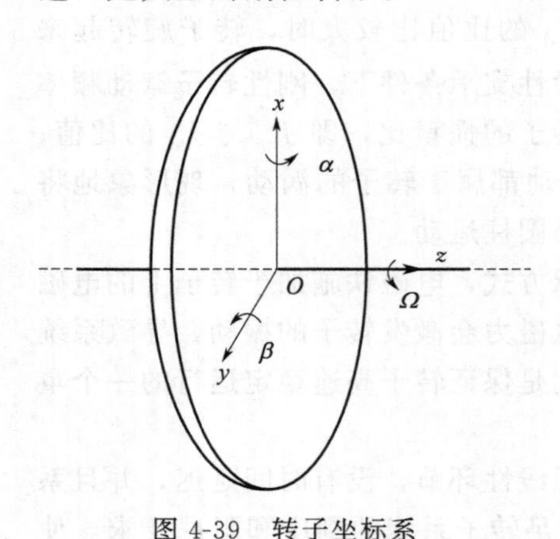

图 4-39 转子坐标系

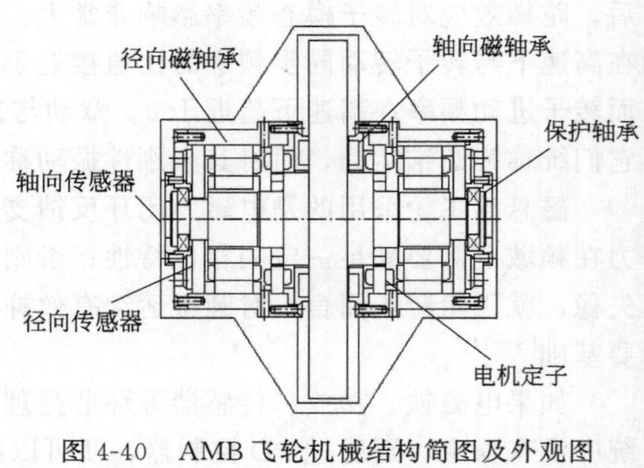

图 4-40 AMB 飞轮机械结构简图及外观图

表 4-9　飞轮转子参数

含义	参数值
转子质量 m/kg	12.0
转子长度 L/mm	199.0
横向转动惯量 J_d/kg·m²	0.0410
极转动惯量 J_p/kg·m²	0.0648
右电磁铁到质心距离 a/mm	63.0
左电磁铁到质心距离 b/mm	63.0
右径向传感器到质心距离 c/mm	85.0
右径向传感器到质心距离 d/mm	85.0

对于磁轴承飞轮而言，轴承力有四种基本支承成分——弹性支承、阻尼支承、位移交叉反馈支承和速度交叉反馈支承。实际的支承特性，即控制力的构成，可能会非常复杂，不过总可以分解为各种基本支承成分。

弹性支承下的转子运动方程组，见式(4-63)～式(4-66)；k 为支承刚度，l 为径向轴承中心距。

$$J_d\ddot{\alpha}+J_p\Omega\dot{\beta}+0.5kl^2\alpha=0 \tag{4-63}$$

$$J_d\ddot{\beta}-J_p\Omega\dot{\alpha}+0.5kl^2\beta=0 \tag{4-64}$$

$$m\ddot{x}+2kx=0 \tag{4-65}$$

$$m\ddot{y}+2kx=0 \tag{4-66}$$

由式(4-63)、式(6-64) 得式(4-67)；定义 $\varphi=\alpha+i\beta$，得式(4-68)；进行拉氏变换，可得到特征方程式(4-69)。

$$J_d(\ddot{\alpha}+i\ddot{\beta})-J_p\Omega i(\dot{\alpha}+i\dot{\beta})+0.5kl^2(\alpha+i\beta)=0 \tag{4-67}$$

$$J_d\ddot{\varphi}-J_p\Omega i\dot{\varphi}+0.5kl^2\varphi=0 \tag{4-68}$$

$$J_ds^2-J_p\Omega is+0.5kl^2=0 \tag{4-69}$$

当轴承刚度取 0.2N/μm 时，解方程式(4-69) 可得到转子章动与进动频率随转速变化的曲线，如图 4-41 所示。

而在实际系统中，弹性力是由磁轴承产生的电磁力提供的，这是比例控制器提供的反馈力。由于系统中存在时间延迟环节，这个电磁力作用到转子上，存在相位滞后。在带相位滞后的支承力作用下，转子的章动与进动会具有负阻尼，即它们是不稳定的。

将延迟环节用一低通滤波器 $1/(Ts+1)$ 进行等效，取 $T=0.0005$s，把低通滤波器串入控制器的比例反馈通道中，式(4-63) 与式(4-64) 分别变为式(4-70) 与式(4-71)；可推导得到式(4-72)，对其进行拉氏变换，可得到特征方程式(4-73)。

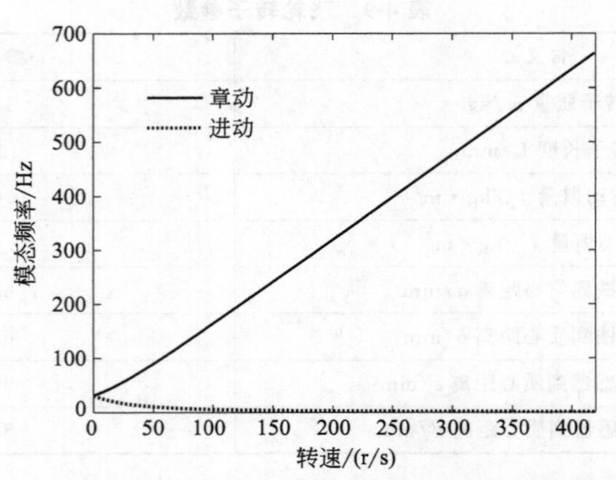

图 4-41 0.2N/μm 弹性支承下，转子章动与进动频率随转速变化的情况

$$J_d\ddot{\alpha}+J_p\Omega\dot{\beta}+0.5kl^2\int_{-\infty}^{+\infty}\alpha(\tau)F_{ilter}(t-\tau)dt=0 \tag{4-70}$$

$$J_d\ddot{\beta}-J_p\Omega\dot{\alpha}+0.5kl^2\int_{-\infty}^{+\infty}\beta(\tau)F_{ilter}(t-\tau)dt=0 \tag{4-71}$$

$$J_d\ddot{\varphi}-J_p\Omega i\dot{\varphi}+0.5kl^2\int_{-\infty}^{+\infty}\varphi(\tau)F_{ilter}(t-\tau)d\tau=0 \tag{4-72}$$

$$J_ds^2-J_p\Omega is+0.5kl^2/(Ts+1)=0 \tag{4-73}$$

引入相位滞后环节后，转子章动频率与进动频率随转速变化的情况，以及章动与进动对应的阻尼随转速变化的情况，见图 4-42（当比例反馈通道中存在低通滤波器时）。此处，对于复特征根 $V_{real}+V_{ima}j$，频率值定义为$\sqrt{V_{real}^2+V_{ima}^2}/(2\pi)$，阻尼比定义为$-V_{real}/\sqrt{V_{real}^2+V_{ima}^2}$。

由图 4-42 可知，比例反馈通道中存在低通滤波器时，低通滤波器改变了支承的实际动刚度，转子模态频率值相对不考虑低通滤波器的情况，有所变化，但是变化不大。而由于相位特性遭到破坏，章动与进动出现了负阻尼，意味着转子由临界稳定变为不稳定。

在弹性支承基础上，在反馈通道中并入阻尼器，即采用理想 PD 控制器，式(4-63) 与式(4-64) 分别变为式(4-74) 与式(4-75)。由此可推导得到转子章动与进动的特征方程式(4-76)，方程的根为式(4-77)。

$$J_d\ddot{\alpha}+J_p\Omega\dot{\beta}+0.5Dl^2\dot{\alpha}+0.5kl^2\alpha=0 \tag{4-74}$$

$$J_d\ddot{\beta}-J_p\Omega\dot{\alpha}+0.5Dl^2\dot{\beta}+0.5kl^2\beta=0 \tag{4-75}$$

$$J_ds^2+(0.5Dl^2-J_p\Omega i)s+0.5kl^2=0 \tag{4-76}$$

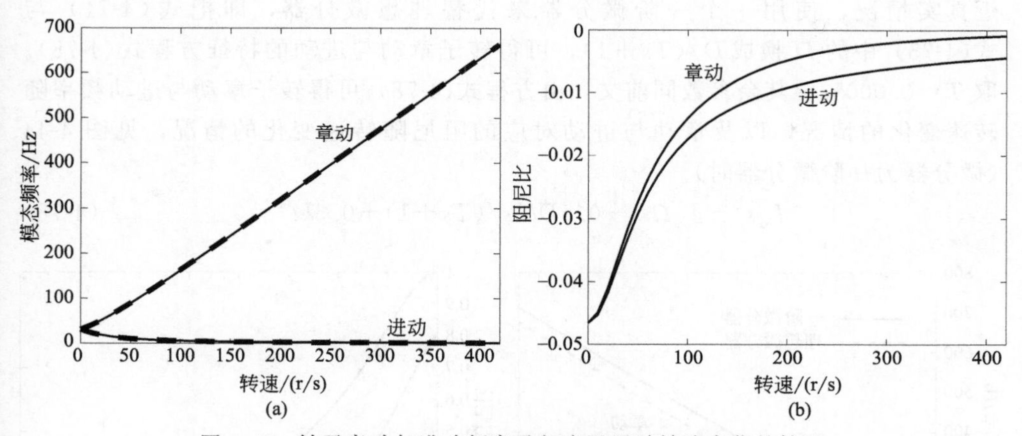

图 4-42 转子章动与进动频率及相应阻尼随转速变化的情况

$$s=\left[(J_{\mathrm{p}}\Omega i-0.5Dl^{2})\pm\sqrt{(0.5Dl^{2}-J_{\mathrm{p}}\Omega i)^{2}-2J_{\mathrm{d}}kl^{2}}\right]/(2J_{\mathrm{d}})=0 \quad (4\text{-}77)$$

取 $D=0.004\mathrm{N}\cdot\mathrm{s}/\mu\mathrm{m}$，可得转子章动与进动频率随转速变化的情况，以及章动与进动对应的阻尼随转速变化的情况，见图 4-43。可知，阻尼力可以明显改变低速下转子的章动与进动频率，但对高速下转子的章动与进动频率影响较小。阻尼力可以有效地为章动与进动提供阻尼，但随着转速的上升，章动与进动的阻尼比不断下降。当转速趋于无穷时，阻尼比趋于 0。

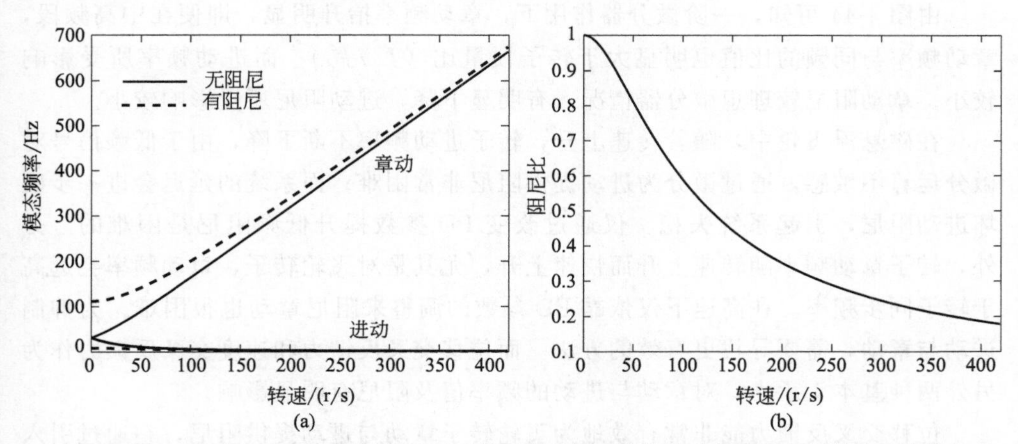

图 4-43 弹性支承力与阻尼力同时存在时，转子章动与进动频率及相应阻尼随转速变化的情况

式(4-74) 与式(4-75) 中的阻尼力矩是由理想微分器提供的，理想微分器在实际应用中无法实现，而且高频增益过高的微分器会使控制器输出被高频噪声阻塞。所以实际使用的微分器的高频增益会受到限制，相位超前特性也将变差。另外，前文所提及的延迟环节对微分器同样会造成影响。在此，为使理论分析更接

近真实情况，使用一个一阶微分器来代替理想微分器，即把式(4-74)与式(4-75)中的 D 换成 $D/(Ts+1)$，可得转子章动与进动的特征方程式(4-78)。取 $T=0.0005\text{s}$，其余参数同前文，由方程式(4-78)可得转子章动与进动频率随转速变化的情况，以及章动与进动对应的阻尼随转速变化的情况，见图 4-44(微分器为一阶微分器时)。

$$J_{\mathrm{d}}s^2-J_{\mathrm{p}}\Omega is+0.5Dl^2s/(Ts+1)+0.5kl^2=0 \tag{4-78}$$

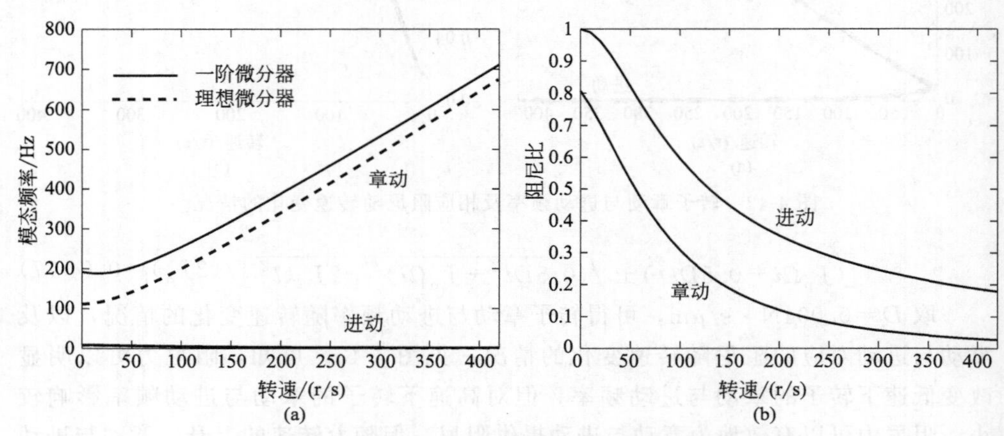

图 4-44　转子章动与进动频率及相应阻尼随转速变化的情况

由图 4-44 可知，一阶微分器作用下，章动频率抬升明显，即便在中高频段，章动频率与同频的比值也明显大于转子惯量比 $(J_{\mathrm{p}}/J_{\mathrm{d}})$；而进动频率所受影响较小。章动阻尼较理想微分器情况，有明显下降，进动阻尼所受影响较小。

在磁悬浮飞轮中，随着转速上升，转子进动频率不断下降，由于低频信号对微分运算不敏感，通过微分为进动提供阻尼非常困难；而系统的延迟会进一步破坏进动阻尼，引起系统失稳。仅通过改变 PD 参数提升低频阻尼是困难的。另外，转子章动频率随转速上升而快速上升，尤其是对飞轮转子，章动频率会远高于转子同步频率。在高速下仅依靠 PD 参数的调整来阻尼章动也很困难。为抑制进动与章动，需要寻找更有效的方法。而位移交叉反馈力和速度交叉反馈力作为另外两种基本支承力，对章动与进动的频率值及阻尼有明显影响。

位移交叉反馈力能非常有效地为飞轮转子章动与进动提供阻尼，它通过引入正交方向上的位移量来生成控制量，可以产生对圆锥运动起阻尼作用的力矩，稳定转子的章动或进动。

定义 k_{c} 为位移交叉参数，引入位移交叉反馈后，可推导得到转子章动与进动的运动方程及其解：

$$J_{\mathrm{d}}\ddot{\alpha}+J_{\mathrm{p}}\Omega\dot{\beta}+0.5kl^2\alpha+k_{\mathrm{c}}\beta=0 \tag{4-79}$$

$$J_{\rm d}\ddot{\beta}-J_{\rm p}\Omega\dot{\alpha}+0.5kl^2\beta-k_{\rm c}\alpha=0 \tag{4-80}$$

$$J_{\rm d}s^2-J_{\rm p}\Omega is+0.5kl^2-k_{\rm c}i=0 \tag{4-81}$$

$$s=\left(J_{\rm p}\Omega i\pm\sqrt{-J_{\rm p}^2\Omega^2-4J_{\rm d}(0.5kl^2-k_{\rm c}i)}\right)/(2J_{\rm d}) \tag{4-82}$$

取 $k_{\rm c}=800{\rm N/m}$，计算结果表明 $k_{\rm c}$ 对章动与进动频率的影响不大。同时可以得到章动与进动对应的阻尼随转速变化的情况，见图 4-45；可知正的位移交叉反馈对进动具有良好的阻尼效果，这种效果甚至会随转速上升而得到加强。而它对章动却起激发作用，这种激发作用随转速的上升而下降。

取 $k_{\rm c}=-800{\rm N/m}$，转子章动与进动频率的变化很小，而章动与进动对应的阻尼随转速变化的情况见图 4-46。可知，当 $k_{\rm c}$ 取负值时，加上位移交叉反馈后，转子章动与进动的阻尼特性正好与正的位移交叉反馈下相反；负的位移交叉反馈对章动具有阻尼效果，这种效果随转速上升而削弱，而它对进动起激发作用。

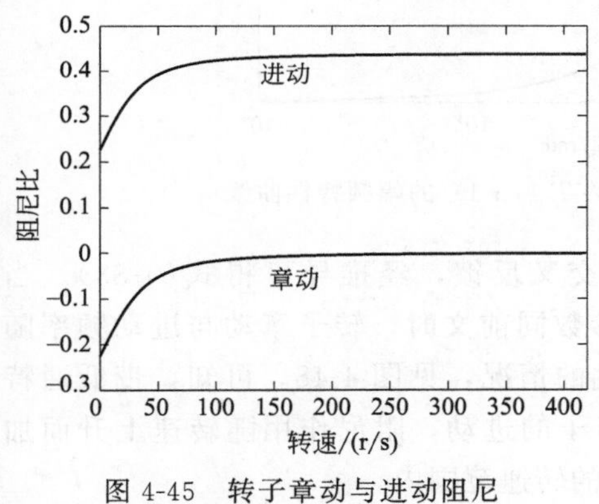

图 4-45　转子章动与进动阻尼随转速变化的情况（1）

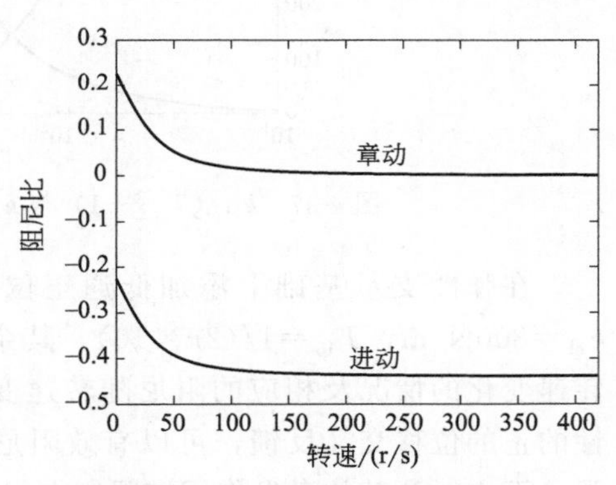

图 4-46　转子章动与进动阻尼随转速变化的情况（2）

以上讨论中，$k_{\rm c}$ 对模态频率的改变小是在 $k_{\rm c}$ 取值较小的条件下；当 $k_{\rm c}$ 取值较大时，它也会使章动与进动的频率值明显增加。在实际应用中，$k_{\rm c}$ 一般不大，以免在控制器输出中所占比例过大，破坏对转子圆柱运动的抑制。

由上边的讨论可知，位移交叉反馈对章动与进动的效果是相反的，在阻尼章动的时候会激发进动，而在阻尼进动的时候又会激发章动。为了有效利用位移交叉对章动与进动的阻尼作用，同时避免其激发作用，一种很自然的想法是分别为章动与进动提供符号相反的位移交叉反馈。当转速较高时，飞轮转子章动与进动频率之间的距离是比较大的，这给章动与进动的分别阻尼提供了可能。

对进动，可以使用带低通特性的正的位移交叉反馈 $k_{\rm cl}/(T_{\rm lp}s+1)$；它的中高频段增益很低，在有效阻尼进动的同时，对章动阻尼的影响很小。对章动，可以使用带高通特性的负的位移交叉反馈 $k_{\rm ch}s/(T_{\rm hp}s+1)$；其低频增益很低，可以有效阻尼章动，对进动阻尼的影响很小。当$k_{cl}=800\text{N/m}$，$T_{lp}=1/(2\pi\times10)$，而$k_{ch}=-8\text{N/(m·s)}$，$T_{hp}=1/(2\pi\times300)$ 时，$k_{cl}/(T_{lp}s+1)$ 与$k_{ch}s/(T_{hp}s+1)$的幅频特性曲线如图 4-47 所示。

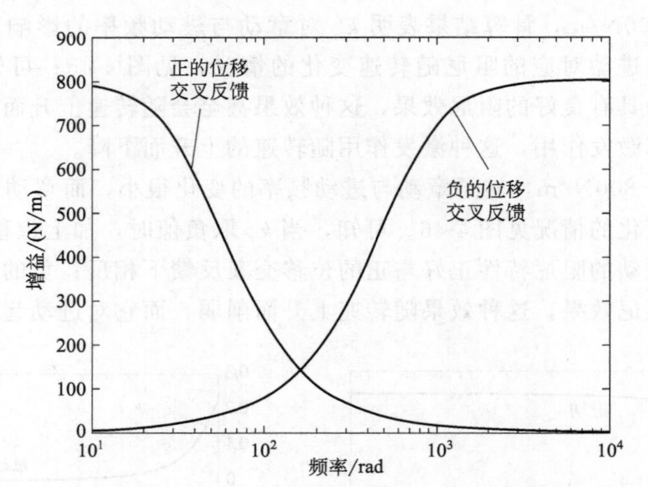

图 4-47　$k_{cl}/(T_{lp}s+1)$ 与$k_{ch}s/(T_{hp}s+1)$ 的幅频特性曲线

在弹性支承基础上添加低通正位移交叉反馈，经推导可得式(4-83)。当$k_{cl}=800\text{N/m}$，$T_{lp}=1/(2\pi\times10)$，其余参数同前文时，转子章动与进动频率随转速变化的情况及相应的阻尼随转速变化的情况，见图 4-48。可知，带低通特性的正的位移交叉反馈，可以有效阻尼转子的进动，阻尼作用随转速上升而加强；而它对章动的激发作用被限制在很低的转速范围内。

$$J_ds^2-J_p\Omega is+0.5kl^2+k_{cl}i/(T_{lp}s+1)=0 \tag{4-83}$$

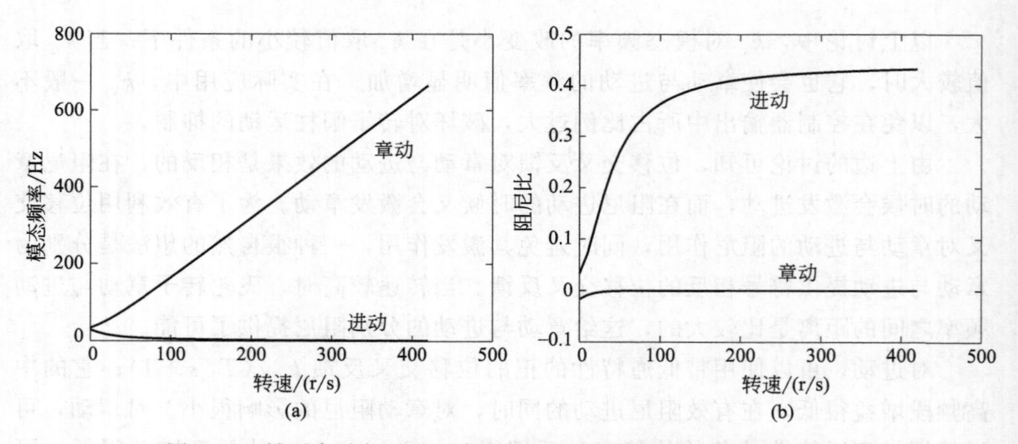

图 4-48　转子章动与进动频率及相应阻尼随转速变化的情况（1）

而在弹性支承基础上添加高通负位移交叉反馈，经推导可得式(4-84)。取 $k_{ch}=-8\text{N}/(\text{m}\cdot\text{s})$，$T_{hp}=1/(2\pi\times300)$，其余参数同前文，可得转子章动与进动频率随转速变化的情况及相应的阻尼随转速变化的情况，见图4-49。可知，高通负位移交叉反馈使章动频率有所上升，进动频率有所下降；在中高频段，高通负位移交叉反馈章动阻尼下降明显，需要进行增强；随着转速上升，负位移交叉反馈对进动的激发作用变小。

$$J_d s^2 - J_p \Omega i s + 0.5kl^2 + k_{ch} si/(T_{hp}s+1) = 0 \tag{4-84}$$

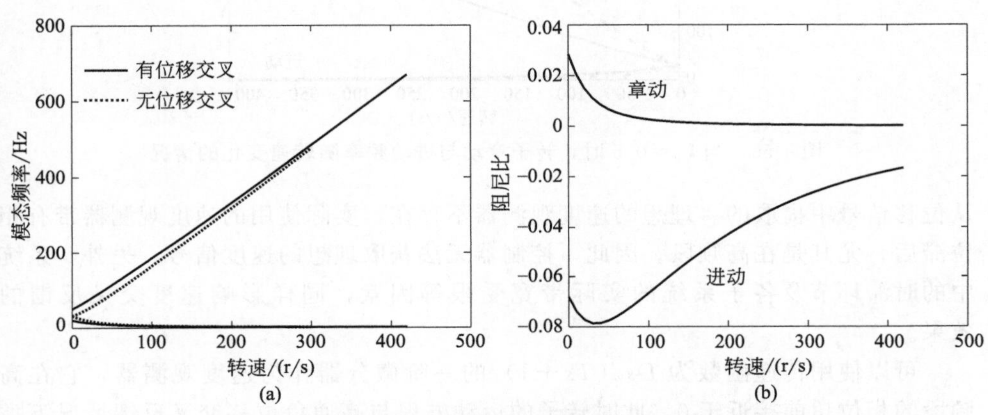

图4-49　转子章动与进动频率及相应阻尼随转速变化的情况（2）

从上边分析可知，在控制器中同时使用高通负位移交叉反馈和低通正位移交叉反馈，可以实现对转子章动与进动的分别抑制。

对磁悬浮飞轮转子而言，在高转速下，对转子章动与进动的抑制之所以困难，是因为前者频率很高，而后者频率很低，要为它们提供足够的阻尼比较困难。这本质上是由陀螺力矩造成的，如果能够削弱陀螺力矩的影响，使章动频率减小，而进动频率增加，将给飞轮转子的控制带来很大好处。速度交叉反馈控制便是基于这个思想提出来的[11]。它通过引入正交方向上的速度信号生成控制量，产生与陀螺力矩方向相反的力矩，达到削弱陀螺力矩、减小章动频率、增加进动频率的目的。

在弹性支承基础上，在反馈通道中添加速度交叉反馈，可得式(4-85)；其中 k_v 为反馈参数，表示通过速度交叉反馈对陀螺力矩的补偿比例。k_v 取0.5，其余参数同前文，可得转子章动与进动频率随转速变化的情况，见图4-50。可知，速度交叉反馈使章动频率明显下降，进动频率有所上升，有利于控制器对二者的阻尼。

$$J_d s^2 - (1-k_v) J_p \Omega i s + 0.5kl^2 = 0 \tag{4-85}$$

速度交叉反馈要求有理想的速度信号作为反馈量，而速度信号是通过观测器

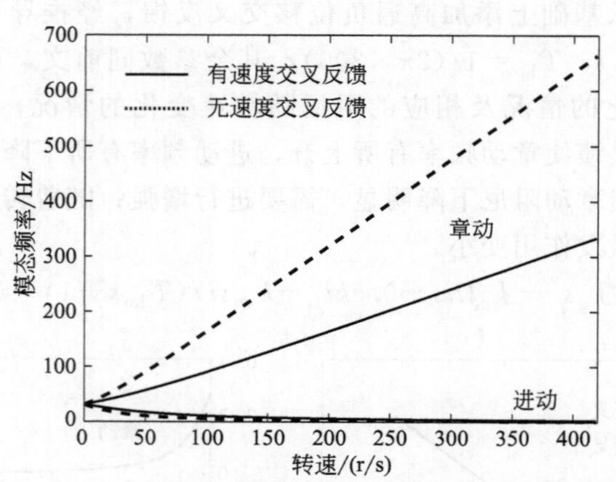

图 4-50　当 $k_v=0.5$ 时，转子章动与进动频率随转速变化的情况

从位移信号中提取的。理想的速度观测器不存在，实际使用的速度观测器带有相位滞后，尤其是在高频段。因此，控制器无法获取理想的速度信号。另外，系统中的时滞环节及各子系统的实际带宽受限等因素，同样影响速度交叉反馈的效果。

可以使用传递函数为 $Ds/(Ts+1)$ 的一阶微分器作为速度观测器，它在高频段的相位超前接近于0。此时转子的运动方程与高通负位移交叉反馈情况下类似，因为都使用了一阶微分器，二者的差别就在于转折频率的选取。从对章动的有效抑制考虑，完全可以把位移交叉反馈与速度交叉反馈的作用进行折中，对 $Ds/(Ts+1)$ 的参数进行优化，兼顾增加章动阻尼与减小章动频率，最终提高章动的阻尼比。

实际的支承条件，即控制力的构成，可能会非常复杂，不过总可以分解为上述各种基本支承成分。下面讨论一般支承条件下的转子运动。对于磁轴承而言，支承特性靠控制器调整，要对转子的圆锥运动进行抑制，需要检测出转子的当前运动状态，以提供正确的反馈控制力。

磁悬浮飞轮系统通常只有转子位移量是直接检测得到的，转子速度量需要通过速度观测器对位移量进行90°超前获得。使用 $C(t)$ 表示由检测量到反馈力矩的函数关系，它代表了一个一般的控制器，可以把这种一般控制力作用下的系统，称为一般支承。

一般支承条件下转子的章动和进动，可用式(4-86)、式(4-87)进行描述。令 $\varphi=\alpha+i\beta$，可得方程式(4-88)；对其进行拉普拉斯变换，得方程式(4-89)。

$$J_d\ddot{\alpha}+J_p\Omega\dot{\beta}+\int_{-\infty}^{+\infty}\alpha(\tau)C(t-\tau)\mathrm{d}\tau=0 \tag{4-86}$$

$$J_d\ddot{\beta}-J_p\Omega\dot{\alpha}+\int_{-\infty}^{+\infty}\beta(\tau)C(t-\tau)\mathrm{d}\tau=0 \tag{4-87}$$

$$J_d\ddot{\varphi}-J_p\Omega i\dot{\varphi}+\int_{-\infty}^{+\infty}\varphi(\tau)C(t-\tau)\mathrm{d}\tau=0 \tag{4-88}$$

$$J_d s^2-J_p\Omega is+C(s)=0 \tag{4-89}$$

当控制力 $C(t)$ 为理想弹性力，即支承为弹性支承时，由式(4-89) 可得式(4-90)。

$$J_d s^2\varphi(s)-J_p\Omega is\varphi(s)+K\varphi(s)=0 \tag{4-90}$$

式中，K 为比例系数。

从与陀螺力矩的关系观察可知，章动情况下，支承提供的弹性力矩方向与陀螺力矩方向相同；进动情况下，支承提供的弹性力矩方向与陀螺力矩方向相反。因此，弹性支承刚度的增加会同时增加转子的章动频率值与进动频率值。参看图 4-41 可知，在低频段，弹性支承的刚度对圆锥运动频率的影响尤为明显。

当控制力中同时包含理想弹性力与理想阻尼力时，由转子动力学方程可推导得到式(4-91)。式中，D 为阻尼系数；K 为比例系数。$J_d\ddot{\varphi}$ 可称为惯性项，$D\dot{\varphi}$ 称为阻尼项，$-J_p\Omega i\dot{\varphi}$ 称为陀螺项，$K\varphi$ 称为比例项。设方程的解为 $\varphi=\varphi_m e^{(-\delta+i\omega_\pm)t}$，可推出式(4-92)。

$$J_d\ddot{\varphi}+(D-J_p\Omega i)\dot{\varphi}+K\varphi=0 \tag{4-91}$$

$$-\delta+\omega_\pm i=\left[(-D+J_p\Omega i)\pm\sqrt{(-D+J_p\Omega i)^2-4J_dK}\right]/(2J_d)=0 \tag{4-92}$$

根据泰勒级数展开定理，在 $D=0$ 点，展开式(4-92)，得

$$\delta=D(1\pm J_p\Omega/\sqrt{J_p^2\Omega^2+4J_dK})/(2J_d)+o(D^2) \tag{4-93}$$

从数学上看，当 $D>0$ 时，式(4-93) 取正值，转子圆锥运动具有正的阻尼，转子运动是稳定的。可知，阻尼项 $D\dot{\varphi}$ 对章动、进动均具有阻尼作用。

假设仅在转子上施加了大小为 $M\varphi(s)$，与章动、进动方向正交的力矩，即支承为位移交叉反馈支承，则转子的圆锥运动特征方程为式(4-94)，其解为式(4-95)，也即式(4-96)。式中，$c=(J_p^4\Omega^4+16M^2J_d^2)^{1/4}$，$\theta=\arctan[4MJ_d/(J_p^2\Omega^2)]/2$。式(4-96) 两根中，对应转子章动的根为$[-c\sin\theta+(J_p\Omega+c\cos\theta)i]/(2J_d)$，对应进动的根为$[c\sin\theta+(J_p\Omega-c\cos\theta)i]/(2J_d)$。则当 M 为正时，$\theta\in(0,\pi/2]$，$-c\sin\theta$ 为负，$c\sin\theta$ 为正，章动是稳定的，进动是不稳定的；反之，当 M 为负时，$\theta\in[-\pi/2,0)$，$-c\sin\theta$ 为正，$c\sin\theta$ 为负，章动是不稳定的，进动是稳定的。

$$J_d s^2\varphi(s)-J_p\Omega is\varphi(s)+Mi\varphi(s)=0 \tag{4-94}$$

$$s=\left(J_p\Omega i\pm\sqrt{-J_p^2\Omega^2-4MJ_d i}\right)/(2J_d) \tag{4-95}$$

$$s=(J_p\Omega i\pm c e^{i(\pi/2+\theta)})/(2J_d) \tag{4-96}$$

如果支承是通过反馈正交方向上的速度量，提供与圆锥运动方向相同的力

矩，即支承为速度交叉反馈支承；假设在弹性支承的基础上，在转子上施加了大小为 $Ms\varphi(s)$ 的力矩，其实际方向与章动、进动方向相同，则可推导出转子的圆锥运动特征方程式(4-97)。由式(4-97) 可推出式(4-98)，M 的符号决定了它对陀螺效应是加强还是削弱。

$$J_{\mathrm{d}}s^2\varphi(s)-J_{\mathrm{p}}\Omega is\varphi(s)+(Msi+K)\varphi(s)=0 \tag{4-97}$$

$$J_{\mathrm{d}}s^2\varphi(s)-(J_{\mathrm{p}}\Omega-M)is\varphi(s)+K\varphi(s)=0 \tag{4-98}$$

下边讨论章动的控制器设计思路。

图 4-51 为转子章动示意图。图中定义了正交坐标系 O_1xyz，z 轴为转子章动的公转轴，圆 O_1 为转子公转的轨迹。M_1、M_2、F_1 和 F_2 分别为平面 O_1 上的四个方向，M_1 与 F_1 方向相反，均与圆 O_1 相切于点 O_2；M_2 与 F_2 方向相反，与 M_1 和 F_1 方向相垂直。M_1O_2、M_2O_2、F_1O_2 和 F_2O_2 将圆 O_1 所在的平面分割为四个区域，分别定义为 A、B、C 和 D。转子自转方向为逆时针方向。对章动而言，转子陀螺力矩方向为 M_1 反方向。位移量 O_1O_2 的大小直接通过位移传感器检测得到。以此为基础，可以讨论转子章动与控制力的关系。

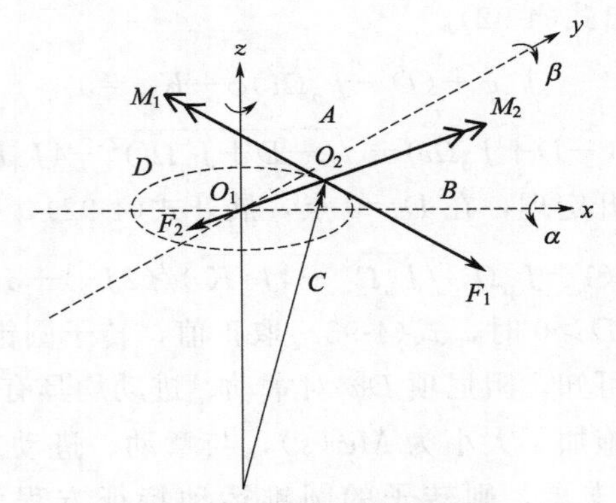

图 4-51　转子章动示意图

式(4-89) 中，忽略时间延迟环节，依据前边的讨论，可知如果控制器是比例控制器，即弹性支承，则 $C(s)$ 为正的常数，控制力沿 F_2 方向。由 F_2 产生的力矩沿 M_1 反方向，即与陀螺力矩的方向相同，它使陀螺力矩得到加强，从而使章动频率升高。反之，$C(s)$ 为负的常数，它将削弱陀螺力矩，从而使章动频率下降。如果控制器是理想 PD 控制器，则 $C(s)$ 中包含阻尼部分，它会产生阻尼力，与陀螺运动的速度方向相反。对章动而言，阻尼力沿 F_1 方向，其产生的力矩沿 M_2 方向，这个力矩可以为章动提供阻尼，起稳定作用。反之，如果 $C(s)$ 中包含沿 F_1 反方向的控制力，则它产生的力矩沿 M_2 反方向；对转子章动而言，这是一种负阻尼成分，会破坏章动的稳定性。

事实上，功放、传感器、电磁铁等的时间延迟会影响控制力的相位。对章动而言，直观上看便是原先无相移的章动控制力的方向将沿顺时针方向旋转，旋转的角度由相位延迟的大小决定。而这就会使一部分阻尼力转化为弹性力，也会使一部分弹性力转化为阻尼力。另外，控制器不会是纯粹的PD控制器，实际的控制力也就不可能如上边所说的弹性力和阻尼力那么纯粹，如实际使用的速度观测器在高频段的相位超前不会是90°；对磁悬浮轴承系统而言，为了获取好的性能，控制器还有可能采用集中控制方式，控制器中有各自由度信号的交叉耦合；控制器的阶次可能取得很高。这些因素都导致控制器的输出包含复杂的相位构成——从相频特性上看，控制力在某频率点的相位可能处在图4-51中A、B、C、D任一区域的任一角度。

当控制器中不存在x、y方向的信号耦合，即支承条件中没有交叉反馈支承时，对任意电磁力$F(s)$，在某一频率ω下，总可以将其沿F_1和F_2方向进行分解。将电磁力在F_1和F_2方向上的分力分别计为$F_{F1}(\omega)$、$F_{F2}(\omega)$，现将章动频率定义为ω_n，则$F_{F1}(\omega_n)$对应转子章动的比例控制力F_p，$F_{F2}(\omega_n)$对应转子章动的阻尼力F_d。当F_p与F_2同向时，其值为正；当F_p与F_2反向时，其值为负。同样，当F_d与F_1同向时，其值为正；当F_d与F_1反向时，其值为负。当F_p为正时，它与陀螺力矩方向相同，章动频率会增加；当F_p为负时，它与陀螺力矩方向相反，章动频率会减小。当F_d为正时，F_d在转子上产生的力矩M_d与M_2同向，它对章动起抑制作用；反之，当F_d为负时，M_d与M_2反向，它对章动起激发作用。

当控制器中存在x、y方向的信号耦合，即支承条件中存在交叉反馈支承时，式(4-89)的$C(s)$中增加了虚部，可将其表示为$C(s)=C_r(s)+C_i(s)\mathrm{i}$。由于章动是一种圆锥运动，$C_i(s)\mathrm{i}$中i的作用，可以理解为仅仅是将检测信号进行了90°超前而已。当然，这种超前是使用y轴的检测信号生成x轴的控制力，或使用x轴的检测信号生成y轴的控制力，是直接通过检测位置获得的超前。但是，对章动而言，这种空间上的超前与使用微分算法进行的时间上的超前得到的信号相位特性是相同的。这样，所得结论与控制器中不存在x、y方向的信号耦合时所得结论完全一致。即当控制力产生的力矩与F_1同向时，它会增加章动频率；与F_1反向时，它会减小章动频率；与M_2同向时，它对章动起抑制作用；与M_2反向时，它对章动起激发作用。

因此，无论控制器多复杂，均可以对在其作用下的转子实际支承条件进行分解，分解为上文中论述的四个基本支承条件[9]。事实上，可以将控制力在M_1方向上生成的力矩视为一种章动刚度[10]，与M_1反方向的力矩，刚度定义为正，与M_1同向的力矩，刚度定义为负；同理，将控制力在M_2方向上生成的力矩视为一种章动阻尼[10]，与M_2同向的力矩，阻尼定义为正，与M_2方向相反的力矩，阻尼定义为负。需要注意的是，这里借用了刚度和阻尼的说法，但其含义已经改变，它们都对应于力矩，之所以使用这种说法是为了比较直观地表达出它们的不同作用。后文关于进动刚度与进动阻尼的说法也是出于同样的考虑。

控制器抑制转子章动的实质，便是通过对转子实际支承条件中的弹性支承、阻尼支承、位移交叉反馈支承和速度交叉反馈支承成分进行调整，从而改变章动的阻尼比。控制器设计的目标也就是务必保证最终的控制力能对转子的章动产生正的阻尼。要实现这个目标，可以采取不同的策略，而要实现所定下的策略，可以采用不同的控制方法。

根据以上讨论，可以定出章动控制器设计的两种策略：

① 因为中频段的阻尼比较容易加强，可以通过减小控制器的章动刚度，将章动频率降到中频段内，然后提高对应频率处的阻尼。章动刚度可以是负值，此时它可以抵消陀螺力矩对章动的影响；但要注意不要造成过补偿，即补偿力矩大于陀螺力矩的大小，这会造成与原章动方向相反的反向章动。

② 直接对章动频率处的输出控制力进行相位整形，保证阻尼为正，避免章动受到激发。

具体的控制方法，大体上可以分为两种。方法一是不使用正交方向的位移信号设计控制器，即由 x 轴检测信号生成 x 轴的控制力，由 y 轴检测信号生成 y 轴的控制力，这对应只使用弹性支承与阻尼支承的情况；方法二是使用正交方向上的位移信号，利用交叉力产生所需要的力矩，也就是使用 y 轴的检测信号生成 x 轴的控制力，使用 x 轴的检测信号生成 y 轴的控制力，这对应添加位移交叉反馈支承与速度交叉反馈支承的情况。

使用交叉反馈抑制圆锥运动有很大的优势，因为方法一的控制力同时要抑制转子的圆柱运动，而交叉反馈通常对圆柱运动的影响要小得多，使用交叉反馈可以很大程度上实现对圆锥运动与圆柱运动的分别控制。另外，交叉反馈可以认为是在空间上使用传感器实现了 90° 相移，由于位移传感器的相位滞后相对较小，也就相当于获得了好的超前或滞后效果。

可以类似思路讨论进动的控制器设计。

对进动而言，同样可以通过图 4-51 对其进行描述，所不同的是，进动情况下，转子公转方向与章动情况下相反，是顺时针方向；具体理论分析与章动情况下类似，只是一些结论要作相应修改。

进动情况下，O_2 点顺时针绕 z 轴转动，进动方向为 M_2 反方向，当控制力产生的力矩沿 M_1 反方向时，此力矩与陀螺力矩方向相反，会削弱陀螺力矩的作用，从而使进动频率升高；反之，此力矩会使进动频率下降。当控制力产生的力矩沿 M_2 反方向时，这个力矩可以为进动提供阻尼，起稳定作用；反之，如果控制力产生的力矩沿 M_2 方向，对转子进动而言，这是一种负阻尼成分，会破坏进动的稳定性。

与章动情况下相同，无论控制器多复杂，均可以将转子实际支承条件分解为几个基本的支承条件。可以将其在 M_1 方向上生成的力矩与其对应角位移的比值视为一种进动刚度，与 M_1 同方向的力矩，刚度定义为正，与 M_1 反方向的力矩，刚度定义为负；将其在 M_2 方向上生成的力矩视为一种进动阻尼，与 M_2 反方向的力矩，阻尼定义为正，与 M_2 同方向的力矩，阻尼定义为负。

控制器抑制转子进动的实质，便是通过对转子实际支承条件中的弹性支承、阻尼支承、位移交叉反馈支承和速度交叉反馈支承成分进行调整，从而改变进动的阻尼比。控制器设计的目标也是务必保证最终的控制力能对转子的进动产生正的阻尼。

对进动情况，控制器设计的两种策略如下：

① 由于中频段的阻尼比较容易加强，可以通过增加 M_1 方向上的力矩，将进动频率适当提高，然后提高对应频率处的阻尼。

② 直接对进动频率处的控制力进行相位整形，保证阻尼为正，使进动稳定。

而关于控制方法的讨论，与章动情况下相同。

4.9 PID 控制器性能分析

在磁悬浮轴承领域，PID 控制器设计技术很成熟，作为一种分散控制器，具有设计简单、调试方便的优点。设计者可以将其作为系统控制器设计的基础，用于实现转子的初步悬浮；然后根据实际悬浮效果或系统辨识结果，使用其他方法设计性能更优良的控制器，获得好的系统性能。

经过合理设计的 PID 控制器在仿真与实验中均能实现飞轮转子的静态稳定悬浮。但转子高速运行时，PID 控制器有其局限性。

图 4-52 为使用 PID 控制器的飞轮磁轴承系统闭环系统仿真模型。仿真使用的是 Simulink 软件，模型为四自由度转子模型，并且忽略了轴向自由度。

忽略闭环系统中各组成部分的时间延迟，令 PID 控制器中积分环节增益为 0，即采用 PD 控制器，进行系统仿真。仿真时 $P=1.5\times10^6$N/m，$D(s)=0.0024\times10^6s/(0.0002s+1)$N/m，转子分别工作在 0r/s 与 200r/s 下；当 x_1 上有 100μm 初始位移时，x_1 的响应仿真结果如图 4-53 所示。

从图 4-53 中可知，200r/s 下，主要振动成分的频率比 0r/s 下下降了很多，这对应于转子的进动；虽然进动没有引起系统失稳，但系统对进动的抑制效果比 0r/s 下要差许多。

采用 PID 控制器，P、D 环节参数不变，积分环节为 $I(s)=7.5\times10^6/$

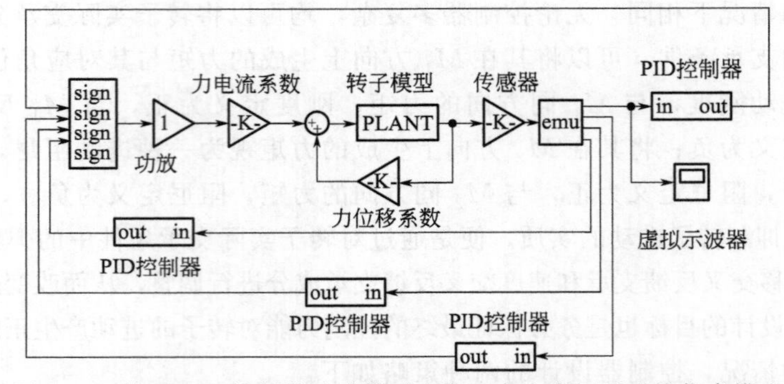

图 4-52　使用 PID 控制器时磁轴承飞轮四自由度闭环系统仿真模型

(0.16s+1)N/m 时，200r/s 下，x_1 上有 100μm 初始位移时，x_1 的响应仿真结果如图 4-54 所示。

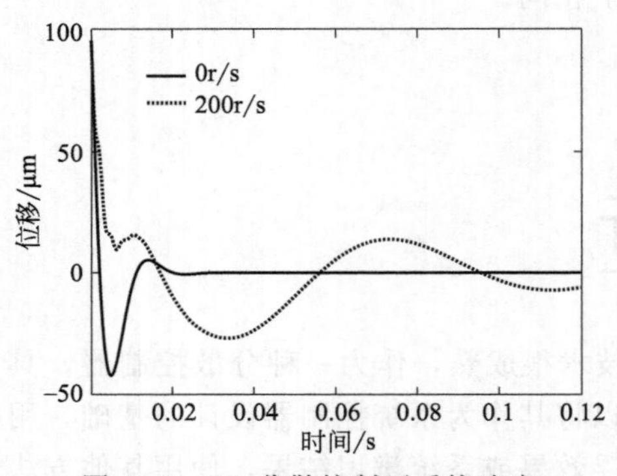

图 4-53　PD 分散控制下系统响应

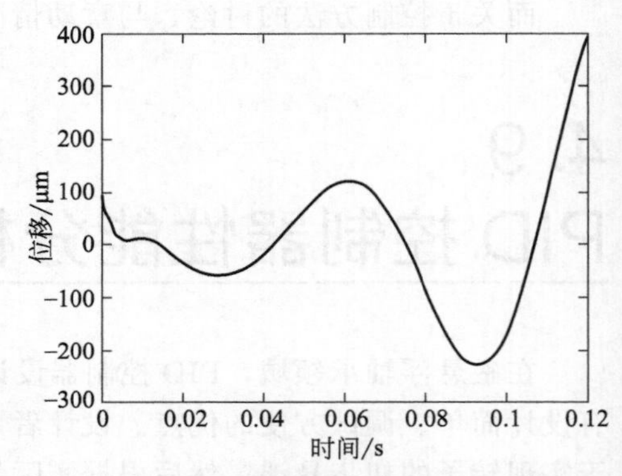

图 4-54　分散 PID 控制器作用下的系统响应

可见，由于积分器会使低频阻尼变差，随着转速上升，进动频率下降，这种阻尼的恶化会破坏系统对进动的抑制能力，最终会引起进动失稳。需要指出：仿真与实验研究均表明，考虑系统各组成部分的时间延迟后，即使没有积分器作用，高速下，进动还是可能造成系统失稳。

在仿真模型中考虑各组成部分的时间延迟之后，PD 控制器作用下，也可以仿真得到章动引起系统失稳的结果。例如，当时间延迟用低通滤波器 1/(0.00035s+1)进行等效时，使用 PD 控制器，$P=1.5\times10^6$N/m，$D(s)=0.0024\times10^6 s/(0.0002s+1)$N/m，转速 0r/s 和 300r/s 下，$x_1$ 上有 100μm 初始位移时，x_1 的响应仿真结果如图 4-55 所示。由此可知在高转速下，章动阻尼会恶化。

由上边讨论可知，对陀螺效应明显的飞轮转子，即便模型中仅考虑了简单的刚性转子动力学行为，高速下章动与进动也很容易引起系统失稳。磁轴承飞轮要实现高速稳定运行，需要引入更有效的章动、进动抑制方法。

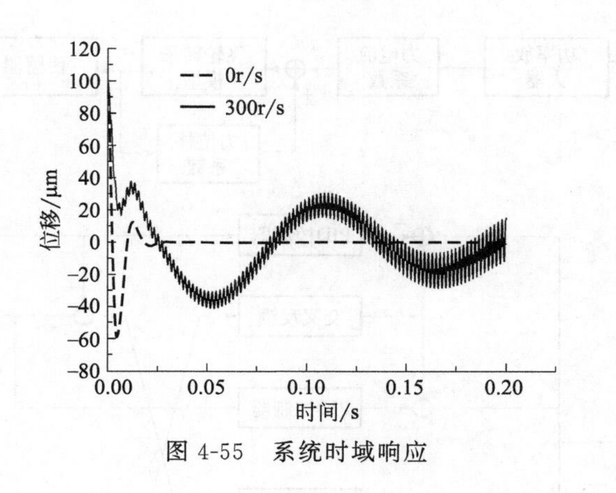

图 4-55 系统时域响应

4.10 交叉反馈控制性能分析

交叉反馈控制可以为磁轴承增加前文讨论过的位移交叉成分与速度交叉成分，这两种成分对章动、进动有特殊抑制效果。

在 PID 控制基础上，增加交叉反馈控制环节后的磁轴承飞轮闭环系统结构如图 4-56 所示。

在 PID 控制器基础上添加交叉反馈通道得到的控制器可简称为交叉反馈控制器。如控制原理部分分析，交叉反馈通道可以强化对圆锥运动的抑制。利用正位移交叉反馈抑制进动时，使用的是带低通滤波器特性的正位移交叉反馈，表达式为 $k_{cl}/(T_{lp}s+1)$，具体的参数可通过理论仿真与实验验证最终确定。速度交叉反馈与负位移交叉反馈均有利于抑制章动，为简化控制器设计，可将它们统一到一个表达式 $k_{ch}s/(T_{hp}s+1)$ 中，这样的传递函数中频段近似微分，高频段近似比例；具体参数的选取代表了调整章动频率与直接增加章动阻尼之间的一种折中，最终目的是增强章动的阻尼比，相关控制器参数也可以通过仿真与实验来确定。

综合正位移交叉反馈、速度交叉反馈与负位移交叉反馈的交叉通道传递函数如下：

$$k_{cl}/(T_{lp}s+1)+k_{ch}s/(T_{hp}s+1) \tag{4-99}$$

经过仿真计算，调整参数，并进行实验验证，可以确定交叉反馈控制器参数。具体传递函数见式(4-100)，对应的伯德（Bode）图见图 4-57。

$$0.6\times10^{6}/(0.008s+1)-3\times10^{3}s/(8\times10^{-4}s+1) \tag{4-100}$$

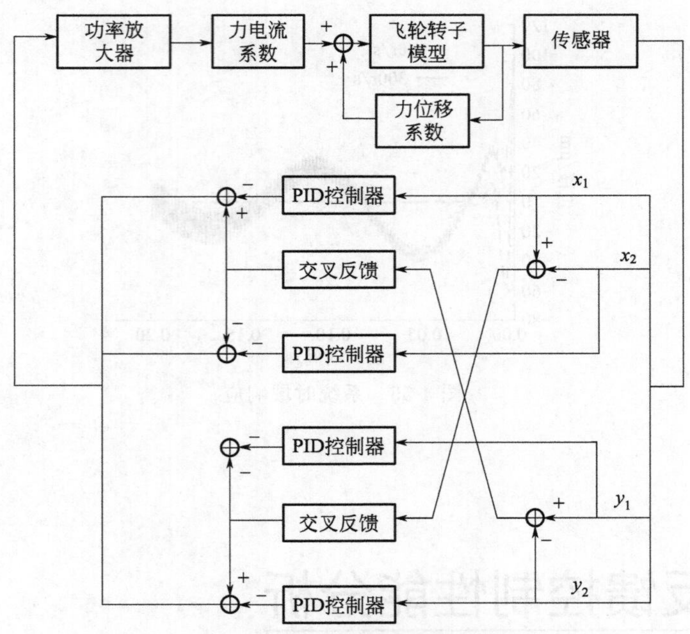

图 4-56 PID 控制器基础上增加交叉反馈环节

前文曾经给出了圆锥运动引起系统进动与章动失稳的仿真结果，分别如图 4-54 和图 4-55 所示。在 PID 控制器中添加交叉反馈通道后，300r/s 转速下，x_1 上有 100μm 初始位移时，x_1 的响应仿真结果如图 4-58 所示。

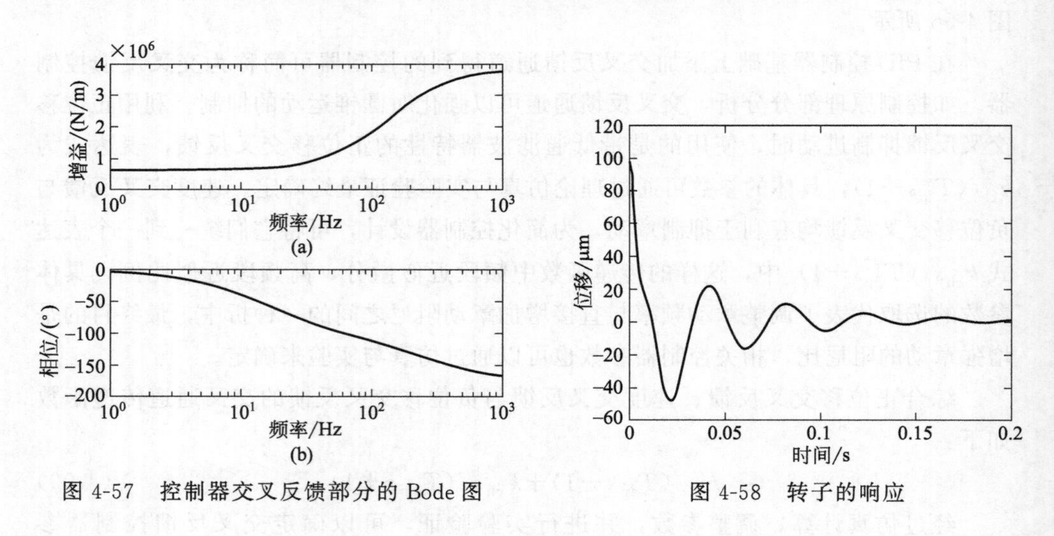

图 4-57 控制器交叉反馈部分的 Bode 图

图 4-58 转子的响应

添加交叉反馈通道后，转子高转速下的章动与进动得到了有效抑制。另外，图 4-58 中仍可看到过渡过程中存在较明显的低频进动响应；之所以没有进一步加强进动阻尼，是避免对圆柱运动的抑制造成大的影响。要进一步抑制进动，可适当调整微分参数、位移交叉反馈转折频率及增益等。

实际调试运行中，磁轴承飞轮典型的进动失稳现象如图 4-59 所示。图中转子正处于进动失稳状态，其轴心运动轨迹由“大圈”叠加“小圈”构成；“大圈”对应转子进动，“小圈”对应转子同步振动，在图（c）频谱数据中能明显区分出同频振动峰与进动峰。

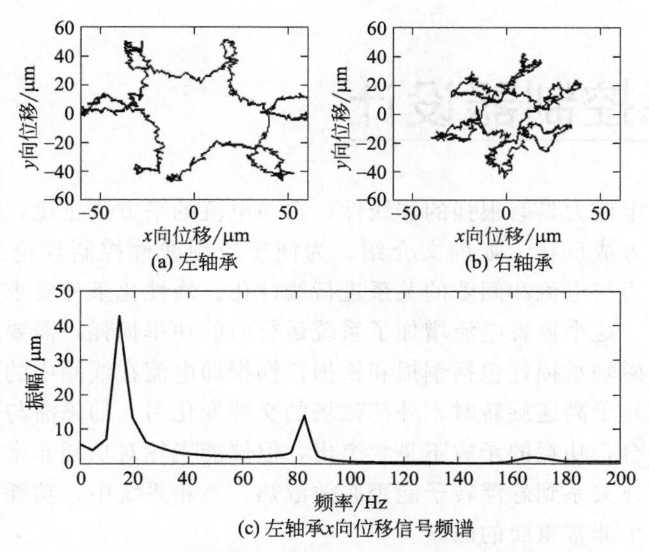

图 4-59　飞轮转速约 80r/s 时，进动引起系统失稳

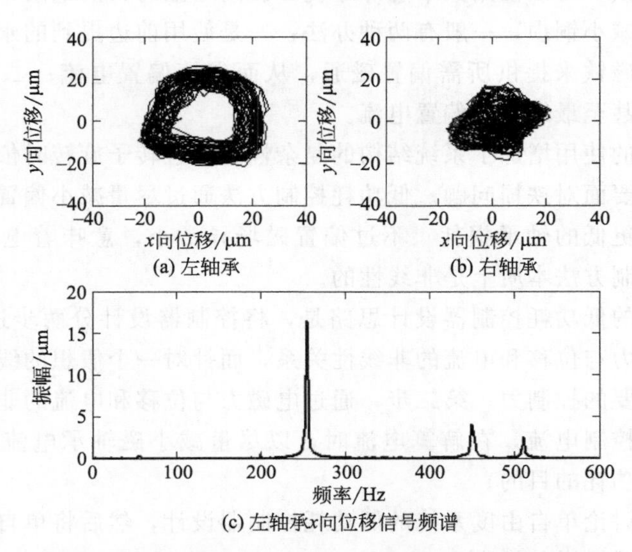

图 4-60　PID 控制器作用下，章动引起转子飞轮失稳

磁轴承飞轮典型的章动失稳现象见图 4-60。这是转子轴心发散失稳前的记录，此时转子转速上升至接近 260r/s，可观察到明显的章动频率成分，轴心轨迹已经开始变“粗”，系统将很快失稳。图（c）频谱数据中，可观察到三个明显的谱峰，最左边为同频峰；最右边为二倍频峰；中间的为章动峰，它正快速上升，并且已经超过二倍频峰。

4.11 低功耗控制器设计

电磁轴承电磁力具有很强的非线性，它与电流的平方成正比，而与电磁铁和转子间隙的平方成反比。如前文介绍，为便于应用线性控制理论进行控制器设计，要将电磁力与电流和间隙的关系进行线性化。线性化条件要求电磁铁中有合适的偏置电流。这个偏置电流增加了系统运行时的功率损耗，需要从外界电源吸收更多功率。磁轴承损耗包括铜损和铁损，铜损即电流在线圈中的欧姆损耗；铁损来自磁轴承转子高速旋转时，外部磁场的交替变化引入的磁滞与涡流损耗。在一般的应用场合，功耗的矛盾不是太突出，但储能飞轮对功耗非常敏感，这不仅关系到能效，还关系到悬浮转子能否有效散热。飞轮系统中，功耗是磁悬浮系统成功与否的一个非常重要的因素。

要降低铁损，可以使用减小叠片厚度、提高导磁材料的电阻率、降低静态电流等方法。要减小铜损，一般有两种办法：一是使用前边提到的永磁偏置，即在磁路中加入永磁铁来提供所需偏置磁通，从而省掉偏置电流；二是改进控制算法，尽量减小甚至最终去掉偏置电流。

永久磁铁的使用增加了系统结构的复杂性，而且转子旋转时依然会有磁场波动，因而还是要面对铁损问题。低功耗控制方法通过尽量减小偏置电流及偏置磁场，有望获得更低的轴承损耗。不过偏置磁场异常小，意味着电磁力非线性严重，低功耗控制方法本质上是非线性的。

一个典型的低功耗控制器设计思路是，将控制器设计分两步进行：第一步，先不考虑电磁力与位移和电流的非线性关系，而针对一个假想的线性模型设计控制器，得到需要的控制力；第二步，通过电磁力与位移和电流的非线性关系，解算实际需要的控制电流，在解算电流时，以尽量减小磁轴承电流损耗为设计目标，达到减小功耗的目的。

在此，先讨论单自由度系统的低功耗控制器设计，然后将单自由度系统控制器向多自由度系统进行推广。

考虑图 4-61 中的单自由度系统，其被控对象由一对电磁铁和单质点组成。

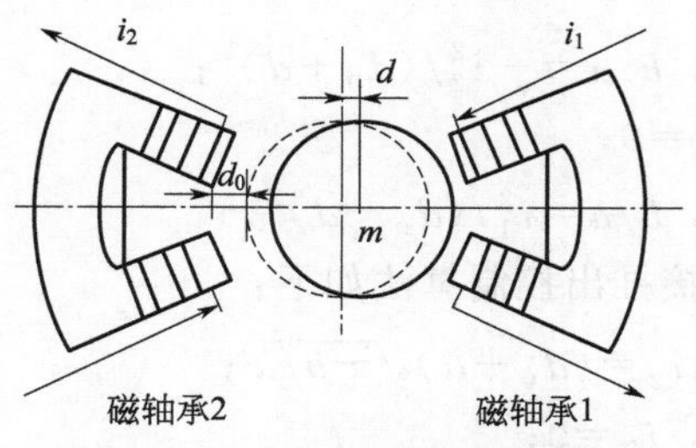

图 4-61　单自由度系统示意图

定义 d_0 为定转子静态间距；d 为转子位移；$v=\dot{d}$ 为转子速度；i_1 为线圈 1 驱动电流；i_2 为线圈 2 驱动电流；F 为电磁力合力，其表达式见式(4-101)，$k=(\mu_0 N^2 A\cos\theta)/4$ 为常量。

$$F=k\left[i_1^2/(d_0-d)^2-i_2^2/(d_0+d)^2\right] \tag{4-101}$$

当力 F 作用于单质点时，系统动力学方程如下：

$$\begin{cases}\dot{d}=v\\ \dot{v}=F/m\end{cases} \tag{4-102}$$

取状态量 $x=[d,\ v]^T$，可得到系统的状态方程为

$$\dot{x}=\begin{bmatrix}0 & 1\\ 0 & 0\end{bmatrix}x+\begin{bmatrix}0\\ 1\end{bmatrix}F/m \tag{4-103}$$

类比弹簧振子，通过选取合适的 α、β 参数，单质点在式(4-104) 的控制力作用下，可以具有一定的刚度和适当的阻尼，获得稳定。

$$F^*=m(-\alpha d-\beta v) \tag{4-104}$$

在 F^* 的作用下，闭环系统特征多项式为

$$s^2+\beta s+\alpha=s^2+2\xi\omega s+\omega^2 \tag{4-105}$$

α 和 β 可取为 $\alpha=\omega^2$，$\beta=2\xi\omega$。这两个参数将决定系统性能。

假定可以在闭环系统中按照 $F^*=m(-\alpha d-\beta v)$ 生成反馈力，则接下来是如何生成此控制力的问题。磁轴承所提供的电磁力的大小是由转子与定子的距离和电磁铁中通过的电流的大小决定的。定转子的距离可以通过位移传感器实时测出，此时电流将成为唯一需要确定的量。

在位移已知的情况下，根据式(4-101)，可以构建实现此控制力的电流。这里，低功耗控制的目标为要使线圈铜损尽量得小。因为铜损跟两个电磁铁中通过的电流的平方和成正比，约束条件也就等价于要求目标函数 $J=i_1^2+i_2^2$ 最小。通过令 $F=F^*$，可得式(4-106)。

$$k\left[i_1^2/(d_0-d)^2-i_2^2/(d_0+d)^2\right]=m(-\alpha d-\beta v) \tag{4-106}$$

令 $a=k/m$，$b=-\alpha d-\beta v$，为使 $J=i_1^2+i_2^2$ 最小，最优电流解应满足如下条件：

当 $b<0$ 时，$i_1=0$，$b/a=-i_2^2/(d_0+d)^2$；

当 $b=0$ 时，$i_1=i_2=0$；

当 $b>0$ 时，$i_2=0$，$b/a=i_1^2/(d_0-d)^2$。

由上边的条件可直接推出控制算法如下：

当 $b<0$ 时，$i_1=0, i_2=(d_0+d)\sqrt{-b/a}$；

当 $b=0$ 时，$i_1=0$，$i_2=0$；

当 $b>0$ 时，$i_1=(d_0-d)\sqrt{b/a}$，$i_2=0$。

可以直观地理解为，在任意时刻下，避免出现两个电磁铁对拉造成电磁力抵消的情况。同一方向上的合力仅由一个电磁铁来提供，即在任意时刻，最多只有一个电磁铁工作。当 d、v 为零时，两个电磁铁均不工作。

接下来进行单自由度系统的闭环特性仿真。仿真的整体框图如图 4-62 所示。设计控制器时，取 $\omega=100$，$\xi=0.707$。

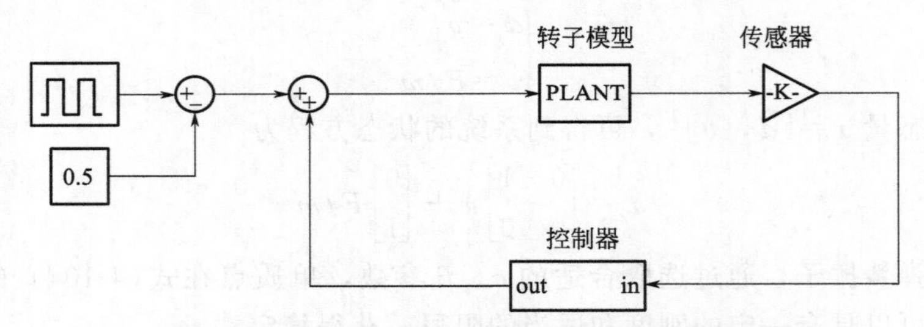

图 4-62 单自由度系统低功耗控制器仿真框图

图 4-62 中，转子采用的是二阶惯性模型 $1/ms^2$（$m=6\text{kg}$），控制器为低功耗控制器。在控制器模块中直接构建了功放单元与电磁铁模型，完成了控制电流到电磁力的转换，故系统中没有线性化模型所需的力位移系数与力电流系数。系统激励信号波形如图 4-63 所示；相应时域仿真位移响应结果见图 4-64。由此可知，使用该控制器可以获得好的系统性能。

图 4-62 中的控制器仿真结构如图 4-65 所示。

图 4-66 中有一个速度观测器，在实际系统中仅有位移量是可以直接通过传感器获得的，需要借助它由位移信号生成速度信号。这里使用的是 LSF28 方法[15]，一种近似微分方法，进行构造。开关控制单元实现电磁力的构建，其内部包含了电磁铁模型，其框图见图 4-66。

图 4-66 中，开关切换 1 与开关切换 2 用于判断需要提供的控制力的方向，并据此决定电磁铁 1 与电磁铁 2 这两个电磁铁中哪一个需要工作，具体可参看前

边对单自由度控制算法的讨论。函数1用于计算 $i_1=(d_0-d)\sqrt{b/a}$，函数2用于计算 $i_2=(d_0+d)\sqrt{-b/a}$。电磁铁1与电磁铁2分别根据 $ki_1^2/(d_0-d)^2$ 与 $ki_2^2/(d_0+d)^2$ 生成电磁力。两个电磁铁中的电流仿真时域波形见图4-67。从图4-67中可知，任意时刻，一对电磁铁中，都仅有一个电磁铁中有电流通过；线圈中去掉了偏置电流，磁轴承实现了低功耗控制。

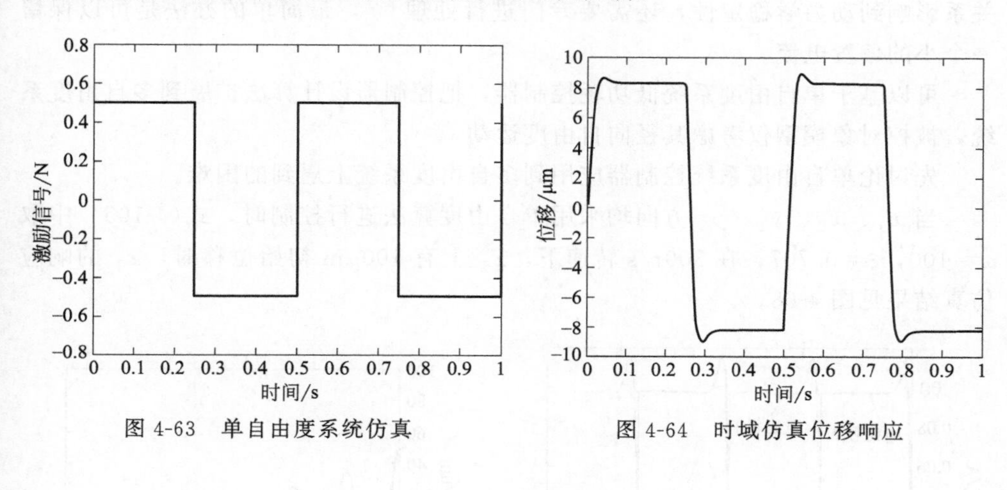

图4-63 单自由度系统仿真

图4-64 时域仿真位移响应

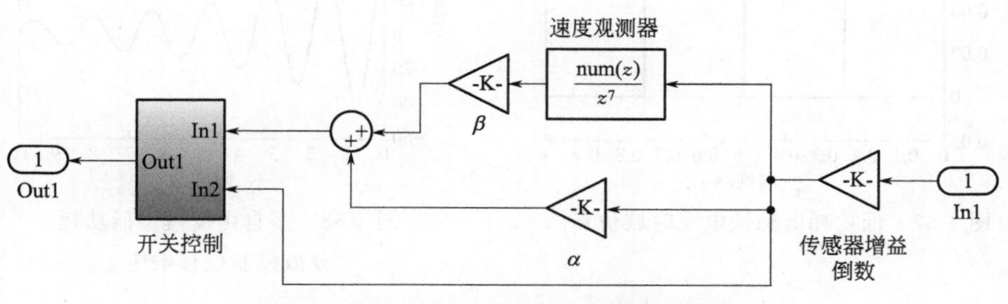

图4-65 单自由度系统低功耗控制器框图

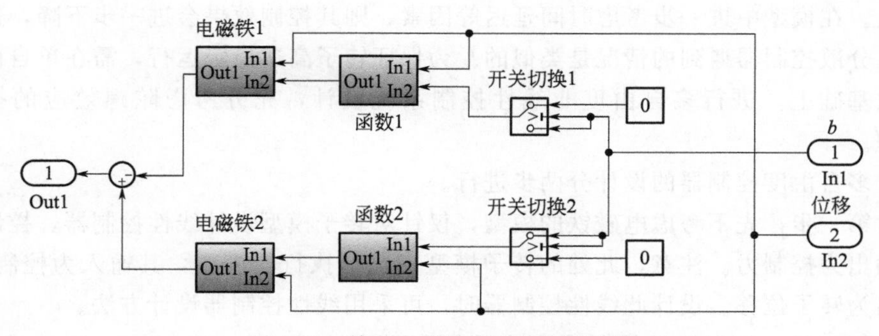

图4-66 单自由度系统开关控制框图

需要强调的是，以上电磁铁模型是比较简陋的。根据$\frac{\partial f}{\partial t}=2\frac{i_{\mathrm{m}}U_{\mathrm{m}}}{s_0}\cos\theta$，当电磁铁线圈中电流为0时，并且没有偏置磁场存在，电磁力的变化率为0，即电磁铁除存在力与位移的平方反比非线性关系、力与电流的平方非线性关系之外，还存在电流到电磁力响应速度的非线性关系。实际控制器设计中，倘若此非线性关系影响到动力学稳定性，还需要专门进行处理[16]，最简单的办法是可以保留一个小的偏置电流。

可以基于单自由度系统低功耗控制器，把控制器设计算法扩展到多自由度系统，被控对象模型仅考虑其径向自由度运动。

先讨论单自由度系统控制器应用到多自由度系统上遇到的困难。

当x_1、x_2、y_1、y_2方向均采用单自由度算法进行控制时，式(4-105)中取$\omega=100$，$\xi=0.707$；在300r/s转速下，x_1上有100μm初始位移时，x_1的响应仿真结果见图4-68。

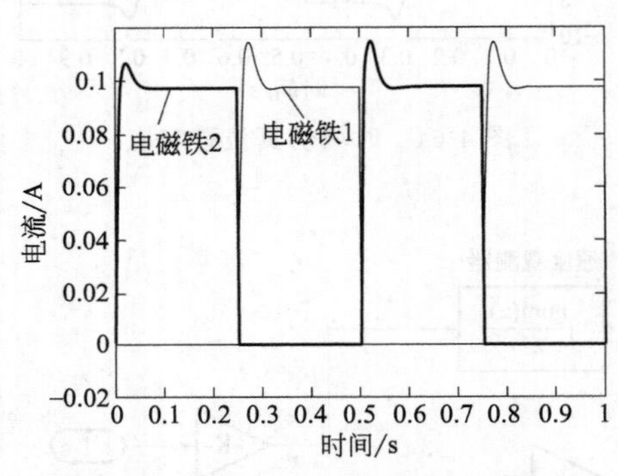

图 4-67　低功耗电磁铁电流时域仿真

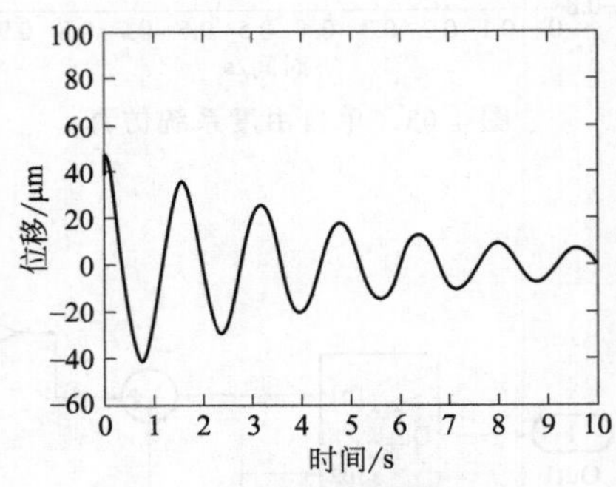

图 4-68　多自由度模型低功耗分散控制位移响应

单自由度算法应用于高速飞轮控制时，对陀螺效应的抑制不理想，低频进动明显。在模型中进一步考虑时间延迟等因素，则其控制效果会进一步下降，这与线性分散控制器遇到的情况是类似的。为保证转子高速稳定运行，需在单自由度算法基础上，进行多自由度非线性控制系统设计，充分考虑陀螺效应的抑制问题。

多自由度控制器的设计分两步进行。

第一步，先不考虑电磁铁的模型，仅针对转子模型设计线性控制器，控制器的输出为控制力。注意，此处的转子模型不包括执行器模型，其输入为控制力，输出为转子位移。设计此线性控制器时，可采用线性控制器设计方法。

第二步，假定线性控制器生成的控制力为$F_{\mathrm{linear}}=[F_{\mathrm{linx1}}, F_{\mathrm{linx2}}, F_{\mathrm{liny1}},$

$F_{liny2}]^T$，其中F_{linx1}、F_{linx2}、F_{liny1}、F_{liny2}分别对应x_1、x_2、y_1、y_2方向的控制力。根据传感器测得的位移信号和式(4-100）计算电磁铁中要产生F_{linear}需要通过的电流大小，此结果直接作为控制器的输出信号，由功放实现控制电压到控制电流的转换。对每个自由度上的一对电磁铁，计算需要通过的电流时，要求目标函数$J=i_1^2+i_2^2$最小。

对F_{linx1}、F_{linx2}、F_{liny1}、F_{liny2}而言，计算其对应控制电流的方法是相同的，下边仅给出x_1方向上，控制电流的计算方法。用x_{10}表示x_1方向的静态间距，则有如下关系：

当$F_{linx1}<0$时，$i_1=0$，$i_2=(x_{10}+x_1)\sqrt{-F_{linx1}/k}$；

当$F_{linx1}=0$时，$i_1=0$，$i_2=0$；

当$F_{linx1}>0$时，$i_1=(x_{10}-x_1)\sqrt{F_{linx1}/k}$，$i_2=0$。

多自由度系统仿真框图见图 4-69。

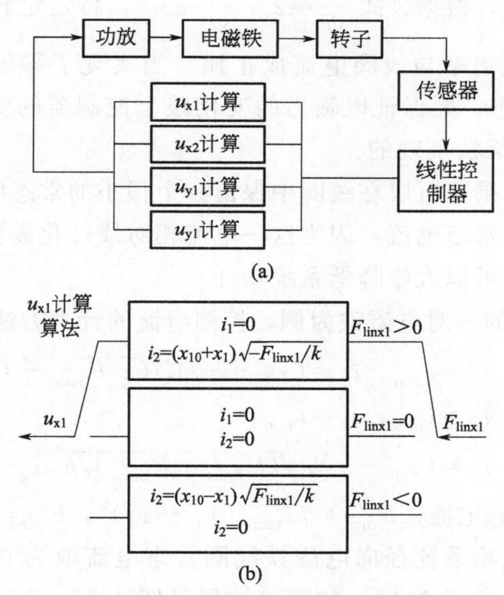

图 4-69　多自由度模型低功耗控制仿真框图

图 4-69 中u_{x1}、u_{x2}、u_{y1}、u_{y2}均为二元素列向量，分别表示x_1、x_2、y_1、y_2方向上通过低功耗控制算法计算出来的一对电磁铁的电流控制信号。它们的计算方法相同，经过功放可直接转换成控制电流。

仿真中，“第一步”线性控制器采用了前述交叉反馈控制器。在 300r/s 转速下，x_1上有 100μm 初始位移时，x_1的响应仿真结果见图 4-70。仿真中，对应x_1方向的电磁铁线圈中的电流信号见图 4-71。

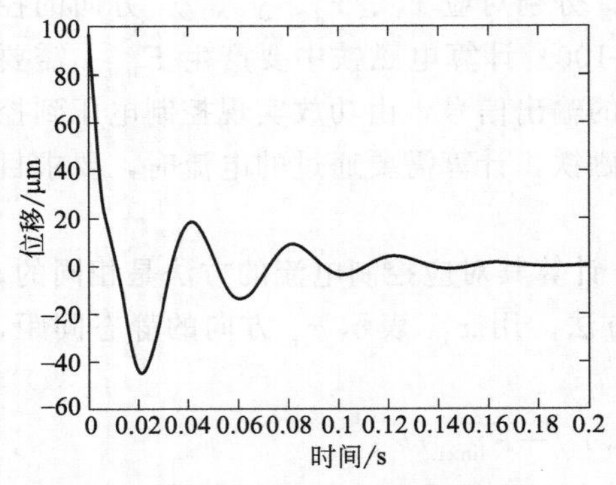

图 4-70　低功耗交叉反馈控制位移响应

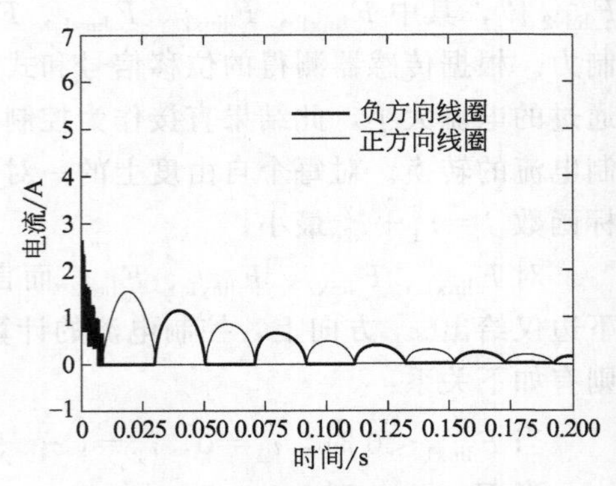

图 4-71　电磁铁线圈电流信号仿真

可知，推广到多自由度系统后，低功耗控制方法能在高速下稳定转子。

前边已经强调过，根据公式$\frac{\partial f}{\partial t}=2\frac{i_m U_m}{s_0}\cos\theta$，特定定转子间隙与功放母线电压下，电磁力的变化率与线圈电流成正比。当实现了零偏置电流，进而进入"近零"线圈电流状态，要保证电磁力的变化跟上控制器的要求，则要提供无限大的U_m，这显然是无法实现的。

为保证控制的效果，可以在线圈中保留一个很小的常态电流，保证线圈中的电流值始终不低于此常态电流。因为这一电流相对线性化需要的偏置电流要小得多，改进的算法仍然可以大幅降低系统功耗。

依旧以x_1方向的一对电磁铁为例，控制电流的计算方法变为：

当$F_{linx1}<0$时，$i_1=i_{min}$，$i_2=(x_{10}+x_1)\sqrt{(-F_{linx1}+F_{min1})/k}$；

当$F_{linx1}=0$时，$i_1=i_{min}$，$i_2=i_{min}$；

当$F_{linx1}>0$时，$i_1=(x_{10}-x_1)\sqrt{(F_{linx1}+F_{min2})/k}$，$i_2=i_{min}$。

式中，i_{min}为常态电流；$F_{min1}=ki_{min}^2/(x_{10}-x_1)^2$，$F_{min2}=ki_{min}^2/(x_{10}+x_1)^2$。

在实验中，某飞轮系统径向电磁铁线圈常态电流取为0.05A时，低功耗控制器作用下，转子运行到200r/s的实验结果见图4-72。由此可知，低功耗控制器能够实现飞轮转子的高速稳定运行。

图4-73为分别使用线性控制器与低功耗控制器将飞轮运转到200r/s时的线圈电流对比，其中图（a）、（b）为低功耗控制器作用下，x_1向的一对电磁铁线圈中的电流；图（c）、（d）为偏置电流设为1A的线性控制器作用下，x_1向的一对电磁铁线圈中的电流。由图4-73可知，低功耗控制器作用下，电磁铁线圈中的工作电流要比线性控制器作用下小很多；任意时刻下，一对电磁铁中均只有一个电磁铁提供控制力，即正向电磁铁工作时，负向电磁铁保持很小的工作电流，

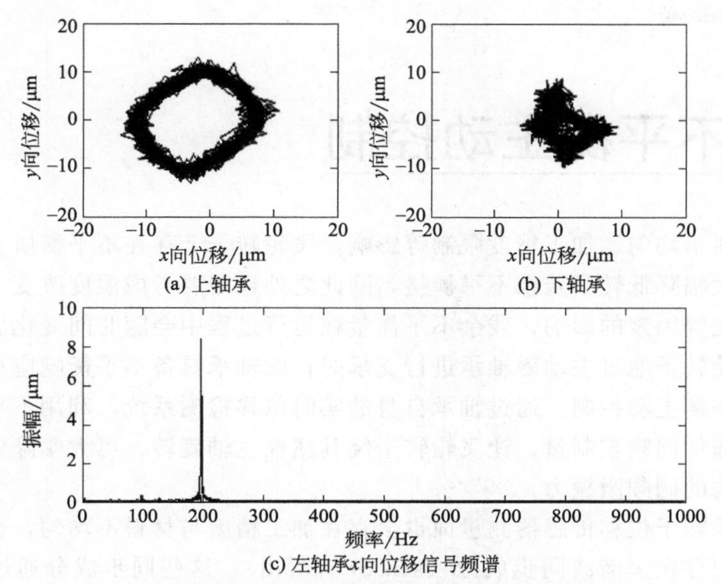

图 4-72　低功耗控制器作用下飞轮运行到 200r/s 的实验结果

反之亦然；通过使偏置电流接近于零，很大程度上减小了磁轴承系统的损耗。

在图 4-73 中，可以看到明显的同频电流响应，在磁轴承技术中，有专门的方法去除这部分电流，即不平衡主动控制。这部分内容下面会进行介绍。

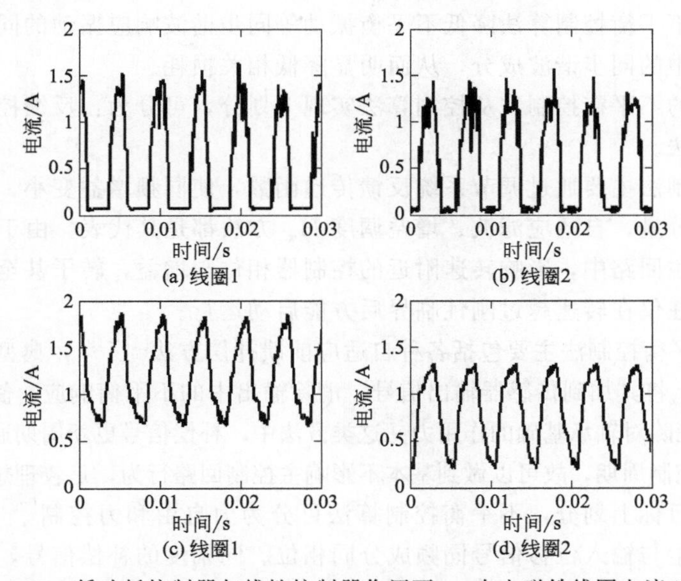

图 4-73　低功耗控制器与线性控制器作用下 x_1 向电磁铁线圈电流对比

4.12 转子不平衡主动控制

受材料不均匀、加工精度限制等影响，飞轮转子上存在不平衡质量。通过动平衡可以大幅降低转子残余不平衡量，除此之外还需要考虑温度改变、高速下转子材料应变等因素的影响，残余不平衡量在运行过程中会随时间变化。

当飞轮转子通过主动磁轴承进行支承时，磁轴承具备不平衡响应在线控制能力，即不平衡主动控制。通过轴承自身的实时位移检测系统，利用不平衡控制算法对转子施加同频控制量，让飞轮转子绕其惯性主轴旋转，可大幅降低转子传递给壳体结构的同频激振力。

磁轴承转子位移传感器测量面也会存在加工精度与材料不均匀，造成传感器检测信号中存在多谐波同步成分（sensor runout）；这些同步成分通过传感器进入主动磁轴承控制回路中，最终会在电磁力中引入相应的电磁力谐波成分，导致壳体上出现多谐波同步振动分量。为了抑制这个效应，需要在控制器中增加多谐波控制成分的同步控制算法。这种同步算法与不平衡控制算法类似，通过在磁轴承控制器输入中，添加与转速频率成倍数关系、具有特定幅度与相位的正弦控制信号，削减多谐波成分的影响。

另外，不平衡控制算法降低不平衡振动等同步谐波响应振动的同时，也能消除控制电流中的同步谐波成分，从而明显降低相关损耗。

磁轴承的不平衡控制，从控制算法实现上划分，可分为：反馈控制法、开环不平衡控制法。

反馈控制法主要通过调节系统反馈传递函数，使同频增益变小，如通过限波器滤除同频分量，自适应滤波、增益调度 H_∞ 方法都是其代表。由于其控制算法串联在控制主回路中，影响转速附近的控制器相位与增益，转子甚至难以通过刚性临界，往往仅在转速越过刚性临界后方能启动运行。

开环不平衡控制法主要包括各种自适应前馈补偿方法[17~19]，典型应用是产生一补偿信号，将其加到传感器输出信号，消除输出中的不平衡响应，使转子绕惯性主轴旋转，消除对轴承基础的作用力。这类方法中，补偿信号更新周期通常远长于闭环系统采样控制周期，故可以做到基本不影响主控制回路行为，是较理想的方法。

从控制目标上划分，不平衡控制算法可分为力自由和力控制[20]。力自由基本思想是产生与输入位移信号同频成分同相位、同幅度的补偿信号，消除转子同步振动信号对控制器的影响，原理如图 4-74 所示。力控制基本思想是提取振动信号同频成分，由前馈控制通道据此产生相应控制信号，叠加到主控制器输出中，抑制同频振动，即通过产生与原同频激振力反相的控制力，减小同步位移振动，原理如图 4-75 所示。

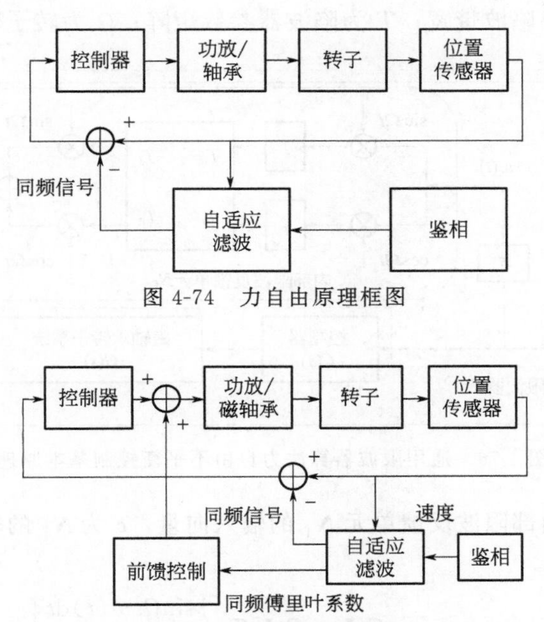

图 4-74　力自由原理框图

图 4-75　力控制原理框图

力自由控制可基本消除控制电流中的同频成分，使转子绕质量中心旋转。但如果转子动平衡较差，质量中心与几何中心偏离较大，可能造成转子与保护轴承碰撞。它适用于要求转子系统对外部结构振动干扰小、对转子轴心轨迹大小要求较低的场合，包括各种压缩机和鼓风机应用。

力控制方法可主动减小转子轴心轨迹，但需控制器提供同频控制电流，则转子传递给外部结构的同频激振力始终存在。但这种同频电流相位完全受控，相较于未添加不平衡控制算法的磁轴承控制器，相位受控同频电流往往可以在减小轴心轨迹的同时，降低转子同频激振力。

各种开环控制算法，本质上都要寻找转子不平衡振动的增益与相位，或转子不平衡振动引起的位移量的增益和相位。然后通过各种途径，或添加反向测量信号，抵消同频响应对控制器的影响，去除同频电流，使转子尽量绕质心旋转；或通过添加适当相位的同频补偿电流，抵消转子不平衡力对位移响应等的影响，使转子尽量绕几何中心旋转。

瑞士学者 Herzog 等提出的通用限波器算法（general notch filter）是一种既能实现力自由不平衡控制，又能实现力控制不平衡控制，还能用于多谐波分量控制的高效自适应算法[19]。通用限波器算法力自由不平衡控制的基本原理见图4-76。y 为转子位移向量；N_f 为内部限波反馈单元，其中心频率随着转速变化而变化，其输出与 y 相减以去除 y 中同频分量；反馈系数 ε 决定陷波器$N(s)$的收敛速度和中心陷波带宽；T 为陷波器参数矩阵；Ω 为转子转速。

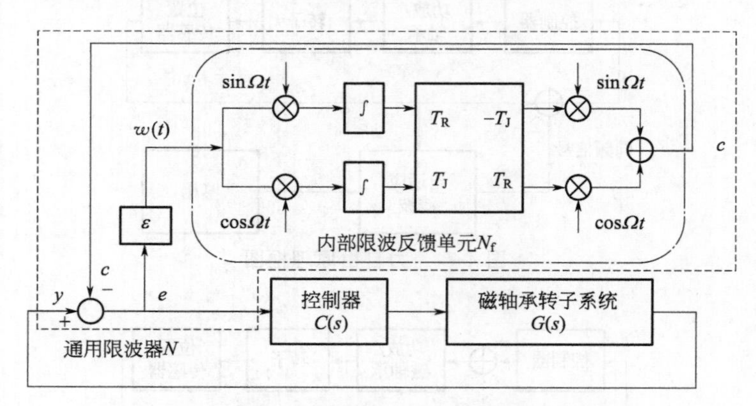

图 4-76　通用限波器算法力自由不平衡控制基本原理

设 $w(t)$ 为内部限波反馈单元 $\boldsymbol{N}_f$ 的输入向量，$\boldsymbol{c}$ 为 $\boldsymbol{N}_f$ 的输出向量，$\boldsymbol{I}$ 为单位阵，则有

$$\boldsymbol{c}(t)=[\sin\Omega t\boldsymbol{I}\cos\Omega t\boldsymbol{I}]\boldsymbol{T}\begin{bmatrix}\int\sin\Omega t w(t)\mathrm{d}t\\ \int\cos\Omega t w(t)\mathrm{d}t\end{bmatrix} \tag{4-107}$$

$\boldsymbol{T}$ 矩阵由实系数单元 $\boldsymbol{T}_R$ 和 $\boldsymbol{T}_J$ 组成，表达式为

$$\boldsymbol{T}=\begin{bmatrix}\boldsymbol{T}_R & -\boldsymbol{T}_J\\ \boldsymbol{T}_J & \boldsymbol{T}_R\end{bmatrix} \tag{4-108}$$

$\boldsymbol{c}$ 和 $\boldsymbol{w}$ 满足微分方程

$$\ddot{\boldsymbol{c}}+\Omega^2\boldsymbol{c}=\boldsymbol{T}_R\dot{\boldsymbol{w}}-\Omega\boldsymbol{T}_J w \tag{4-109}$$

$\boldsymbol{N}_f$ 传递函数为

$$\boldsymbol{N}_f(s)=\frac{1}{s^2+\Omega^2}(s\boldsymbol{T}_R-\Omega\boldsymbol{T}_J) \tag{4-110}$$

通用限波器 $\boldsymbol{N}$ 传递函数为

$$\boldsymbol{N}(s)=\frac{s^2+\Omega^2}{s^2 I+\Omega^2 I+\varepsilon(sT_R-\Omega T_J)} \tag{4-111}$$

将 $s=\mathrm{j}\omega$ 代入上式得 $\boldsymbol{N}$ 的频率特性函数 $\boldsymbol{N}(\mathrm{j}\omega)$，$\varepsilon\neq 0$ 时知：

当 $\omega=\Omega$ 时，$\boldsymbol{N}(\mathrm{j}\omega)=0$；

当 $\Omega-\Delta\omega<\omega<\Omega+\Delta\omega$ 时，$\boldsymbol{N}(\mathrm{j}\omega)\approx 0$；

当 $\omega<\Omega-\Delta\omega$ 或 $\omega>\Omega+\Delta\omega$ 时，$\boldsymbol{N}(\mathrm{j}\omega)=1$。

通过在位移测量信号中叠加 $\boldsymbol{N}_{\mathrm{f}}$ 反馈信号 c，消除其转速同频成分，控制器对转子的同频信号响应变为零，磁轴承同频刚度接近零，实现力自由控制，转子将绕其惯性主轴旋转。

该平衡算法成功应用的关键点在于 $\boldsymbol{T}$ 矩阵的选取，若选取不当，系统稳定性会被破坏。一种方便的选取方法是直接令 $\boldsymbol{T}(\mathrm{j}\omega)=\boldsymbol{S}(\mathrm{j}\omega)^{-1}$，$\boldsymbol{S}$ 为磁轴承闭环系统敏感函数。对实时控制代码而言，根据转速及相应转速下的 $\boldsymbol{S}(\mathrm{j}\omega)$ 在线获取 $\boldsymbol{T}$ 矩阵参数计算量太大，通常会预先确定转速样本，计算好各转速样本值下的 $\boldsymbol{T}$ 矩阵值，将其存储到一张数据表格中；程序运行时可根据当前转速，在表中选取与实际转速相邻的转速样本所对应的 $\boldsymbol{T}$ 矩阵，通过线性插值获得接近 $\boldsymbol{S}(\mathrm{j}\omega)^{-1}$ 的 $\boldsymbol{T}$ 矩阵。

如果需要抑制转子同频位移振动，可以将算法结构稍加改变，如图 4-77 所示，即可实现力控制功能。当然，$\boldsymbol{T}$ 矩阵的选取需要相应调整。

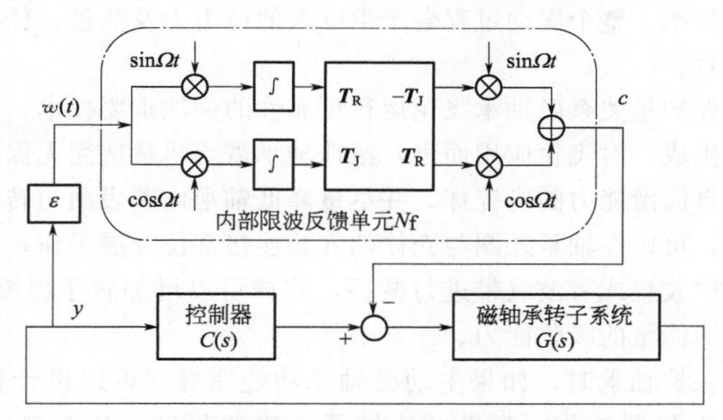

图 4-77　通用限波器算法力控制不平衡控制基本原理

最后需要指出：不平衡主动控制算法应用于飞轮时有其特殊性，主要在于飞轮转子运行过程中，陀螺效应对转子模型影响显著；而不平衡控制算法设计与系统模型相关，不平衡控制参数需要因其变化进行在线调整，方能确保大转速范围的稳定。因此，飞轮转子的不平衡控制需要着重考虑结合增益调度方法，不平衡反馈矩阵应能随转速调整。如果使用通用陷波器算法，则意味着需要存储更多转速样本下的反馈矩阵，并且不能简单套用 $\boldsymbol{T}(\mathrm{j}\omega)=\boldsymbol{S}(\mathrm{j}\omega)^{-1}$，否则会在特定转速下遇到失稳问题[21]。

4.13 转子跌落保护及恢复

主动磁轴承飞轮系统中，保护轴承是一个关键部件，除了磁轴承不工作时提供辅助支承之外，它的主要作用是当转子振动过大时，或磁轴承失效时，有效约束转子振动位移，保障系统故障状态下能安全降速停车。

广泛使用的保护轴承主要包括衬套轴承与滚珠轴承。衬套轴承结构简单、价格不贵、容易修理更换，但跌落过程中其摩擦特性随磨损改变，摩擦力增加对转子稳定不利，有限几次高速跌落后需及时更换。滚珠轴承在机械上更复杂，且对冲击更敏感，但滚珠轴承在转子跌落后，其内圈会迅速加速达到转子的转动速度，从而稳定转子的运动，显著降低其出现破坏性涡动的概率。

转子在高转速下与保护轴承发生碰撞，会是一个复杂的动力学过程，且伴随着强烈的非线性特征，并会诱发反向涡动、同步涡动（前向）、亚同步涡动或者无序运动。这些运动一旦形成，尤其是当其进入涡动形式运动后，转子将在保护轴承上剧烈振荡。跌落发生后的转子涡动频率与定转子系统的结构参数有关，如果满足涡动产生的条件，涡动甚至在几十毫秒内就会形成，然后其涡动频率会趋近结构的特征频率。整个涡动过程会产生巨大的冲击力及热量，任其发展，保护轴承将很快失效。

转子跌落保护是关系磁轴承飞轮运行可靠性的一项重要技术，关键在于阻止破坏性涡动的生成。对飞轮应用而言，滚珠轴承需要尽量选用无保持架的满装轴承，采用具有自润滑能力的陶瓷球，并尽量降低轴承内圈表面与转子接触时的摩擦系数。另外，可以在轴承外圈与壳体的安装连接部位开展工作；如在保护轴承外圈上加阻尼橡胶垫或者波纹带进行减振，这样可以增加转子碰撞保护轴承时，定子结构对碰撞能量的吸收能力。

转子碰撞保护轴承时，如果主动磁轴承功能完好，可以设计特殊的控制算法，让它作为阻尼器工作，帮助减小转子碰撞的强度，甚至帮助转子恢复悬浮[22]。这也是目前磁轴承领域研究的一个前沿课题，在此不再详述。

4.14 磁轴承储能飞轮实例

图 4-78 为一套高速磁轴承复合材料储能飞轮转子系统的结构图及转子实物。

该飞轮轮体外层采用高强度碳纤维缠绕，内层采用玻璃纤维复合材料缠绕，两者厚度相等，均为半径 1/4。芯轴与复合材料轮体采用高强度铝合金轮毂连接，轮毂与复合材料、轮毂与芯轴均采用过盈装配。所设计的预应力可保证高速旋转过程中，轮毂和外层的复合材料同步膨胀，始终具有足够的连接强度。

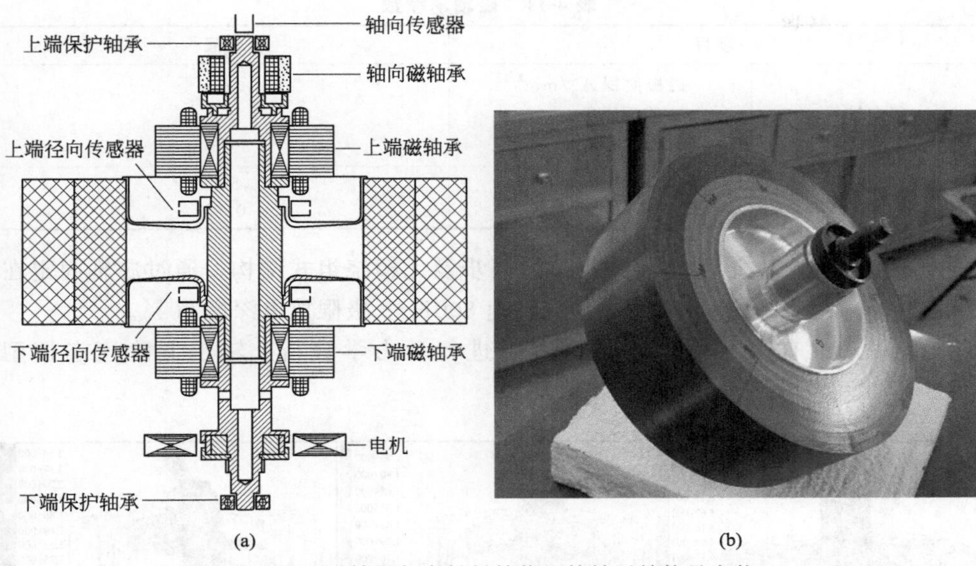

图 4-78　磁轴承复合材料储能飞轮转子结构及实物

储能飞轮转子陀螺效应明显，且其特殊的薄壳轮毂-芯轴组合结构会引入轮体与芯轴之间的连接挠性模态，此模态频率在转子工作转速范围内。该飞轮动力学特性非常复杂，需要有效应对转子高速运行时强陀螺效应对刚性模态频率的影响，同时抑制挠性模态振动，且其挠性模态频率也在随转速而大范围变动。飞轮系统参数如表 4-10 所示。

表 4-10　飞轮参数

项目	数值
设计储能量 E/kW·h	0.5
设计储能密度 U/(W·h/kg)	30
设计最大边缘线速度 v/(m/s)	660
设计转速 Ω/(r/min)	42,000
转子重量 m/kg	11.86
极转动惯量 J_p/kg·m^2	0.127
赤道转动惯量 J_d/kg·m^2	0.087

支承飞轮的径向磁轴承采用八磁极结构。轴向轴承采用永磁电磁混合式结构，永磁铁用于转子重力静载荷卸载；因为转子竖直安装，轴向电磁轴承使用单边悬浮方式。位移传感器采用探头电路一体化结构。飞轮磁轴承的主要参数见表 4-11。

表 4-11　磁轴承参数

项目		数值
径向轴承	磁极面积 A_p/mm^2	500
	线圈匝数 n_{rad}	300
	气隙 G_{rad}/mm	0.25
轴向轴承	线圈匝数 n_{axi}	500
	气隙 G_{axi}/mm	0.35

飞轮驱动电动机/发电机选择永磁同步及无槽绕组式结构，通过芯轴固定在转子下端。电动机功率 300W，最高转速 800Hz，极限放电深度 90%。

使用三维有限元模型对自由转子进行动力学分析，转子低阶模态振型见图 4-79。

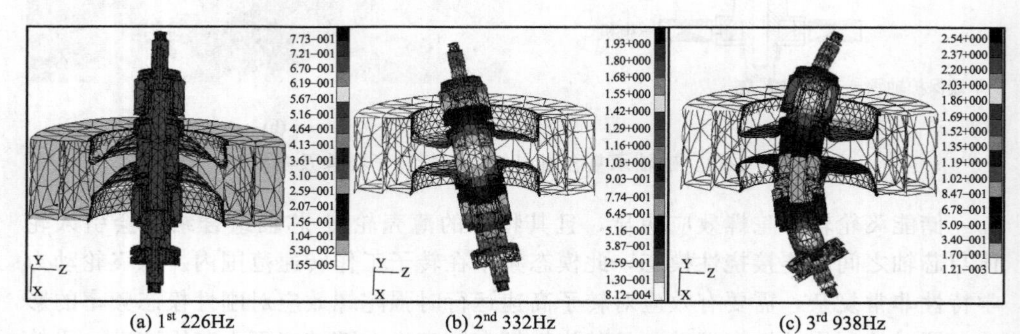

(a) 1st 226Hz　(b) 2nd 332Hz　(c) 3rd 938Hz

图 4-79　飞轮转子自由模态振型

有限元计算结果表明，在转子的第一阶弯曲模态（938Hz）之前，存在薄盘轮毂-芯轴弹性连接引入的挠性模态，且频率较低（332Hz）；此频率位于转子工作转速范围之内，设计控制器时需进行有效处理，否则影响转子稳定性。另外，轮毂连接轴向刚性低，引入了轮毂-芯轴轴向弹性振动模态；此模态频率不随转速变化，不受转子不平衡力激发，且不影响径向运动，可较容易地通过轴向控制器进行抑制。

由于三维模型计算收敛困难，在考虑陀螺效应对模型影响时，可采用二维傅里叶体单元进行计算。零转速下，头两阶转子自由模态见图 4-80。

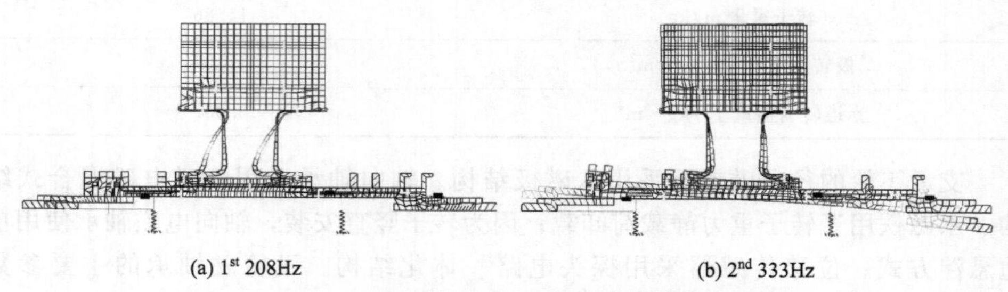

(a) 1st 208Hz　(b) 2nd 333Hz

图 4-80　二维傅里叶体单元转子自由模态计算结果

通过二维模型计算所得结果如表 4-12 所示，并提供了转子静态激振锤敲击试验所得模态频率数据。其中 1st 模态为轴向振动模态，2nd 模态为转子的一阶弯曲模态（径向振动模态），3rd 模态为转子的二阶弯曲模态。

表 4-12　飞轮转子自由模态

阶次	计算值	试验结果
1st	208Hz	210Hz
2nd	333Hz	320Hz
3rd	855Hz	900Hz

当转子径向磁轴承等效为两根刚度为 1000N/mm 的弹簧时，计算出的转子坎贝尔（Campbell）图见图 4-81。由图可知，轮毂-芯轴挠性模态受转子陀螺效应影响显著，其前向涡动频率零转速下为 333Hz，转速 400r/s 时已经超过 700Hz。在对应该模态的前向涡动频率变化曲线上，有星号标志，为试验中不同转速下所记录的涡动共振峰位置数据，与计算结果吻合良好。

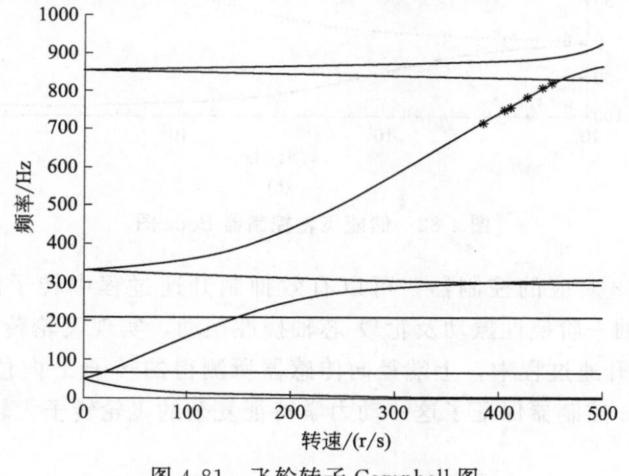

图 4-81　飞轮转子 Campbell 图

此飞轮弹性支承对应的转子模态（包括平动模态与章动、进动模态）抑制，可使用前边所述的 PID 控制加交叉反馈控制方法；而挠性模态阻尼的加强，可以借助控制器相位整形方法[23,24]。

通过相位整形可以提高控制器在 300～650Hz 频率范围内的相位超前，从而对一阶挠性振动进行有效阻尼，并提高 PID 通道对转子章动在这一频率范围内的抑制效果；通过负位移交叉通道加强对转子章动的抑制，由于章动频率随转速上升快速增加，在速度交叉通道中也添加了相位整形环节，在 400～900Hz 频率范围内对交叉通道的相位进行超前，补偿系统中相位滞后环节在这一频率范围内的影响；通过正位移交叉通道对低频振动进行阻尼。

在此不再讨论控制器设计详细过程（具体可参看文献［24］），仅给出最终控制器 Bode 图（上下径向磁轴承在轴向基本对称，故其各通道分散控制器传递函数相同），见图 4-82。

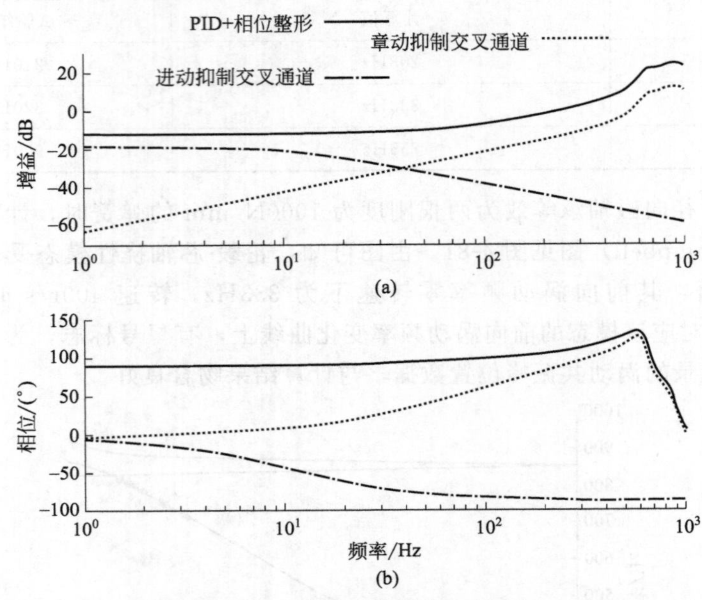

图 4-82　储能飞轮控制器 Bode 图

应用图 4-82 对应的控制器，可以有效抑制升速过程中转子的章动、进动，并有效抑制芯轴一阶挠性振动及轮毂-芯轴挠性振动，实现飞轮转子超临界运行。图 4-83 为转子升速过程中，上端径向传感器所测得的转子 x 向位移频谱峰值保持曲线。可知，控制器保证了这一动力学特征复杂的飞轮转子大转速范围内的稳定性。

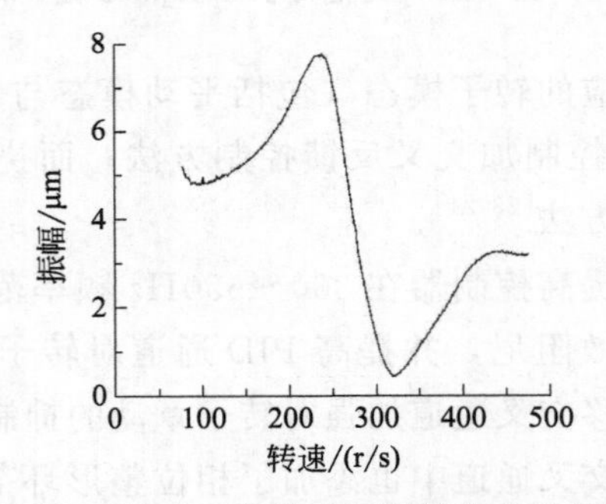

图 4-83　转子 x 向位移频谱峰值保持曲线

参考文献

[1] SCHWEITZER G，BLEULER H，TRAXLER A. Active magnetic bearings：basics，properties and application of active magnetic bearings [J]. ETH，Switzerland：Hochschulverlag AG，1994.

[2] 戴兴建，魏鲲鹏，张小章，等. 飞轮储能技术研究五十年评述 [J]. 储能科学与技术，2018，7 (5)：765-782.

[3] SCHWERTZER G，MASLEN E. Magnetic bearings theory，design，and application to rotating machinery [M]. Berlin：Springer，2009.

[4] 余志强，张国民，邱清泉，等. 高温超导飞轮储能系统的发展现状 [J]. 电工技术学报，2013，28 (12)：109-118.

[5] OGATA M，MATSUE H，YAMASHITA T，et al. Test equipment for a flywheel energy storage system using a magnetic bearing composed of superconducting coils and superconducting bulks [J]. Superconductor Science and Technology，2016，29：1-7.

[6] 张剀，徐旸，董金平，等. 储能飞轮中的主动磁轴承技术 [J]. 储能科学与技术，2018，7 (5)：783-793.

[7] BETSCHON F. Design principles of integrated magnetic bearings [D]. Diss. ETH Nr. 13643，ETH Zurich，2000.

[8] 张剀，董金平，戴兴建. AD698 解调的电感位移传感器性能提升 [J]. 仪表技术与传感器，2010 (9)：10-12.

[9] 张剀，张小章，赵雷，等. 磁悬浮飞轮陀螺力学与控制原理 [J]. 机械工程学报，2007，43 (3)：102-106.

[10] HAWKINS L A，MURPHY B T，KAJS J. Analysis and testing of a magnetic bearing energy storage flywheel with gain-scheduled MIMO control [D]. Germany：Proceeding of ASME Turbo Expo. Munich，2000.

[11] MARKUS A，KUCERA L，LARSONNEUR R. Performance of a magnetically suspended flywheel energy storage device [J]. IEEE Transactions on Control Technology，1996，4 (5)：494-502.

[12] SIVRIOGLU S，NONAMI K. LMI based gain scheduled H∞ controller design for AMB systems under gyroscopic and unbalance disturbance effect. Proceedings of the 5th International Symposium on Magnetic Bearings. Kanazawa，Japan，1996：191-196.

[13] SCHÖNHOFF U，LUO J，LI G，et al. Implementation results of mu-synthesis control for an energy storage flywheel test rig. Proceedings of the 7th International Symposium on Magnetic Bearings. Zürich，Switzerland，2000：317-322.

[14] LI G，ALLAIRE P，LIN Z，et al. Dynamic transfer of robust AMB controllers. Proceedings of the 8th International Symposium on Magnetic Bearings. Mito，Japan，2002：471-476.

[15] BROWN R H, SCHNEIDER S C, MULLIGAN M G. Analysis of algorithms for velocity estimation from discrete position versus time data [J]. IEEE Transactions on Industrial Electronics, 1992, 39 (1): 11-19.

[16] SIVRIOGLU S. Adaptive control of nonlinear zero-bias current magnetic bearing system [J]. Nonlinear Dynamics, 2007, 48 (1-2): 175-184.

[17] BURROWS C R, SAHINKAYA M N, CLEMENTS S. Active vibration control of flexible rotors: an experimental and theoretical study. Proceedings of the Royal Society, London: Royal Society, 1989: 123-146 (A 422).

[18] KNOSPE C R, HUMPHRIS R R, MASLEN E H, et al. Active balancing of a high speed rotor in magnetic bearings. Proceedings of the International Conference on Rotating Machinery Dynamics. Venice: Springer Verlag, 1992: 28-30.

[19] HERZOG R, BUHLER P, GAHLER C, et al. Unbalance compensation using generalized notch filters in the multivariable feedback of magnetic bearings [J]. IEEE Transactions on Control Systems Technology, 1996, 4 (5): 580-586.

[20] 张德魁，江伟，赵鸿宾. 磁悬浮轴承系统不平衡振动控制的方法 [J]. 清华大学学报(自然科学版)，2000，40 (10): 28-31.

[21] MARKUS A, KUCERA L, LARSONNEUR R. Field Experiences with a highly unbalanced magnetically suspended flywheel rotor [R]. Proceedings of the Fifth International Symposium on Magnetic Bearings, Kanazawa, Japan, 1996: 125-130.

[22] KEOGH P S. Contact dynamic phenomena in rotating machines: active/passive considerations [J]. Mechanical Systems and Signal Processing, 2012 (29): 19-33.

[23] 张剀，戴兴建，张小章. 磁轴承超临界高速电机系统控制器设计 [J]. 清华大学学报(自然科学版)，2010，50 (11): 1785-1788.

[24] 白金刚，赵雷，张剀，等. 复合材料储能飞轮挠性结构振动的磁轴承控制 [J]. 机械工程学报，2016，52 (8): 36-42.

第5章 飞轮电机转子轴承系统动力学

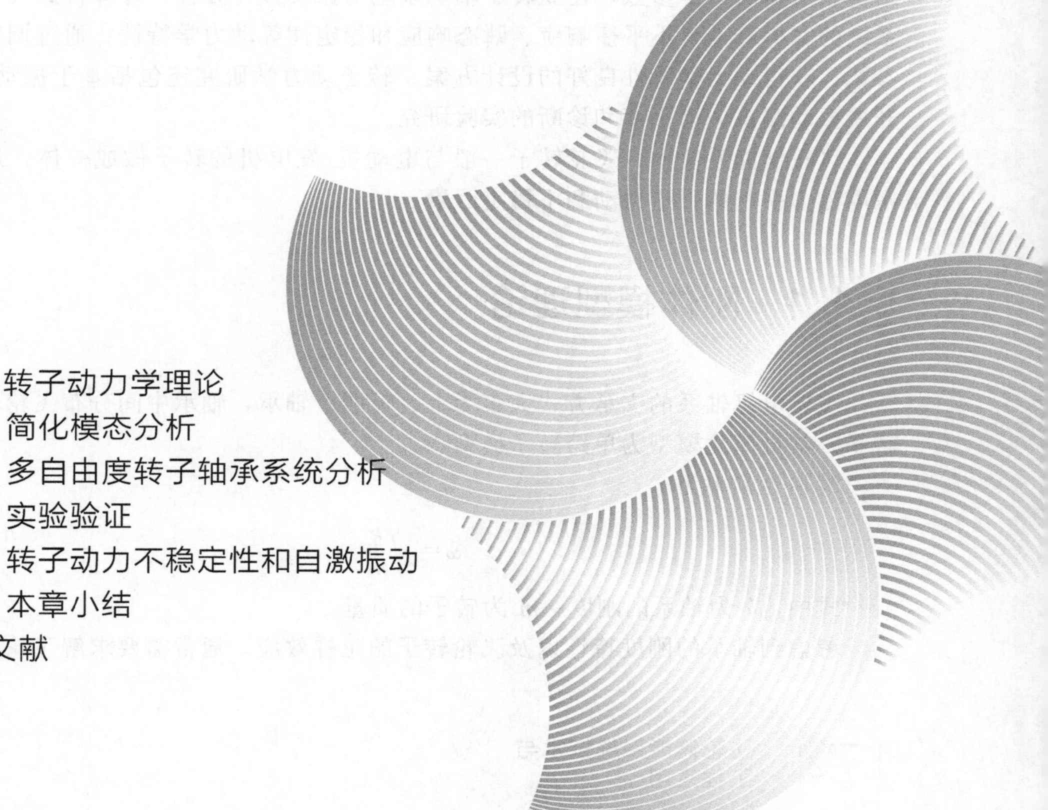

飞轮电机转子轴系是飞轮储能装置核心组件，轴系的平稳升速、降速是充电、放电基本条件，高速旋转轴系的振动力学问题需要仔细考虑。评价飞轮电机转子动力学性能的指标参数包括临界转速、失衡量、不平衡响应、稳定性等。单自由度、多自由度振动力学分析为转子结构设计提供方案论证设计的依据，然后采用传递矩阵或有限元转子动力学软件进行详细分析，研判飞轮电机轴承系统动力学特性并优化设计。

5.1 转子动力学理论

工业中存在大量的与飞轮储能装置类似的旋转机械设备，如涡轮发电机组、电动机、泵、回转压缩机、膨胀机等，其主要功能部件为轴承约束下的旋转运动的转子。旋转机械的转子轴承系统具有“临界转速”动力学特性，临界转速是转动频率等于转子支承系统固有频率时的转速。工作转速或工作转速区间高于第一临界转速的旋转机械在超越临界转速过程中，通常会遇到振动强烈的问题。

转子动力学是研究设计转子轴承系统动力学特性的基本理论，可以依据转子结构、材料的力学参数，建立转子轴承系统的振动微分方程，计算得到转子轴承系统的临界转速、不平衡响应、瞬态响应和稳定性等动力学特性；通过调整结构参数，获得动力学特性良好的设计方案。转子动力学研究还包括基于振动理论，开展振动测试、动平衡和诊断的实验研究。

飞轮储能系统中，飞轮转子一般与电动机/发电机的转子做成一体，还要考虑电磁力引起的强迫振动和不稳定因素。

5.1.1 刚体模型理论

飞轮电机轴系的支承方式大多为上、下两个轴承，轴承中间分布飞轮和电机转子，其最简化模型为单跨转子模型[1]。

其临界频率为

$$\omega=\sqrt{\frac{k}{m}} \tag{5-1}$$

式中，k 为轴系的刚度；m 为转子的质量。

考虑到轴承的刚度特性以及飞轮转子的陀螺效应，通常需要求解飞轮转轴系统的涡动行为。首先建立如图 5-1 所示的参考系。

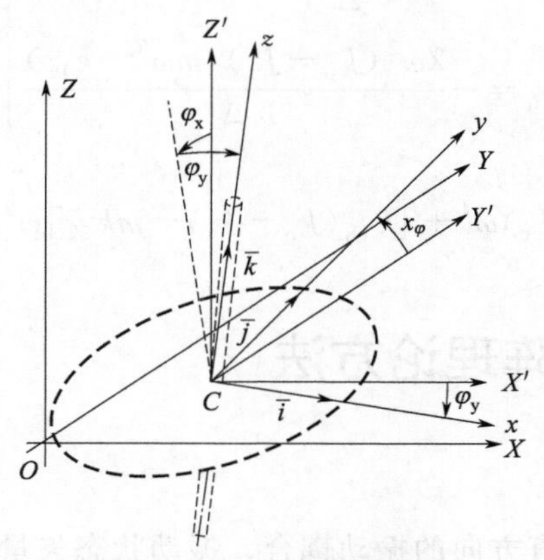

图 5-1　转子动力学坐标系

以飞轮转子质心 C 为考察点，分析飞轮转子的角速度矢量、转子的动能，通过拉格朗日方法得到飞轮转子运动平衡方程为

$$\left.\begin{aligned} &m\ddot{X}_{\mathrm{C}}-F_{\mathrm{x}}=0\\ &m\ddot{X}_{\mathrm{C}}-F_{\mathrm{x}}=0\\ &J_{\mathrm{t}}\ddot{\varphi}_{\mathrm{x}}+\omega J_{\mathrm{p}}\ddot{\varphi}_{\mathrm{y}}-M_{\mathrm{x}}=0\\ &J_{\mathrm{t}}\ddot{\varphi}_{\mathrm{y}}+\omega J_{\mathrm{p}}\ddot{\varphi}_{\mathrm{x}}-M_{\mathrm{y}}=0 \end{aligned}\right\} \tag{5-2}$$

其中

$$\begin{Bmatrix} F_{\mathrm{x}} \\ M_{\mathrm{y}} \end{Bmatrix}=-\begin{bmatrix} k_{11}k_{12} \\ k_{12}k_{22} \end{bmatrix}\begin{Bmatrix} X_{\mathrm{C}} \\ \varphi_{\mathrm{y}} \end{Bmatrix};\begin{Bmatrix} F_{\mathrm{y}} \\ M_{\mathrm{x}} \end{Bmatrix}=-\begin{bmatrix} k_{11}-k_{12} \\ -k_{12}k_{22} \end{bmatrix}\begin{Bmatrix} Y_{\mathrm{C}} \\ \varphi_{\mathrm{x}} \end{Bmatrix}$$

式中，J_{t} 为直径转动惯量；J_{p} 为极转动惯量。

平衡方程对应的特征根代数方程为

$$s^4-\omega\frac{J_{\mathrm{p}}}{J_{\mathrm{t}}}s^3-\left(\frac{k_{11}}{m}+\frac{k_{22}}{J_{\mathrm{t}}}\right)s^2+\omega\frac{J_{\mathrm{p}}}{mJ_{\mathrm{t}}}k_{11}s+\frac{k_{11}k_{22}-k_{12}^2}{mJ_{\mathrm{t}}}=0 \tag{5-3}$$

引入特征角频率与转动角频率一致，$s=\omega$，则得到临界角速度方程

$$\left(\frac{J_{\mathrm{p}}}{J_{\mathrm{t}}}-1\right)\omega^4+\left[\frac{k_{11}}{m}\left(1-\frac{J_{\mathrm{p}}}{J_{\mathrm{t}}}\right)+\frac{k_{22}}{J_{\mathrm{t}}}\right]\omega^2-\frac{k_{11}k_{22}-k_{12}^2}{mJ_{\mathrm{t}}}=0 \tag{5-4}$$

飞轮转子具有残余不平衡 u，不平衡激励下的强迫振动幅值分别为

$$\left.\begin{aligned} z_0&=\frac{mu\omega^2\left[(J_{\mathrm{p}}-J_{\mathrm{t}})\omega^2+k_{22}\right]}{\Delta}\\ \varphi_0&=-\frac{mu\omega^2k_{21}}{\Delta} \end{aligned}\right\} \tag{5-5}$$

$$\left.\begin{aligned} z_0 &= \frac{\chi\omega^2(J_p - J_t)k_{12}}{\Delta} \\ \varphi_0 &= -\frac{\chi\omega^2(J_p - J_t)(m\omega^2 - k_{11})}{\Delta} \end{aligned}\right\} \tag{5-6}$$

式中，

$$\Delta = -m(J_p - J_t)\omega^4 + [k_{11}(J_p - J_t) - mk_{22}]\omega^2 + k_{11}k_{22} - k_{12}^2 \tag{5-7}$$

5.1.2 传递矩阵理论方法

5.1.2.1 临界转速

考虑水平方向和垂直方向的振动耦合，振动状态矢量应该包括水平和垂直两个方向的状态参数[2]。参考图 5-2，将状态矢量设为

$$s = \{x \quad \theta \quad M \quad V \quad y \quad \varphi \quad N \quad W\} \tag{5-8}$$

对于圆柱体单元，由于系统的对称性其转移矩阵将具有形式

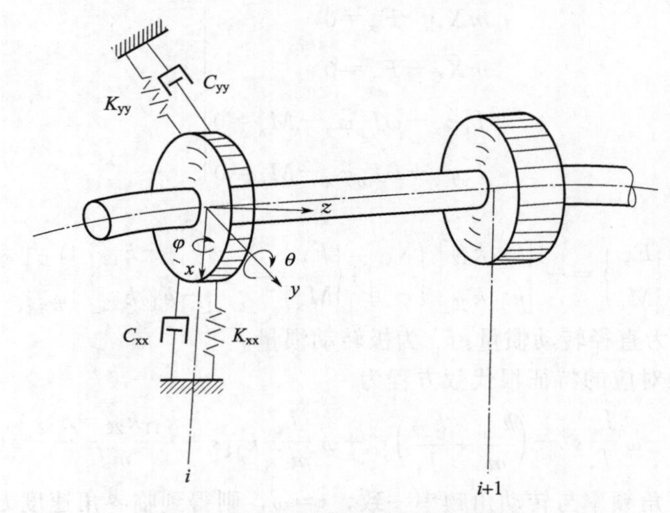

图 5-2 一般转子节点传递单元模型

$$\begin{bmatrix} L & 0 \\ 0 & L \end{bmatrix} \tag{5-9}$$

其中 L 是在棱柱体单元的 4×4 场矩阵，包含 Timosheenko 剪切项

$$(l_{14})_s = l_{14} - \frac{\kappa L}{AG} \tag{5-10}$$

式中，κ 为截面剪切系数，圆截面为 1.33；L 为单元长度；A 为单元截面

面积；G 为单元剪切模量。

轴承反力

$$-F_x=K_{xx}x+K_{xy}y+C_{xx}\dot{x}+C_{xy}\dot{y} \tag{5-11a}$$

$$-F_y=K_{yx}x+K_{yy}y+C_{yx}\dot{x}+C_{yy}\dot{y} \tag{5-11b}$$

由于自由振动分析中通常不考虑阻尼，因此阻尼项可以忽略不计。对于质量为 m，转动惯量为 J，陀螺效应的极惯性矩为 J_p，转速为 Ω，刚度参量为 K_{xx}、K_{yy} 的线性轴承，其用转速 Ω 表示的点或集中矩阵的形式如下：

$$P_{xy}=\begin{bmatrix} 1 & 0 & 0 & 0 & 0 & 0 & 0 & 0 \\ 0 & 1 & 0 & 0 & 0 & 0 & 0 & 0 \\ 0 & -J_p\Omega^2+J\omega^2 & 1 & 0 & 0 & 0 & 0 & 0 \\ -K_{xx}+m\omega^2 & 0 & 0 & 1 & -K_{yx} & 0 & 0 & 0 \\ 0 & 0 & 0 & 0 & 1 & 0 & 0 & 0 \\ 0 & 0 & 0 & 0 & 0 & 1 & 0 & 0 \\ 0 & 0 & 0 & 0 & 0 & -J_p\Omega^2+J\omega^2 & 1 & 0 \\ -K_{xy} & 0 & 0 & 0 & -K_{yy}+m\omega^2 & 0 & 0 & 1 \end{bmatrix} \tag{5-12}$$

轴承的弹性系数 K_{xx}、K_{xy}、K_{yx}、K_{yy} 可能是常数，也可以是转速 Ω 的相关函数。利用关系 $\Omega=\omega$，可以在轴承弹簧常数表达式中求解得到 ω 作为临界速度。

$$D(\omega)=\begin{vmatrix} D_x(\omega) & 0 \\ 0 & D_x(\omega) \end{vmatrix}=|D_x(\omega)|^2=0 \tag{5-13}$$

5.1.2.2 强迫振动

假定简谐力和力矩在节点 j 处为 $F_j e^{i\Omega t}$ 和 $T_j e^{i\Omega t}$，其中 F_j 和 T_j 为复振幅。双平面系统的运动可以用以下表达式表示：

$$x_i=X_j e^{i\Omega t} \tag{5-14a}$$

$$y_i=Y_j e^{i\Omega t} \tag{5-14b}$$

$$\theta_i=\Theta_j e^{i\Omega t} \tag{5-14c}$$

$$\varphi_i=\Phi_j e^{i\Omega t} \tag{5-14d}$$

式中，X_j、Y_j、Θ_j 和 Φ_j 是位移和转角的复振幅。另外，如果让 V、W、M 和 N 为节点力和力矩振幅，状态矢量将表示为

$$s_j=\{X\quad \Theta\quad M\quad V\quad Y\quad \Phi\quad N\quad W\}_j \tag{5-15}$$

典型的 8×8 传递矩阵的形式为

$$L_{\mathrm{jxy}}=\begin{bmatrix}L & 0\\0 & L\end{bmatrix} \tag{5-16}$$

其中 L 是假定圆柱体转子截面的 4×4 矩阵。节点的点矩阵具有以下形式

$$P_{\mathrm{jxy}}=\begin{bmatrix}
1 & 0 & 0 & 0 & 0 & 0 & 0 & 0 & 0\\
0 & 1 & 0 & 0 & 0 & 0 & 0 & 0 & 0\\
0 & -J_{\mathrm{p}}\Omega^{2}+J\Omega^{2} & 1 & 0 & 0 & 0 & 0 & 0 & T_{\mathrm{x}}\\
\begin{matrix}-K_{\mathrm{xx}}+m\Omega\\-iC_{\mathrm{xx}}\Omega\end{matrix} & 0 & 0 & 1 & \begin{matrix}-K_{\mathrm{yx}}\\-iC_{\mathrm{yx}}\Omega\end{matrix} & 0 & 0 & 0 & F_{\mathrm{x}}\\
0 & 0 & 0 & 0 & 1 & 0 & 0 & 0 & 0\\
0 & 0 & 0 & 0 & 0 & 1 & 0 & 0 & 0\\
0 & 0 & 0 & 0 & 0 & -J_{\mathrm{p}}\Omega^{2}+J\Omega^{2} & 1 & 0 & T_{\mathrm{y}}\\
\begin{matrix}-K_{\mathrm{xy}}\\-iC_{\mathrm{xx}}\Omega\end{matrix} & 0 & 0 & 0 & \begin{matrix}-K_{\mathrm{xx}}+m\Omega^{2}\\-iC_{\mathrm{xx}}\Omega\end{matrix} & 0 & 0 & 1 & F_{\mathrm{y}}\\
0 & 0 & 0 & 0 & 0 & 0 & 0 & 0 & 1
\end{bmatrix} \tag{5-17}$$

其中，K_{xx}、K_{xy}、K_{yx}、C_{xx}、C_{yx} 为轴承的线性刚度和阻尼系数。

如前所述

$$s_{n}=P_{n}L_{(n-1)\mathrm{xy}}\cdots P_{3}L_{2\mathrm{xy}}P_{2}L_{1\mathrm{xy}}P_{1}s_{1} \tag{5-18}$$

方程式(5-18) 由 8 个边界条件补充，由于节点的荷载作用，方程系统是齐次的。

5.2 简化模态分析

储能飞轮总储能与高度成正比，但长度增加使转子按梁模型的一阶弯曲自振频率降低，飞轮的工作转速可能高于一阶弯曲自振频率。超越一阶弯曲临界转速对转子动平衡、轴承阻尼技术有较高的要求，因此一般避免超临界运行。

飞轮转子两端边界条件介于刚性简支和自由之间，因此飞轮轮体亚临界设计工作转速

$$\Omega<\lambda(1\sim2.27)\pi^{2}\sqrt{\frac{EI}{mL^{3}}}\,(\mathrm{rad/s}) \tag{5-19}$$

式中，EI 为梁抗弯模量；m 为梁的质量；L 为梁的长度；亚临界系数 $\lambda=0.7$。

式(5-19)可以初步判断飞轮本体的刚性状态，确定其固有频率应远高于飞轮的设计工作转动频率。亚临界运行的飞轮转子可以看成刚体，若通过弹性轴支承在轴承上，则弹性轴、轴承的柔性和飞轮的陀螺效应对飞轮轴承系统的动力学特性有着显著的影响。

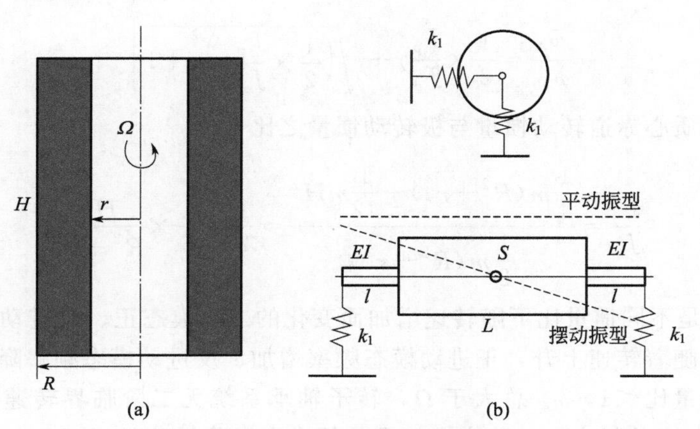

图 5-3　飞轮转子轴承系统

对图 5-3(b) 所示飞轮转子轴承系统，轴承刚度为 k_1，弹性轴段 l 的刚度

$$k_2=\frac{6EI}{l^3} \tag{5-20}$$

轴段及轴承对飞轮质心 S 的角刚度

$$k_3=\frac{2k_1k_2}{2k_1+k_2}\left(\frac{L}{2}+l\right)^2 \tag{5-21}$$

于是飞轮轴承系统一阶（平动）模态频率

$$\left.\begin{aligned}\omega_1&=-\sqrt{\frac{2k_1k_2}{m(2k_1+k_2)}}\\ \omega_2&=+\sqrt{\frac{2k_1k_2}{m(2k_1+k_2)}}\end{aligned}\right\} \tag{5-22}$$

飞轮轴承系统二阶（摆动）模态进动频率

$$\text{静态：}\omega_{30}=\sqrt{\frac{k_3}{J_d}} \tag{5-23}$$

$$\left.\begin{aligned}\text{旋转状态：}\omega_3&=\frac{1}{2}\times\frac{J_p}{2J_d}\Omega-\sqrt{\left(\frac{1}{2}\times\frac{J_p}{J_d}\Omega\right)^2+\omega_{30}^2}\\ \omega_4&=\frac{1}{2}\times\frac{J_p}{J_d}\Omega+\sqrt{\left(\frac{1}{2}\times\frac{J_p}{J_d}\Omega\right)^2+\omega_{30}^2}\end{aligned}\right\} \tag{5-24}$$

令 $\gamma=\dfrac{\Omega}{\omega_{30}}$，于是有

$$\left.\begin{aligned}\frac{\omega_3}{\omega_{30}}&=\frac{1}{2}\times\frac{J_p}{J_d}\gamma-\sqrt{\left(\frac{1}{2}\times\frac{J_p}{J_d}\gamma\right)^2+1}\\ \frac{\omega_4}{\omega_{40}}&=\frac{1}{2}\times\frac{J_p}{J_d}\gamma+\sqrt{\left(\frac{1}{2}\times\frac{J_p}{J_d}\gamma\right)^2+1}\end{aligned}\right\} \tag{5-25}$$

飞轮的质心赤道转动惯量与极转动惯量之比

$$\frac{J_d}{J_p}=\frac{\frac{1}{4}m(R^2+r^2)+\frac{1}{12}mH^2}{\frac{1}{2}m(R^2+r^2)}=\frac{1}{2}+\frac{1}{6}\times\frac{H^2}{R^2+r^2} \tag{5-26}$$

图 5-4 是不同惯量比下随转速增加而变化的二阶模态正、反进动频率。从中可以看到，随着转速上升，正进动模态频率增加、反进动模态频率降低；对于扁平转子，惯量比<1，ω_4 总大于 Ω，转子轴承系统无二阶临界转速，惯量比越小，ω_4 与 Ω 之差越大，二阶模态正进动频率离工作转速越远，一般要求惯量比小于 0.8；对于细长转子，惯量比>1；转子轴承系统存在二阶临界转速 Ω^*，转子长径比增加，惯量比越大，临界转速 Ω^* 越低，转子可以更容易地通过临界转速，在满足式(5-19) 条件下，可以尽量增加转子的高度。与转速接近且随转速增加而增加的模态频率存在对转子的稳定运行不利，因此应当避免惯量比接近 1 的“方形”转子设计。

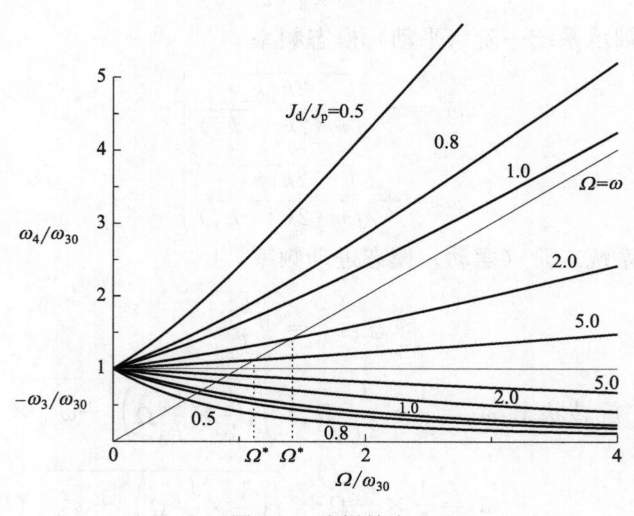

图 5-4　陀螺效应

5.3 多自由度转子轴承系统分析

5.3.1 系统设计

依据 5.2 节分析，设计了一个“扁平”飞轮转子，飞轮参数见表 5-1。

表 5-1 飞轮主要参数

参数	R/m	r/m	H/m	m/kg	J_p/kg·m²	J_d/kg·m²	Ω/(rad/s)	E/W·h	e^m/(W·h/kg)
数值	0.300	0.160	0.140	14.0	0.185	0.116	1400 π	497	34.9

图 5-5(a) 表示了储能飞轮的结构，整个结构置于高真空环境的防护套筒内。储能飞轮上端有永磁轴承，卸载约 70% 转子重量，永磁轴承上磁环悬挂在上阻尼器壳体上并在阻尼油内作小幅度振动；下端通过弹性小轴支承于螺旋槽流体动压轴承上，轴承窝与下阻尼器振动体固接。下阻尼振动体通过数根筋条的弹性鼠笼与阻尼器壳体固定，弹性鼠笼起对中作用，并为阻尼器提供径向刚度；阻尼器壳体内油膜受下阻尼振动体挤压而产生油膜反力。

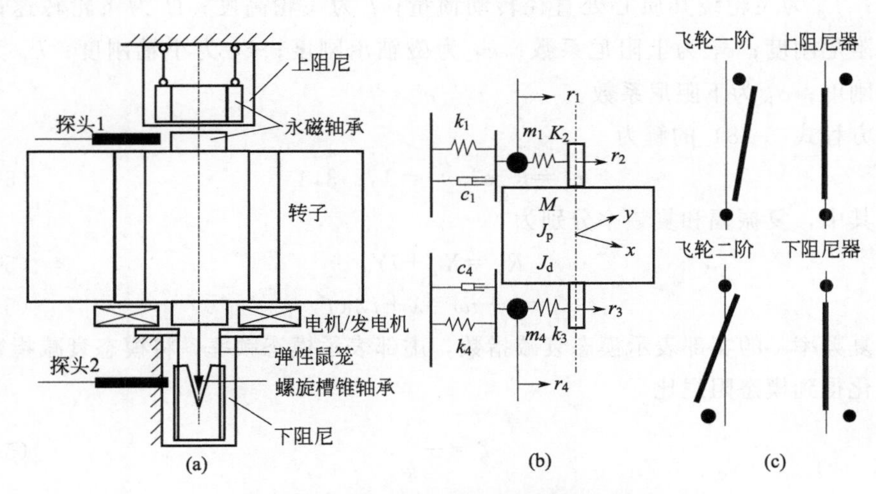

图 5-5 飞轮转子结构、力学模型和振型

5.3.2 振动力学模型

为研究飞轮转子的横向振动，采用了以下简化假设：①微幅横向振动为线性振动；②转子轴承系统沿中轴线轴对称；③飞轮处于刚体状态；④螺旋槽轴承油膜刚度和阻尼比上下支承高两个数量级，因而认为弹性小轴端点与下阻尼器固定连接；⑤弹性小轴的作用等效为一无质量弹簧。螺旋槽流体动压轴承油膜反力对转子系统的失稳门槛转速具有重要影响，但轴承油膜反力分析起来比较复杂，为此先考虑上、下阻尼的影响。

引用复坐标表示转子的振动：

$$r_j = x_j + iy_j \quad j=1,2,3,4 \tag{5-27}$$

运用拉格朗日方程，可以得到图 5-5（b）所示飞轮转子支承系统的自由振动微分方程：

$$\begin{cases} m_1\ddot{r}_1 + c_1\dot{r}_1 + (k_1+k_2)r_1 - k_2r_2 = 0 \\ m_2\ddot{r}_2 + m_3\ddot{r}_3 - i\Omega H\dot{r}_2 + i\Omega H\dot{r}_3 + k_2(r_2-r_1) = 0 \\ m_3\ddot{r}_2 + m_2\ddot{r}_3 + i\Omega H\dot{r}_2 - i\Omega H\dot{r}_3 + k_3(r_3-r_4) = 0 \\ m_4\ddot{r}_4 + c_4\dot{r}_4 + (k_3+k_4)r_4 - k_3r_3 = 0 \end{cases} \tag{5-28}$$

其中，$m_2 = 0.25M + J_d/l^2$；$m_3 = 0.25M - J_d/l^2$；$H = J_p/l^2$。式中，m_1 为上阻尼器质量；M 为飞轮转子质量；m_4 为下阻尼器质量；J_p 为飞轮极转动惯量；J_d 为飞轮绕其质心处直径转动惯量；l 为飞轮高度；Ω 为飞轮转速；k_1 为上阻尼刚度；c_1 为上阻尼系数；k_2 为磁轴承刚度；k_3 为小轴刚度；k_4 为下阻尼刚度；c_4 为下阻尼系数。

方程式(5-28) 的解为

$$r_j = R_j e^{st} \quad j=1,2,3,4 \tag{5-29}$$

其中，复振幅和复频率分别为

$$R_i = X_i + iY_i \tag{5-30}$$

$$s = \lambda + i\omega = \lambda + i2\pi f \tag{5-31}$$

复频率 s 的实部表示模态衰减指数，虚部表示模态频率，将模态衰减指数无量刚化得到模态阻尼比

$$\zeta = -\frac{\lambda}{\omega} \tag{5-32}$$

将式(5-29) 代入式(5-28) 可得特征方程

$$
\Delta(s)=\begin{vmatrix} a_{11} & a_{12} & 0 & 0 \\ a_{12} & a_{22} & a_{23} & 0 \\ 0 & a_{23} & a_{33} & a_{34} \\ 0 & 0 & a_{34} & a_{44} \end{vmatrix}=0 \tag{5-33}
$$

特征行列式各元素分别为

$$
\begin{aligned}
a_{12}&=-k_2\\
a_{34}&=-k_3\\
a_{23}&=-m_3s^2-H\Omega s\\
a_{11}&=-m_1s^2+ic_1s+k_1+k_2\\
a_{22}&=-m_2s^2+H\Omega s+k_2\\
a_{33}&=-m_2s^2+H\Omega s+k_3\\
a_{44}&=-m_1s^2+ic_4s+k_3+k_4
\end{aligned}
$$

特征方程式(5-33) 是一个关于 s 的 8 次多项式方程，用数值方法求解复特征值和特征向量。转速为零时，8 个复特征根为 4 对共轭复根。

5.3.3 模态力学特性

飞轮转子支承系统在静止状态下一共有 4 个固有模态，频率分别为 1.87Hz、5.09Hz、28.7Hz 和 58.3Hz。如图 5-5(c) 所示，根据振型特征可分为飞轮一阶、飞轮二阶、上阻尼器和下阻尼器模态。飞轮一阶振型与支承轴线无交点；飞轮二阶振型与支承轴线有一个交点；上阻尼振型特点是上阻尼振幅最大，转子和下阻尼器基本不动；下阻尼振型特征是下阻尼器振幅最大。

随着转速上升，飞轮一阶和飞轮二阶模态因陀螺效应而分离为正、反进动，正进动模态频率随转速上升而增加；反进动模态频率随转速上升而降低；上、下阻尼器模态频率基本维持不变，各阶模态频率随自转频率变化关系见图 5-6。图中“+”表示正进动，“−”表示反进动，“UD”表示上阻尼，“LD”表示下阻尼。与模态频率对应，模态阻尼比也会随转速变化而变化（图 5-7），上、下阻尼模态阻尼比均大于 1，上阻尼模态阻尼比最大，阻尼器模态响应衰减很快，因此飞轮支承系统在广谱干扰源激励下，一般不会出现以阻尼器振动大为特征的低频阻尼器模态进动。飞轮二阶正进动模态阻尼比和飞轮一阶反进动模态阻尼比随转速上升而迅速下降，在工作转速 800r/s 下，二者均小于 0.01。正进动模态频率与自转频率相等时即为临界频率，转子通过此转速时会发生共振，飞轮支承系统在工作转速以下一共将通过三个临界频率 2.1Hz（飞轮一阶振型）、5.1Hz（上阻尼振型）和 58Hz（下阻尼振型）。

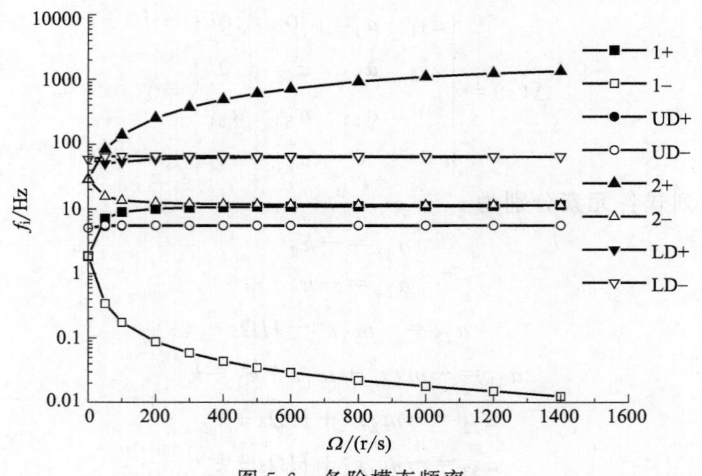

图 5-6　各阶模态频率

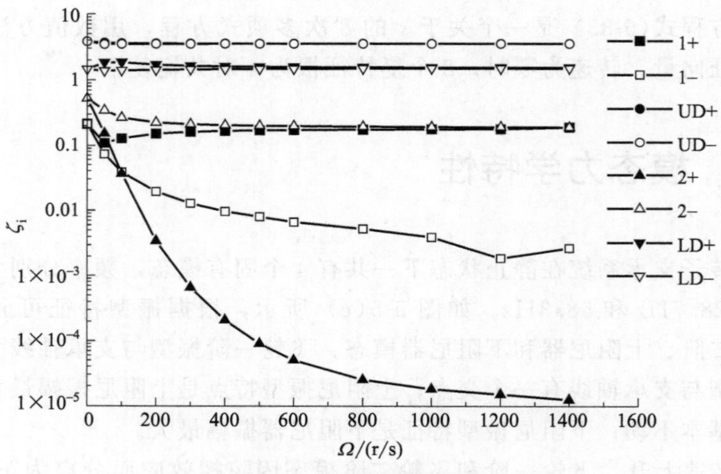

图 5-7　各阶模态阻尼比

算例中计算的动力学参数如下：

m_1：上阻尼器质量 $m_1=0.2\text{kg}$；

M：飞轮转子质量 $M=14.0\text{kg}$；

m_4：下阻尼器质量 $m_4=0.4\text{kg}$；

J_p：飞轮极转动惯量 $J_p=0.185\text{kg}\cdot\text{m}^2$；

J_d：飞轮绕其质心处直径转动惯量 $J_d=0.116\text{kg}\cdot\text{m}^2$；

l：飞轮高度 $l=0.14\text{m}$；

Ω：飞轮转速；

k_1：上阻尼刚度 $k_1=10000\text{N/m}$；

c_1：上阻尼系数 $c_1=50\text{N}\cdot\text{s/m}$；

k_2：磁轴承刚度 $k_2=4000\text{N/m}$；

k_3：小轴刚度 $k_3=16\times10^5\text{N/m}$；

k_4：下阻尼刚度 $k_4=4.0\times10^5\text{N/m}$；

c_4：下阻尼系数 $c_4=500\text{N}\cdot\text{s/m}$。

5.3.4 阻尼参数对模态阻尼比的影响

（1）上、下阻尼功能分析

图 5-8 表明，对于飞轮一阶正进动模态（本小节计算转速为 800r/s），上阻尼系数的增加会引起模态阻尼比的先升后降，而下阻尼的引入使模态阻尼比提高数十倍，因此飞轮一阶模态正进动的防止主要靠下阻尼。计算表明，飞轮一阶反进动模态阻尼比会随上、下阻尼的增加而近似线性增加，但是上阻尼单独引入的模态阻尼比（10^{-3}）比下阻尼单独引入的模态阻尼比（10^{-5}）高两个数量级。所以要避免飞轮一阶反进动，主要靠提高上阻尼系数。

计算结果还表明，上阻尼单独引入的飞轮二阶正进动模态阻尼比（10^{-9}）比下阻尼单独引入的飞轮二阶正进动模态阻尼比（10^{-5}）低 4 个数量级。因此对于高频模态，上阻尼几乎不起作用。即使是下阻尼引入了模态阻尼比，也非常小，但是设计的工作转速 800r/s 避免了靠近飞轮二阶正进动模态频率 926Hz。由图 5-9 可以看到，与飞轮一阶正进动类似，下阻尼对飞轮二阶反进动模态阻尼比的贡献远远大于上阻尼器。综上所述，上阻尼器主要针对飞轮一阶反进动；飞轮一阶正进动、飞轮二阶正反进动的衰减主要依靠下阻尼器。

（2）下阻尼系数影响

转速在 800r/s 时，飞轮一阶反进动频率为 0.022Hz，飞轮二阶正进动频率为 926Hz，这两个频率超出一般干扰源的频率范围。因此飞轮在工作转速下，一般不会出现飞轮一阶反进动和飞轮二阶正进动。下面主要讨论阻尼系数和刚度对飞轮一阶正进动（11Hz）和飞轮二阶反进动（12Hz）的影响。

如图 5-10 所示，随着下阻尼系数的增加，飞轮一阶正进动模态阻尼比和飞轮二阶反进动模态阻尼比都是先增后减，存在一个最佳阻尼系数，使模态阻尼比达到最大值，上阻尼系数的影响很小。改变下阻尼器刚度，图 5-11 表示了计算得到的飞轮一阶正进动模态阻尼比和飞轮二阶反进动模态阻尼比，对应不同的下阻尼刚度，都存在一个最佳阻尼系数和最大模态阻尼比，刚度越低，最佳阻尼系数越小，最大模态阻尼比值越大。降低刚度对提高系统的稳定性有利，但是下阻尼刚度不能太小，太小以后，飞轮对中性能变差，结构实现也较为困难。

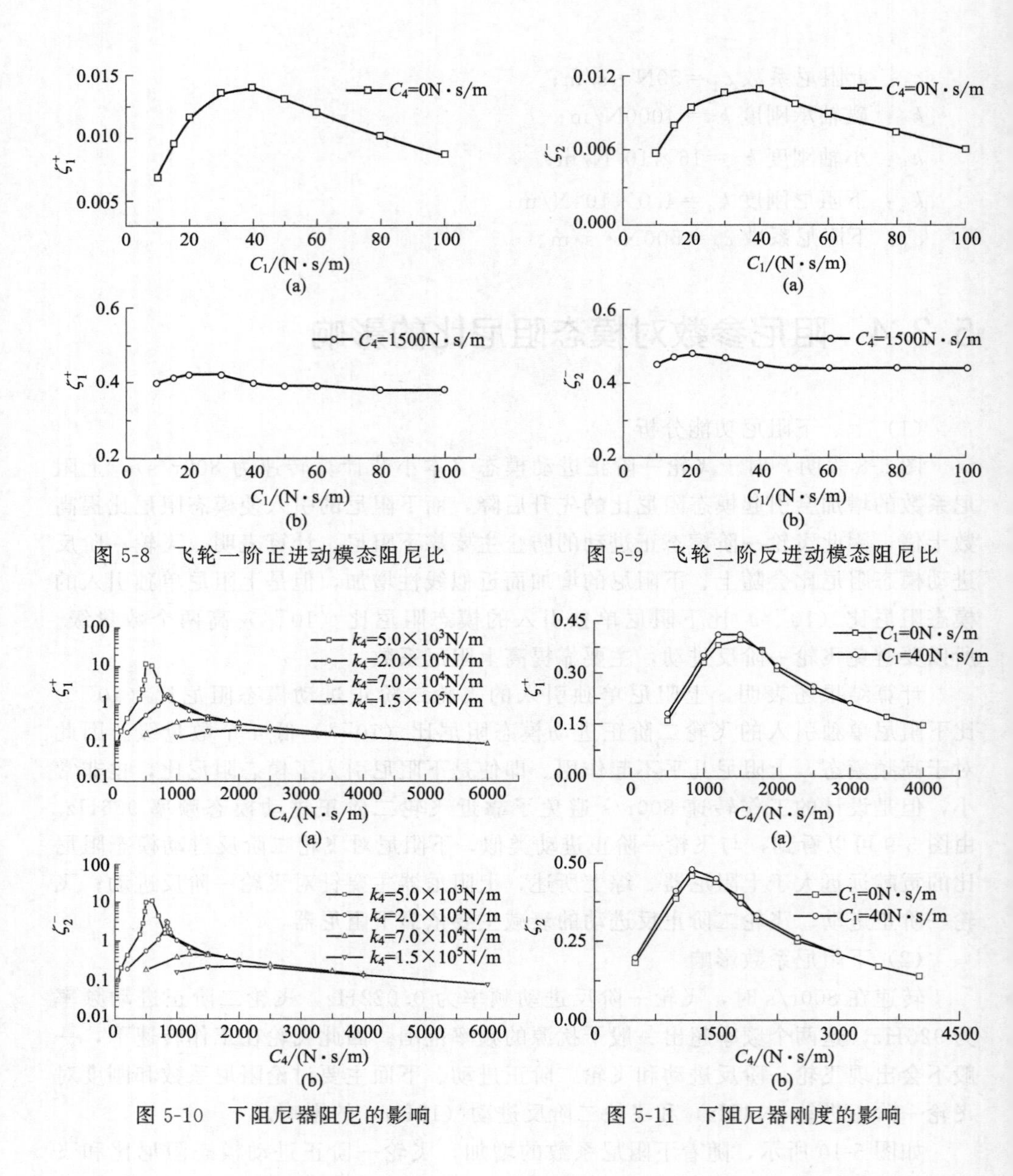

图 5-8　飞轮一阶正进动模态阻尼比

图 5-9　飞轮二阶反进动模态阻尼比

图 5-10　下阻尼器阻尼的影响

图 5-11　下阻尼器刚度的影响

5.3.5　不平衡响应分析

图 5-5 所示飞轮动力学模型中，考虑到飞轮的失衡量分布，等效到坐标 r_2、r_3 上有失衡量 U_1 和 U_2，则振动微分方程为

$$
\begin{cases}
m_1\ddot{r}_1+c_U\dot{r}_1+(k_1+k_2+k_U)r_1-k_2r_2=0\\
m_2\ddot{r}_2+m_3\ddot{r}_3-i\Omega H_{11}\dot{r}_2+i\Omega H_{11}\dot{r}_3+k_2(r_2-r_1)=U_1\Omega^2\mathrm{e}^{i\Omega t}\\
m_3\ddot{r}_2+m_2\ddot{r}_3+i\Omega H_{11}\dot{r}_2-i\Omega H_{11}\dot{r}_3+k_3(r_3-r_4)=U_2\Omega^2\mathrm{e}^{i\Omega t}\\
m_4\ddot{r}_4+c_L\dot{r}_1+(k_3+k_4+k_L)r_4-k_3r_3=0
\end{cases}
\tag{5-34}
$$

5.3.5.1 力不平衡和力矩不平衡引起的响应

在计算中采用残余不平衡的两个极端例子。在第一个例子中，顶部不平衡量 U_1 是 150×10^{-6}kg·m∠0°，底部不平衡 U_2 是 150×10^{-6}kg·m∠0°。图 5-12 展现了上阻尼器（r_1）和转子顶部（r_2）振动的峰-峰振幅。在 240r/min 的临界转速下转子顶部振动的最大振幅增加到 260×10^{-6}m。当转速通过第一临界转速后，振动幅度将会减小。当转速超过 24000r/min 时，振幅停止下降，振动幅度将保持在 70×10^{-6}m。上阻尼器的振动在低速时很大，但在转速较高时几乎停止了振动（在计算中，$c_U=50$N·s/m，$c_L=1000$N·s/m）。

图 5-13 展现了转子底部（r_3）和下阻尼器（r_4）振动的峰-峰振幅。在低速时转子底部的振动保持增加。当转速超过 12000r/min 时，它的增加速度减慢，当转速达到 24000r/min 时几乎停止。在此之后，振幅保持在约 70×10^{-6}m。下阻尼器的振动在约 3600r/min 的转速下达到共振振动峰值，最大振幅为 18×10^{-6}m。当转速变得非常高时，下阻尼器振动很小。在这种情况下，响应仅由力不平衡引起，因为 U_1 和 U_2 具有相同的相位角且不形成绕转子质心的力矩。

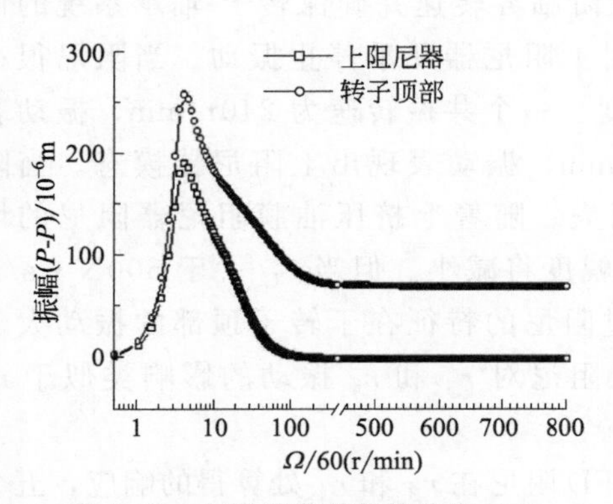

图 5-12 力不平衡引起的响应（1）

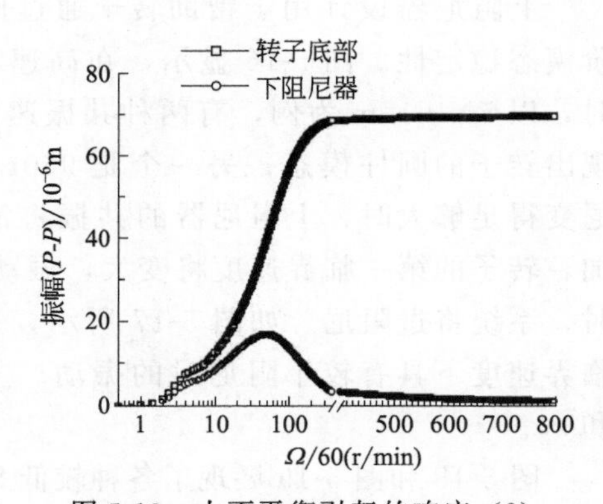

图 5-13 力不平衡引起的响应（2）

在第二个例子中，顶部不平衡量 U_1 是 150×10^{-6}kg·m∠0°，底部不平衡量 U_2 是 150×10^{-6}kg·m∠180°。图 5-14 和图 5-15 是计算得到的响应。与第一

个例子不同，转子顶部的振动先减小，在转子通过第一临界速度后增加。当转速超过 24000r/min 时，振幅几乎保持恒定值（470×10^{-6}m）。如图 5-15 所示，转子底部和下阻尼器的振动以与第一例子中类似的方式改变，但振幅要大得多。在第二种情况下，24000r/min 之后转子的振幅约是第一种情况下的 7 倍。转子顶部的不平衡量与转子底部具有 180°相位角差，这种不平衡会对转子的质心产生力矩，然后显著影响转子-轴承-阻尼系统的强迫响应，力矩不平衡产生的振动大于力不平衡。因此，在刚性转子平衡中应尽可能地减少残余力矩不平衡。这两个例子表明，上、下部阻尼器的振动在高速时非常小。

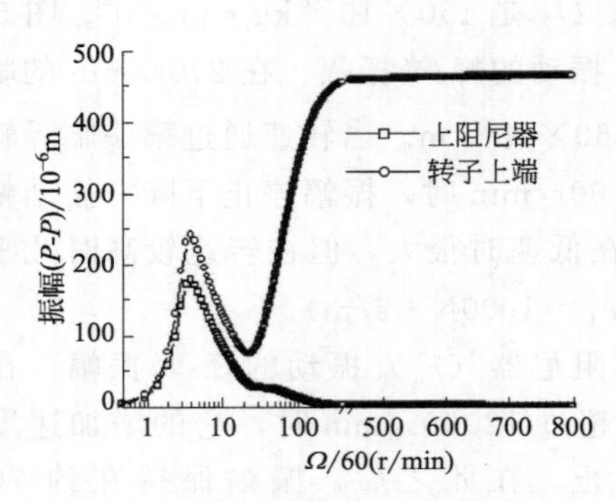

图 5-14　力矩不平衡引起的响应（1）

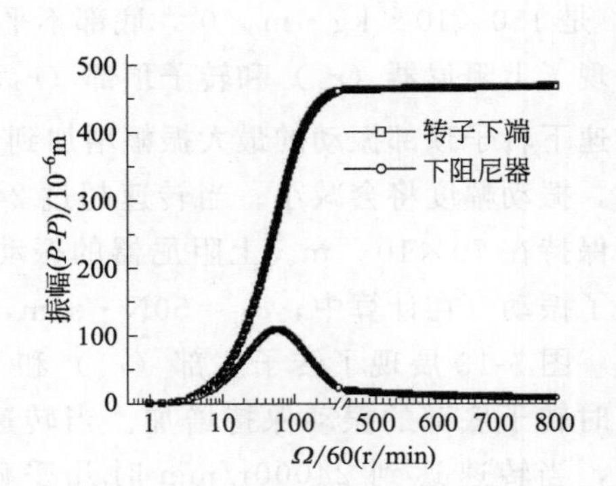

图 5-15　力矩不平衡引起的响应（2）

5.3.5.2　上部 SFD 和下部 SFD 的影响

上阻尼器设计用于帮助转子通过低阶临界转速并确保转子-轴承系统的低阶模态稳定性。图 5-16 显示，在高速时上阻尼器几乎停止振动。当阻尼很小时，以 5N·s/m 为例，有两种共振速度。一个共振转速为 240r/min，振动表现出转子的圆柱模态；另一个是 960r/min，振动表现出上阻尼器模态。当阻尼变得足够大时，上阻尼器的共振将消失。随着上挤压油膜阻尼器阻尼的增加，转子的第一临界速度将变大，振动幅度将减小。但当 c_U 大于 500N·s/m 时，系统将过阻尼。如图 5-17 所示，过阻尼的特征在于转子顶部的振动大于临界速度下具有较小阻尼时的振动。上阻尼对 r_3 和 r_4 振动的影响类似于 r_1 和 r_2。

图 5-18 和图 5-19 展现了各种较低 SFD 阻尼在 r_3 和 r_4 处算得的响应，五个阻尼系数已经在图中标出。从图 5-18 中可以看出，除低速响应外，阻尼对响应几乎没有影响。当阻尼最小时，响应在图 5-19 中的 3600r/min 转速附近存在一个共振峰。随着阻尼变大，将存在两个共振峰。一个在 3600r/min，振动表现下阻尼器模态；另一个在 240r/min，振动表现转子的一阶平动模态。图 5-20 表明

阻尼系数越大，阻尼器的振动将变得越小，但这并不意味着应该选择非常大的阻尼系数。模态阻尼分析指出，阻尼过大会导致系统稳定性变差，在底部的最大振动应低于 10×10^{-6} m。因此，阻尼系数应大于 1000N·s/m。

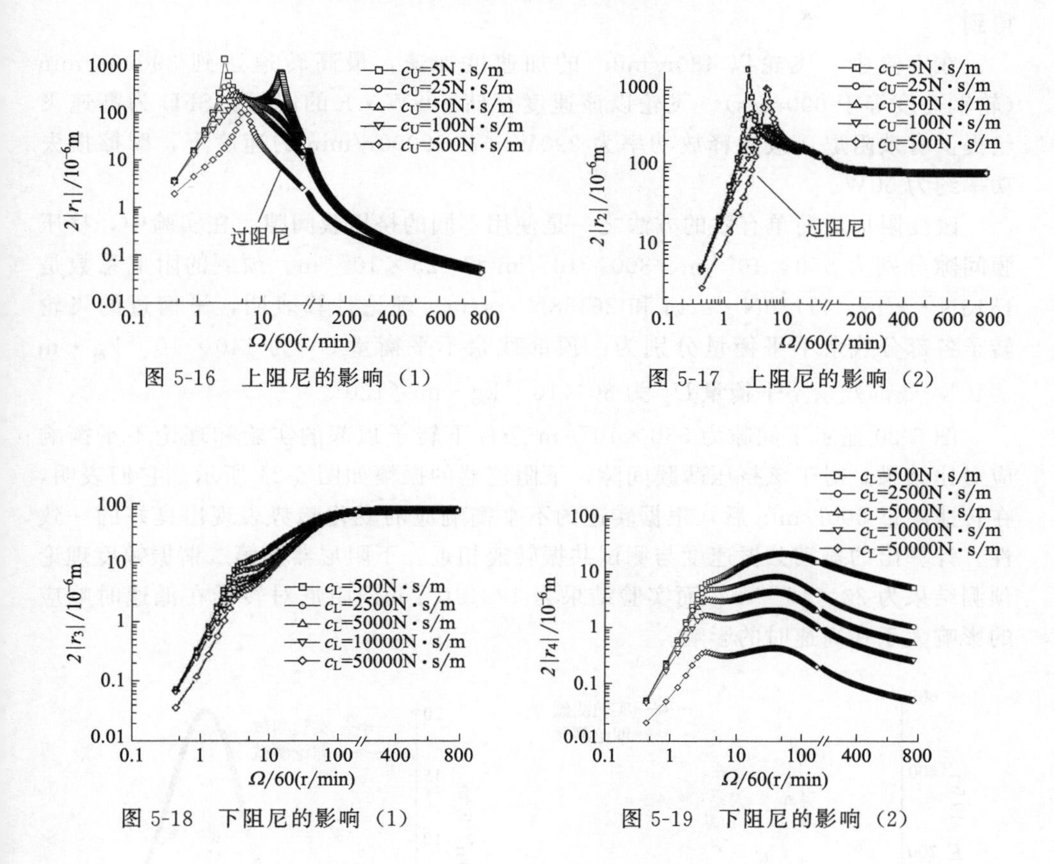

图 5-16　上阻尼的影响（1）

图 5-17　上阻尼的影响（2）

图 5-18　下阻尼的影响（1）

图 5-19　下阻尼的影响（2）

5.4 实验验证

实验的主要目标是运行飞轮系统以存储和释放电能，为转子-轴承系统找到合适的挤压膜阻尼以及验证上述分析和计算。所设计的飞轮转子轴承-阻尼系统安装在由真空泵抽真空的真空室内。当从所述电控系统中转换后的高频电力驱动 DC 马达之后，飞轮开始加速。电力释放时，飞轮驱动直流发电机，电能通过电气控制系统输出。为了测试飞轮系统的振动，在转子顶部和下阻尼器处分别放置两个位移探头，如图 5-5（a）所示，他们检测转子轴承-阻尼系统在 r_2 和 r_4 处的响应。转子的不平衡响应可以通过 FFT 频谱分析仪对振动信号的基频分析得到。

在实验中，飞轮以 480r/min^2 的加速度加速，最高转速达到 39000r/min（轮辋速度等于 600m/s）。飞轮以该速度存储 308W·h 的能量，SFD 为高速飞轮提供有效阻尼，最大释放功率为 290W。在 39000r/min 的速度下，摩擦损失功率约为 50W。

改变阻尼最简单有效的方法之一是使用不同的挤压膜间隙。在实验中，挤压膜间隙分别为 550×10^{-6}m、300×10^{-6}m 和 225×10^{-6}m。预测的阻尼系数是 1813N·s/m、11710N·s/m 和 26488N·s/m。理论计算表明，平衡过的飞轮转子各部分残余不平衡量分别为：顶部残余不平衡量 U_1 为 140×10^{-6}kg·m∠40°，底部残余不平衡量 U_2 为 80×10^{-6}kg·m∠120°。

图 5-20 显示了间隙为 550×10^{-6}m 条件下转子顶部的实验和理论不平衡响应对比结果。对于该挤压薄膜间隙，下阻尼器的振幅如图 5-21 所示。它们表明，在转速超过 600r/min 后，根据转速的不平衡响应的变化趋势表现出良好的一致性。计算出的振动共振速度与测试共振转速相近。下阻尼器的第二谐振幅度理论预测结果为 20×10^{-6}m，而实验结果为 12×10^{-6}m。阻尼对转子在低速时响应的影响大于在高速时的影响。

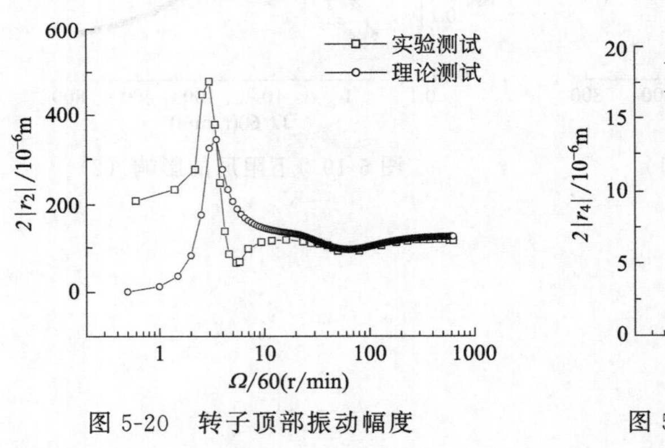

图 5-20 转子顶部振动幅度
（$C=550\times10^{-6}$m）

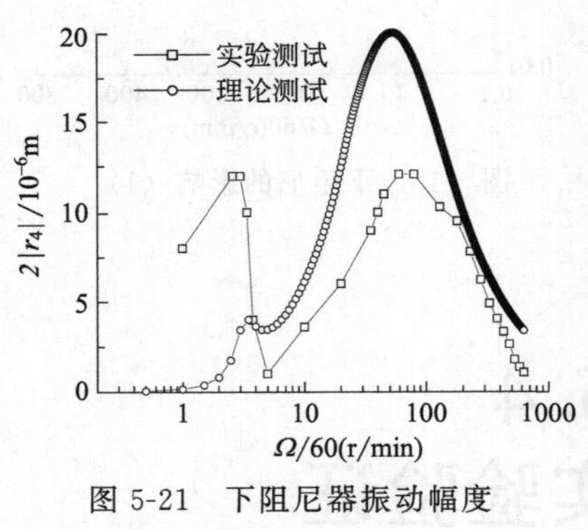

图 5-21 下阻尼器振动幅度
（$C=550\times10^{-6}$m）

图 5-22 和图 5-23 展现了间隙为 300×10^{-6}m 时的对比结果。图 5-24 和图 5-25 展现了间隙为 225×10^{-6}m 时的对比结果。设计中，希望在转速上升时振幅应低于 10×10^{-6}m，因此，间隙应小于 500×10^{-6}m。300×10^{-6}m 和 225×10^{-6}m 的间隙适合考虑同步不平衡响应。然而，对系统的稳定性分析表

明，挤压薄膜间隙为 300×10^{-6}m 的低阶模态阻尼大于间隙为 225×10^{-6}m 的挤压薄膜。在间隙等于 225×10^{-6}m 的情况下，在飞轮运行中观察到低阶模态进动。300×10^{-6}m 的间隙为飞轮的转子-轴承系统提供了最合适的阻尼。

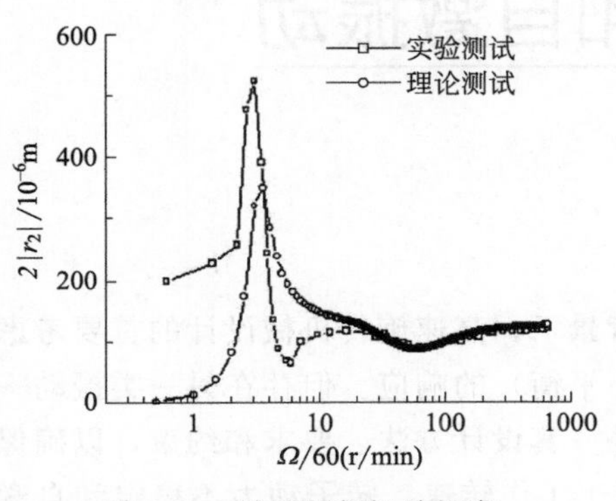

图 5-22　转子顶部振动幅度

（$C=300\times10^{-6}$m）

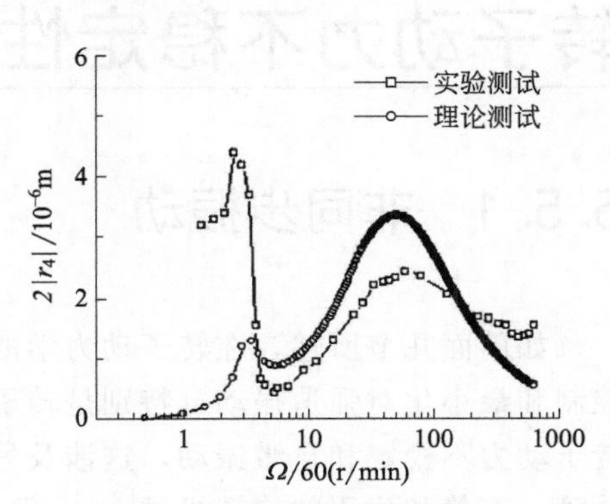

图 5-23　下阻尼器振动幅度

（$C=300\times10^{-6}$m）

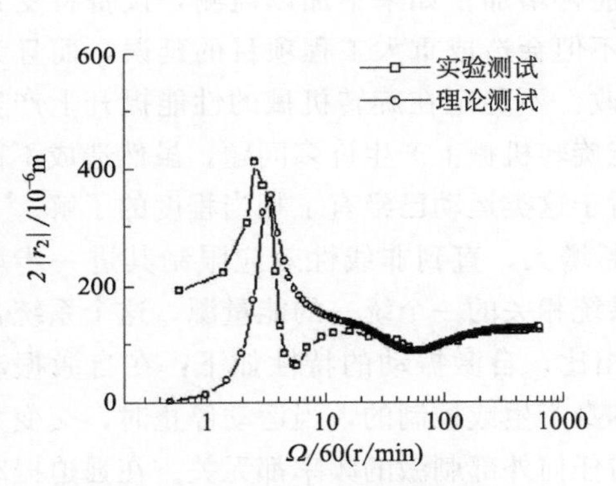

图 5-24　转子顶部振动幅度

（$C=225\times10^{-6}$m）

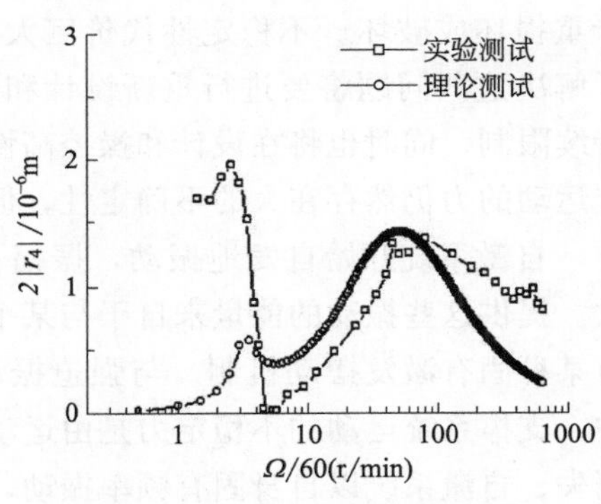

图 5-25　下阻尼器振动幅度

（$C=225\times10^{-6}$m）

计算和实验证实，阻尼对飞轮转子的稳态不平衡响应影响不大，但对阻尼器本身的振动影响很大。预测响应和测试响应之间存在一些差异，这是因为，转子和阻尼器的测试共振振幅存在差异，特别是对于低转速下阻尼器而言差异更加显著。这可能是由静态偏心引起的。静态偏心对实验结果影响很大且很难预测，理论计算不考虑静态偏心率。图 5-23 和图 5-25 表明，当转速超过 12000r/min 时，下阻尼器的理论计算振动远低于实验振动，这表明实际阻尼不如理论预测阻尼那么高。

5.5 转子动力不稳定性和自激振动

5.5.1 非同步振动

如前面几节所述，在转子动力学的背景下，高速旋转机械设计的首要考虑是控制和最小化对强迫振动（特别是转子不平衡）的响应。但存在另一类振动——转子动力不稳定和自激振动，这涉及另外一套设计方法、要求和约束，以确保无故障、安静和耐用的旋转机械[2,3]。不同于工作转速，转子动力不稳定和自激振动与转子横向挠曲固有临界共振振动形式不一致，通常低于工作转速。

振动监测表明，这种“次同步的”或“超临界”振动通常随着工作转速和功率增加而大幅增加，此时工作转速不可能再增加；如果不加以监测，设备将受到严重损坏或破坏。不稳定性代价巨大，不但会造成重大工程项目的延误，而且为了解决这些问题将要进行重新设计和修改。不稳定在旋转机械的性能提升上产生持续限制，同时也将在设计和操控高性能旋转机械上产生许多问题。虽然造成不稳定运动的力仍然存在大的不确定性，但对于这类运动已经有了相当程度的了解。

自激系统开始自发地振动，振幅不断增大，直到非线性效应限制其进一步增大。提供这些振动的能量来自于与某个系统相关的一个统一的能量源，这个系统含有某种固有激发摆动机制。与强迫振动相比，自激振动的特性如下：在自激振动中，支撑系统运动的不稳定力是由运动本身产生或控制的，当运动停止时，交变力消失。自激系统以自身固有频率振动，与任何外部刺激的频率都无关。在强迫振动中，维持的交变力独立于运动而存在，当振动停止时交变力仍然存在。处于强迫振动状态的系统，将以交变力的频率振动或以与交变力的频率直接相关的频率振动。

已确定的自激机制可分为以下几种：涡动；参数不稳定；蠕动摩擦和颤振；强迫不稳定。

5.5.2 涡动

在不稳定性最重要的子类涡动中，总的来看是由切向力激发的，垂直于旋转轴的任意径向偏转，其大小与那个偏转成比例（或者单调变化）。有些转动情况下，这种力能克服通常存在的外阻尼，引起振幅不断增加的涡动，最终受到刚度和阻尼限制。

为分析涡动行为，建立了图 5-26 所示的力平衡、径向力平衡和切向力平衡，运动方程（对于某个集中质量为 m 的旋转轴）用极坐标表示。

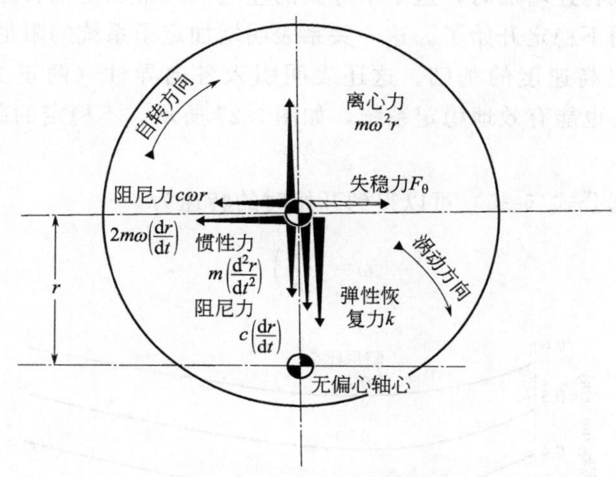

图 5-26　转子涡动力学分析

径向力平衡方程：

$$-m\omega^2 r+m\frac{d^2 r}{dt^2}+c\frac{dr}{dt}+kr=0 \tag{5-35}$$

切向力平衡方程：

$$2m\omega\frac{dr}{dt}+c\omega r-F_a=0 \tag{5-36}$$

一般情况下，涡动的前提是存在产生一种力的物理现象，这个力垂直于径向偏转 r 并且和旋转方向一致，也就是说与阻尼力抑制旋转运动相反。通常这种法向力与径向挠度成正比：

$$F_\theta=k_{r\theta}r \tag{5-37}$$

该常数 r 常称为交叉耦合刚度系数，因为它将力的大小与垂直于该力的挠度联系起来，其解的形式为

$$r=r_0 e^{at} \tag{5-38}$$

为了使系统稳定，指数的系数

$$a=\frac{k_{r\theta}-c\omega}{2m\omega} \tag{5-39}$$

必须为负，对稳定性的要求为

$$k_{r\theta} \leqslant c\omega \tag{5-40}$$

或者以无量纲形式表示：

$$\frac{k_{r\theta}}{\omega^2 m} \leqslant \frac{c}{\omega m} = 2\zeta \tag{5-41}$$

当旋转机械转速增加时，这个不等式的左边（通常也是轴转速的函数）可能超过右边，表明不稳定开始了。这一关系表明增加定子系统的阻尼比是推动不稳定起点到一个更高速度的基础。这还表明引入各向异性（两正交平面内 K_{xx}、K_{yy} 数值不同）也能有效地稳定系统，如图 5-27 所示。不稳定的起点

$$a = 0^{+} \tag{5-42}$$

因此，根据公式(5-35) 可以得到开始时的转速为

$$\omega = \left(\frac{K}{m}\right)^{\frac{1}{2}} \tag{5-43}$$

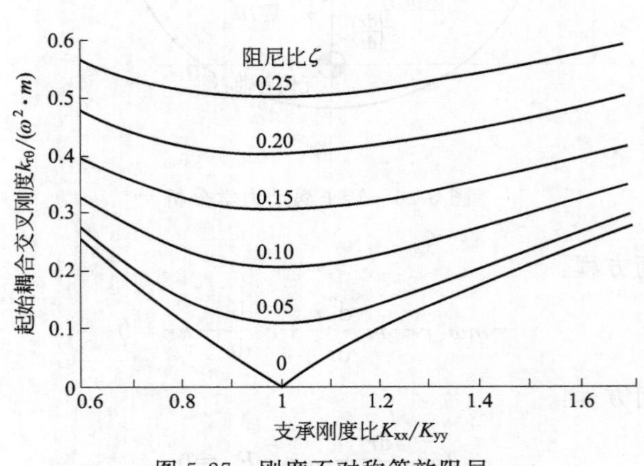

图 5-27　刚度不对称等效阻尼

也就是说，不稳定开始时的转速是轴的固有频率或临界频率，与轴的转速无关。旋转方向可以与轴的旋转方向相同（向前旋转），也可以与轴的旋转方向相反（向后旋转），这取决于失稳力 f 的方向。

当系统不稳定时，轴的质心轨迹如图 5-28(a) 的指数螺旋线所示。该二维轨迹的任意平面分量［图 5-28(a)］均与平面不稳定振动形式相同。

随着振幅的增大，系统中的非线性耗散能量比线性模型预测更为迅速。因此，涡动振幅随时间急剧增大，但一般达到稳态极限循环，如图 5-28(b) 所示。

涡动不稳定性最重要的来源是：转子内阻尼-迟滞旋转；流体动力轴承和密封件；流体动力轴承；油密封；迷宫密封；密封叶轮机械气动交叉耦合；叶片尖端间隙激励。

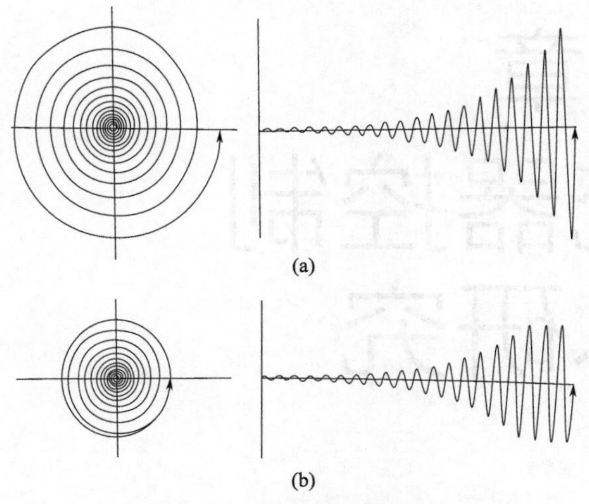

图 5-28 涡动幅度及其限制

5.6 本章小结

飞轮储能装置的机械电机部分是典型的高速转子轴承系统，其动力学特性对高速平稳运行具有重要意义。当前的动力学理论和计算方法为飞轮电机转子动力学设计提供了有效的工具。评价飞轮电机动力学性能的指标参数包括临界转速、失衡量、不平衡响应、稳定性等。多自由度动力学分析为转子结构设计提供方案论证设计的依据，然后采用有限元转子动力学软件进行详细的分析，研判飞轮电机轴承系统动力学特性并优化设计。

参考文献

[1] GENTA G. Kinetic energy storage：Theory and practice of advanced flywheel systems [M]. UK：Butterworth-Heinemann，2014.

[2] VANCE J，ZEDAN F，MURPHY B. Machinery Vibration and Rotordynamics，John Wiley @ Sons，Inc. 2010.

[3] KRAMER E. Dynamics of Rotors and Foundations. Springer-Verlag Berlin Heidelberg，1993.

第6章 变流器控制技术研究

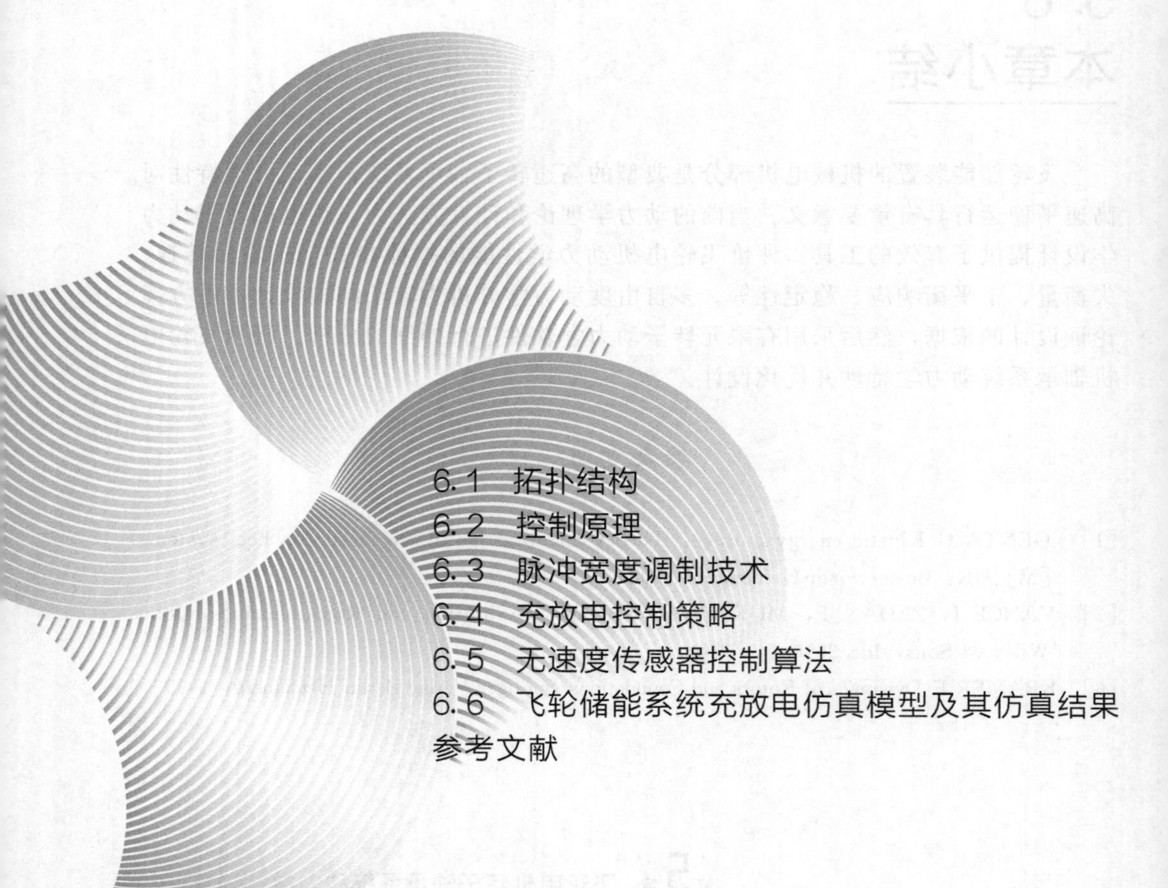

为了实现飞轮储能电机与外部电源/负载的双向有序能量流动，飞轮储能系统使用变流器控制电机的电动升速、发电减速和稳速待机三种工况。本章介绍了常用的两电平和三电平变流器以及L、LC与LCL型滤波器，分析了电机矢量控制、直接转矩控制和PWM调制技术，讨论了飞轮储能系统充放电控制策略和无速度传感器控制算法，给出了飞轮储能系统充放电控制仿真模型和仿真分析结果。

6.1 拓扑结构

飞轮储能系统主要包括飞轮转子、电机、变流器、轴承、辅助设备几部分[1]。根据需求的不同，飞轮储能系统可以与交流电网相连，也可以与直流侧直接连接。图6-1所示为常用的飞轮储能系统电气拓扑结构。其中，飞轮电机常用高速永磁同步电机；飞轮转子和飞轮电机通常工作于真空的密闭环境中以减小风损等损耗从而降低系统自放电率，但真空会使得飞轮电机的散热变得困难。针对电机发热问题，可以如图6-1所示增加机侧滤波器，降低电流的谐波含量从而减小发热等。当系统直接连接电网时，为满足并网需求一般需要加网侧滤波器以对馈入电网的电流进行滤波。此外由于飞轮储能系统需要同时满足充电和放电等需求，因此使用的变流器，无论是AC/DC变流器，还是DC/AC变流器，均需要满足能量双向流动。

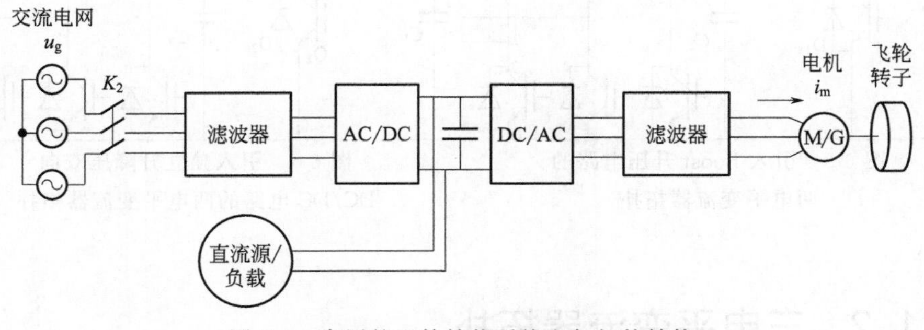

图6-1 常用的飞轮储能系统电气拓扑结构

下面将介绍飞轮储能系统中常用的两电平和三电平拓扑结构的变流器，以及L、LC和LCL型滤波器。

6.1.1 两电平变流器拓扑

在飞轮储能系统中常用的两电平变流器拓扑结构如图 6-2 所示。

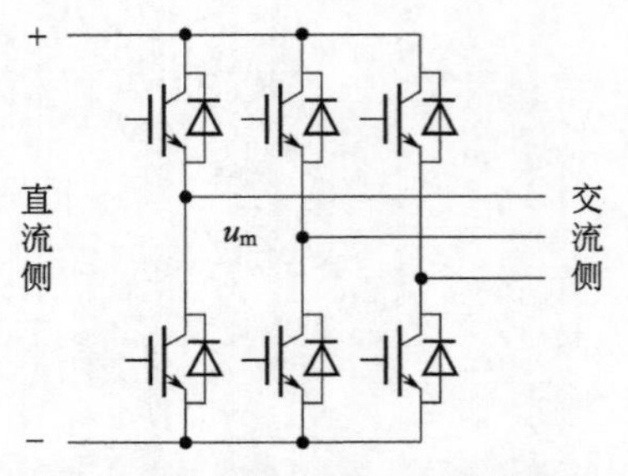

图 6-2 常用的两电平变流器拓扑

变流器拓扑结构除图 6-2 外，还有部分飞轮储能系统在主电路中加一级 DC/DC 电路[2]。例如，文献［3］采用了一种在三相桥式电路的直流侧附加 Boost 升压电路的拓扑，如图 6-3 所示，其功率的双向流动通过开关 SB 来实现，Boost 电路仅在系统放电阶段起作用；文献［4］在直流侧附加了一个双向 DC/DC 电路，如图 6-4 所示，不需要额外的辅助直流开关即可实现功率的双向流动，并且同时具有升压和降压功能。

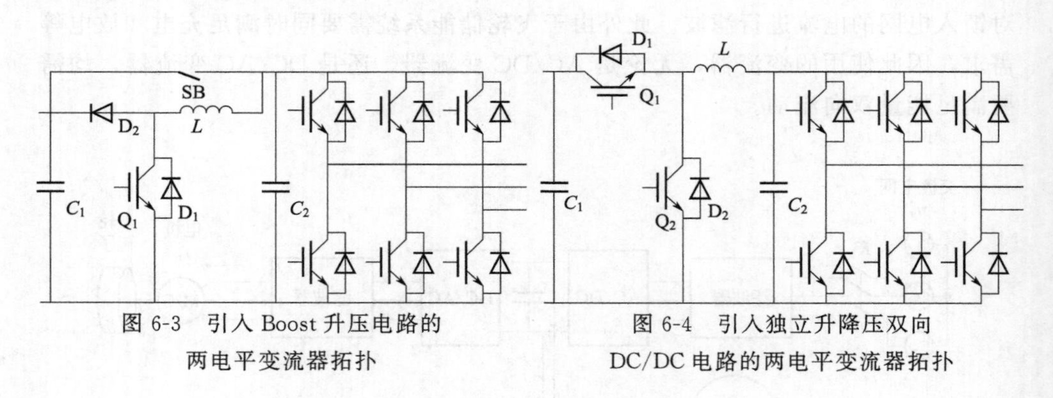

图 6-3 引入 Boost 升压电路的两电平变流器拓扑

图 6-4 引入独立升降压双向 DC/DC 电路的两电平变流器拓扑

6.1.2 三电平变流器拓扑

与两电平变流器相比，三电平变流器有如下优势：①更适合在大容量、高电压等场合下应用；②可以增加输出电压的电平数，从而降低谐波含量；③可以减

小开关管动作时的 dv/dt，部分缓解电磁干扰问题；④在同样谐波含量的情况下，所需的开关频率更低、开关损耗更小、效率更高等。

在二极管箝位型（neutral point clamped，NPC）、飞跨电容型和具有独立直流电压源的级联型三种三电平变流器拓扑结构中，飞轮储能系统常用三电平NPC拓扑变流器。其结构图如图 6-5 所示，具有如下优势：①直接实现大功率、高电压，不需要变压器辅助，可以减小设备的体积和成本；②如果整流器和逆变器均采用此拓扑，可以实现双边 PWM 控制，进而实现电机的四象限调速，利于高性能电机调速等[5]。虽然该拓扑也有一些缺点，如箝位二极管承受电压不均匀；不同级的直流侧电容电压在传递有功功率时可能出现不均衡，需要采用相应的策略进行控制等，但总体来说，在上述三种三电平变流器拓扑中，三电平NPC 在大容量交流电机调速领域最常用。

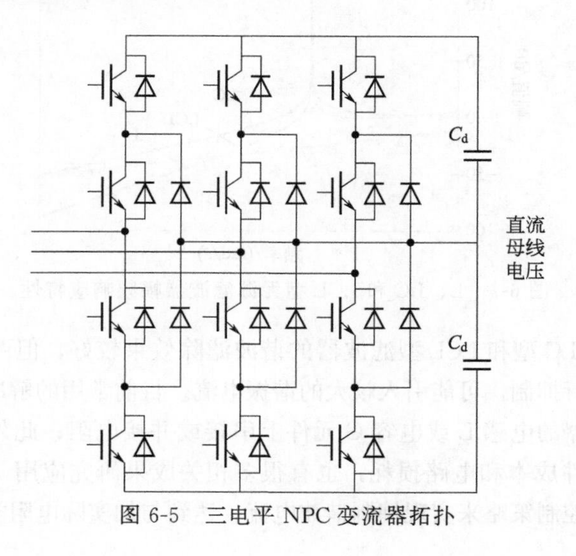

图 6-5　三电平 NPC 变流器拓扑

6.1.3　无源滤波器

在飞轮储能系统中常用的无源滤波器类型有 L、LC 和 LCL 型三种，电路图分别如图 6-6(a)～(c) 所示，三者的幅频响应特性如图 6-7 所示。

从图 6-7 可见，在高次谐波处，LCL 型滤波器的斜率为－60dB，LC 型为－40dB，L 型－20dB。因此，三种滤波器对高次谐波的抑制能力排序为 LCL 型＞LC 型＞L 型。因为 L 型滤波器的高次谐波滤除效果并不是特别好，所以如果想达到较好的谐波滤除效果，需要设置较高的滤波器电感值或较高的变流器开关频率等。因此 L 型滤波器现在使用较少[6]。

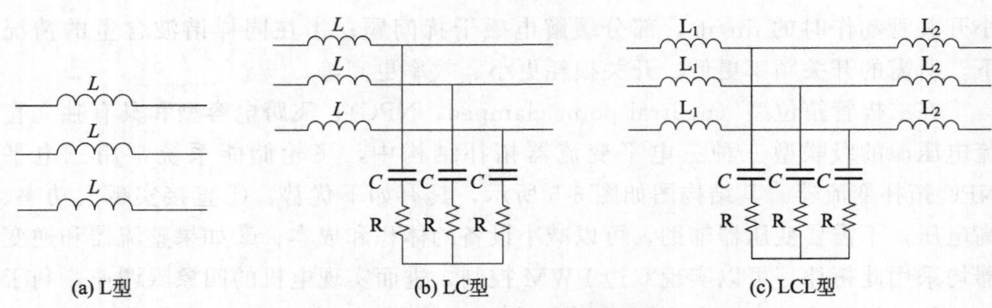

图 6-6 L、LC 和 LCL 型无源滤波器结构图

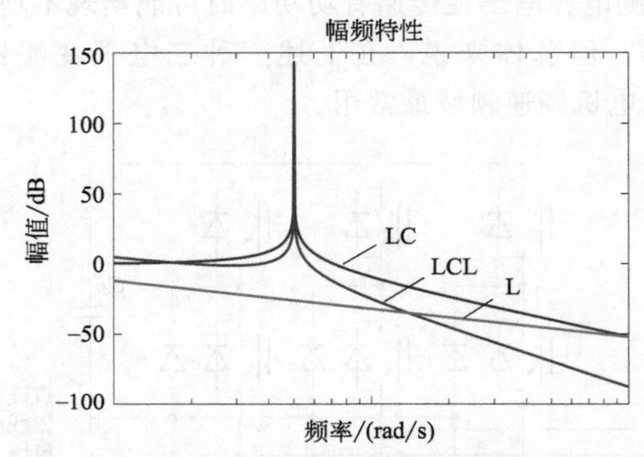

图 6-7 L、LC 和 LCL 型无源滤波器幅频响应特性

此外，虽然 LC 型和 LCL 型滤波器的谐波滤除效果较好，但两者都存在谐振的问题，如果不进行抑制，可能引入较大的谐振电流。目前常用的解决上述谐振问题的方法有：在滤波器的电感 L 或电容 C 元件上串接或并接电阻；此外，因为直接加实际电阻会增加硬件成本和电路损耗，也有很多相关成果研究应用“虚拟电阻”的概念，也就是通过控制策略来实现抑制谐波电流，达到与加实际电阻类似的效果。

6.2 控制原理

6.2.1 矢量控制

在交流电机控制领域，矢量控制的研究最成熟，工业应用最多，具有很好的稳态性能。该控制的基本思想为利用坐标变换实现励磁分量和转矩分量解耦，将交流电机的控制转换为与直流电机类似的方式，从而优化交流电机的控制性能。

上述坐标变换的基本原则为：保持不同坐标系下绕组的合成磁动势不变[7]。其中，有三种常用的坐标系：三相静止坐标系、两相 α-β 静止坐标系、两相 d-q 旋转坐标系，如图 6-8 所示。此外，常用的坐标变换有两种形式：一种为根据幅值不变原则得到的恒幅值变换；另一种为根据功率不变原则得到的恒功率变换，本章坐标变换按恒幅值约束得到。从三相静止坐标系变换到两相 α-β 静止坐标系的坐标变换矩阵如式(6-1) 所示；从两相 α-β 静止坐标系变换到两相 d-q 旋转坐标系的坐标变换矩阵如式(6-2) 所示；从三相静止坐标系变换到两相 d-q 旋转坐标系的坐标变换矩阵如式(6-3) 所示。

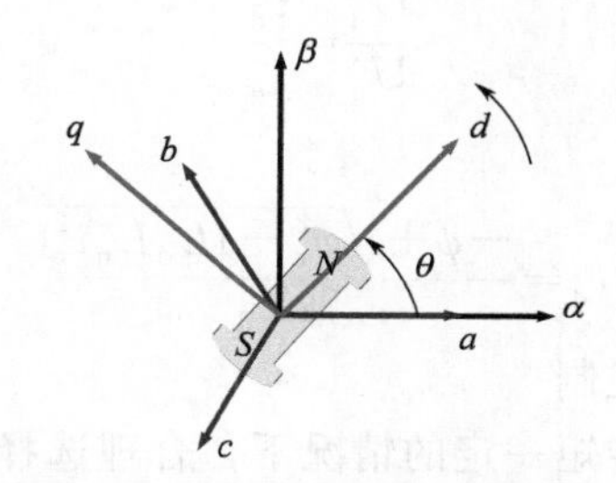

图 6-8　矢量控制常用的三种坐标系

$$C_{\mathrm{abc}/\alpha\beta}=\frac{2}{3}\begin{bmatrix}1 & -\frac{1}{2} & -\frac{1}{2}\\ 0 & \frac{\sqrt{3}}{2} & -\frac{\sqrt{3}}{2}\\ \frac{\sqrt{2}}{2} & \frac{\sqrt{2}}{2} & \frac{\sqrt{2}}{2}\end{bmatrix} \tag{6-1}$$

$$C_{\alpha\beta/\mathrm{dq}}=\begin{bmatrix}\cos\theta & \sin\theta\\ -\sin\theta & \cos\theta\end{bmatrix} \tag{6-2}$$

$$C_{\mathrm{abc/dq}}=\frac{2}{3}\begin{bmatrix}\cos\theta & \cos(\theta-2\pi/3) & \cos(\theta+2\pi/3)\\ -\sin\theta & -\sin(\theta-2\pi/3) & -\sin(\theta+2\pi/3)\end{bmatrix} \tag{6-3}$$

例如对第 3 章永磁同步电机数学模型，即式(3-5)～式(3-7)，应用式(6-1)～式(6-3) 所示的坐标变换矩阵，可以得到式(3-8)～式(3-10)。由式(3-8)～式(3-10) 可见，电机的基本电气量从交流量变成了直流量，并且定子电流被分为转矩分量（q 轴分量）和励磁分量（d 轴分量）。从式(3-10) 可见，当一台电机的极对数、电感、永磁磁链等参数固定时，电磁转矩的大小由 d 轴电流 i_{d} 和 q 轴电流 i_{q} 决定。因此对永磁同步电机的控制相当于对 i_{d} 和 i_{q} 的控制。根据式(3-10)，在转矩一定的情况下，不同的 i_{d} 和 i_{q} 组合可以产生不同的永磁同步电机控制方式。

电机控制方式主要分为四种：$i_d=0$ 控制、单位功率因数控制、最大转矩电流比控制以及弱磁控制等[2]，分别如下所述。

(1) $i_d=0$ 控制

当 $i_d=0$ 时，式(3-10) 变为

$$T_e=\frac{3}{2}p_n\psi_r i_q \tag{6-4}$$

此时，转矩只与 i_q 成正比，因此这种控制方式最简单。

(2) 单位功率因数控制

单位功率因数控制需要满足

$$\frac{U_d}{U_q}=\frac{i_d}{i_q} \tag{6-5}$$

因而可以得到

$$i_d=\frac{-\psi+\sqrt{\psi_r^2-4L_dL_qi_q^2}}{2L_d} \tag{6-6}$$

(3) 最大转矩电流比控制

在永磁同步电机输出转矩一定的情况下，合理选择 i_d 和 i_q 的组合，使永磁同步电机定子电流最小，即为最大转矩电流比控制。针对这种控制的研究已很成熟，此处不再赘述。

(4) 弱磁控制

永磁同步电机的弱磁控制是类比于他励直流电机的弱磁升速提出的。虽然永磁体磁链不能改变，但可以通过施加一个负值的 i_d 来实现电机高速运行时的电压平衡，实现更宽范围内的恒功率运行[2]。具体的 i_d 根据实际需要来选择。

6.2.2 直接转矩控制

不同于矢量控制，直接转矩控制直接控制电机的转矩和磁链；通过将两者的参考值与实际值借助滞环比较器进行比较，再结合开关状态表选出最合适的基本电压矢量，进而得到变流器驱动信号[7]。基于开关状态表的直接转矩控制原理图如图 6-9 所示。

这种方法在坐标变换上只使用了 Clark 变换，即在两相 α-β 静止坐标系下实现对电机的控制，简化了系统的结构，动态响应速度更快；同时对电机参数的依赖性减小，鲁棒性增强。但由于直接采用了滞环比较，因此滞环比较器的缺点此时也都存在，比如转矩脉动大等。

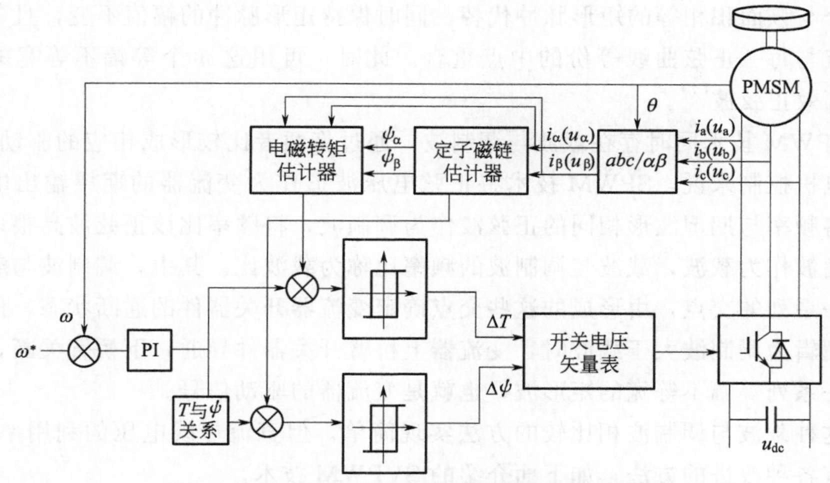

图 6-9　基于开关状态表的直接转矩控制原理图

针对直接转矩控制的缺陷目前已有大量的文献进行相关的改进研究，比如使用 SVPWM 调制技术来提高控制性能等。总体而言，直接转矩控制的磁链观测模型在低速时精度较差，容易引起转矩脉动，虽然动态性能较好，但是系统的稳态性能和调速范围还需要进一步改进。因此，在目前的飞轮储能系统中大部分使用的仍是矢量控制。

6.3 脉冲宽度调制技术

常用的脉冲宽度调制（PWM）方法有正弦脉宽调制技术（sinusoidal pulse width modulation，SPWM）、空间矢量脉宽调制技术（space vector pulse width modulation，SVPWM）、消除指定次数谐波的 PWM 调制技术（selective harmonic elimination pulse width modulation，SHEPWM）等[7]，本节主要介绍最常用的 SPWM 和 SVPWM 两种。

6.3.1 正弦脉宽调制技术

正弦脉宽调制技术（SPWM）是使用一系列等幅不等宽的矩形脉冲波等效正弦波的方法，即将正弦波等分为 n 份，将每一等份的曲线与横轴包围的面积用一个与该面积相等的矩形脉冲代替；同时保持矩形脉冲的幅值不变，且各脉冲的中点与每一正弦曲线等份的中点重合。此时，可用这 n 个等幅不等宽的矩形脉冲等效正弦波[7]。

SPWM 技术同时存在载波与调制波，通过将两者比较形成相应的驱动信号。对于电机控制来说，SPWM 技术将正弦电压波形作为变流器的期望输出电压波形，将频率与期望波形相同的正弦波作为调制波，将频率比该正弦波高很多的等腰三角波作为载波，载波与调制波的频率比称为载波比。其中，调制波与载波会产生一系列的交点，由形成的这些交点确定变流器开关器件的通断状态，例如常用的逻辑为调制波大于载波时，变流器上桥臂开关器件导通，下桥臂关断，以此获得一系列等幅不等宽的矩形波，也就是变流器的驱动信号。

这种载波与调制波相比较的方法实现简单，但直流母线电压的利用率受限，因此有各种改进的方法，如下面介绍的 SVPWM 技术。

6.3.2 空间矢量脉宽调制技术

空间矢量脉宽调制技术（SVPWM）通过控制开关器件的开通和关断状态，改变电机的端电压，使电机内部的磁链轨迹跟踪理想三相正弦波电压供电时的理想磁链圆。与 SPWM 相比，SVPWM 可以减小输出电压和电流中的谐波含量，提高直流母线电压的利用率等。其实现方式与 SPWM 技术不同，下面简要介绍其在三相两电平桥式变流器中的应用[2]。

此时变流器共有八种开关状态，分别对应着八个空间电压矢量，如图 6-10 所示。

首先确定参考电压矢量 U_{ref} 所在扇区，从而选出与其相近的两个空间电压矢量来合成 U_{ref}。例如与 U_{ref} 相邻的两个空间电压矢量为 U_m、U_n，两者在一个开关周期 T_s 内的作用时间分别用 T_m、T_n 表示，则空间电压矢量可由式(6-7) 合成。

$$U_{ref}T_s=U_mT_m+U_nT_n \tag{6-7}$$

U_{ref} 的合成示意图如图 6-11 所示。

根据图 6-11，利用矢量的合成与分解，即可得到此时两个空间电压矢量各自的作用时间 T_m 和 T_n，而零矢量的作用时间 T_0 如式(6-8) 所示。进而通过七段式或是其他方式安排空间电压矢量的作用顺序，可以得到调制信号。如图 6-12 所示为第一扇区内按照七段式方式得到的调制信号示意图。

$$T_0=T_s-T_m-T_n \tag{6-8}$$

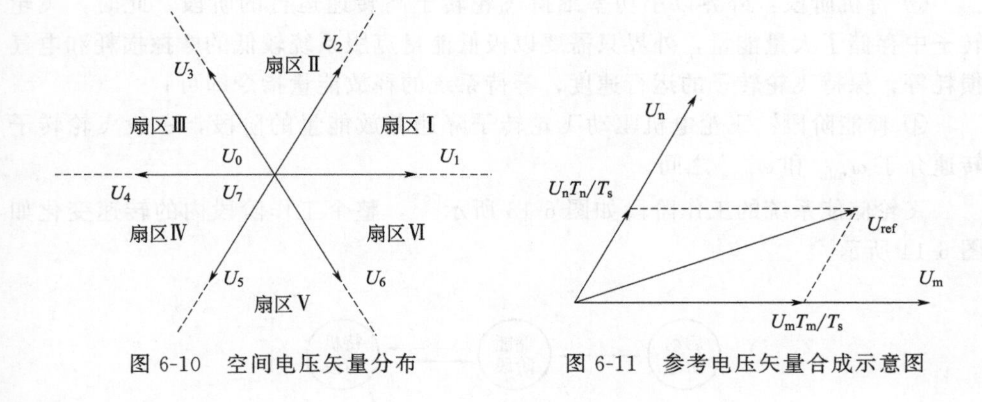

图 6-10　空间电压矢量分布　　　图 6-11　参考电压矢量合成示意图

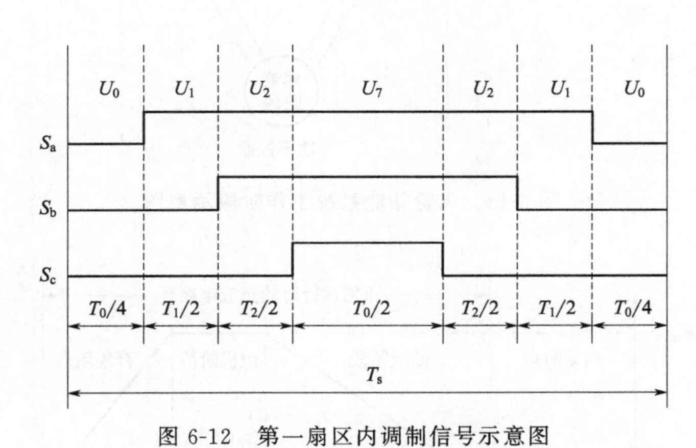

图 6-12　第一扇区内调制信号示意图

上面介绍了飞轮储能系统中变流器常用的调制技术，接下来介绍飞轮储能系统充放电控制策略。

6.4 充放电控制策略

正常情况下，飞轮储能系统的运行状态由以下几个阶段组成[2]：

① 启动阶段：飞轮电机启动并加速至最低工作转速的阶段，只有系统第一次启动才会经历此阶段，正常运行的充放电循环中不包括该阶段；

② 储能阶段：飞轮电机驱动飞轮转子将其由最低工作转速 ω_{min} 加速至最高工作转速 ω_{max} 的阶段，能量从电能转换为机械能，存储在飞轮转子中；

③ 待机阶段：外界以小功率维持飞轮转子高转速运行的阶段，此时，飞轮转子中存储了大量能量，外界只需要以极低能量克服系统较低的摩擦损耗和电气损耗等，保持飞轮转子的运行速度，等待系统的释放能量指令即可；

④ 释能阶段：飞轮电机驱动飞轮转子降速释放能量的阶段，一般飞轮转子转速介于 ω_{min} 和 ω_{max} 之间。

飞轮储能系统的工作阶段如图 6-13 所示[9]，整个工作阶段内的转速变化如图 6-14 所示[10]。

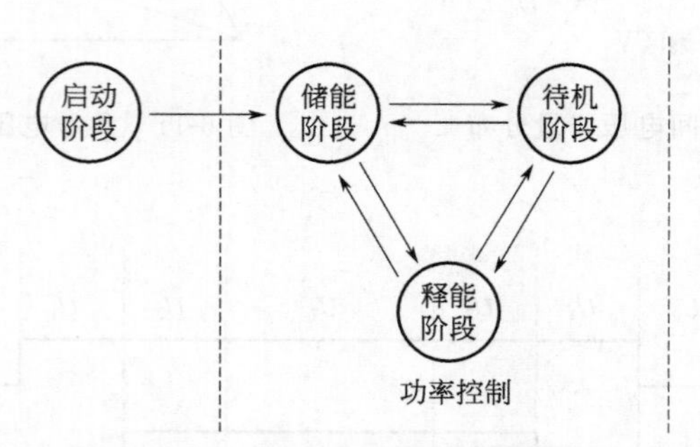

图 6-13 飞轮储能系统工作阶段示意图

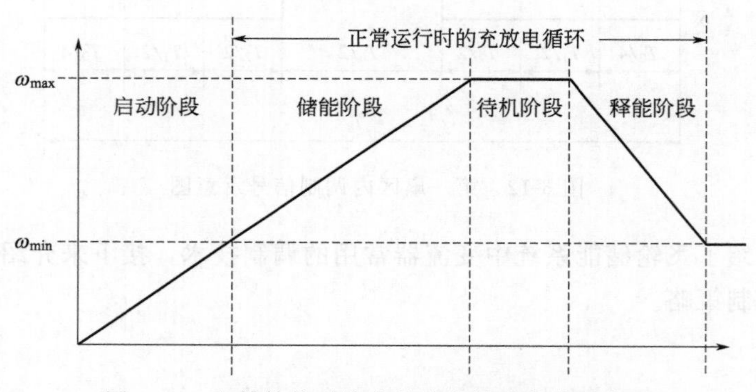

图 6-14 飞轮储能系统完整阶段转速变化示意图

由于在工程实际中矢量控制比直接转矩控制更成熟，因此下文主要分电机侧和电网侧介绍基于矢量控制的飞轮储能系统充放电控制策略。

6.4.1 电机侧充放电控制策略

在飞轮储能系统中，充电时飞轮电机作为电动机拖动飞轮转子升速，将电能转换为机械能储存在高速旋转的飞轮转子中；放电时飞轮电机作为发电机，将储存在飞轮转子中的机械能转换为电能；待机时，飞轮转子自由旋转，飞轮电机的定子电枢绕组中电流较小，可忽略。在不同的运行阶段，系统将选择不同的控制策略，下面分别介绍电机侧变流器在充电和放电状态下的控制策略。

（1）充电控制策略

根据前面的介绍，充电过程对应着飞轮转子转速升高的过程，因此包括启动和储能两个阶段。在启动阶段，转速较低，反电势相应较小，为了均匀提升飞轮电机和飞轮转子的转速，同时防止飞轮电机电流超过限值，通常控制转矩不变；转矩大小可以按照系统电流的最大值来设置，由于这一阶段转速还比较小，因此功率不会太大，一般的供电电源都能够满足要求。在储能阶段，转速较高，反电势相应较大，为了保持较高的充放电功率，同时保证电机端电压不超过额定值，通常控制有功功率不变；功率大小可以按照飞轮储能系统的供电电源功率来设置。图 6-15 所示为飞轮储能系统充电过程中电磁转矩和有功功率的设置情况[11]。

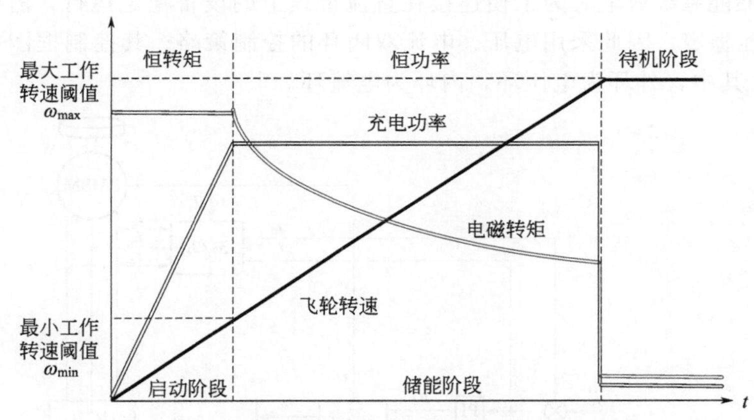

图 6-15　飞轮储能系统充电过程中转矩和功率设置

因为飞轮储能系统储存的能量正比于飞轮转子转速的平方，所以为充电到一定的储能量，需要控制转速升高到一定值，因此采用转速、电流双闭环的控制策略。其控制框图如图 6-16 所示[12,13]。其中，外环为转速环，内环为电流环。通常可以将飞轮储能系统的最高转速设置为转速参考值。

（2）放电控制策略

根据前面的介绍，放电过程对应着释能阶段。由图 6-14 可知，该阶段一般发生在飞轮储能系统正常运行过程中，转速介于 ω_{min} 和 ω_{max} 之间，因此一般也采用恒功率放电。因为当飞轮转子运行转速较小时，一方面飞轮储存的能量占总能量的比例较小；另一方面输出功率较低，利用价值不大；再者此时充电功率也会受到限制，飞轮充电时间长，所以飞轮放电时转速不会下降得很小，一般下降

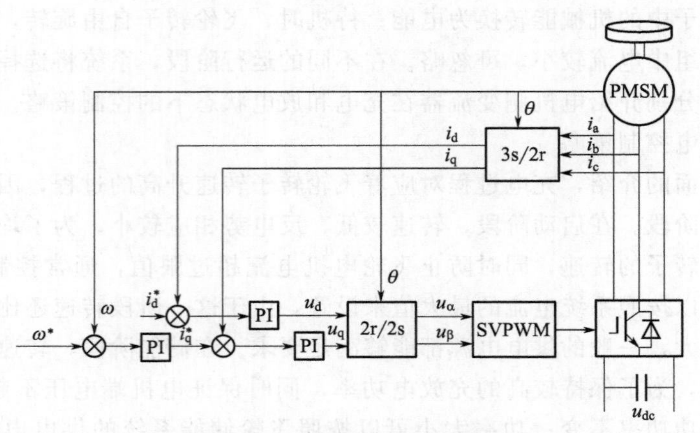

图 6-16 电机侧充电控制框图

到 ω_{min}，就会停止放电。

飞轮储能系统放电时为了使连接在直流母线上的设备稳定运行，需要保证直流母线电压稳定，因此采用电压、电流双闭环的控制策略。其控制框图如图 6-17 所示[12]，其中，外环为电压环，内环为电流环。

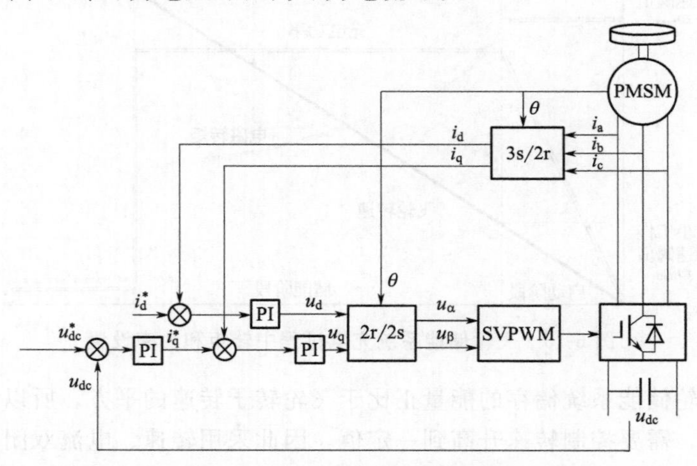

图 6-17 电机侧放电控制框图

6.4.2 电网侧充放电控制策略

对飞轮储能系统电网侧变流器的控制也可以分为充电控制和放电控制两种。如 6.1 节所述，电网侧经常使用滤波器对电流等电气量进行谐波抑制，本节以

LCL 滤波器为例进行介绍。

（1）充电控制策略

由于飞轮储能系统借助直流母线实现电机侧和电网侧的功率流动，因此有必要控制直流母线电压的恒定。在飞轮储能系统处于充电状态时，为使系统达到设定的转速，在电机侧控制转速，因此此时直流母线电压由电网侧控制，采用电压、电流双闭环控制策略。其控制框图如图 6-18 所示，其中，外环控制直流母线电压，内环控制电流[14]。

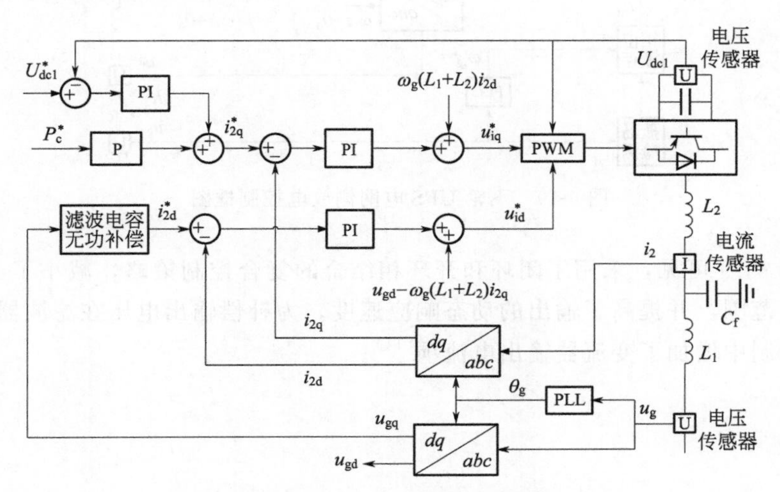

图 6-18　电网侧充电控制框图

电网侧变流器输出电流经过 d-q 坐标变换后，直轴分量决定了变流器输出的无功功率，交轴分量决定了有功功率。因为变流器的有功功率决定了直流母线电压的变化，所以直流母线电压外环的输出可以作为交轴电流内环参考值。对于直轴电流内环参考值，因为 LCL 滤波器自身会产生一定的无功功率，所以，为了减小注入电网的无功含量，需要设置一定的直轴电流参考值来补偿滤波器产生的无功。此外，为了减小直流母线电压外环和电流内环的 PI 控制器调节范围，并提高电网侧变流器的动态响应速度，在电压外环中引入了前馈项，在电流内环中引入了前馈项和交叉耦合项[14]。

（2）放电控制策略

在飞轮储能系统处于放电状态时，为使系统正常运行，电机侧控制直流母线电压，因此此时电网侧应控制变流器输出电压或功率，例如飞轮 UPS 网侧变流器控制框图如图 6-19 所示[14]。由于此时电网侧变流器控制环的阶次低、速度快，因此将控制建立在了两相静止 α-β 坐标系中；既能实现足够的稳态精度，又能保证更好的输出波形，同时还可以节约控制器资源。

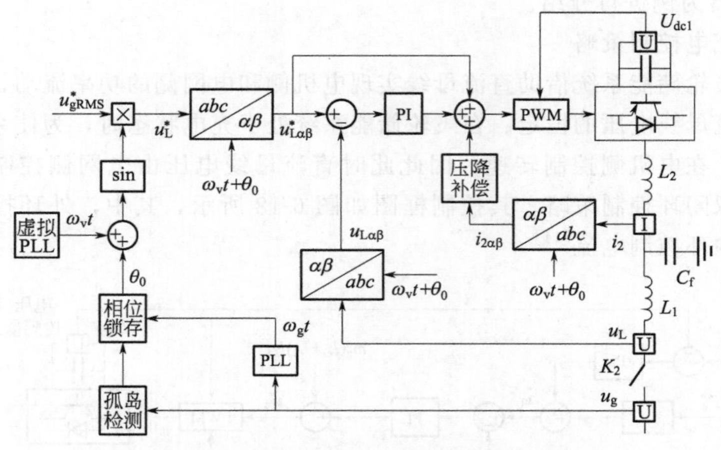

图 6-19 飞轮 UPS 电网侧放电控制框图

从图 6-19 可见，采用了闭环和开环相结合的复合控制策略，减小了 PI 控制器的调节范围，并提高了输出的动态响应速度。为补偿输出电压在滤波器上的压降，在控制中增加了变流器输出电流项[14]。

6.5 无速度传感器控制算法

在矢量控制中，电机转子空间位置角的获取是整个控制的关键。在飞轮储能系统中，转子位置信息可以通过与电机同轴安装的速度传感器获取，也可以采用无速度传感器控制算法估算。虽然采用速度传感器的方法控制简单，在转速较低时测量精度高，但在高速时可靠性降低，对运行条件如温度、湿度、振动等有较高的要求，因此有必要研究用于飞轮储能系统的无速度传感器控制方法。

常用的无速度控制方法主要分为两类[15,16]：

一类方法基于电机数学模型，这种方法又可以分为开环算法和闭环算法两种。其中开环算法包括直接计算法、反电动势积分法等；闭环算法包括模型参考自适应法、滑模观测器法等。这两种方法的基本思想均为从反电势中提取转速。考虑到在转速较低时反电势较小，容易受到干扰，精度下降，因此这类方法主要适合于中高速运行。

另一类方法基于电机的凸极效应，如高频信号注入法等。这类方法不需要电机参数，在低速甚至是零速时也可以达到较好的控制效果，但需要施加额外的检测信号，且滤波效果对电机参数、运行频率和负载比较敏感，增加了实施难度。

因为飞轮储能系统正常运行于一个较高的转速区间内，所以本文只介绍基于反电势和基于模型参考自适应无速度传感器控制两种常用的适用于中高速的方法。

6.5.1 基于反电势的无速度传感器控制算法

基于反电势无速度传感器控制算法，这种方法的反电势由定子端电压直接计算获得；转子位置角可以通过对得到的反电势局部线性化构造获得，也可以根据由反电势幅值直接计算得到的转子角速度积分获得。本节介绍同时采用上述两种转子位置角估算的方法，对两种方法估算差值应用合适的 PI 调节器进行修正，进而消除转子位置积分中的偏差[12]，下面具体介绍。

在三相静止坐标系下，永磁同步电机定子电压方程可以表示为

$$\begin{cases} u_a=(R_s+pL_0)i_a-\omega\psi_f\sin\theta \\ u_b=(R_s+pL_0)i_b-\omega\psi_f\sin(\theta-2\pi/3) \\ u_c=(R_s+pL_0)i_c-\omega\psi_f\sin(\theta+2\pi/3) \end{cases} \tag{6-9}$$

式中，u_a、u_b、u_c 分别表示定子绕组的 A、B、C 各相电压；i_a、i_b、i_c 分别表示定子绕组的 A、B、C 各相电流；R_s 表示定子绕组电阻；L_0 表示定子绕组等效电感；ψ_f 表示永磁体磁链；ω 表示转子角速度；p 表示微分算子。

从式(6-9) 电机 a-b-c 坐标下定子电压方程中可以看出，转子位置角信息包括在定子反电势中。根据定子绕组电压与电流计算得到的反电势如下：

$$\begin{cases} e_a=-\omega\psi_f\sin\theta=u_a-(R_s+pL_0)i_a \\ e_b=-\omega\psi_f\sin(\theta-2\pi/3)=u_b-(R_s+pL_0)i_b \\ e_c=-\omega\psi_f\sin(\theta+2\pi/3)=u_c-(R_s+pL_0)i_c \end{cases} \tag{6-10}$$

由式(6-10) 可见，转子角速度 ω 可以通过式(6-11) 计算得到。在此基础上，转子位置角通过角速度积分得到，如式(6-12) 所示。

$$\omega=\frac{\sqrt{2(e_a^2+e_b^2+e_c^2)}}{\sqrt{3}\psi_f} \tag{6-11}$$

$$\theta=\int\omega\mathrm{d}t+\theta(0) \tag{6-12}$$

需要注意的是，如果在积分环节中缺少修正环节，就会不断累加转子角速度

的计算误差，导致由其积分得到的转子位置出现偏差，因此引入合适的反馈修正环节是必要的。

除上述方法外，另一方面，转子位置角也可以通过将永磁同步电机的三相反电势标幺化后直接计算得到。标幺化后的三相反电势可以表示为

$$\begin{cases} e'_{a}=\sin\theta \\ e'_{b}=\sin(\theta-2\pi/3) \\ e'_{c}=\sin(\theta+2\pi/3) \end{cases} \tag{6-13}$$

为简化计算，考虑到

$$\lim_{\theta\to 0}\sin\theta=\theta \tag{6-14}$$

对三相反电势的正弦曲线做局部线性化，即当反电势值在［－1/2，1/2］中时，转子角度与反电势的函数关系近似简化为线性关系，可以通过反电势值直接计算转子角度值，避免复杂的反三角函数计算[12]，如式(6-15) 所示。

$$\theta=\frac{\sin\theta}{\frac{1}{2}}\times\frac{\pi}{6} \tag{6-15}$$

6.5.2　基于模型参考自适应系统的无速度传感器控制算法

基于模型参考自适应系统的无速度传感器控制算法将不含未知变量的数学模型作为参考模型，将含有未知变量的数学模型作为可调模型，利用两模型具有相同物理意义的输出量的差，按照合适的自适应率实时调节可调模型，直到可调模型的输出量跟踪上参考模型，此时待估算的参数近似于实际值[12]。该方法的关键是构造合适的自适应率，目前有两种常用的理论，一种为李雅普诺夫的稳定性理论，另一种为波波夫超稳定性理论，本文主要介绍后一种[12,17,18]。

将永磁同步电机本身作为参考模型，包含转速的 d-q 坐标系下电机的电流模型作为可调模型来实现转速的辨识。d-q 坐标系下以定子电流为状态变量的状态方程为

$$\frac{\mathrm{d}}{\mathrm{d}t}\begin{bmatrix} i'_{d} \\ i'_{q} \end{bmatrix}=\begin{bmatrix} -\dfrac{R_{s}}{L_{d}} & \dfrac{\omega L_{q}}{L_{d}} \\ -\dfrac{\omega L_{d}}{L_{q}} & -\dfrac{R_{s}}{L_{q}} \end{bmatrix}\begin{bmatrix} i'_{d} \\ i'_{q} \end{bmatrix}+\begin{bmatrix} u'_{d} \\ u'_{q} \end{bmatrix} \tag{6-16}$$

式中，

$$\begin{cases} i'_{\mathrm{d}}=i_{\mathrm{d}}+\dfrac{\psi_{\mathrm{r}}}{L_{\mathrm{d}}}, i'_{\mathrm{q}}=i_{\mathrm{q}} \\ u'_{\mathrm{d}}=\dfrac{u_{\mathrm{d}}}{L_{\mathrm{d}}}+\dfrac{R_{\mathrm{s}}\psi_{\mathrm{r}}}{L_{\mathrm{d}}}, u'_{\mathrm{q}}=\dfrac{u_{\mathrm{q}}}{L_{\mathrm{q}}} \end{cases} \tag{6-17}$$

式(6-16) 可以简写为

$$\frac{\mathrm{d}\boldsymbol{i}'}{\mathrm{d}t}=\boldsymbol{A}\boldsymbol{i}'+\boldsymbol{B}\boldsymbol{u}' \tag{6-18}$$

可调模型的表达式如下：

$$\frac{\mathrm{d}}{\mathrm{d}t}\begin{bmatrix}\hat{i}'_{\mathrm{d}} \\ \hat{i}'_{\mathrm{q}}\end{bmatrix}=\begin{bmatrix}-\dfrac{R_{\mathrm{s}}}{L_{\mathrm{d}}} & \dfrac{\hat{\omega}L_{\mathrm{q}}}{L_{\mathrm{d}}} \\ -\dfrac{\hat{\omega}L_{\mathrm{d}}}{L_{\mathrm{q}}} & -\dfrac{R_{\mathrm{s}}}{L_{\mathrm{q}}}\end{bmatrix}\begin{bmatrix}\hat{i}'_{\mathrm{d}} \\ \hat{i}'_{\mathrm{q}}\end{bmatrix}+\begin{bmatrix}u'_{\mathrm{d}} \\ u'_{\mathrm{q}}\end{bmatrix} \tag{6-19}$$

式中，$\hat{i}'_{\mathrm{d}}$、$\hat{i}'_{\mathrm{q}}$的定义与i'_{d}、i'_{q}类似，式(6-18) 可简写为

$$\frac{\mathrm{d}\hat{\boldsymbol{i}}'}{\mathrm{d}t}=\boldsymbol{A}\hat{\boldsymbol{i}}'+\boldsymbol{B}\boldsymbol{u}' \tag{6-20}$$

设参考模型与可调模型状态变量间的差用 $\boldsymbol{e}$ 表示，如式(6-21) 所示。

$$\boldsymbol{e}=\boldsymbol{i}'-\hat{\boldsymbol{i}}' \tag{6-21}$$

则

$$\begin{cases} \dfrac{\mathrm{d}\boldsymbol{e}}{\mathrm{d}t}=\boldsymbol{A}\boldsymbol{e}-\boldsymbol{I}\boldsymbol{w} \\ \boldsymbol{v}=\boldsymbol{D}\boldsymbol{e} \end{cases} \tag{6-22}$$

式中，$\boldsymbol{w}=(\hat{\boldsymbol{A}}-\boldsymbol{A})\hat{\boldsymbol{i}}'$。

为简化计算，可直接令 $D=I$，则

$$\boldsymbol{v}=\boldsymbol{I}\boldsymbol{e}=\boldsymbol{e} \tag{6-23}$$

根据波波夫超稳定理论，如果满足下列条件：

① 传递矩阵 $\boldsymbol{H}(\boldsymbol{s})=\boldsymbol{D}(\boldsymbol{s}\boldsymbol{I}-\boldsymbol{A})^{-1}$ 为严格正定矩阵；

② $\eta(0,\ t_0)=\int_0^{t_0}\boldsymbol{v}^{\mathrm{T}}\boldsymbol{w}\mathrm{d}\tau \geqslant -\gamma_0^2$，$\forall t_0 \geqslant 0$，$\gamma_0^2$ 为任意有限正数。

那么就有 $\lim\limits_{t\to\infty}e(t)=0$，即模型参考自适应系统是渐进稳定的，待观测量的估计值最终会收敛到实际值。转速的估计值为

$$\hat{\omega}=\int_0^t k_1\left[i_{\mathrm{d}}\hat{i}_{\mathrm{q}}-i_{\mathrm{q}}\hat{i}_{\mathrm{d}}-\frac{\psi_{\mathrm{r}}}{L_{\mathrm{d}}}(i_{\mathrm{q}}-\hat{i}_{\mathrm{q}})\right]\mathrm{d}\tau+ k_2\left[i_{\mathrm{d}}\hat{i}_{\mathrm{q}}-i_{\mathrm{q}}\hat{i}_{\mathrm{d}}-\frac{\psi_{\mathrm{r}}}{L_{\mathrm{d}}}(i_{\mathrm{q}}-\hat{i}_{\mathrm{q}})\right]+\hat{\omega}(t_0) \tag{6-24}$$

式中，k_1，$k_2 \geqslant 0$ 为自适应率。

由此可以得到转子位置角的观测值 $\hat{\theta}$ 为

$$\hat{\theta}(t)=\int_0^t \hat{\omega}(\tau)\mathrm{d}\tau+\hat{\theta}(t_0) \tag{6-25}$$

采用基于模型参考自适应系统的无速度传感器控制算法估算转子转速和转子位置角的原理框图如图 6-20 所示。

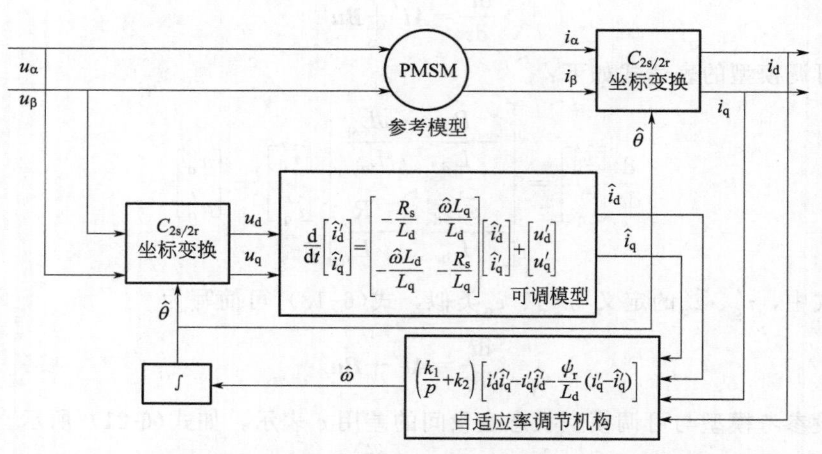

图 6-20　基于模型参考自适应系统的无速度传感器控制算法原理框图

6.6 飞轮储能系统充放电仿真模型及其仿真结果

6.6.1 飞轮储能系统充放电仿真模型

飞轮储能系统充放电仿真模型如图 6-21 所示。

6.6.2 飞轮储能系统充放电仿真结果

飞轮储能系统在飞轮转速低于 1200r/min 时采用的充电转矩为 500N·m，高于 1200r/min 时采用 110kW 的恒功率充电。

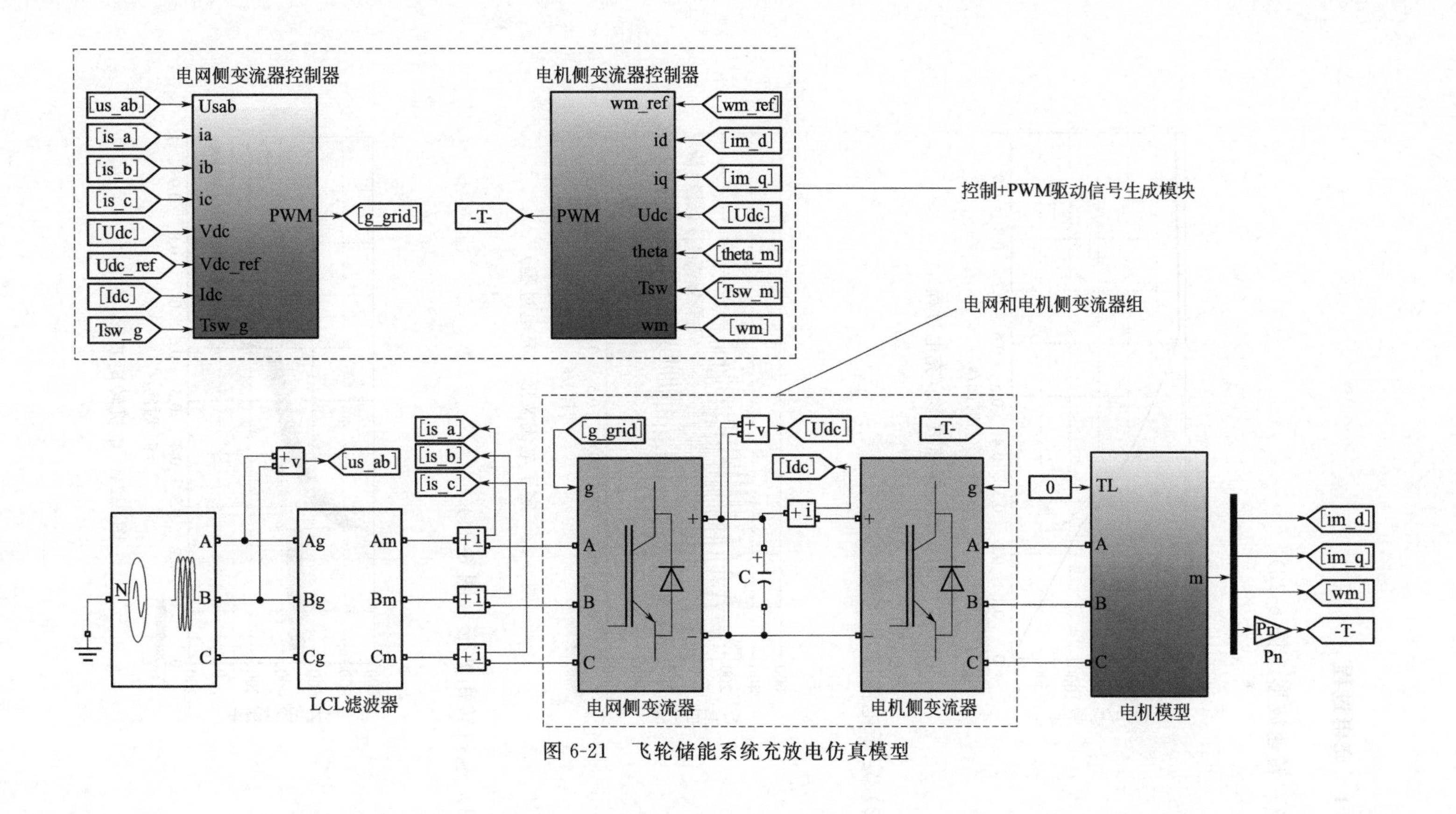

图 6-21 飞轮储能系统充放电仿真模型

6.6.2.1 充电过程

（1）转速波形（图 6-22）

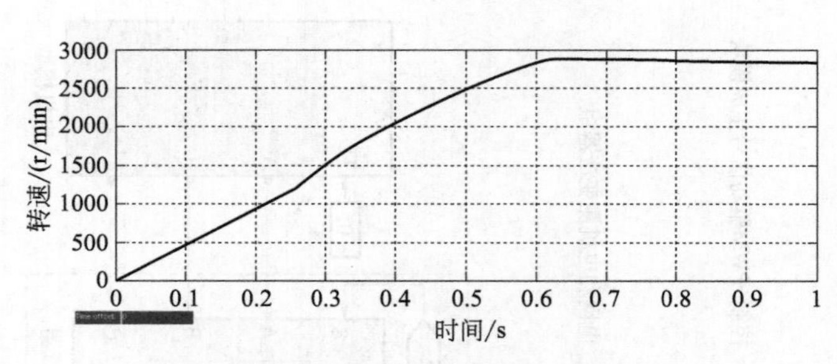

图 6-22 转速波形（充电过程）

（2）定子电流波形（图 6-23）

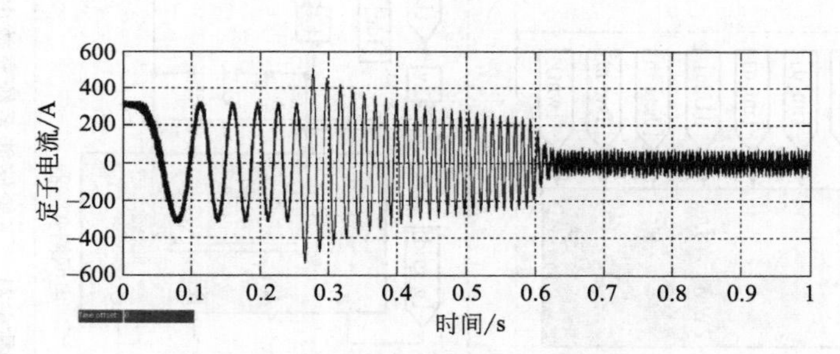

图 6-23 定子电流波形（充电过程）

（3）电机转矩波形（图 6-24）

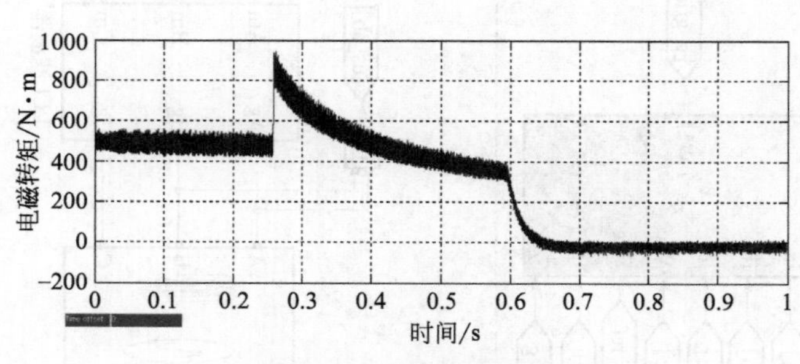

图 6-24 电机转矩波形

（4）有功功率波形（图 6-25）

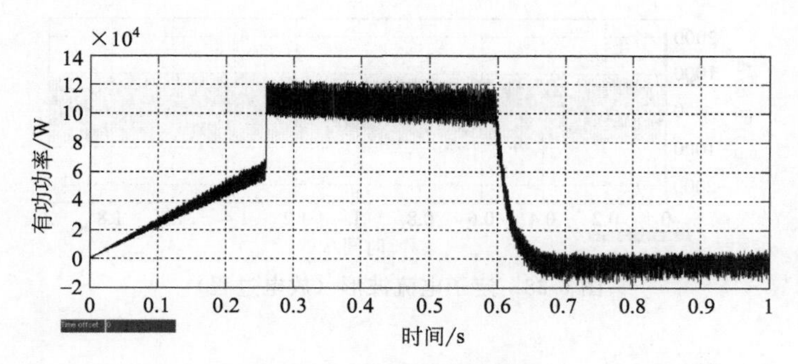

图 6-25　有功功率波形

6.6.2.2　放电过程

（1）转速波形（图 6-26）

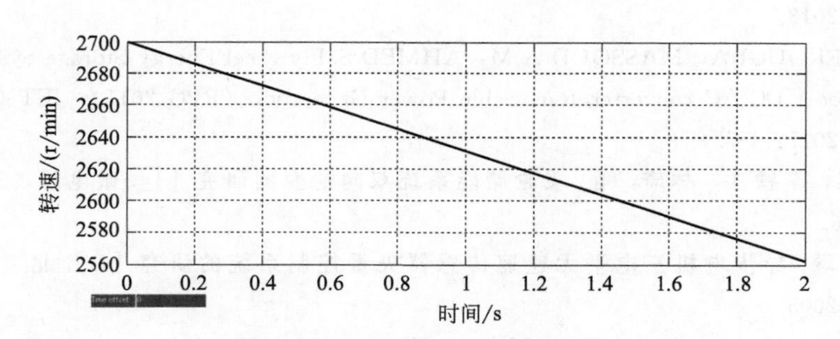

图 6-26　转速波形（放电过程）

（2）直流母线电压波形（图 6-27）

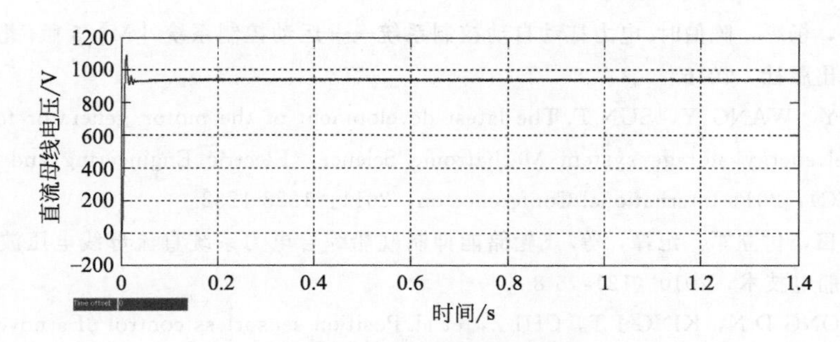

图 6-27　直流母线电压波形

（3）定子电流波形（图 6-28）

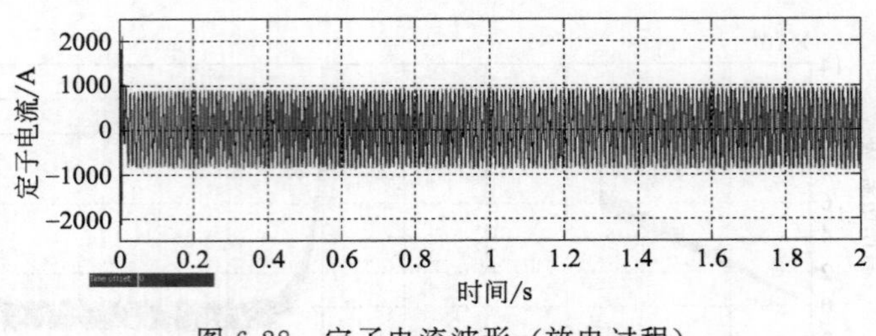

图 6-28 定子电流波形（放电过程）

参考文献

[1] 戴兴建，魏鲲鹏，张小章，等. 飞轮储能技术研究五十年评述［J］. 储能科学与技术，2018，7（05）：765-782.

[2] 刘学. 应用于石油钻机调峰的大容量飞轮储能控制系统研究［D］. 北京：清华大学，2013.

[3] ELSEROUGI A，MASSOUD A M，AHMED S. Flywheel Energy Storage System based on boost DC-AC converter. Renewable Power Generation（RPG 2011），IET Conference on，2011：1-7.

[4] 王爽，李铁才，林琦，等. 飞轮储能系统双向逆变器研究［J］. 微电机，2010（9）：52-56.

[5] 王琛琛. 异步电机三电平无速速传感器矢量控制系统的研究［D］. 北京：清华大学，2005.

[6] Mehmet Büyük，Adnan Tan，Mehmet Tümay，et al. Topologies，generalized designs，passive and active damping methods of switching ripple filters for voltage source inverter：A comprehensive review，Renewable and Sustainable Energy Reviews，Volume 62，2016，Pages 46-69，ISSN 1364-0321.

[7] 阮毅，杨影，陈伯时. 电力拖动自动控制系统——运动控制系统［M］. 5 版. 北京：机械工业出版社，2016.

[8] YU Y，WANG Y，SUN F. The latest development of the motor/generator for the flywheel energy storage system. Mechatronic Science，Electric Engineering and Computer（MEC），2011 International Conference on，2011：1228-1232.

[9] 王瑞田，付立军，纪锋，等. 飞轮储能抑制舰船综合电力系统直流母线电压波动的研究［J］. 船电技术，2010（12）：5-8.

[10] TRONG D N，KING J T，CHI Z，et al. Position sensorless control of a novel flywheel energy storage system. IPEC，2010 Conference Proceedings，2010：1192-1198.

[11] 王秋楠. 感应子电机飞轮储能系统优化控制研究［D］. 北京：清华大学，2017.

[12] 邢向上. 用于钻机的大容量飞轮储能无速度传感器控制系统的研究 [D]. 北京：清华大学，2016.
[13] 靳乐冰. 飞轮储能控制系统的研究 [D]. 北京：清华大学，2012.
[14] 袁华蔚. 在线交互式多功能飞轮储能 UPS 技术的研究 [D]. 北京：清华大学，2016.
[15] 潘森林，高瑾. 永磁同步电机无速度传感器控制技术综述 [J]. 微电机，2018，51 (03)：62-69.
[16] 李永东，朱昊. 永磁同步电机无速度传感器控制综述 [J]. 电气传动，2009，39 (09)：3-10.
[17] 梁艳. 基于模型参考自适应的永磁同步电机无传感器控制研究 [D]. 北京：清华大学，2002.
[18] A. M，V. M，P. A，et al. MRAS based estimation of speed in sensorless PMSM drive：Power India Conference，2012 IEEE Fifth，2012：1-5.

第7章 飞轮储能系统总体特性分析

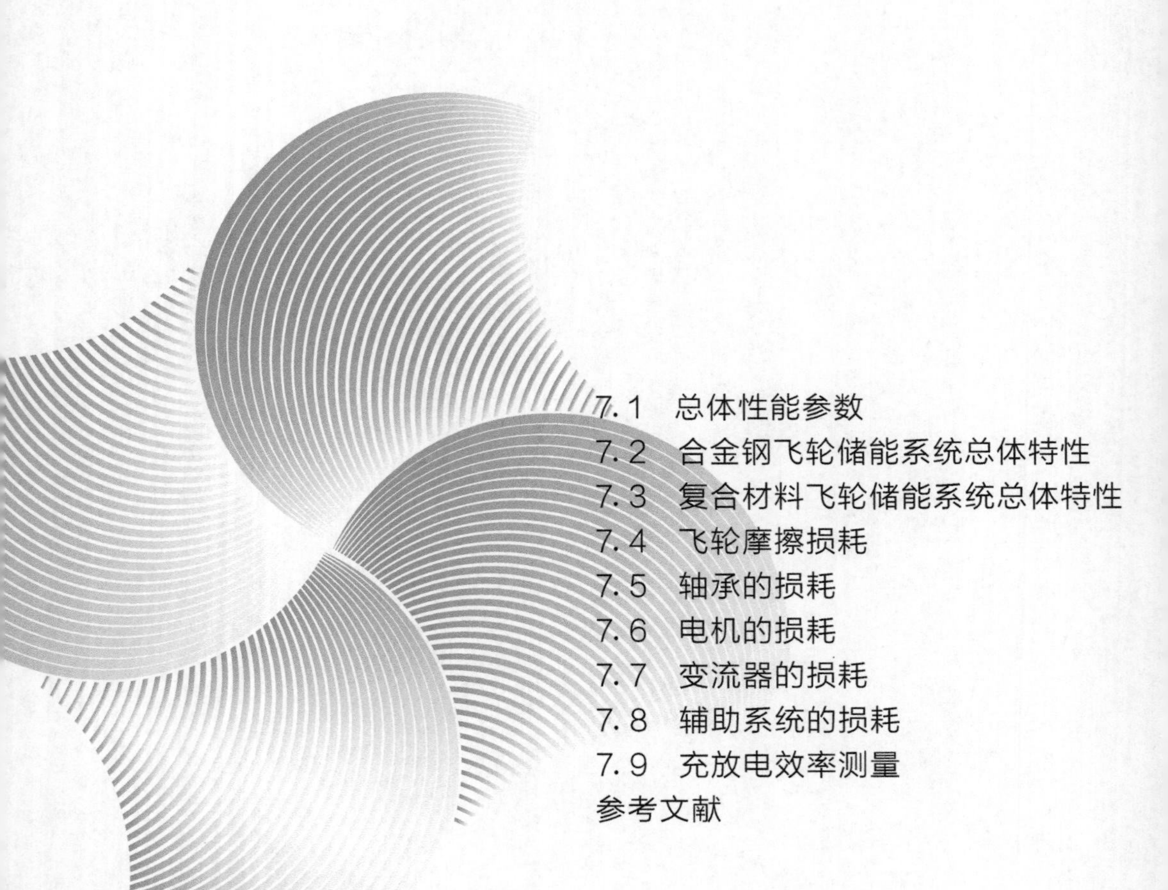

飞轮储能系统总体特性通过储能量、功率、效率和热备待机损耗表征。分析了确定储能量、功率、效率、损耗的各种因素。详细分析了飞轮摩擦损耗、轴承损耗、电机损耗、变流器损耗的计算分析方法。提出了充放电效率的测试方法，给出了 500W·h/200W 小型飞轮储能试验装置的测试结果。

7.1 总体性能参数

7.1.1 储能容量与储能密度

储能容量由总储能量和可用储能量表述。总储能量

$$E_t = \frac{1}{2} J \omega^2 \tag{7-1}$$

式中，J 为飞轮电机转子的转动惯量；ω 为飞轮电机的旋转角速度。

飞轮储能系统在最高工作转速储存的动能与最低工作转速时储存的动能差值

$$E_a = \frac{1}{2} J (\omega_2^2 - \omega_1^2) \tag{7-2}$$

式中，ω_2 为最高工作转速，即飞轮储能系统安全运行时飞轮电机所能达到的最高转速值；ω_1 为最低工作转速，即飞轮储能系统按照额定功率持续放电，飞轮转子所需要的最低转速值。飞轮工作转速区间为 $\omega_2 \sim \omega_1$。

总储能量与飞轮储能装置系统总质量 m_t 之比为系统储能密度

$$e_t = \frac{1}{2} J \omega^2 / m_t \tag{7-3}$$

总储能量与转子质量 m_r 之比为转子储能密度

$$e_r = \frac{1}{2} J \omega^2 / m_r \tag{7-4}$$

将式(7-3)、式(7-4) 中的质量替换成体积，得到体积储能密度。

7.1.2 功率及功率密度

飞轮储能系统的运转特性是电动、发电、热备待机等状态的无缝转换，其功率、转速均处于可调整状态。

额定输入/输出功率：充/放电状态下可以持续稳定工作的最大输入/输出功率。

系统功率密度：额定功率与飞轮储能系统质量（体积）之比。

电机功率密度：额定功率与电机质量（体积）之比。

7.1.3 效率

充电效率：飞轮储能系统从最低工作转速充电至最高工作转速的过程中，给飞轮电机变流器输入的直流电能与飞轮存储动能增量的比值。

放电效率：飞轮储能系统从最高工作转速放电至最低工作转速的过程中，飞轮电机变流器输出的直流电能与飞轮存储动能减少量的比值。

充放电循环效率：飞轮储能系统由最高工作转速运行至最低工作转速通过电机变流器所释放出的电能与由最低工作转速运行至最高工作转速通过电机变流器所吸收的电能的比值。以上三个效率的计算分析，在飞轮储能应用系统中，如包含直流到交流的变流器装置，还需要考虑变流器的交流到直流的充电效率、直流到交流的放电效率。之所以采用直流电能分析，是与电化学储能电池的直流输入输出方式具有可比性。

7.1.4 其他参数

热备待机功耗：飞轮储能系统处于热备状态时所需的功率（包括飞轮电机变流器、储能变流器和辅助设备）。

充放电频次：单位时间内飞轮储能系统在工作转速区间可无故障连续充放电运行的次数，常用单位为“次/h”和“次/天”。

充放电深度：最低工作转速时飞轮转子动能和最高工作转速时飞轮转子动能的差值与最高工作转速时动能的百分比。

额定放电时间：飞轮储能系统在最高工作转速时，按照额定输出功率持续放电，直至最低工作转速时（放电终止状态）所用的时间。

7.2 合金钢飞轮储能系统总体特性

合金钢材料是飞轮转子常用的成熟材料，其储能密度取决于材料强度和形状结构。其理论储能密度不高于 20W·h/kg，考虑到高安全性要求，通常设计储能密度为 5～10W·h/kg，飞轮边缘线速度为 200～400m/s。

合金钢要获得高强度，需要采用锻压和热处理工艺。对于飞轮储能转子，扁平的盘状、短粗的圆柱状都有采用。工程实践中，飞轮质量低于 10000kg，因此储能容量上限为 100kW·h。

采用合金钢飞轮储能系统的功率、转速参数可以宽范围分布，比如日本 20 世纪 80 年代研发的 5kW 飞轮储能 UPS 原型机，采用永磁卸载与螺旋槽油膜轴承组合支撑，实现了 30000r/min 的高速悬浮。近年来，美国 Amber 公司的 8kW/32kW·h 飞轮储能系统，和化学电池一样具备了调峰的能力。针对石油钻机能量回收利用和动力调峰，中原石油工程和清华大学开发的 1MW/60MJ 系统的电机工作模式为 300kW 充电、1000kW 发电，其工作转速区间为 1200～2700r/min。德国 Piller 公司的飞轮发电功率最高可以达到 3MW，转速为 1600～3600r/min。

合金钢飞轮储能系统的效率取决于电机的散热方式、功率和支撑方式。合金钢飞轮的支撑方式多采用混合支撑，其轴承损耗偏高，特别是有滚动轴承应用场景。

对于兆瓦级的大功率系统，为解决电机热问题，采用了充氦气运行方式；氦气风损对系统待机损耗贡献较大，可以达到 10kW。

飞轮储能系统的充放电循环效率与工作或测试方法有关，通常，循环测试时间越短，功率越大，其效率越高。按额定充电、放电功率进行测试，其充放电循环效率一般要高于 85%。

7.3 复合材料飞轮储能系统总体特性

复合材材料因高比强度特性，和合金钢飞轮相比，其储能密度可高达 60～100W·h/kg；但考虑到轮毂、轴的结构及其质量，工程中的复合材料飞轮储能密度为 20～40W·h/kg。日本研发的 100kW·h 复合材料飞轮质量高达 4000kg，美国也研制出了 130kW·h 的大型复合材料飞轮。当前，国内研发的复合材料飞轮质量不超过 300kg。

大径向尺寸的复合材料飞轮制造比较困难，和轮毂、芯轴配合均增加难度，因此，角速度设计通常要高于合金钢飞轮。日本的 100kW·h 飞轮为 6000r/min，而美国的飞轮设计转速为 15000r/min。美国 Powerthu 公司的小储能量复合材料飞轮可以运行在 52000r/min。

因转速较高，通常采用磁悬浮轴承，轴承损耗低于混合支撑方式。

复合材料飞轮边缘线速度在 500～1000m/s，因此，充氦运行是要避免的，不然，风损太大。

复合材料飞轮储能系统的高速特性，限制了充放电功率，因为高速电机的功率受结构强度、发热因素限制，其功率通常不超过 500kW。

7.4 飞轮摩擦损耗

飞轮储能系统的待机损耗包括飞轮电机系统损耗和电力控制电路损耗。飞轮电机损耗主要由轴承损耗、电机铜损和铁损及飞轮风损三部分组成。为了减小风损和安全考虑，飞轮转子均安装在真空密闭的套筒之中，其结构如图 7-1 所示。

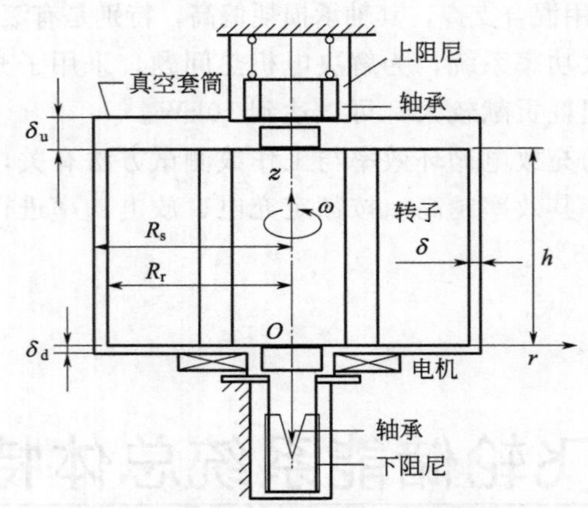

图 7-1　飞轮转子轴承及密封腔结构

h—转子高度；δ—转子与外壁间隙；R_r—转子外半径；R_s—套筒内半径；
δ_u—飞轮上端面与套筒间隙；δ_d—飞轮下端面与套筒间隙；ω—飞轮转速

套筒内的真空要求是飞轮运行的重要参数之一，它对降低飞轮损耗、真空泵的选择和真空室的防漏率具有重要意义。实际运行飞轮的风损主要集中在转子外壁和上下端面。

7.4.1 转子外壁摩擦功耗的分析

（1）假设条件

采用圆柱坐标，如图 7-1 所示，气体在 r 向、φ 向、z 向的速度分量分别用

u_r、u_φ、u_z 表示。引入如下假设：①气体的运动是定常的；②气体是不可压缩的，即 ρ=常数；③等温情况，即黏度系数 μ=常数；④忽略质量力；⑤气体作同心圆弧的平面运动，即 $u_r=u_z=0$，$u_\varphi=u_\varphi(r)$。

因为轴对称性，同时外壁与套筒之间的间隙 $\delta\ll$转子高度 h，转子外径 R_r 跟转子高度相差不大，所以这样的假设基本能够反映实际。

（2）边界条件

真空套筒中气体的 Knudsen 数（在 0.1～10 左右）是一个不小的数[2]，因此气体运动符合滑动边界条件，即在转筒外圆柱面上的气体速度并不等于转筒外壁的圆周速度，在套筒内壁的气体速度也不是 0，而是

$$\left.\begin{array}{ll} r=R_r & u_\varphi(R_r)=u_r \\ r=R_s & u_\varphi(R_s)=u_s \end{array}\right\} \tag{7-5}$$

（3）微分方程的建立和方程的解

根据上述假设，由圆柱坐标的 Navier-stokes 方程[1]

$$\frac{d^2u}{dr^2}+\frac{1}{r}\times\frac{du}{dr}-\frac{u}{r^2}=0 \tag{7-6}$$

将式(7-6) 积分后得到解

$$u=C_1r+\frac{C_2}{r} \tag{7-7}$$

式中　C_1，C_2——待定常数。

由速度场得到流场中的切应力分布

$$\tau_\varphi(r)=\mu\left(\frac{\partial u}{\partial r}-\frac{u}{r}\right)=-\frac{2\mu C_2}{r^2} \tag{7-8}$$

式中　$\tau_\varphi(r)$——切应力；

μ——气体内摩擦因数。

在切向，气体内部借助于内摩擦而相互作用，气体和器壁间的相互作用为气体的外摩擦；按照气体在所研究柱面上有滑移的条件，器壁的切向速度和相邻的气体切向速度之差乘以外摩擦因数便等于切向应力分量。设气体与转筒外壁和套筒内壁的外摩擦因数均为 μ_0，则有

$$\begin{cases}\tau_\varphi(r=R_r)=-\mu_0(\omega R_r-u_r) \\ \tau_\varphi(r=R_s)=\mu_0(0-u_s)\end{cases} \tag{7-9}$$

式中　ω——转子旋转角速度；

μ_0——气体外摩擦因数。

将式(7-7)、式(7-8) 代入式(7-9) 后，得到待定常数 C_1、C_2 的方程而解出

$$
\begin{cases}
C_2=\dfrac{\omega R_{\mathrm{r}}^3 R_{\mathrm{s}}^3}{R_{\mathrm{r}} R_{\mathrm{s}}(R_{\mathrm{s}}^2-R_{\mathrm{r}}^2)+2\dfrac{\mu}{\mu_0}(R_{\mathrm{r}}^3+R_{\mathrm{s}}^3)} \\
C_1=\left(\dfrac{2\mu}{\mu_0 R_{\mathrm{s}}^3}-\dfrac{1}{R_{\mathrm{s}}^2}\right)C_2
\end{cases}
\tag{7-10}
$$

用分子运动论可以导出[2]

$$
\begin{cases}
\dfrac{\mu}{\mu_0}=A\lambda \\
A\approx\dfrac{2-k}{k}
\end{cases}
\tag{7-11}
$$

式中　A——滑动系数；

λ——分子平均自由程；

k——气体与壁碰撞时，损失的切向动量与碰前切向动量之比，取值范围 $0\leqslant k\leqslant 1$。

k 的大小与气体的种类及气体所流经表面的状况有关，对于空气等流过机加工表面的情况，$k\approx 1$，因此滑动系数 $A\approx 1$[4]。

将式(7-10)、式(7-11) 代入式(7-8)，就可以求出所研究情况下的切应力

$$
\tau_{\varphi}(r)=\frac{2\mu\omega R_{\mathrm{r}}^3 R_{\mathrm{s}}^3}{[R_{\mathrm{r}} R_{\mathrm{s}}(R_{\mathrm{s}}^2-R_{\mathrm{r}}^2)+2A\lambda(R_{\mathrm{r}}^3+R_{\mathrm{s}}^3)]r^2}
\tag{7-12}
$$

作用在转子外壁的摩擦力矩

$$
M=\int_0^h\int_0^{2\pi}\tau_{\varphi}(R_{\mathrm{r}})R_{\mathrm{r}}R_{\mathrm{r}}\,\mathrm{d}\varphi\,\mathrm{d}z
\tag{7-13}
$$

由图 7-1 可知 $R_{\mathrm{s}}-R_{\mathrm{r}}=\delta$，积分上式并乘以旋转角速度 ω，化简后得出转子外壁的摩擦损耗功率

$$
P_1=2\pi R_{\mathrm{r}} h\mu\frac{R_{\mathrm{r}}^2\omega^2}{\delta}\times\frac{(1+\delta/R_{\mathrm{r}})^2}{(1+\delta/2R_{\mathrm{r}})}\times\frac{1}{1+2AK\left(\delta/R_{\mathrm{r}}+\dfrac{1}{1+\delta/R_{\mathrm{r}}}\right)}
\tag{7-14}
$$

式中　K——克努森数，即分子平均自由程与特征尺寸大小的比 λ/δ。

为简化分析，取两个量纲一的量

$$
\begin{cases}
w_1\equiv\dfrac{(1+\delta/R_{\mathrm{r}})^2}{(1+\delta/2R_{\mathrm{r}})} \\
w_2\equiv\dfrac{1}{1+2AK\left(\delta/R_{\mathrm{r}}+\dfrac{1}{1+\delta/R_{\mathrm{r}}}\right)}
\end{cases}
\tag{7-15}
$$

则式(7-14) 改写为

$$P_1 = 2\pi R_r h\mu \frac{R_r^2\omega^2}{\delta} w_1 w_2 \tag{7-16}$$

由式(7-15)、式(7-12) 可以得出，当 $\delta/R_r \ll 1$ 和 $K \ll 1$ 时，$P_1 \approx 2\pi R_r h\mu \frac{R_r^2\omega^2}{\delta}$，即平板间层流无滑动情况；当 $\delta/R_r \ll 1$、$K > 0.1$ 时，$P_1 \approx 2\pi R_r h\mu \frac{R_r^2\omega^2}{\delta} w_2$，即平板层流有滑动情况；当 $K \ll 1$，δ/R_r 值不可忽略时，$P_1 \approx 2\pi R_r h\mu \frac{R_r^2\omega^2}{\delta} w_1$，即圆柱间层流无滑动情况。由上可知，稀薄气体与飞轮转子外壁的摩擦功耗为平板间层流情况的摩擦功率乘以量纲一系数 w_1 和 w_2。

w_1 随 δ/R_r 的变化情况如图 7-2 所示。只有当 δ/R_r 很小时，才能将同轴圆柱面看作平板来处理。

w_2 和 K 的关系如图 7-3 所示。从图 7-2 和图 7-3 可以看出，K 对 w_2 影响很大，w_2 随 K 的增大而显著减小；δ/R_r 在较小的情况下，对 w_2 的影响不大。因此减小风损的有效方法就是提高真空度，增大 K。

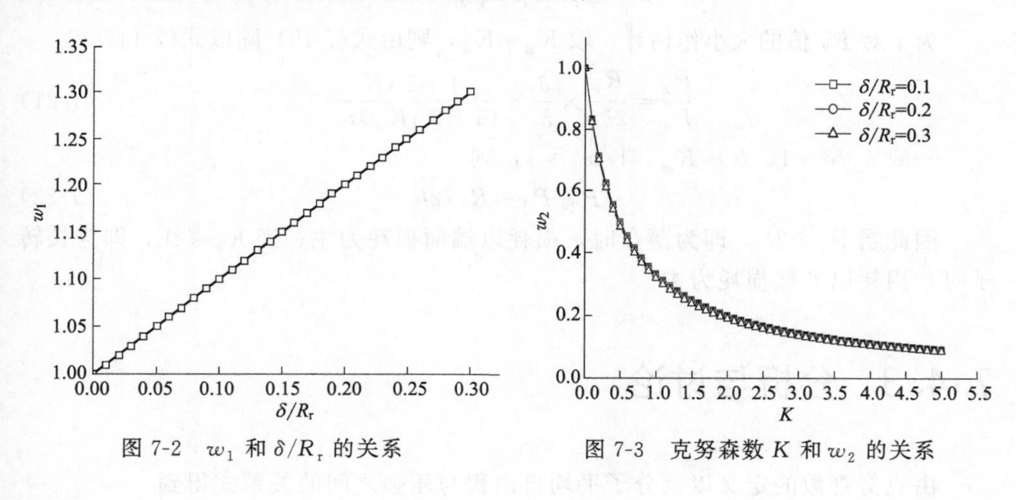

图 7-2　w_1 和 δ/R_r 的关系　　图 7-3　克努森数 K 和 w_2 的关系

7.4.2 转子端面摩擦功率的计算

转子的上下端面与真空室内气体也存在摩擦损耗，为了便于分析，可将其简化为旋转圆盘在封闭圆筒中的情况，并假定圆盘面距圆筒面的距离为 δ_0。尽管 δ_0/R_r 并不是很小（一般 $\delta_0/R_r \approx 0.2$），但是由于端盖两边的气体是低压，雷诺数 Re 小，因此仍可以看作是有滑动的层流情况，认为端面的气体仅有圆周方向

的速度分量 u，它在轴向的速度分布是线性的[4]，即

$$\frac{\mathrm{d}u}{\mathrm{d}z}=\frac{\omega r}{\delta_0+2A\lambda} \tag{7-17}$$

作用在旋转圆盘一个端面上的摩擦力矩为

$$M=\int_0^{R_r}\mu\frac{\mathrm{d}u}{\mathrm{d}z}r\times 2\pi r\,\mathrm{d}r \tag{7-18}$$

因此得转子端面的风损，即上端面和下端面摩擦功率之和

$$P_2=\frac{\pi}{2}R_r^2\mu R_r^2\omega^2\left[\frac{1}{\delta_d(1+2AK_d)}+\frac{1}{\delta_u(1+2AK_u)}\right] \tag{7-19}$$

式中 δ_u——飞轮上端面与套筒间隙；

δ_d——飞轮下端面与套筒间隙；

K_d——转子下端面克努森数，λ/δ_d；

K_u——转子上端面克努森数，λ/δ_u。

转子端面和外壁的气体摩擦功率之和即为飞轮转子的风力损耗功率

$$P=P_1+P_2 \tag{7-20}$$

为了对 P_2 值的大小作估计，取 $K_d=K_u$，则由式(7-19) 除以式(7-14) 得

$$\frac{P_2}{P_1}=\frac{R_r}{2\delta_u}\times\frac{\delta}{h}\times\frac{1+2AK}{(1+2AK_u)w_1} \tag{7-21}$$

一般 $\delta_u/\delta\approx 1$，$K\approx K_u$，$1/w_1\approx 1$，则

$$P_2/P_1\approx R_r/2h \tag{7-22}$$

因此当 $R_r\gg 2h$，即为薄盘时，损耗以端面损耗为主；当 $R_r\ll 2h$，即为长转子时，损耗以外壁损耗为主。

7.4.3 分析与讨论

由克努森数的定义以及分子平均自由程与压强之间的关系式得到

$$K=\frac{\lambda_0}{pl} \tag{7-23}$$

式中 K——克努森数；

λ_0——气体种类有关的常数；

p——压强；

l——特征尺寸。

将式(7-19) 代入式(7-20) 得到飞轮外壁和端面风力损耗功率与套筒内压强的关系表达式，并得到飞轮总体风力损耗功率与压强的关系为

$$P=\pi\mu R_r^3\omega^2\left\{\frac{2h}{\delta}\times\frac{(1+\delta/R_r)^2}{(1+2\delta R_r)}\times\frac{1}{1+2A\dfrac{\lambda_0}{\delta p}\left(\delta/R_r+\dfrac{1}{1+\delta/R_r}\right)}+\right.$$
$$\left.\frac{R_r}{2}\left[\frac{1}{\delta_d\left(1+2A\dfrac{\lambda_0}{\delta_d p}\right)}+\frac{1}{\delta_u\left(1+2A\dfrac{\lambda_0}{\delta_u p}\right)}\right]\right\} \tag{7-24}$$

从上式可以看出，飞轮的气体摩擦功耗与旋转角速度 ω，转子半径 R_r，高度 h，转子与套筒的间隙 δ、δ_u、δ_d，滑动系数 A，气体的内摩擦因数 μ，压强 p，与气体种类相关的常数 λ_0 等参数相关。

飞轮转子的几何尺寸、转速由飞轮系统的设计指标限定，真空套筒内一般为空气，其 μ 和 λ_0 基本为常数，所以在降低飞轮的气体摩擦损耗时，可以考虑的参数为转子与真空套筒的间隙 δ、δ_u、δ_d，滑动系数 A，压强 p。具体措施如下：

(1) 合理选择转子与真空套筒的间隙

式(7-24) 中前半部分为转子外壁摩擦损耗 P_1，后半部分为转子端面摩擦损耗 P_2。对式(7-24) 进行分析表明，外壁与真空套筒的间隙 δ 的最优选择与压强 p 有关。在 p 较高时，只有选择较大的 δ 才能降低功耗，但是这样做会使真空套筒的用料有一定的增加。在压强 p 较低时，δ 对 P_1 的影响就很小，而且随着 δ 的减小 P_1 还略有减小，因此，可以在尽可能提高真空度的情况下，选择小的 δ。对于端面的摩擦损耗，则 δ_u、δ_d 越大，摩擦损耗越小，所以在条件允许的情况下选择大的端面间隙。

(2) 提高真空套筒内的真空度

由式(7-24) 可以看出，飞轮的气体摩擦损耗功率 P 与压强 p 为单调增函数，降低压强 p，就可以十分有效地降低摩擦功耗 P，因此提高真空度成为降低风损的最有效方法。当压强 p 下降到一定的程度后，风损 P 下降量就很小了，可见也不必苛求过高的真空，而应根据系统的具体需要，选择合适的压强值。

(3) 提高滑动系数 A

由式(7-24) 可以看出，提高滑动系数 A 可以有效地降低风力摩擦损耗。滑动系数 A 与转子表面的光滑度相关，转子表面越光滑，滑动系数 A 的值越大。当表面绝对粗糙时，$k=1$，$A=1$；当转子表面完全光滑时，$k=0$，$A=\infty$。因此在加工过程中，应尽可能地提高转子的光滑度。

此外，由于风力损耗功率与气体的内摩擦因数 μ 成正比，因此在真空套筒内充 μ 小的气体，如氦气，可降低摩擦功耗，但代价是真空度降低。在高速飞轮系统中，这是不可取的。

总的来说，减小转子风力摩擦功耗比较适宜的措施是，提高套筒的真空度，特别是减少一些长期放气的零部件，采用高真空密封手段，杜绝漏气现象；选择较为合适的套筒间隙 δ，较大的上端面套筒间隙 δ_u 和下端面套筒间隙 δ_d；提高转子表面的光滑度；在设计允许的情况下，取小的转子高度 h 和半径 R_r。

7.4.4 实测结果与理论计算的比较

为实现电能的储存和释放，建立了一套500W·h飞轮储能系统试验运行装置，试验系统包括：电力变换器、飞轮轴承系统、电动机/发电机、真空室和模拟负载以及机械量、电量测量仪器[6]。飞轮摩擦功耗的各参数指标如表7-1所示。

表7-1 飞轮摩擦功耗计算参数

参数	数值
转子高度 h/m	0.14
转子外半径 R_r/m	0.15
转子与外壁间隙 h/m	1.1×10^{-2}
上端面与套筒间隙 δ_u/m	4.2×10^{-2}
下端面与套筒间隙 δ_d/m	0.7×10^{-2}
运行时套筒内温度 T/℃	30
空气摩擦系数 μ	1.8×10^{-5}
滑动系数 A	1
额定工作转速 n/(r/min)	42000

将表7-1中参数代入式(7-24)，取真空压强分别为0.01Pa、0.1Pa、0.5Pa、1Pa、2Pa、5Pa、10Pa计算飞轮摩擦损耗随转速的变化关系曲线，如图7-4所示。同样可以得到不同转速下，飞轮摩擦损耗随压强的变化曲线，见图7-5。

为检验理论计算的结果是否准确，利用飞轮储能试验装置对不同真空度、不同转速下的风损功耗进行了测定。飞轮风损实测功耗是通过对飞轮的降速过程进行测量获得的。飞轮降速运行中，可以有两种方式：发电降速和空载降速。空载降速时发电机空载运行，飞轮由于空气摩擦、轴承摩擦和电机电涡流损耗导致转速降低、动能损耗。测量转速由 ω_1 降低 ω_d 到 ω_2 所需时间为 t_d，此间动能损失

$$W_d=\frac{1}{2}J_p(\omega_1^2-\omega_2^2)\approx J_p\omega_1\omega_d(\omega_d\ll\omega_1) \tag{7-25}$$

$$\omega_d=\omega_1-\omega_2$$

式中　J_p——飞轮转子极转动惯量。

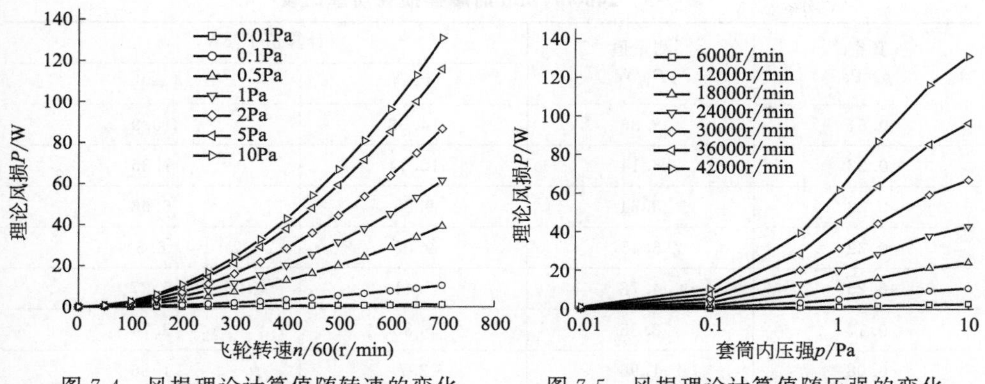

图 7-4　风损理论计算值随转速的变化　　图 7-5　风损理论计算值随压强的变化

于是空载降速损耗功率为

$$P_d=\frac{J_p\omega_1\omega_d}{t_d} \tag{7-26}$$

持续提高真空度，降低真空室内空气压力，在每一个压力点 p_i 稳定运行后测量空载功耗 P_d^i。随着压力降低，空载功耗降低越来越慢，测量点拟合 $p_i-P_d^i$ 曲线与功耗轴的交点为无气体压力空载功耗 P_d^0（即轴承摩擦和电机电涡流损耗），则在真空 p_i 中运行的飞轮与气体摩擦风损测量值为

$$P_i=P_d^i-P_d^0 \tag{7-27}$$

在实测中，我们选择飞轮的转速为 18000r/min 和 24000r/min，在不同真空压强下，测得飞轮的风损功耗。将实测结果与理论计算结果汇总起来进行比较，结果见表 7-2、表 7-3。表 7-2、表 7-3 取不同的滑动系数是为了说明滑动系数对理论计算结果的影响。

表 7-2　18000r/min 时摩擦损耗功率比较

真空 p_i/Pa	测量值 P_i/W	计算值 P_i/W	
		$A=1$	$A=1.5$
1.7	11.62	14.85	11.96
0.43	4.28	6.42	4.65
0.28	2.58	4.59	3.26
0.23	2.25	3.90	2.75
0.15	1.56	2.70	1.87
0.10	1.01	1.87	1.29
0.07	0.84	1.34	0.91

表 7-3　24000r/min 时摩擦损耗功率比较

真空 p_i/Pa	测量值 P_i/W	计算值 P_i/W	
		$A=1$	$A=1.5$
0.61	8.86	14.58	10.9
0.37	6.14	10.14	7.35
0.33	5.64	9.28	6.68
0.32	5.45	9.05	6.5
0.25	4.78	7.41	5.27
0.17	3.35	5.33	3.74
0.08	1.96	2.7	1.86
0.05	0.84	1.73	1.18
0.04	0.62	1.4	0.95

从表 7-2、表 7-3 中可以看出，理论计算与实测结果符合得较好。通过对滑动系数 A 的修正，可以做到理论值与实测值十分接近。

理论值与实测值之间的差值主要由以下两个方面的因素造成：在外壁和端面摩擦功耗的公式推导过程中，引入了理想化假设和近似；实际测量过程中存在测量误差，如真空度仪器的读数、时间和转速的测量等。

理论计算值较实测值偏大的原因主要有两个方面的可能因素：简化假设中设定空气的黏度系数 μ 为定值，实际在高真空中 μ 会减小；假定外壁和端面为完全粗糙，滑动系数 $A=1$，实际上滑动系数要大于 1。

为直观了解在不同转速和真空度下，风损占总损耗的比值，将风损的计算值或测量值与总损耗功率做比较，结果见表 7-4。

表 7-4　摩擦损耗功率与总损耗比较

参数	数值			
转速 n/(r/min)	18000	24000	42000	42000
外缘线速度 v_r/(m/s)	285	377	660	660
真空 p_i/Pa	0.07	0.04	0.10	0.04
空载损耗 P_d^i/W	20.7	29.2	77.2	71.9
风损理论值/W			10.30	4.40
风损测量值/W	0.84	0.62		
风损占总功耗的比例/%	4.1	2.1	13.3	6.1

从表 7-4 中可以看出，真空压强为 0.04Pa 时，转速为 24000r/min，风损仅占总损耗的 2.1%；在 42000r/min 时，仅占到 6.1%。由此可见，在真空压强低

于 0.1Pa 时，再想通过提高真空度来降低风损的效果将不显著。理论计算表明当真空度达到 0.01Pa 时，在现有的系统条件下，42000r/min 的风损功率占总损耗功率的比例将不超过 1.5%。此时飞轮系统的主要功率损耗为轴承损耗及电机损耗，因此有针对性地减小轴承和电机的损耗对减小系统的总体功耗、提高系统的运行效率将更为有效。

7.5 轴承的损耗

7.5.1 滚动轴承损耗

（1）轴承选型

为 1MW-60MJ-2700r/min 飞轮电机轴系设计了滚动轴承。为实现微损耗，应当选择尺寸尽量小、转速高、承载力足够的滚动轴承。参考转速应当高于轴系额定转速的 1.5 倍以上，即高于 4000r/min。

上轴承采用油脂润滑，下轴承采用油脂润滑或油浴润滑。上轴承选型为：SKF33115/QDFC150（内径 75mm，外径 125mm，长度 74mm）；下轴承选型为：NU2318 ECML（内径 90mm，外径 190mm，长度 64mm）。

（2）轴承载荷预计

假定转子平衡精度为 $A=5.0$ 级，则偏心距

$$e=1000A/\omega=18\ (\mu m)$$

不平衡激振力

$$F_u=me\omega^2=5300\times18\times(2\times3.1416\times45)^2=7.63(kN) \tag{7-28}$$

当量动载荷约为 15kN，均匀分配到上、下两个轴承上，取轴承当量动载荷为 $P=10kN$。

（3）轴承损耗分析

动载荷摩擦力矩依据 Palmgren 经验公式估计：

$$M_{l上}=0.0005\times10000\times100=500(N\cdot mm) \tag{7-29}$$

$$M_{v上}=4\times10^{-7}\times(20\times2700)^{0.667}\times100^3=574(N\cdot mm) \tag{7-30}$$

$$M_{l下}=0.0003\times10000\times140=420(N\cdot mm) \tag{7-31}$$

$$M_{v下}=6\times10^{-7}\times(20\times2700)^{0.667}\times140^3=2361(N\cdot mm) \tag{7-32}$$

$$M_{总}=(2M_{l上}+M_{v上})=1148+420+2361=3929(N\cdot mm) \tag{7-33}$$

损耗功率

$$H=0.001\times3929\times2700/60\times2\times3.1416=1110(\mathrm{W}) \tag{7-34}$$

7.5.2 流体动压轴承的损耗

(1) 理论基础[1]

螺旋槽轴承是一种流体动力轴承，它的结构特点是在轴或轴承表面刻上一些浅槽。当轴承运转时这些槽就形成一个高效率的泵，使轴承间隙内的流体压力升高形成一层高压润滑膜，从而构成一个“全浮”式轴承[5]。螺旋槽轴承结构见图 7-6，其中各个参数的意义如下：

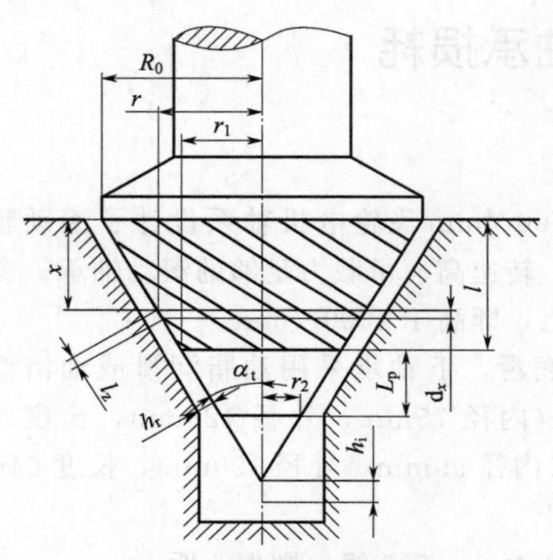

图 7-6 锥面螺旋槽轴承图

锥顶半径 R_0、锥角 α_t、上升角 α、槽深 h_0、槽数 n、内径 r_1、截面半径 r_2、油膜黏度 μ、槽宽与台宽比 β_r、内径与锥顶半径比 $R_1=r_1/R_0$、刻槽部分长度 l。

螺旋槽轴承悬浮工作条件下形成薄油膜，因此可以利用研究流体动压润滑油膜的雷诺方程，经过一系列的简化假设后，其摩擦功耗公式如下[5]：

$$N_f=N_1+N_2=(M_{sg}+M_{pl})\omega \tag{7-35}$$

式中，N_f 为摩擦功率；ω 为转子转速；M_{sg} 为有槽部分摩擦力矩；M_{pl} 为无槽部分摩擦力矩。

$$M_{sg}=\frac{2\pi g_2(\alpha,H,\beta_r)}{h_i\sin^2\alpha_t}\mu\omega R_0^4L \tag{7-36}$$

式中，$L=l_0-\frac{3}{2}l_0^2+l_0^3-\frac{1}{4}l_0^4$，$l_0=\frac{l}{R_0}\tan\alpha_t$

$$g_2=[(\beta_r+H)+\frac{3\beta_r H(1-H)^2(1+\beta_r H^3)}{(1+\beta_r H^3)(\beta_r+H^3)+H^3(c\tan^2\alpha)(1+\beta_r)^2}]/(1+\beta_r)$$

$h_i=\sqrt{\frac{6\pi g_1(\alpha,H,\beta_r)}{W_t\sin^3\alpha_t}\mu\omega R_0^4 LC_2(\alpha,H,\beta_r,R_1,n)}$，$W_t$ 为轴向承载力

$$g_1(\alpha,H,\beta_r)=\frac{\beta_r H^2(c\tan\alpha)(1-H)(1-H^3)}{(1+\beta_r H^3)(\beta_r+H^3)+H^2(c\tan^2\alpha)(1+\beta_r)^2}$$

$$C_2(\alpha,H,\beta_r,\overline{R},n)=\frac{e^{-2E}-\overline{R}_1^4 e^{2E}}{1-\overline{R}_1^4}$$

式中，$E=\frac{\pi}{n}\left(1-\frac{2\alpha}{\pi}\right)(\tan\alpha)\frac{2}{1+\beta_r}\times\frac{1+\beta_r H^3}{1+H^3}$

$$H=\frac{h_r}{h_r+h_0}=\frac{h_i\sin\alpha_t}{h_i\sin\alpha_t+h_0},h_r \text{为油膜厚度}$$

$$M_{pl}=\frac{2\pi g_2}{h_r\sin^2\alpha_t}\mu\omega r_1^4\left(l_0-\frac{3}{2}l_0^2+l_0^3-\frac{1}{4}l_0^4\right) \tag{7-37}$$

式中，$l_0=\frac{L_p}{r_1}\tan\alpha_t=\frac{L_p}{r_1}\times\frac{r_1-r_2}{L_p}=\frac{r_1-r_2}{r_1}$

$$g_2(\alpha,H,\beta_r)=\frac{1}{1+\beta_r}\left[(\beta_r+H)+\frac{3\beta_r H(1-H)^2(1+\beta_r H^3)}{(1+\beta_r H^3)(\beta_r+H^3)+H^3(c\tan^2\alpha)(1+\beta_r)^2}\right]$$

$$=\frac{1}{1+\beta_r}\left[\beta_r+H+\frac{3H(1-H)^2\left(\frac{1}{\beta_r}+H^3\right)}{\left(\frac{1}{\beta_r}+H^3\right)\left(1+\frac{H^3}{\beta_r}\right)+H^3(c\tan^2\alpha)\left(\frac{1}{\beta_r}+1\right)^2}\right]$$

$$H=\frac{h_r}{h_r+h_0}\rightarrow 1,\beta_r\rightarrow\infty,h_r=h_i\sin\alpha_t \text{ 同式(7-37)中} h_r \tag{7-38}$$

(2) 计算举例

已知参数如下：轴向承载力 $W_t=4.35$kgf（1kgf=9.80665N），锥角 $\alpha_t=30°$，上升角 $\alpha=30°$，槽深 $h_0=16\mu$m，槽数 $n=8$，锥顶半径 $R_0=3.5$mm，槽宽与台宽比 $\beta_r=1$，内径 $r_1=2.5$mm，$r_2=1.5$mm，转速为 600r/s，黏度 $\mu\approx 18.35\times10^{-3}\text{N}\cdot\text{s/m}^2$。

先通过迭代法求得油膜厚度 $h_r=8.4568\times10^{-6}$m，再代入式(7-35)～式(7-38)，求得 $N_f=12.103$W。

(3) 轴承摩擦功耗的影响参数

由上述摩擦功耗的计算过程可知，影响摩擦功耗的参数有：锥顶半径 R_0、轴向承载力 W_t、锥角 α_t、上升角 α、槽深 h_0、槽数 n、内径 r_1、油膜黏度 μ

等。飞轮转子的重量由上端的永磁轴承和下端的螺旋槽油膜轴承分担，油膜轴承分担的比例一般为10%～30%。由计算公式可知锥顶半径R_0对轴承摩擦功耗有重要影响。结合实验条件，下面重点分析轴向承载力W_t和锥顶半径R_0这两个参数。

① 轴向承载力W_t的影响。

螺旋槽轴承轴向承载力W_t与转子自重以及上端永磁轴承卸载力有关：

$$W_t = W_{自重} - F \tag{7-39}$$

式中，$W_{自重}$为飞轮转子自重；F为永磁轴承对转子的轴向吸引力，其大小与永磁轴承间隙（下文简称为“上间隙”）值有关。为了研究轴向承载力对轴承摩擦损耗的影响，设计实验方案获得上间隙与轴向承载力的关系曲线，见图7-7。

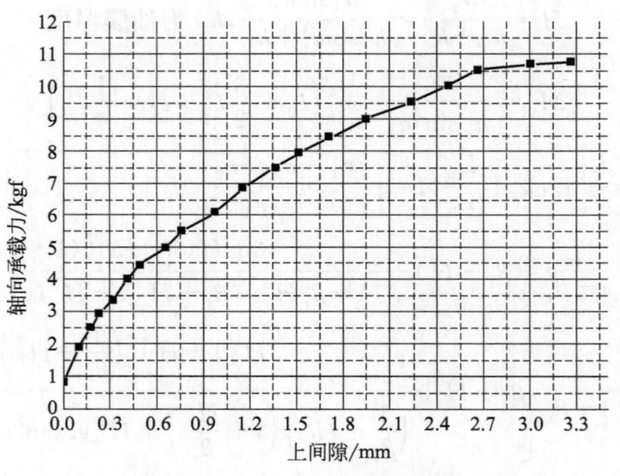

图7-7 上间隙-轴向承载曲线

由图7-7可知，飞轮运行时常采用上间隙为0.84mm和0.34mm时的轴向承载力，分别为5.8kgf和3.5kgf。

利用Matlab工具计算出锥顶半径R_0=3.5mm的轴承在不同承载力下的功率损耗，并绘制500r/s、400r/s、300r/s和200r/s四个转速下的相应曲线，见图7-8。

由图7-8可知，对于同一轴承相同转速下，轴向承载力越大轴承损耗越大；相同轴向承载力下，转速越高轴承损耗越大。

② 锥顶半径R_0的影响。

为了研究轴承摩擦功耗，寻找不同承载力条件下锥顶半径的最优值，提出以下轴承设计方案：制作锥顶半径为3.5mm、4mm和5mm，对应槽深分别为9μm、11μm和16μm的三个轴承，满足$\beta_r=1$，内径与锥顶半径比$R_1=r_1/R_0=0.5$，槽

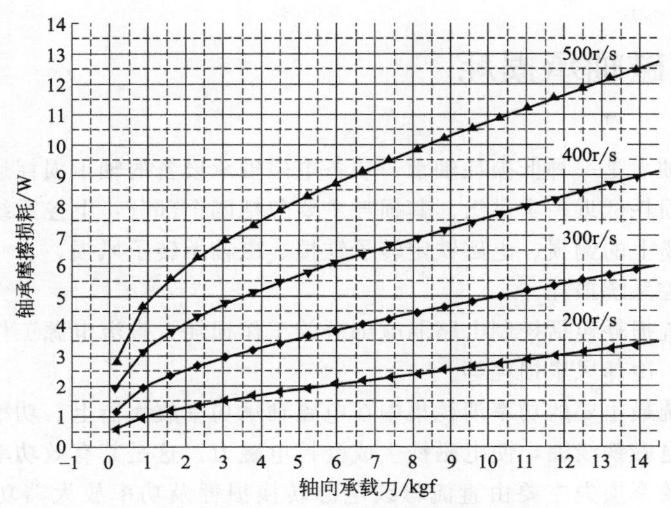

图 7-8　轴向承载力-轴承摩擦功耗曲线

数 $n=8$，$\alpha_t=30°$，$\alpha=30°$。其中 $n=8$ 和 $R_1=0.5$ 是经过理论计算的最佳设计参数[2]。

当永磁轴承间隙为 0.34mm，即轴向承载力为 3.5kgf，油膜温度为 70℃时，理论计算以上螺旋槽轴承的摩擦功耗随转速变化曲线，见图 7-9。

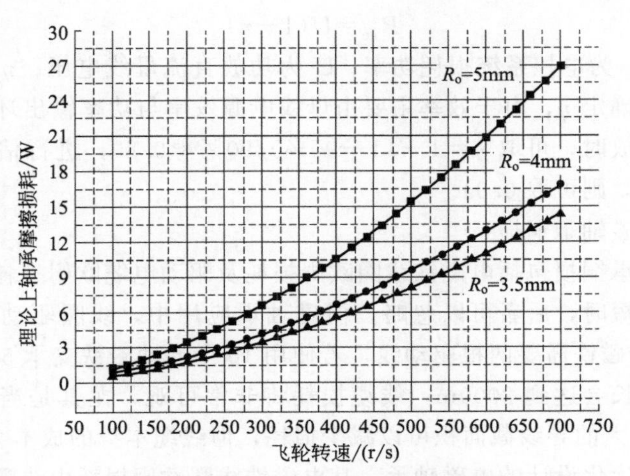

图 7-9　不同锥顶半径对摩擦功耗的影响

图 7-9 表明当轴向承载力相同时，锥顶半径越小则功耗越小，这是因为锥顶半径小，流体动压油膜面积较小，摩擦力也较小。在设计高速运行区，轴承摩擦损耗功率在 10～30W 之间。

7.5.3 磁轴承损耗

主动磁轴承是一种低损耗轴承，装备电磁轴承设备的轴承损耗通常比装备油轴承设备的损耗低近一个量级。其损耗主要包括四个部分：电控系统损耗、线圈及其驱动电缆上的铜损、电磁铁定转子铁损、磁轴承转子风损。

(1) 电控系统损耗

电控系统损耗包括控制电路弱电部分的工作损耗、直流电源工作损耗、功率放大器损耗、冷却风扇损耗等。

电控系统最主要的功率消耗集中在电磁轴承功率放大器上。功率放大器输出驱动电流到电磁铁线圈，使电磁铁生成受控电磁力，这是其有效功率输出，而其自身的转换效率损失主要由直流母线电源转换损耗及功率放大器功率管损耗构成。为了减小损耗，直流供电电源通常采用开关电源，转换效率可超过 90%；功率放大器通常采用高效率的开关功率放大器，并通过三态控制模式驱动 H 桥工作，能量转换效率也超过 90%。功率放大器输出电流中的高频电流纹波对电磁铁铁损有重要影响，而三态工作模式相较于两态工作模式，对降低电流纹波效果明显（可参阅本书第 4 章磁轴承功率放大器相关内容）。

若要简单估算电控系统损耗，可通过如下公式：

$$P_{ec}=U(1-\eta) \tag{7-40}$$

式中，P_{ec} 为电控系统损耗功率；U 为功放直流母线电压；η 为电控系统效率。关键在于确定 η，由于效率主要由母线电源效率与功率输出环节决定，当使用三态开关功放时，可取 $\eta=1-(1-90\%)/90\%\approx0.89$，进行估算（若能忽略母线转换效率，则可取 0.9）。

(2) 主动磁轴承铜损

主动磁轴承铜损包括电磁铁线圈欧姆损耗及驱动电缆欧姆损耗。

当电缆较短时，后者可以忽略。但磁轴承应用中，线圈驱动电缆可能长达 100m，而每个磁铁需要两根驱动线，若使用 10 个差动磁铁支承 5 自由度磁悬浮转子，电缆总长会达到 2000m，线缆损耗将非常可观，尤其是当线圈驱动电流超过 10A 时。大的导线截面积可以减少损耗，但线缆本身的成本会很高。

经过空间优化设计的电磁轴承，其电磁铁线圈欧姆损耗由线圈绕线窗口面积及使用的驱动电流密度决定。绕线窗口面积确定了线圈剖面的总铜金属面积（与槽满率有关，确定单位窗口面积中，有效铜金属截面积的大小），在非高频电流驱动（趋肤效应可忽略）的情况下，磁轴承铜损本质上由铜金属截面积及铜金属中的电流密度确定。

而铜损大小又受到系统冷却能力的约束，使用水冷套进行轴承定子冷却，相较自然风冷，轴承线圈可承受更高的电流密度。冷却措施得力的时候，导线中的电流密度可达 $500A/cm^2$。

磁轴承的铜损可通过导线电阻及导线中的电流进行计算：

$$P_{cu}=RI^2 \tag{7-41}$$

式中，R 为导线电阻；I 为电流，即电流密度与导线截面积的乘积。均匀金属导线电阻可表示为

$$R=\rho L/A \tag{7-42}$$

式中，ρ 为金属电阻率；L 为导线总长度；A 为导线截面积。通过窗口面积、槽满率和导线截面积可确定每个磁极上的绕线匝数，结合磁极上绕组的每匝平均长度，可算出 L。

金属电阻率会受温度影响，考虑温度系数 α 时

$$\rho(T)=\rho_0[1+\alpha(T-T_0)] \tag{7-43}$$

式中，T 为温度；ρ_0 为基准温度 T_0（通常为0℃或20℃）下的电阻率。

(3) 电磁铁定转子铁损

电磁铁定转子铁损 P_{Fe} 主要包括定转子磁滞损耗、涡流损耗。铁损与定转子材料、转子速度、磁感应强度 B 的分布等因素均有关系。

导磁材料磁化时，其铁芯磁感应强度沿材料 B-H 曲线中的磁滞回线运动，会造成能量损失，此即磁滞损耗，其大小与磁滞回线包围的面积成正比。

磁滞损耗可以由交变磁场产生，称为交变磁滞；还可由旋转磁场产生，称为旋转磁滞。

磁滞损耗正比于再磁化频率及磁滞回路的面积。磁感应强度在 0.2～1.5T 范围内的铁芯，一维交变磁场作用下，其交变磁滞损耗可通过下式计算：

$$P_h=k_h f_r B_m^{1.6} V_{Fe} \tag{7-44}$$

式中，f_r 为材料再磁化频率；B_m 为磁感应强度变化幅度；V_{Fe} 为铁芯体积；k_h 为磁铁材料特性常数（需要根据磁滞回路面积及损耗测量结果推导）。由旋转磁场引起的磁滞损耗会增加到两倍[7]。

根据 Kasarda 的研究结果，交变磁场中，铁磁材料的交变磁滞损耗为

$$P_{ha}=10^{-7}\eta f(10000B_{max})^k M_v V_{Fe}\times 10^6 \tag{7-45}$$

式中，η 为磁滞系数，对品质好的硅钢约为 0.00046；f 为交变频率；当磁通密度为 0.15～1.2T 时，指数 k 约为 1.6；M_v 为有效体积因子。

单独给出有效体积因子这一变量的原因在于，磁感应强度在铁磁材料上的分布是不均匀的。比如径向磁轴承硅钢叠片转子，定子磁极正对的转子表面区域，磁感应密度高，而叠片内部区域密度较小，因此叠片有效的体积因子小于1（视铁磁材料的实际有效利用率而定）。

旋转磁场中，铁磁材料的旋转磁滞损耗为

$$P_{hr}=(3000B_{max}-500)\times10^{-7}\times f_{r}M_{v}V_{Fe}\times10^{6} \tag{7-46}$$

式中，f_r 为有效频率（材料的真实重复磁化频率），Hz。

对比上边两式，假定磁感应强度均为1.2T，$f=f_r$，硅钢材料交变磁滞损耗与旋转磁滞损耗的比例为 $0.00046\times(10000\times1.2)^{1.6}/(3000\times1.2-500)\approx0.5$，即此时旋转磁场引起的磁滞损耗是交变磁滞损耗的2倍。

交变磁场会在导体中引发涡电流，该涡电流生成感生磁场，抵抗导体处的磁场变化。此涡电流引起的能量损耗称为涡流损耗。

绝缘硅钢叠片涡流损耗的近似计算公式如下：

$$P_{e}=\frac{1}{6\rho}\pi^{2}e^{2}f_{r}^{2}B_{m}^{2}V_{Fe}M_{v} \tag{7-47}$$

式中，ρ 为硅钢电阻率；e 为硅钢片厚度；f_r 为重复磁化频率；B_m 为磁感应强度变化幅度；V_{Fe} 为导磁材料体积。

对比磁滞损耗与涡流损耗的表达式，知磁滞损耗正比于频率 f，而涡流损耗正比于频率的平方；在高转速下，铁损主要由涡流损耗决定。

① 定子铁损。

电磁轴承定子磁铁中的磁滞损耗主要由交变磁滞引起，与控制电流波动导致的磁感应强度变化相关；而其涡流损耗主要受功率放大器高频纹波电流导致的磁场变化影响。

故可根据交变磁场幅度及频率按照公式(7-45) 计算磁滞损耗，根据电流纹波频率成分按照公式(7-47) 计算涡流损耗。

② 转子铁损。

转子铁损相较定子铁损有其特殊性。

其磁滞损耗以旋转磁滞损耗为主。转子铁磁材料中的磁感应强度沿材料磁化曲线的变动比定子更剧烈，产生更大的磁滞损耗。可根据式(7-46) 进行磁滞损耗计算。

转子旋转时，由于电磁场沿圆周方向的不均匀性，其表面会感生电涡流，引起涡流损耗，此损耗远大于定子中的涡流损耗。高速下，转子铁损主要为涡流损耗。

另外，转子铁损会引入一个制动力矩，转换为转子上的热损耗，而此热损耗需要电机驱动功率进行补偿。

对于典型的8磁极径向电磁铁，转子旋转一周，其表面一点所经历的磁场极性变化为SNNSSNNS，即变换了两个周期。因此，计算铁损耗时重复磁化频率 f_r 应为转子旋转频率乘以2。可按照公式(7-47) 计算涡流损耗。

转子涡流损耗算例：假定一径向磁轴承转子叠片参数如表7-5所示，根据表中参数，转子体积约为 $7.85\times10^{-5}\text{m}^3$，则由公式(7-47) 得到 $P_e=3.14^2\times$

$(0.35\times10^{-3})^2\times2000^2\times0.5^2\times7.85\times10^{-5}\times1.0/(6\times5.20\times10^{-7})=30.4(\mathrm{W})$。

表 7-5 径向磁轴承转子叠片参数

参数	数值
转子外径/mm	60
转子内径/mm	40
转子长度/mm	50
硅钢片厚度/mm	0.35
硅钢片电阻率/Ω·m	5.20×10^{-7}
转子转动频率/Hz	1000
磁感应强度幅值/T	0.5
有效体积因子 M_v	1.0

需要指出：电磁轴承系统中，由于转子是非接触支承，上边的热损耗很难带走，尤其是对飞轮这种应用而言，转子在真空中工作，其热量主要通过辐射传递，控制好转子上的发热量非常重要。而高速下，涡流损耗的控制更为关键。

③ 轴向轴承铁损。

与径向轴承不同，轴向轴承不需要承担转子不平衡激振力，稳态下轴向磁力轴承线圈电流基本为常值，此电流生成的电磁场在轴向轴承定转子中产生的磁滞损耗和涡流损耗基本上可以忽略，即该项铁损可近似为0。

(4) 磁轴承转子风损

磁轴承转子高速运行时，其转子部分会产生空气动力损失（风损），对飞轮系统而言，由于转子在真空环境运行，这个问题不太突出。但当真空度不高，甚而运行在大气环境的时候，高速转子的风摩损失还是非常可观的。

磁轴承转子外圆周面损耗计算的步骤与本章前边“7.4.1 转子外壁摩擦功耗的分析”部分的内容类似，而轴向轴承端面损耗计算的步骤与“7.4.2 转子端面摩擦功率的计算”部分的内容类似，在此不再赘述。

需要指出，在电机与径向磁轴承定子上，环绕转子的定子线槽对圆柱转子的拖曳系数有一定影响，但影响不大[8]。

7.6 电机的损耗

永磁电机损耗主要包括电机定子铁损耗、定子铜损耗、转子涡流损耗等。

7.6.1 定子铁损耗

定子铁损耗的经典计算方法是仅考虑交变磁化的影响，根据 Bertitti 铁耗分立计算模型。定子铁损耗为

$$P_{Fe}=P_h+P_c+P_e=k_h f^2 B_p^2+k_c f^2 B_p^2+k_e f^{1.5} B_p^{1.5} \tag{7-48}$$

式中，P_{Fe} 为定子铁损耗；P_h 为磁滞损耗；P_c 为涡流损耗；P_e 为附加损耗；B_p 为磁通密度幅值；f 为定子电流基频；k_h 为磁滞损耗系数；k_c 和 k_e 分别为涡流损耗和附加损耗的系数。对所采用定子硅钢片进行不同轧制方向和不同频率下的铁芯损耗测试，然后进行数据回归分析，可得出关键计算系数 k_h、k_c 和 k_e。

另外，飞轮用永磁同步电机铁耗计算，还应考虑电流谐波和旋转磁化的影响。将旋转的磁密矢量分解为径向和切向的交变分量，在径向和切向上分别求取损耗并求和。同时，径向和切向上磁密变化曲线含有高次谐波分量，分别计算出各次谐波的铁耗，并求和。

对上式中各损耗进行修正，如下式所示[8]。

$$\begin{cases} P_h=\sum_{i=1}^{n}\left[k_{hi} f_i \left(B_{xi}^2+B_{yi}^2\right)\right] \\ P_c=\sum_{i=1}^{n}\left[k_{ci} f_i \left(B_{xi}^2+B_{yi}^2\right)\right] \\ P_e=\sum_{i=1}^{n}\left[k_{ei} f_i \left(B_{xi}^2+B_{yi}^2\right)\right] \end{cases} \tag{7-49}$$

式中，n 为磁密谐波最高次数；k_{hi}、k_{ci} 和 k_{ei} 分别为第 i 次谐波下磁滞损耗系数、涡流损耗系数和附加损耗系数；B_{xi} 和 B_{yi} 分别为第 i 次谐波的径向和切向磁密。

7.6.2 定子铜损耗

电机定子铜损耗是电流经过定子绕组时因电阻发热产生的损耗，其计算公式为

$$P_{Cu}=3I^2R_a \tag{7-50}$$

式中，I 为相电流有效值；R_a 为相电阻。

7.6.3 转子涡流损耗

电机转子涡流损耗与定子铁损和铜损相比很小，但是由于飞轮电机大多处于真空中，其散热困难，因此转子涡流损耗可能会引起局部高温导致退磁。文献［9］和［10］分别用解析法和有限元分析法对涡流损耗进行了计算，由于计算过程比较复杂，这里不进行详细推导。另外，文献［11］列举了一些转子涡流损耗计算的实验验证方法。

7.7 变流器的损耗

变流器损耗主要为功率器件损耗、电路铜损耗和控制电路损耗。

7.7.1 功率器件损耗

驱动飞轮电机的变流器一般采用的功率器件为 IGBT 或 SiC 等。功率器件的损耗主要包括开关损耗和导通损耗。

功率器件的开关损耗是指器件在导通和关断瞬间，其电压与电流拖尾产生的损耗。在一个开关周期内，单个器件的开关损耗可表示为

$$\begin{cases} E_{on}=2\times\int_0^{t_{on}}u(t)i(t)\mathrm{d}t \\ E_{off}=2\times\int_0^{t_{off}}u(t)i(t)\mathrm{d}t \end{cases} \tag{7-51}$$

式中，E_{on} 和 E_{off} 分别表示导通损耗和关断损耗；t_{on} 和 t_{off} 分别表示导通和关断过程持续时间；$u(t)$和 $i(t)$分别表示导通和关断过程中的管压降和流通电流。

功率器件的导通损耗与器件导通时的管压降相关，导通损耗的功率可表示为

$$P_{con}=(u_T+R_Ti^{\beta}(t))i(t) \tag{7-52}$$

式中，P_{con} 为导通损耗功率；u_T 和 R_T 分别为导通压降和等效电阻；β 与开关器件的电气参数相关，可通过查询数据手册得到。开关频率的提高会增加开关损耗，对导通损耗影响不大。当前主流的半导体功率器件，在 6～15kHz 左右开关频率时，其效率可以达到 97%～99%。

7.7.2 电路铜损耗

电路铜损耗是指当电流流过铜排、电缆等导体时在其电阻上产生的损耗，可表示为

$$P=I^2R \tag{7-53}$$

虽然电缆等的内阻很小，但是飞轮储能系统具有低压大电流的特性；另外，加上集肤效应，电缆的发热量不可小觑。因此，在铜排和电缆选型时应考虑足够裕量。

7.7.3 控制电路损耗

控制电路损耗主要是指控制电路板、驱动板、传感器、接触器和继电器等供电电源损耗，与开关器件损耗和电路铜损耗相比，控制电路损耗比较小，一般不会超过几百瓦。

7.7.4 其他损耗

其他损耗主要指变流器风机损耗、变压器损耗等。

风机损耗是变流器功率器件散热用的风机产生的损耗。根据变流器容量不同，风机功率从几百瓦到几千瓦不等。

变压器损耗是指变流器用到的隔离变压器损耗，有的场合可以省略。变压器损耗一般很小，从几瓦到几百瓦不等。

7.8 辅助系统的损耗

7.8.1 真空设备

真空泵消耗功率在数百瓦到数千瓦之间。

7.8.2 散热设备

散热热备为冷却风扇或水冷机组，通常为数千瓦。

7.8.3 监控仪表

监控仪表的电源功率，通常为数百瓦。

7.9 充放电效率测量

7.9.1 实验飞轮电机系统

基于高速气体离心机技术基础，清华大学在国内较早开展飞轮储能技术实验研究，于1997年研制成功300W·h飞轮实验系统，2001年改型飞轮储能实验系统达到42000r/min；碳纤维复合材料飞轮线速度达到660m/s，储能500W·h，可用能量290W·h[10]。

超高速离心机采用的永磁轴承-小型螺旋槽流体动压锥轴承的混合支撑方式具有结构简单、运行可靠、成本低廉的突出优点，其摩擦损耗微小，因此在飞轮储能充放电、复合材料飞轮结构技术的实验研究中采用了这种混合支撑[7~9]。如图7-10所示，飞轮的上支承是永磁环和导磁环组成的非接触永磁轴承；永磁轴承给转子提供一定的轴向吸力，减轻下端锥轴承的轴向负载而减小轴承摩擦功耗。

为实现升速存储动能、降速释放动能，采用了电动/发电互逆式永磁无刷直流电机。永磁部分为烧结钕铁硼（NdFeB）永磁体，瓦片型，径向磁化，结构如图7-11所示。采用有铁芯电机，铁芯齿数为12，轭中嵌放对称三相绕组，绕组接成星形，与逆变器中各开关管相连接；采用方波驱动电流和数字信号处理（DSP）控制器，实现飞轮系统的充放电。

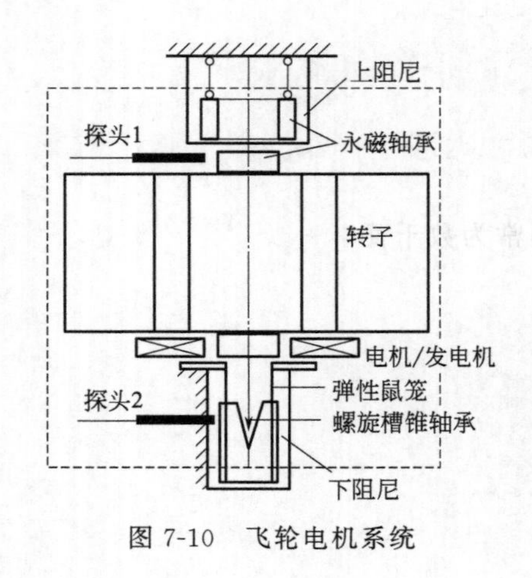

图 7-10　飞轮电机系统

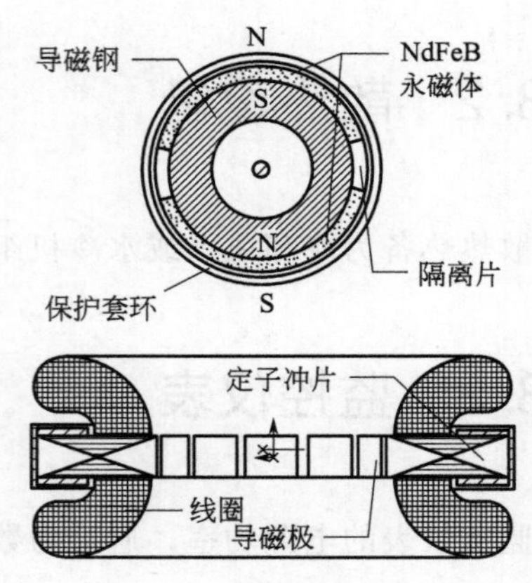

图 7-11　电机转子、定子

7.9.2　电能测量

为了测量整个飞轮电机充放电效率，建立图 7-12 所示实验系统。测量方法是：在设备电源输入端安装数显三相电度表，直接测量输入电能；输出负载串联电流表，并联电压表，再通过实时记录的放电时间计算出放电量。测试充放电循环时，由于转速在 12000r/min 以下，系统不能维持 110V 交流电压，能量可用性差，因此确定充电循环飞轮电机转速由 12000r/min 加速到 36000r/min，发电循环转速由 36000r/min 降速到 12000r/min，充放电之间无待机空载状态。飞轮电机放电深度

$$\lambda=\frac{n_t^2-n_b^2}{n_b^2}\times 100\%=88.9\% \tag{7-54}$$

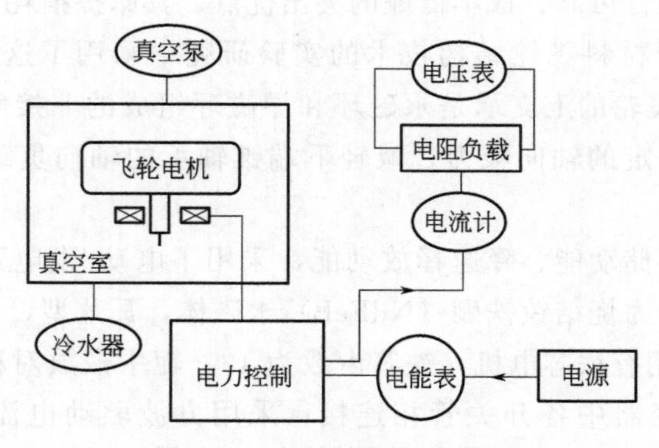

图 7-12　飞轮储能实验系统

7.9.3 充电、放电效率分析

(1) 充电效率

充电效率定义为充电结束后，飞轮转速由 n_b 升到 n_t 时，飞轮所具有的动能 E_{dy} 与电机控制系统输入电能 E_i 之比，即

$$\eta_c=\frac{E_{dy}}{E_i} \tag{7-55}$$

$$E_{dy}=\frac{1}{1800}\pi^2 J(n_t^2-n_b^2) \tag{7-56}$$

(2) 放电效率

发电降速时，发电机带负载运行，电机回路有电流通过，铁损、铜损同时存在，带动负载要经过电力变换器而存在转换能量损耗，合称发电损耗。但是目前这些损耗还不能通过实验方法直接测量，于是考虑采用间接测量的方法。

通过记录负载的电压 U 和电流 I，得到负载功率 P；开始放电时，便开始记录时间。实验过程中记录负载电压 U 和电流 I 的同时需要记录相应的时间 t_0、t_1、t_2、t_3、t_4、…，将相邻时间作差便得到了各个功率对应的近似放电时间 $\Delta t_1=t_1-t_0$、$\Delta t_2=t_2-t_1$、…，再将功率对时间积分，便得到负载有用功

$$W_l=\sum_{i=1}^{n} P_i \times \Delta t_i, i=1,2,\cdots,n \tag{7-57}$$

放电效率定义为放电结束后，飞轮转速由 n_t 降到 n_b 时，系统放出的电能（负载有用功）与飞轮所具有的动能之比，即

$$\eta_d=\frac{W_l}{E_{dy}} \tag{7-58}$$

(3) 充放电效率

飞轮电机充放电效率定义为放出的能量（负载有用功）与系统输入能量之比，即

$$\eta_E=\frac{W_l}{E_{in}} \tag{7-59}$$

7.9.4 飞轮系统效率测量

实验条件为：真空 0.4Pa，轴向承载力 5.3kgf。实验转速由 12000r/min 开始，记录升速到 18000r/min、24000r/min、30000r/min、36000r/min 时各

测量点的电能表读数，可以知道不同充电、放电深度条件下的充放电效率。电能测量实验数据见表 7-6。测量表明，最高转速一定，放电深度降低，效率提高。

表 7-6　电能测量实验数据

转速/(r/s)	200～600	300～600	400～600	500～600
充电时间/min	59.4	44.4	33	21.3
输入电能/10^5J	15.8	13.1	9.58	5.22
放电时间/min	70.4	59.2	44.4	24.3
负载耗能/10^5J	6.54	5.86	4.42	2.46
充电效率/%	72.1	73.5	74.5	75.2
放电效率/%	57.2	60.9	61.9	62.7
系统效率/%	41.3	44.8	45.2	47.2

风损、轴承摩擦损耗的功率可以经计算并由实验验证得到，与时间相乘便得到能量，电机及控制损耗等于总损耗能量（输入电能与飞轮动能之差）减去风损、轴承损耗。转速由 12000r/min 升至 36000r/min，外电源为飞轮系统输入电能 1584000J 时，各部分能量值如表 7-7 所示。

表 7-7　能量分布（输入电能 1.58×10^6J）

项目	充电	放电	循环	与输入电能 E_i 之比
输入电能/10^6J	1.58		1.58	100%
动能/10^6J	1.14	1.14		
风损/10^4J	1.82	2.10	3.92	2.5%
轴承损耗/10^4J	5.30	6.18	11.5	7.2%
电机损耗/10^5J	3.71	4.06	7.77	49%
负载/10^5J		6.54	6.54	41%

由表 7-7 可知，放电过程中风损、轴承损耗与电机及控制损耗均大于充电过程中的对应值，这是因为放电时间较充电时间长了 18.6%。在 12000～36000r/min 工作转速时整个系统的效率为 41%，而电机损耗及其控制损耗占据了 49%，风损和轴承损耗总为 10%。系统电动效率约为 77%（估计变频控制效率为 90%，电动效率为 85%），系统发电效率 64%（估计电机损耗 20%，整流逆变损耗 20%）。由表 7-7 中能量与表 7-6 中对应的时间可以得到飞轮升速功率为 320.5W，飞轮降速功率为 270.8W（为风损、轴承损耗、电机及控制损耗和放电功率之和），电机平均功率为 300W。

7.9.5 飞轮充放电效率分析

飞轮储能系统一般还有维持真空的泵系统和冷却轴承、电机的水冷系统，其消耗功率分别为 P_{va}、P_{co}。充电循环，飞轮升速用时 t_c；高速待机时间 t_i；放电循环，飞轮降速用时 t_d，系统循环周期

$$T=t_c+t_d+t_i=\frac{E_{dy}}{\eta_c P_m}+\frac{E_{dy}}{\eta_d P_g}+t_i=\frac{E_{dy}(\eta_c+\eta_d)}{P_m\eta_c\eta_d}+t_i \tag{7-60}$$

系统充放电循环效率

$$\eta_s=\frac{W_l}{E_i+T_i(P_{va}+P_{co})}=\frac{\eta_d E_{dy}}{\dfrac{E_{dy}}{\eta_c}+T(P_{va}+P_{co})}$$

$$=\frac{\eta_d}{\dfrac{1}{\eta_c}+\dfrac{(t_c+t_d)(P_{va}+P_{co})}{E_{dy}}+\dfrac{t_i(P_{va}+P_{co})}{E_{dy}}} \tag{7-61}$$

式中，P_{va} 为真空维持功率；P_{co} 为冷却水功率。带入周期与能量比关系式有

$$\eta_s=\frac{\eta_d}{\dfrac{1}{\eta_c}+\dfrac{(P_{va}+P_{co})(\eta_c+\eta_d)}{P_m\eta_c\eta_d}+\dfrac{t_i(P_{va}+P_{co})}{E_{dy}}}$$

$$=\frac{\eta_d}{\dfrac{1}{\eta_c}+\dfrac{P_{va}+P_{co}}{P_m}\left(\dfrac{1}{\eta_c}+\dfrac{1}{\eta_d}\right)+\dfrac{t_i(P_{va}+P_{co})}{E_{dy}}} \tag{7-62}$$

$$P_{co}=\alpha(P_w+P_b+\beta P_m)$$

式中，α 为热交换系数；β 为电机发热系数。

$$\eta_s=\frac{\eta_d}{k},k=\frac{1}{\eta_c}+\left(\frac{P_{va}+\alpha P_w+\alpha P_b}{P_m}+\alpha\beta\right)\left(\frac{1}{\eta_c}+\frac{1}{\eta_d}\right)+\frac{t_i(P_{va}+P_{co})}{E_{dy}} \tag{7-63}$$

当飞轮充电、放电效率确定后，上式中只有 P_{va} 和 P_m 是变量；提高 P_m，降低漏率以减小 P_{va} 和缩短待机时间 t_i 将会提高系统的储能效率。这就是飞轮电机功率必须要做大的原因。商业应用飞轮 UPS 因长时间待机，即 t_i 很长，系统能量效率趋于 0，因此它是一个耗能部件，以耗能为代价确保供电可靠性。

电机功率做大后，总能量受转速限制而确定，循环周期变短可以缩短轴承、风损做功时间，从而提高充放电效率。因此飞轮储能系统效率高的应用条件是大功率、快速冲放电、无高速待机状态。飞轮储能应用于航天领域，由于航天真

空、微重力环境使得真空维持功率、风损功率为 0，而轴承损耗也会降低，因此储能效率会有很大提高。

7.9.6 测试结论

基于 500W · h 储能飞轮系统试验装置，进行 200r/min—600r/min—200r/min 的充放电能量测量试验，电机充放电循环效率为 41%，电机及其控制损耗高达 49%，风损及轴承损耗只占 10%。

缩短充放电周期、提高电机功率可显著提高飞轮储能系统效率，航天环境对飞轮储能系统的效率提高尤其有利。

参考文献

[1] BRID G A. Molecular gas dynamics [M]. Oxford：Clarendon Press，1976.

[2] 戴浩. 真空技术 [M]. 北京：人民教育出版社，1961.

[3] MILLIGAN M W，WILKERSON H J. Theoretical performance of rarefied-gas viscoseals [J]. ASLE Trans，1970，13 (4)：296-303.

[4] DAILY J W，NERE R E. Chamber dimension effects on induced flow and frictional resistance of enclosed rotating disks [J]. ASME Trans. Journal of Basic Engineering，1960，82 (1)：217-232.

[5] 戴兴建，卫海岗，沈祖培. 储能飞轮转子轴承系统动力学设计与实验研究 [J]. 机械工程学报，2003，39 (4)：97-101.

[6] KASARDA M E F，ALLAIRE P E，MASLEN E H，et al. High-speed rotor losses in a radial eight-pole magnetic bearing：Part 2-Analytical/Empirical Models and Calculations，ASME J. Eng. Gas Turbines Power，vol. 120，pp. 110-114，Jan. 1998.

[7] MACK M. Luftreibungsverluste bei elektrischen Maschinen kleiner Baugröße (Air friction losses in electrical machines of small power ratings) [D]. Germany：University of Stuttgart，1967.

[8] 孙晓光，王凤翔，徐云龙，等. 高速永磁电机铁耗的分析和计算 [J]. 电机与控制学报，2010，14 (09)：26-30.

[9] 徐永向，胡建辉，邹继斌. 表贴式永磁同步电机转子涡流损耗解析计算 [J]. 电机与控制学报，2009，13 (01)：63-66，72.

[10] 李娟. 永磁体涡流损耗的有限元分析及其对电机性能的影响研究 [D]. 天津：天津大学，2005.

[11] 徐永向，胡建辉，胡任之. 永磁同步电机转子涡流损耗计算的实验验证方法 [J]. 电工技术学报，2007 (07)：150-154.

第8章 飞轮储能 UPS 设计与应用

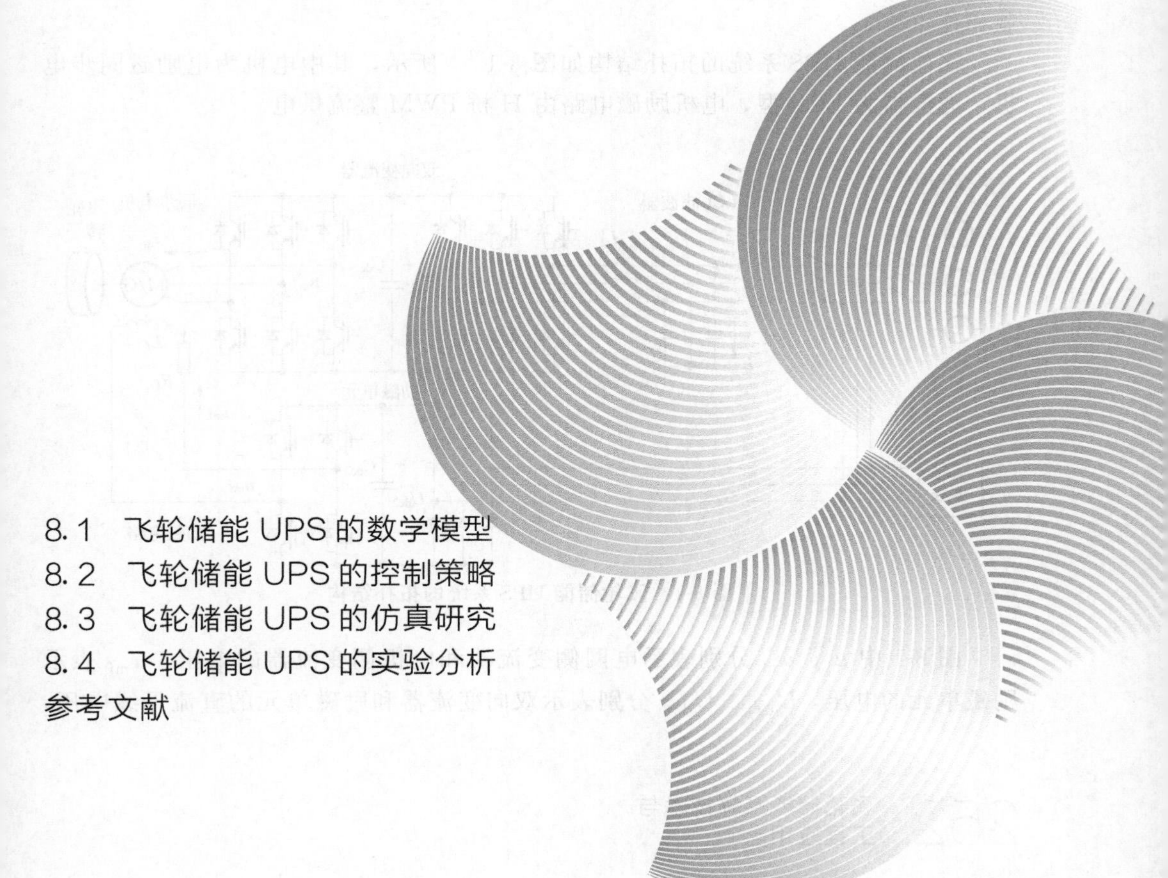

基于飞轮储能的动态不间断供电系统（uninterruptible power system，UPS）是飞轮储能典型应用，全球已有数千套飞轮储能 UPS 在长期安全运行。与传统的化学电池 UPS 相比，飞轮储能 UPS 具有寿命长、绿色环保、快速充放电次数多（几十万次）等优点，其发展前景广阔。本章分析了飞轮储能 UPS 系统的拓扑结构、数学模型、控制算法和仿真结果，最后给出了其试验装置的测试结果。

8.1 飞轮储能 UPS 的数学模型

8.1.1 飞轮储能 UPS 的拓扑结构

飞轮储能 UPS 系统主要包括飞轮转子、轴承、电机和双向变流器等，飞轮电机为电励磁同步电机或者永磁同步电机。飞轮储能 UPS 系统与交流电网和负载相连。

飞轮储能 UPS 系统的拓扑结构如图 8-1[1] 所示，其中电机为电励磁同步电机，滤波器为 LCL 型，电机励磁电路由 H 桥 PWM 整流供电。

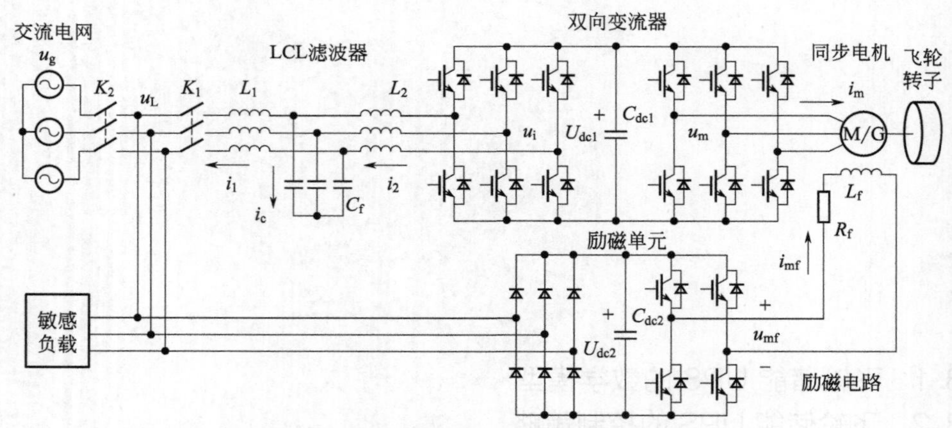

图 8-1　飞轮储能 UPS 系统的拓扑结构

图 8-1 中 u_i、u_m 分别表示电网侧变流器和电机侧变流器的电压，u_{mf} 表示励磁单元的电压，U_{dc1}、U_{dc2} 分别表示双向变流器和励磁单元的直流母线电压，

i_{m}、i_{mf} 分别表示电励磁同步电机的定子电流和励磁电流，i_1、i_2、i_{c} 分别表示 LCL 型滤波器输出电流、电网侧变流器输出电流和滤波电容电流，u_{g} 表示电网电压。

8.1.2 飞轮储能 UPS 的数学模型

8.1.2.1 飞轮转子

飞轮转子一般由大惯量的高强钢或复合材料构成，能量储存在高速旋转的飞轮转子中。

$$E=\frac{1}{2}J\omega_{\mathrm{r}}^2 \tag{8-1}$$

式中，J 为转子转动惯量；ω_{r} 为飞轮转子转速。

飞轮储能系统通常在一个转速范围内进行充放电运行，即设定最高工作转速 ω_{M} 和最低工作转速 ω_{m}。因此，飞轮储能系统储存和释放的能量为

$$\Delta E=\frac{1}{2}J(\omega_{\mathrm{M}}^2-\omega_{\mathrm{m}}^2) \tag{8-2}$$

8.1.2.2 飞轮电机

电励磁同步电机在同步旋转 dq 坐标系中的电压方程为[2]

$$\begin{bmatrix} u_{\mathrm{md}} \\ u_{\mathrm{mq}} \\ u_{\mathrm{mf}} \end{bmatrix}=\begin{bmatrix} R_{\mathrm{s}}+L_{\mathrm{d}}p & -\omega_{\mathrm{e}}L_{\mathrm{q}} & M_{\mathrm{fd}}p \\ \omega_{\mathrm{e}}L_{\mathrm{d}} & R_{\mathrm{s}}+L_{\mathrm{q}}p & M_{\mathrm{fd}}\omega_{\mathrm{e}} \\ 3M_{\mathrm{fd}}p/2 & 0 & R_{\mathrm{f}}+L_{\mathrm{f}}p \end{bmatrix}\begin{bmatrix} i_{\mathrm{md}} \\ i_{\mathrm{mq}} \\ i_{\mathrm{mf}} \end{bmatrix} \tag{8-3}$$

式中，M_{fd} 为电机励磁绕组与直轴绕组之间的互感；L_{f} 为电机励磁绕组的自感；ω_{e} 为电励磁同步电机转子的电角速度。

电磁转矩方程为

$$T_{\mathrm{em}}=\frac{3}{2}n_{\mathrm{p}}(L_{\mathrm{d}}-L_{\mathrm{q}})i_{\mathrm{md}}i_{\mathrm{mq}}+\frac{3}{2}n_{\mathrm{p}}M_{\mathrm{fd}}i_{\mathrm{mf}}i_{\mathrm{mq}} \tag{8-4}$$

电机运动方程为

$$J\frac{\mathrm{d}\omega_{\mathrm{e}}}{\mathrm{d}t}=n_{\mathrm{p}}(T_{\mathrm{em}}-T_{\mathrm{L}})-B\omega_{\mathrm{e}} \tag{8-5}$$

式中，T_{L} 为负载转矩，飞轮储能系统中 $T_{\mathrm{L}}=0$；B 为摩擦系数。

另外，永磁同步电机的励磁是由转子上永磁体产生的，它是恒定的磁场。类似的永磁同步电机的电压方程为

$$\begin{bmatrix} u_{md} \\ u_{mq} \end{bmatrix} = \begin{bmatrix} R_s + L_d p & -\omega_e L_q \\ \omega_e L_d & R_s + L_q p \end{bmatrix} \begin{bmatrix} i_{md} \\ i_{mq} \end{bmatrix} + \begin{bmatrix} 0 \\ \omega_e \psi_f \end{bmatrix} \tag{8-6}$$

式中，ψ_f 为电机的磁链。

电磁转矩方程为

$$T_{em} = \frac{3}{2} n_p (L_d - L_q) i_{md} i_{mq} + \frac{3}{2} n_p \psi_f i_{mq} \tag{8-7}$$

8.1.2.3 LCL 滤波器

假设 LCL 滤波器的滤波电容 C_f 对工频信号的阻抗远大于电网侧电感 L_1 的阻抗，对开关频率信号的阻抗远小于电网侧电感 L_1 和变流器侧电感 L_2 的阻抗，则可将工频信号和开关频率信号按照叠加原理进行分离，下面分别介绍。

对于工频信号，LCL 滤波器在三相 abc 坐标系中的状态方程[1] 为

$$\begin{bmatrix} \mathrm{d}i_{2a}/\mathrm{d}t \\ \mathrm{d}i_{2b}/\mathrm{d}t \\ \mathrm{d}i_{2c}/\mathrm{d}t \end{bmatrix} = \begin{bmatrix} (u_{ia} - u_{sa})/(L_1 + L_2) \\ (u_{ib} - u_{sb})/(L_1 + L_2) \\ (u_{ic} - u_{sc})/(L_1 + L_2) \end{bmatrix} \tag{8-8}$$

通过 abc 坐标系至 dq 坐标系的坐标变换，电压和电流变为常数，则 LCL 滤波器在 dq 坐标系中的状态方程为

$$\begin{bmatrix} \mathrm{d}i_{2d}/\mathrm{d}t \\ \mathrm{d}i_{2q}/\mathrm{d}t \end{bmatrix} = \begin{bmatrix} 0 & \omega_g \\ -\omega_g & 0 \end{bmatrix} \begin{bmatrix} i_{2d} \\ i_{2q} \end{bmatrix} + \begin{bmatrix} (u_{id} - u_{sd})/(L_1 + L_2) \\ (u_{iq} - u_{sq})/(L_1 + L_2) \end{bmatrix} \tag{8-9}$$

式中，ω_g 为工频对应的角频率。

对于开关频率信号，电感上电压方程为

$$u_{ix} = L_{2x} \frac{\mathrm{d}i_{2x}}{\mathrm{d}t} \qquad (x = a, b, c) \tag{8-10}$$

则一个开关周期 T_{sw} 内，电流 i_2 为

$$\begin{cases} \Delta i_{2x\text{-up}} = \dfrac{U_{dc1}}{2L_2} t_{x\text{-on}} \\ \Delta i_{2x\text{-down}} = -\dfrac{U_{dc1}}{2L_2} t_{x\text{-off}} \end{cases} \tag{8-11}$$

式中，$t_{x\text{-on}}$ 和 $t_{x\text{-off}}$ 分别为一个开关周期内 x 相桥臂上管子的导通时间和关断时间。

可推导出电流 i_2 开关纹波峰值[1] 为

$$\Delta i_{2x\text{-pp}} = \frac{|\Delta i_{2x\text{-up}}| + |\Delta i_{2x\text{-down}}|}{2} = \frac{U_{dc1}}{4L_2}(t_{x\text{-on}} + t_{x\text{-off}}) = \frac{U_{dc1} T_{sw}}{4L_2} = \frac{U_{dc1}}{4L_2 f_{sw}} \tag{8-12}$$

8.2 飞轮储能 UPS 的控制策略

根据图 8-1 所示的飞轮储能 UPS 结构，整体控制思路为：飞轮 UPS 充电时，网侧变流器采用维持直流母线电压恒定的 PWM 控制，机侧变流器采用变频调速控制，驱动电机拖动飞轮转子升速，将电能转化为机械能储存起来；飞轮 UPS 放电时，飞轮转子降速，并拖动电机发电，机侧变流器采用维持直流母线电压恒定的 PWM 控制，网侧变流器输出三相对称工频交流电，给负载供电，下面分别讨论。

8.2.1 网侧变流器的控制策略

根据飞轮储能 UPS 的运行工况，当电网正常时，电网给飞轮 UPS 充电，即网侧变流器、机侧变流器、电机等驱动飞轮升速；当电网故障时，飞轮降速发电，网侧变流器将飞轮电机及其机侧变流器的直流电逆变为三相交流电，并供给负载。因此，对网侧变流器的控制分为充电控制和放电控制，下面分别讨论其控制策略。

8.2.1.1 充电控制策略

当飞轮储能 UPS 处于充电状态时，网侧变流器采用维持直流母线电压恒定的 PWM 控制技术。一般采用电压外环和电流内环的双闭环控制策略，其中电压环控制直流母线电压恒定，电流环控制电网侧变流器的电流。飞轮储能 UPS 网侧变流器的充电控制框图如图 8-2[1] 所示。

在图 8-2 中，网侧变流器电流 i_2 的交轴（q 轴）分量影响变流器输出的有功功率，直轴（d 轴）分量影响变流器输出的无功功率。由于变流器直流母线电压的变化是由输入和输出变流器的有功功率决定的，因此，将直流母线电压外环的输出作为 i_2 交轴分量的参考值。另外，为了提高电网侧电能质量，网侧变流器的功率因数应控制为 1；由于滤波器本身会产生一定的无功功率，因此需要控制网侧变流器输出一定的直轴电流分量，用以补偿 LCL 滤波器中滤波电容产生的无功功率。

在图 8-2 中，为了提高网侧变流器的动态响应速度，在电流内环中加入了交

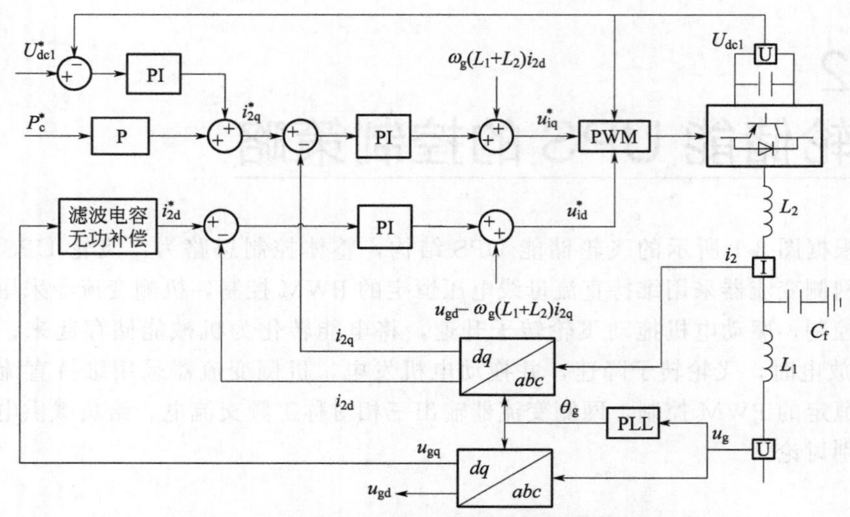

图 8-2　飞轮 UPS 网侧变流器的充电控制框图

叉耦合项和电网电压前馈控制；同样，在电压外环中也加入了前馈控制。因此，电压外环输出[1] 为

$$i_{2q}^*=k_{p-U}(U_{dc1}^*-U_{dc1})+k_{i-U}\int_{t_0}(U_{dc1}^*-U_{dc1})dt-\frac{P_c^*}{u_{gq}} \tag{8-13}$$

式中，P_c^* 为飞轮储能 UPS 的充电功率。

8.2.1.2　放电控制策略

当电网出现故障时，飞轮储能 UPS 切入放电工况，网侧变流器将电机及其机侧变流器发出的直流电逆变为三相对称工频交流电，向负载供电，同时电网切除。下面分别讨论其控制策略和孤岛检测方法。

(1) 放电控制策略

飞轮储能 UPS 网侧变流器的放电控制框图如图 8-3 所示。由于 $\alpha\beta$ 坐标变换下的各状态方程能满足控制要求，因此，网侧变流器控制基于 $\alpha\beta$ 坐标变换进行研究。

在图 8-3 中，由于网侧变流器提供输出三相对称工频交流电供给负载，因此，网侧变流器采用输出电压闭环的控制策略；为了提高其输出电压的动态响应速度，采用闭环与开环相结合的复合控制策略；又由于该输出电压在 LCL 滤波器上产生压降，因此，需要引入基于输出电流 i_2 的压降补偿控制。

在图 8-3 中，当电网故障时，飞轮储能 UPS 切入，同时电网切除。因此电网的故障检测十分重要，它是实现从电网供电到 UPS 供电平滑过渡的保证。另外，电网切除后，网侧变流器控制也需要检测电压，下面具体讨论。

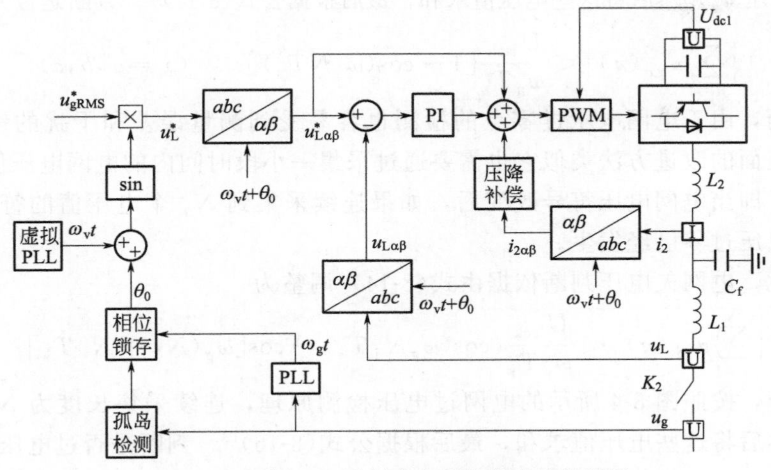

图 8-3　飞轮 UPS 网侧变流器的放电控制框图

（2）孤岛检测方法

当电网故障时，飞轮储能 UPS 投入运行；同样，当电网恢复正常时，飞轮储能 UPS 需要切除。在此过程中，需要采用合适的孤岛检测方法来判断电网处于故障/正常状态。在此采用电压或频率检测法来判断电网是否发生故障，这种孤岛检测方法属于本地被动检测法，下面分别讨论。

① 电压检测法。

通常电压检测法是将一个周期内电网电压最大值同欠电压阈值 U_{lack}（或过电压阈值 U_{over}）进行比较，判断电网电压是否发生故障。但在实际应用中，被测电压存在测量误差，且易受干扰，因此使得欠电压（或过电压）检测的准确性差、误报率较高。为了解决传统电压测量法的误差，电压检测通过采集一小段时间内的电压累加值来判断是欠压、还是过压，从而减小测量误差和干扰造成的影响。改进的电压检测法工作原理如图 8-4 所示。图中 N 表示电压采集长度，T_s 表示控制器的采样周期。

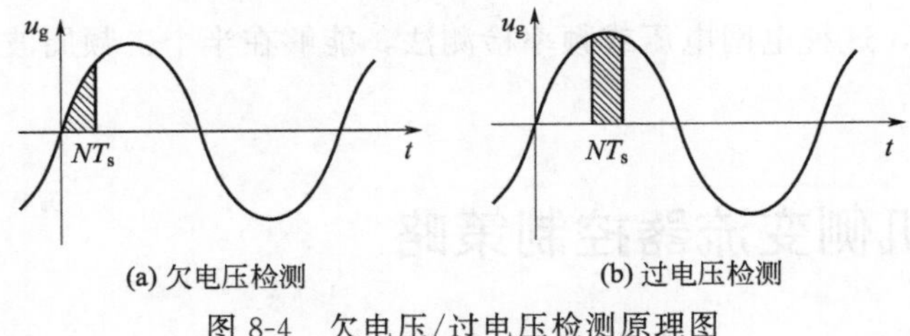

(a) 欠电压检测　　(b) 过电压检测

图 8-4　欠电压/过电压检测原理图

按照图 8-4 所示的电网欠电压检测原理，从电压的过零点开始，采集长度为 N

的电网电压 u_g，然后将这些电压值求和，最后根据公式(8-14)[1] 判断是否欠电压。

$$\left|\sum_{n=1}^{N}u_{gx}(n)\right|<\frac{U_{\text{lack}}}{\omega_g T_s}[1-\cos(\omega_g N T_s)] \qquad (x=a,b,c) \tag{8-14}$$

然而，由于电网电压过零点的检测也容易受到测量误差和干扰的影响，因此，同上面的改进方法类似它也需要通过采集一小段时间内的电网电压值来判断过零点；即当电网电压符号改变后，如果连续采集到 N_1 个电压值的符号相同，则判断电压过零已经发生。

由此，电网欠电压判断依据由式(8-14) 调整为

$$\left|\sum_{n=1}^{N}u_{gx}(n)\right|<\frac{U_{\text{lack}}}{\omega_g T_s}\{\cos(\omega_g N_1 T_s)-\cos[\omega_g(N_1+N)T_s]\} \tag{8-15}$$

同理，按照图 8-4 所示的电网过电压检测原理，连续采集长度为 N 的电网电压，然后将这些电压值求和，最后根据公式(8-16)[1] 判断是否过电压。

$$\left|\sum_{n=1}^{N}u_{gx}(n)\right|>\frac{2U_{\text{over}}}{\omega_g T_s}\sin\left(\frac{\omega_g N T_s}{2}\right) \tag{8-16}$$

② 频率检测法。

电网电压频率检测法的工作原理如图 8-5 所示。与改进的电网电压检测法类似，检测两个连续的电压过零点，然后根据公式(8-17) 计算出电压的频率 f_g，最后将实际的电压频率 f_g 与欠频率阈值 f_{lack}（或过频率阈值 f_{over}）进行比较来判断是否发生电网电压频率故障。

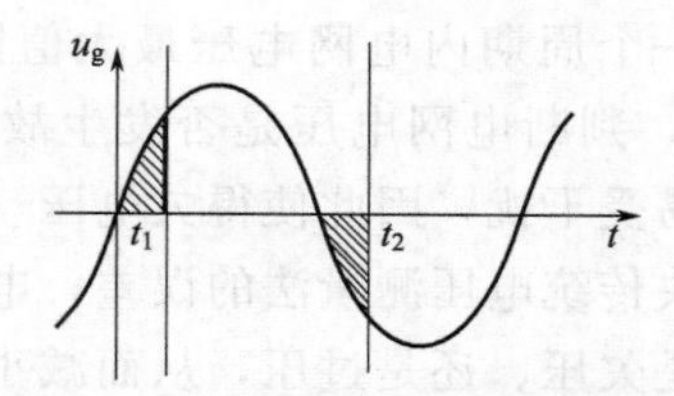

图 8-5　电网电压频率检测原理图

$$f_g=\frac{1}{2(t_2-t_1)} \tag{8-17}$$

综上所述，这种电网电压或频率检测法，能够在半个工频周波内判断出电网是否发生故障。

8.2.2　机侧变流器控制策略

当前在交流调速系统中矢量控制得到了广泛应用[3,4]，因此，飞轮储能 UPS 机侧变流器采用矢量控制方法，实现电机转矩和磁链的解耦控制。根据飞轮储能

UPS 的运行状态，当电网正常时，电网给飞轮 UPS 充电，即网侧变流器整流，机侧变流器驱动电机带着飞轮升速；当电网故障时，飞轮降速发电，机侧变流器将飞轮电机发出的交流电整流成直流电，由网侧变流器逆变为三相交流电，并供给负载。因此，针对电励磁同步电机，对机侧变流器的控制可分为充电控制和放电控制，下面分别讨论。

8.2.2.1 充电控制策略

飞轮储能 UPS 系统充电时，机侧变流器通过变频调速控制驱动电机升速，采用转速外环和电流内环的双闭环控制策略，电流控制采用 $i_{\mathrm{md}}=0$ 的矢量控制策略，控制框图如图 8-6[1] 所示。

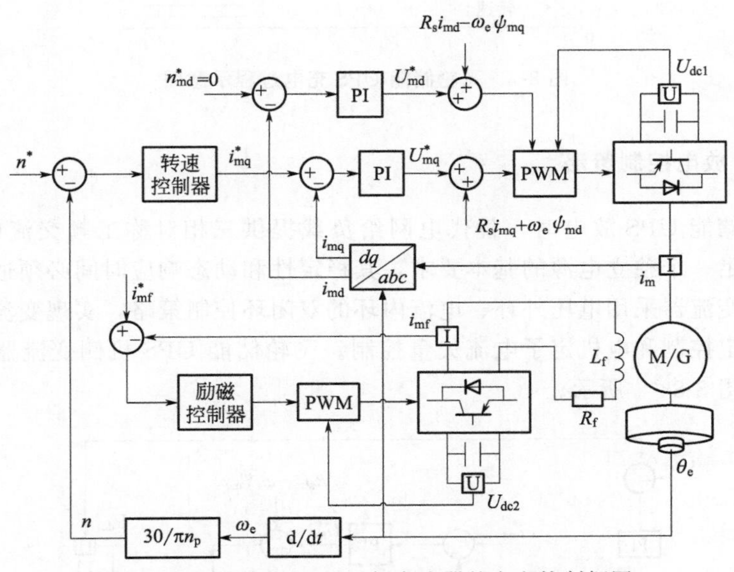

图 8-6 飞轮储能 UPS 机侧变流器的充电控制框图

在图 8-6 中，当飞轮储能 UPS 充电时机侧变流器采用前面第 6 章中的矢量控制技术，dq 坐标系下电机定子电流分解为直轴分量 i_{md} 和交轴分量 i_{mq}，它们分别控制电机磁链和电磁转矩。机侧变流器采用经典的转速外环和电流内环的双闭环控制策略，而且都采用 PI 调节器调节。其中，转速外环的输出作为定子电流交轴分量 i_{mq} 参考值给定；由于是电励磁同步电机，其励磁电流 i_{mf} 独立调节控制，根据稳态工况给定，其时间常数较大，因此，定子电流直轴分量 i_{md} 参考值设置为 0；为了提高电流环的动态响应速度，电流环引入了直轴和交轴的交叉耦合项用于补偿控制。

飞轮储能 UPS 充电过程包括恒转矩充电、恒功率充电和浮充三种工况。当飞轮 UPS 启动并处于低速状态时，采用恒转矩充电方式；随着飞轮转速升高，飞轮 UPS 充电功率达到最高阈值时，采用恒功率充电方式；飞轮转速达到最高工作转速时，系统进入浮充状态，飞轮 UPS 的充电功率很小，仅补偿机械摩擦等损耗。飞轮储能 UPS 充电过程如图 8-7 所示。

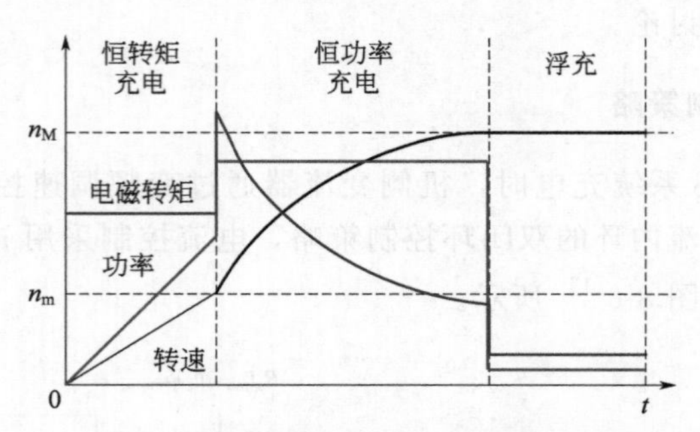

图 8-7　飞轮储能 UPS 充电过程示意图

8.2.2.2　放电控制策略

飞轮储能 UPS 放电时，替代电网给负载提供三相对称工频交流电，因此，它需要满足一个独立电源的基本要求，其稳定性和动态响应时间必须适应负载变化。机侧变流器采用电压外环、电流内环的双闭环控制策略，实现变流器直流母线电压恒定控制和电机定子电流矢量控制。飞轮储能 UPS 机侧变流器的放电控制框图如图 8-8[3] 所示。

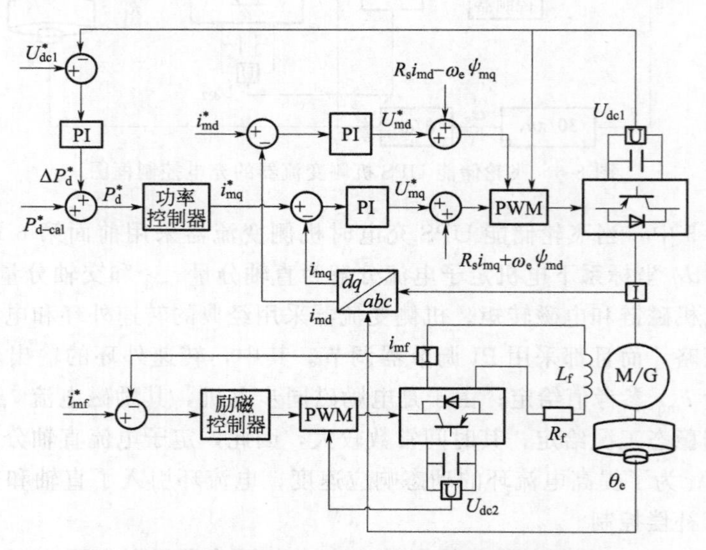

图 8-8　飞轮储能 UPS 机侧变流器的放电控制框图

在图 8-8 中，飞轮储能 UPS 机侧变流器采用经典的电压外环控制来维持直流母线电压恒定，但由于电压环 PI 控制器的调节响应速度慢，因此，为了提高飞轮储能 UPS 放电的动态性能，引入了功率前馈控制，由电压环 PI 调节器和功率前馈控制器共同提供飞轮 UPS 机侧变流器放电功率参考值 P_d^*。P_d^* 的计算公式为

$$P_d^* = k'_{p\text{-}U}(U_{dc1}^* - U_{dc1}) + k'_{i\text{-}U}\int_{t_0}(U_{dc1}^* - U_{dc1})dt + u_{Lq}i_{2q} \tag{8-18}$$

8.3 飞轮储能 UPS 的仿真研究

根据图 8-1 所示的飞轮储能 UPS 拓扑结构，在 Matlab/Simulink 仿真平台上搭建了飞轮储能 UPS 模型，并对其充放电过程进行了仿真研究。仿真模型的参数[1] 如下：电机定子参数为 $L_d=0.23\text{mH}$，$L_q=0.21\text{mH}$，$R_s=1.3\text{m}\Omega$；转子参数为 $L_f=1.2\text{H}$，$R_f=1.5\Omega$，$M_{fd}=6.25\text{mH}$；极对数为 4；LCL 滤波器参数为 $L_1=0.22\text{mH}$，$L_2=0.28\text{mH}$，$C_f=300\mu\text{F}$。飞轮 UPS 的额定功率为 300kW，电机定子额定电流为 760A，电机工作转速范围为 3500～8000r/min，双向变流器的开关频率取为 3kHz。

8.3.1 充电过程仿真分析

基于 Matlab/Simulink 仿真平台开展了飞轮储能 UPS 系统仿真研究，重点讨论了飞轮 UPS 充电过程中网侧变流器 PWM 整流控制、机侧变流器变频调速控制策略，观测电网、变流器和电机等状态量变化，以及采用不同控制策略的影响等，具体的仿真结果如下所述。

8.3.1.1 网侧变流控制的仿真结果

飞轮储能 UPS 充电时网侧变流器的直流母线电压波形如图 8-9 所示。图中红色曲线为参考值，蓝色曲线为实际值。从图中可知直流母线电压稳定，带有前馈的电压控制动态响应快、跟随性好。

飞轮储能 UPS 充电时电网电压和电流的波形如图 8-10[1] 所示。图中红色曲线为电流，蓝色曲线为电压。从图中可知，电网电流的畸变率很低，验证了采用带 LCL 滤波 PWM 整流控制策略的有效性；另外，电网电压和对应电流同相位，也验证了采用单位功率因数控制策略的有效性。

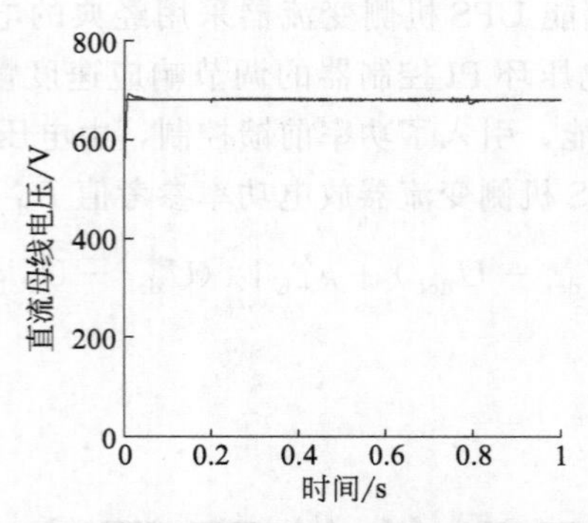

图 8-9　飞轮 UPS 充电时网侧变流器直流母线电压的仿真结果

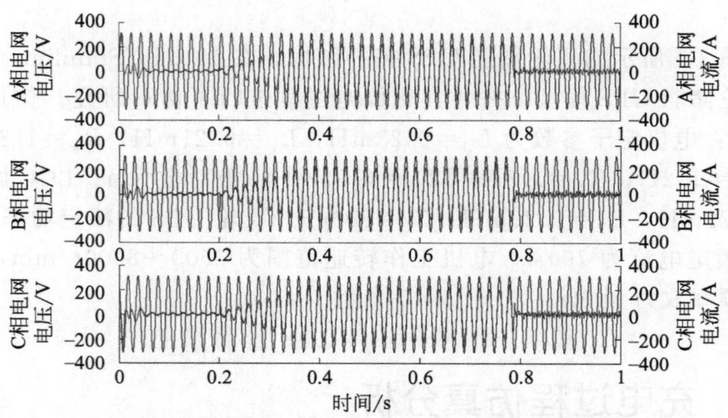

图 8-10　飞轮储能 UPS 充电时电网电流与电网电压的仿真波形

8.3.1.2　电机及其机侧变流器的仿真结果

飞轮储能 UPS 充电时电机及其机侧变流器的波形如图 8-11 所示，包括电机转速、定子电流和励磁电流。图中曲线 1 为参考值，曲线 2 为实际值。

从图 8-11 可知，飞轮储能 UPS 充电时整个过程为，0.2s 时刻机侧变流器开始工作，历经恒转矩充电、恒功率充电、小功率浮充三个阶段，飞轮电机转速上升到最高工作转速，励磁电流采用恒定电流控制。

8.3.2　放电过程仿真分析

飞轮储能 UPS 充放电过程为：当电网正常时，电网供电给负载，同时给飞轮 UPS 充电；当电网故障时，由飞轮 UPS 发电供给负载，系统从并网状态切换

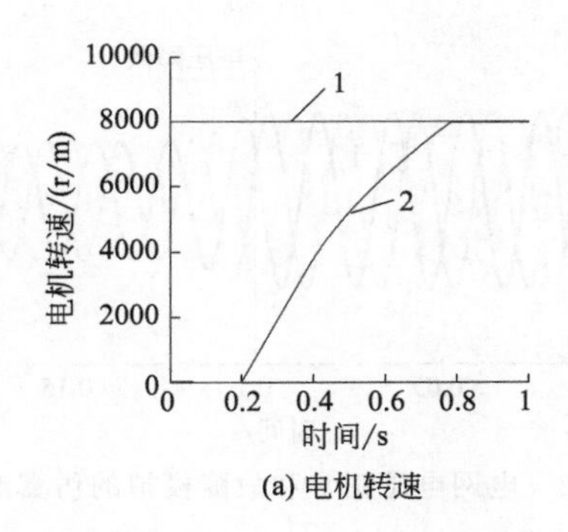

(a) 电机转速

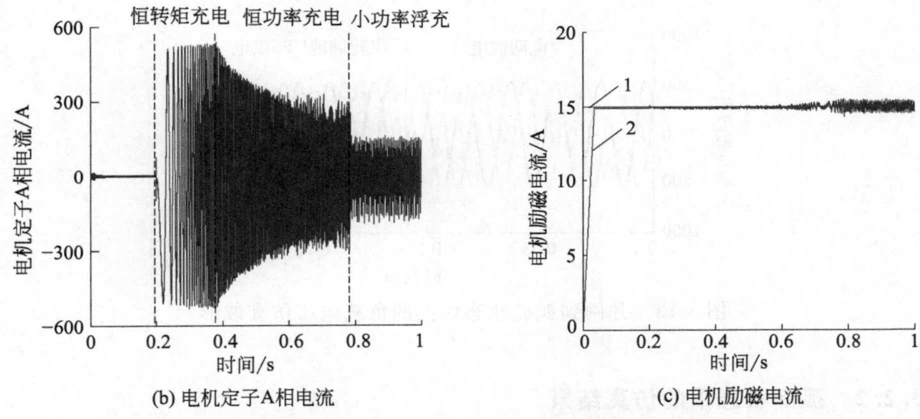

(b) 电机定子A相电流　　(c) 电机励磁电流

图 8-11　飞轮储能 UPS 充电时电机及其机侧变流器的仿真波形

到孤岛状态；当电网恢复正常后，飞轮 UPS 供电给负载系统，由孤岛状态切换到并网状态，下面分别讨论各状态间切换过程的仿真。

8.3.2.1　并网到孤岛的状态切换仿真结果

电网三相对称线电压正常和故障模拟波形如图 8-12 所示。从图中可知，0.1s 时刻起电网出现故障，三相电压开始降低。

当电网出现故障时，将电网切除，同时飞轮储能 UPS 切入放电运行状态，这种状态也称孤岛状态。在此投切过程中三相负载电压波形如图 8-13 所示。从图中可知，0.11s 前，负载由电网供电；0.11s 时刻，飞轮储能 UPS 检测到电网欠压故障，将电网从负载上切除，同时，飞轮 UPS 切入放电状态，并迅速向负载供电。从负载电压供电出现故障到恢复正常，大约 10ms，说明飞轮 UPS 投切响应时间在 10ms 左右。仿真结果表明飞轮 UPS 放电控制的动态响应快，飞轮 UPS 能提供满足要求的三相对称工频交流电。

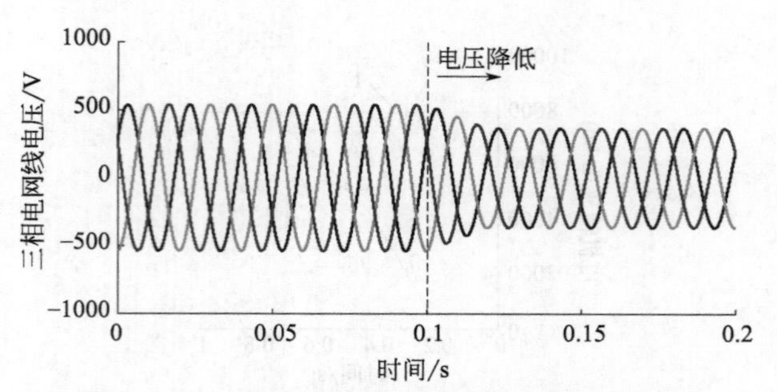

图 8-12　电网电压正常和故障模拟的仿真波形

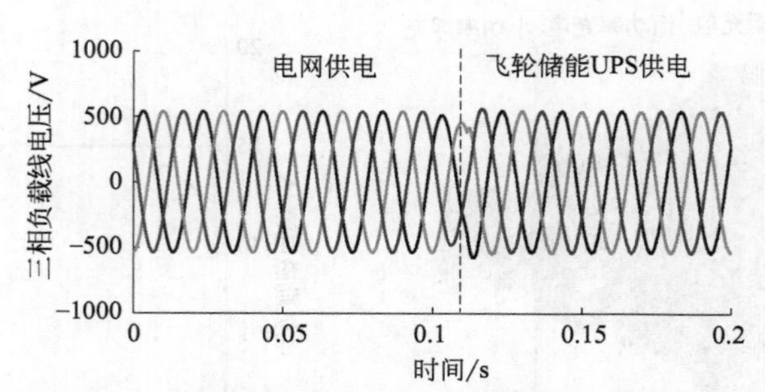

图 8-13　并网到孤岛状态切换的负载电压仿真波形

8.3.2.2　孤岛状态下的仿真结果

当电网因故障切除后，飞轮储能 UPS 处于放电运行的孤岛状态下，给负载供电。孤岛状态下飞轮储能 UPS 在空载、突加负载和满载条件下的仿真结果如图 8-14 所示。在图 8-14 中，图(a)～图(h) 分别表示电机定子 A 相电流、q 轴电流、d 轴电流、电机励磁电流、直流母线电压、三相负载电压及其加载展开图；灰色曲线为参考值，黑色曲线为实际值。

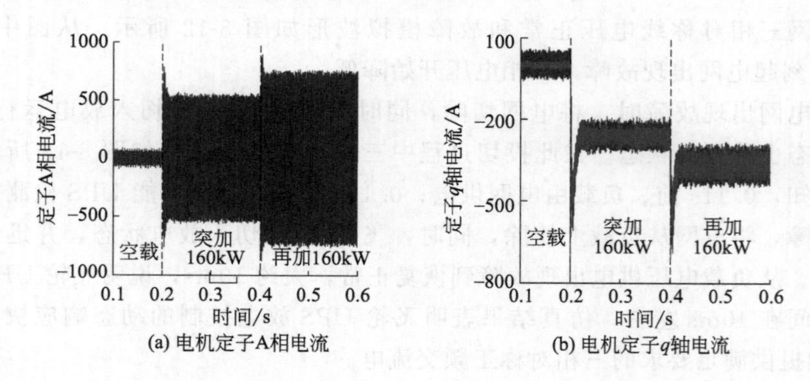

(a) 电机定子A相电流　　(b) 电机定子q轴电流

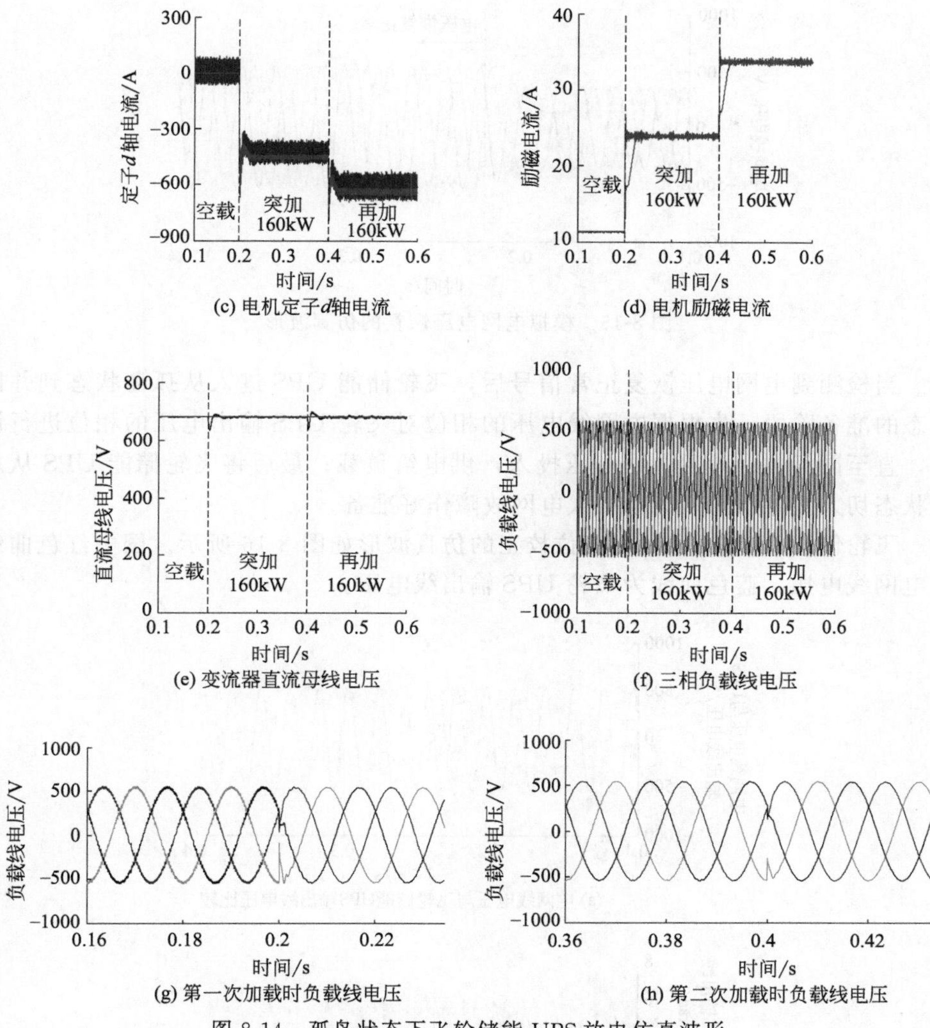

(c) 电机定子d轴电流　(d) 电机励磁电流

(e) 变流器直流母线电压　(f) 三相负载线电压

(g) 第一次加载时负载线电压　(h) 第二次加载时负载线电压

图 8-14　孤岛状态下飞轮储能 UPS 放电仿真波形

从图 8-14 中可知，无论是在空载、突加负载还是满载工况下，孤岛状态下飞轮储能 UPS 电机定子电流都能较好地跟随参考电流值变化，变流器直流母线电压基本上与参考电压值一致，网侧变流器输出的三相交流电（即负载电压）与电网电压一样。仿真结果表明孤岛状态下飞轮 UPS 放电控制的动态响应快，适应负载的动态变化，能提供给负载稳定的三相对称交流电。

8.3.2.3　孤岛到并网的状态切换仿真结果

当电网电压恢复正常时，电网三相电压波形如图 8-15 所示。

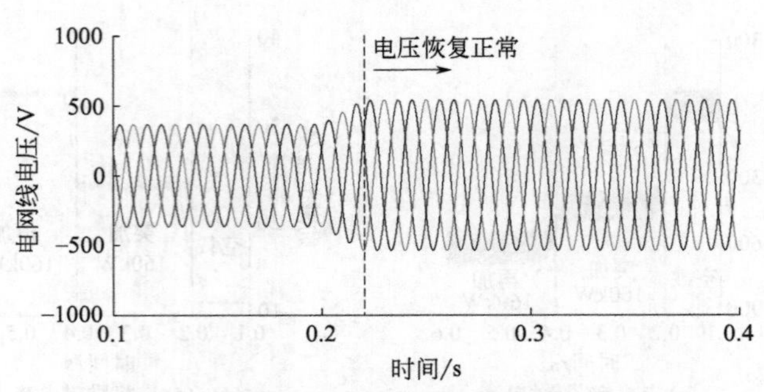

图 8-15　模拟电网电压恢复的仿真波形

当检测到电网电压恢复正常信号后，飞轮储能 UPS 进入从孤岛状态到并网状态的准备阶段，先根据电网线电压的相位对飞轮 UPS 输出电压的相位进行调整，直至同相位；然后电网电压投入，供电给负载；最后将飞轮储能 UPS 从放电状态切入充电状态，为下一次电网故障作好准备。

飞轮储能 UPS 输出电压相位校正的仿真波形如图 8-16 所示。图中红色曲线为电网线电压，蓝色曲线为飞轮 UPS 输出线电压。

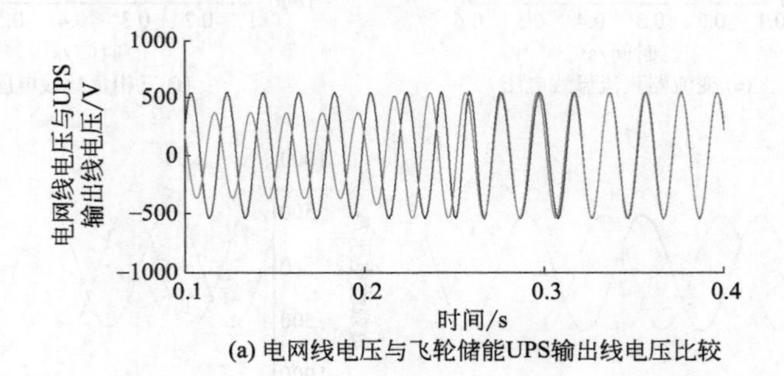

(a) 电网线电压与飞轮储能UPS输出线电压比较

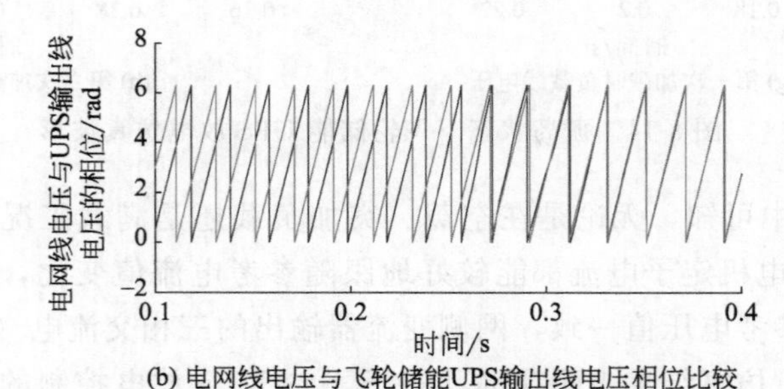

(b) 电网线电压与飞轮储能UPS输出线电压相位比较

图 8-16　飞轮储能 UPS 输出电压相位校正的仿真波形

从图 8-16 中可知，从 0.25s 起，飞轮储能 UPS 就根据电网线电压的相位对其输出电压的相位进行调整，直至其输出电压与电网电压同步为止。仿真结果表明飞轮储能 UPS 输出电压相位校正方法的有效性。

当飞轮储能 UPS 输出电压与电网电压同步后，电网电压投入，并供电给负载；然后，将飞轮储能 UPS 从放电状态切入充电状态。投切过程中三相负载电压波形如图 8-17 所示。从图中可知，三相负载由飞轮储能 UPS 供电恢复到由电网供电的投切过程中，负载电压波形平滑过渡，没有出现突变。仿真结果表明飞轮储能 UPS 能实现负载由电网电压恢复供电的无缝切换。

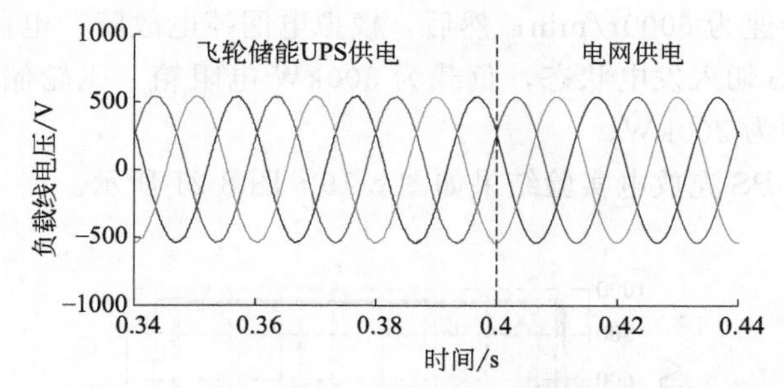

图 8-17　孤岛到并网状态切换过程中的负载电压仿真波形

8.4 飞轮储能 UPS 的实验分析

飞轮储能 UPS 系统主要包括整流/逆变双向变流器、飞轮本体（电机飞轮转子、磁轴承和外壳等）。飞轮储能 UPS 的整个运行过程如下：当电网供电正常时，电网给负载供电，同时给飞轮储能 UPS 充电，直至最高工作转速；然后，飞轮储能 UPS 进入待机状态；当检测到电网故障信号时，飞轮储能 UPS 进入发电状态，供电给负载，同时电网供电被切除；当电网电压恢复正常时，电网恢复给负载供电，同时飞轮储能 UPS 系统转入充电状态。

根据图 8-1 的飞轮储能 UPS 系统框图，实验样机如图 8-18 所示。实验中，设置最大充电功率 100kW，额定功率为 300kW，带 300kW 电阻负载。

图 8-18　飞轮储能 UPS 实验样机

8.4.1 充放电实验

电网供电给飞轮储能 UPS，飞轮 UPS 进入充放电阶段，充电功率为 100kW，最高转速为 6000r/min；然后，模拟电网掉电故障，电网侧供电断路器断开，飞轮 UPS 切入发电状态，负载为 300kW 电阻箱，飞轮储能 UPS 供电给负载，输出功率为 300kW。

飞轮储能 UPS 充放电实验结果如图 8-19～图 8-21 所示。

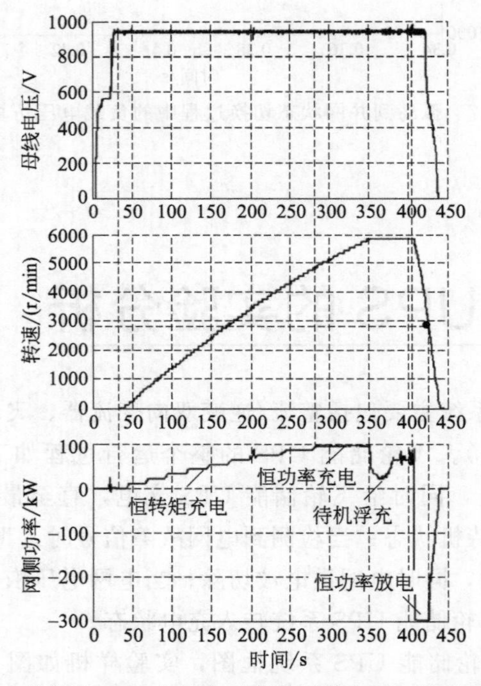

图 8-19　飞轮储能 UPS 充放电时直流母线电压、转速、功率曲线

从图 8-19 中可知，飞轮储能 UPS 充放电时直流母线电压维持恒定，工作转速范围为 2850～6000r/min，充电功率为 100kW，放电功率为 300kW。从图 8-20 中可知飞轮储能 UPS 充放电全过程中的负载电流、负载电压、网侧电流波形，其中负载电压在电网故障、飞轮 UPS 投入供电前后基本维持不变；由于网侧断路器功率限制，只能进入浮充阶段后才能投入负载（100kW＋200kW 两个负载箱），因此充电阶段负载电流为零，进入浮充后先后投入两个负载箱负载，

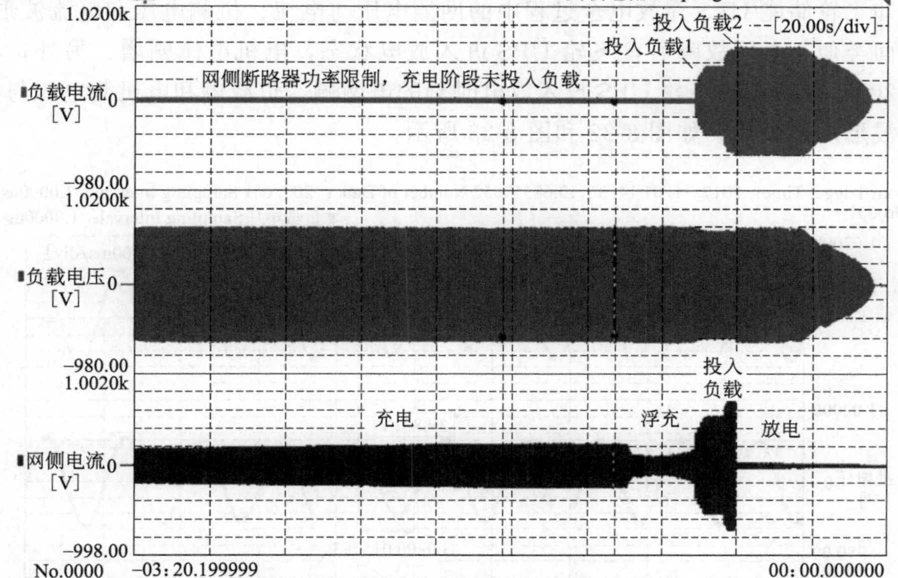

图 8-20　飞轮储能 UPS 充放电时负载电流、负载电压、网侧电流曲线

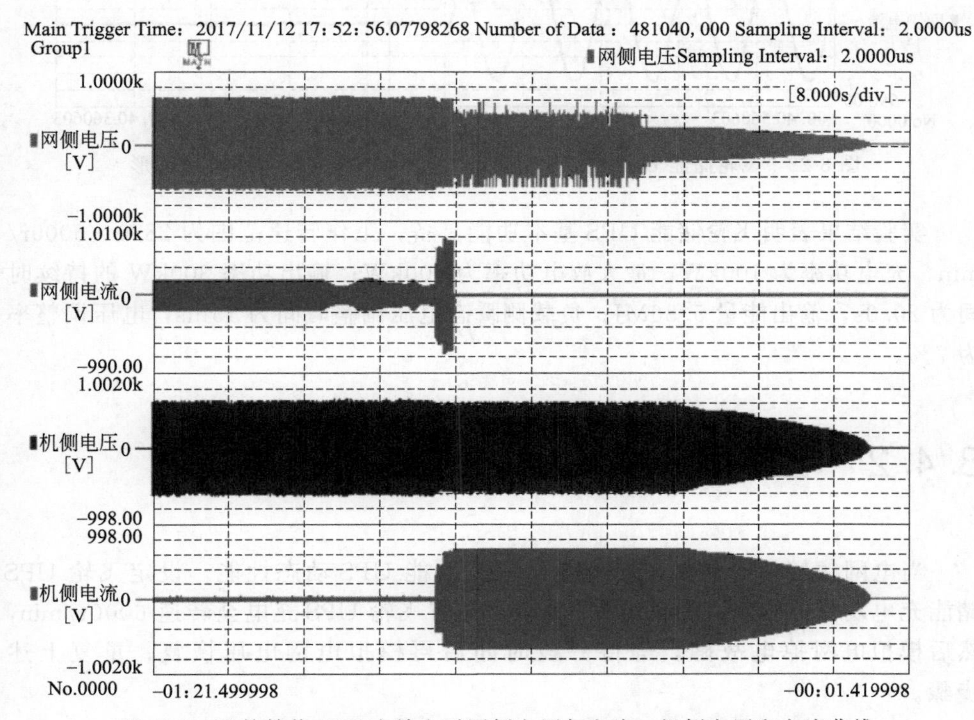

图 8-21　飞轮储能 UPS 充放电时网侧电压与电流、机侧电压和电流曲线

因此负载电流相应增加；而电网电流在电网故障后被切除，降到零。从图 8-21 中可知飞轮储能 UPS 充放电全过程中的网侧电压与电流、机侧电压和电流波形，与前面类似，电网故障后，飞轮 UPS 进入放电状态，电机电流剧增。另外，将图 8-20 和图 8-21 中飞轮 UPS 投入放电时刻的电网侧、负载侧和电机侧电压与电流的波形局部放大，如图 8-22 和图 8-23 所示。

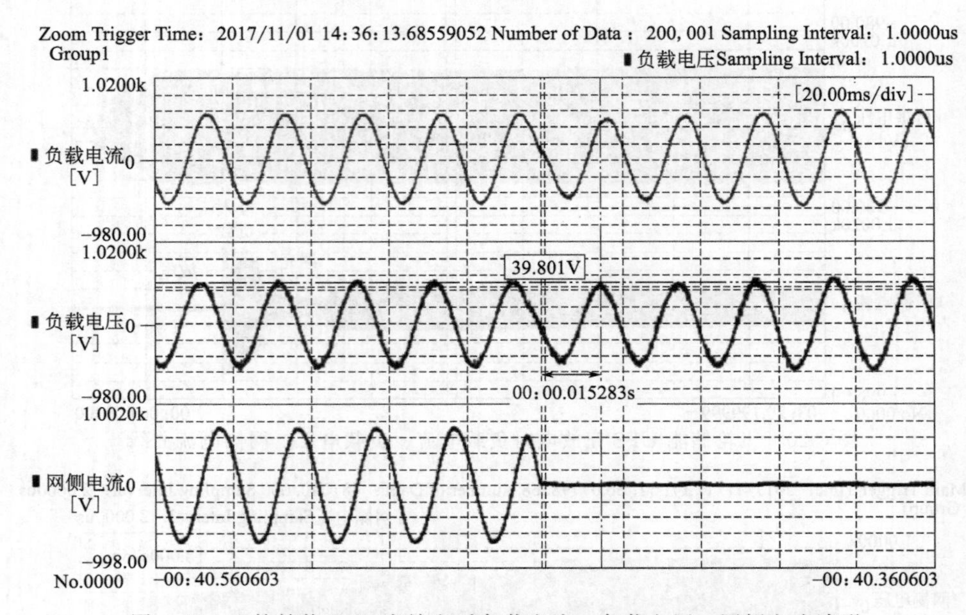

图 8-22　飞轮储能 UPS 充放电时负载电流、负载电压、网侧电流波形

实验结果表明飞轮储能 UPS 基本功能具备，工作转速范围为 2850～6000r/min，充电功率为 100kW，最大放电功率为 300kW；输出功率 300kW 的持续时间为 20.3s，输出能量 5.86MJ；负载侧瞬态电压调整时间为 15ms，电压调整率为 7%。

8.4.2 电网频繁故障及恢复实验

当电网频繁故障和恢复时，测试飞轮储能 UPS 动态性能。设定飞轮 UPS 储能充电功率 85kW，负载功率 50kW；先将飞轮 UPS 充电至转速 6000r/min，然后模拟电网掉电故障，等待一段时间后再模拟电网电压恢复；重复上述步骤。

电网频繁故障与恢复时飞轮储能 UPS 实验结果如图 8-24～图 8-26 所示。

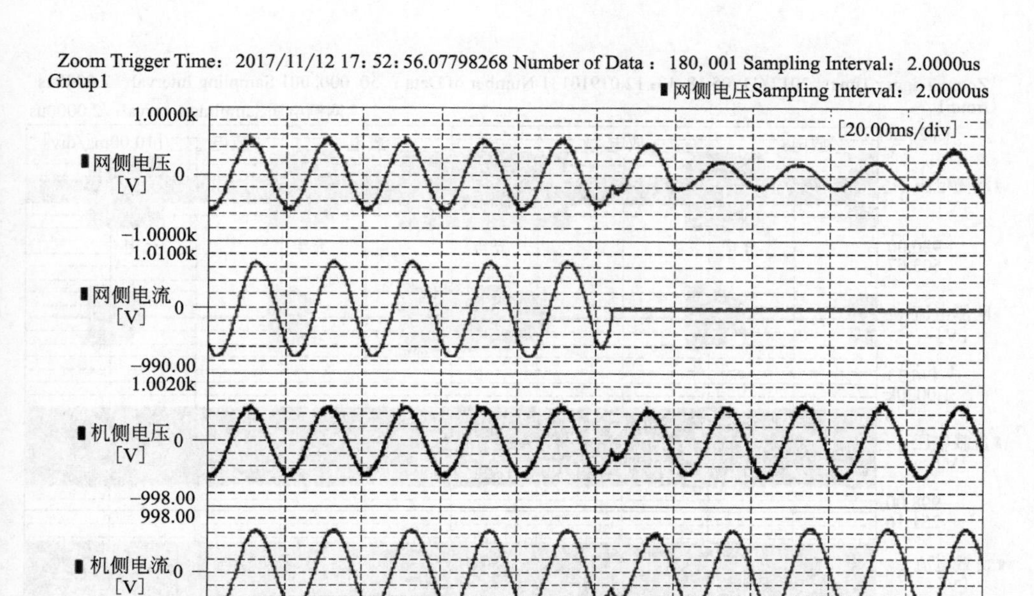

图 8-23 飞轮储能 UPS 充放电时网侧电压与电流、机侧电压和电流波形

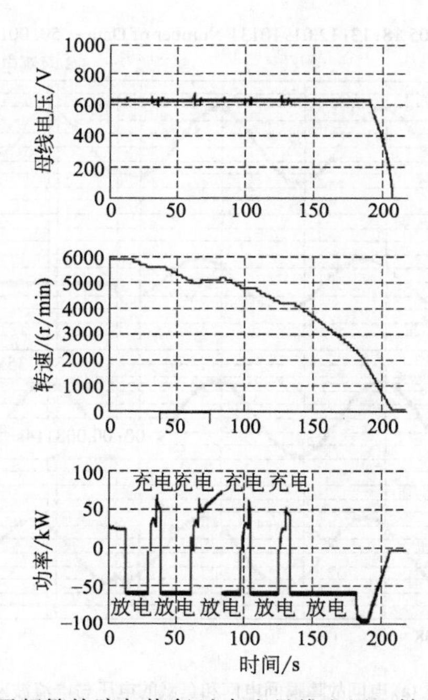

图 8-24 电网频繁故障与恢复时直流母线电压、转速与功率曲线

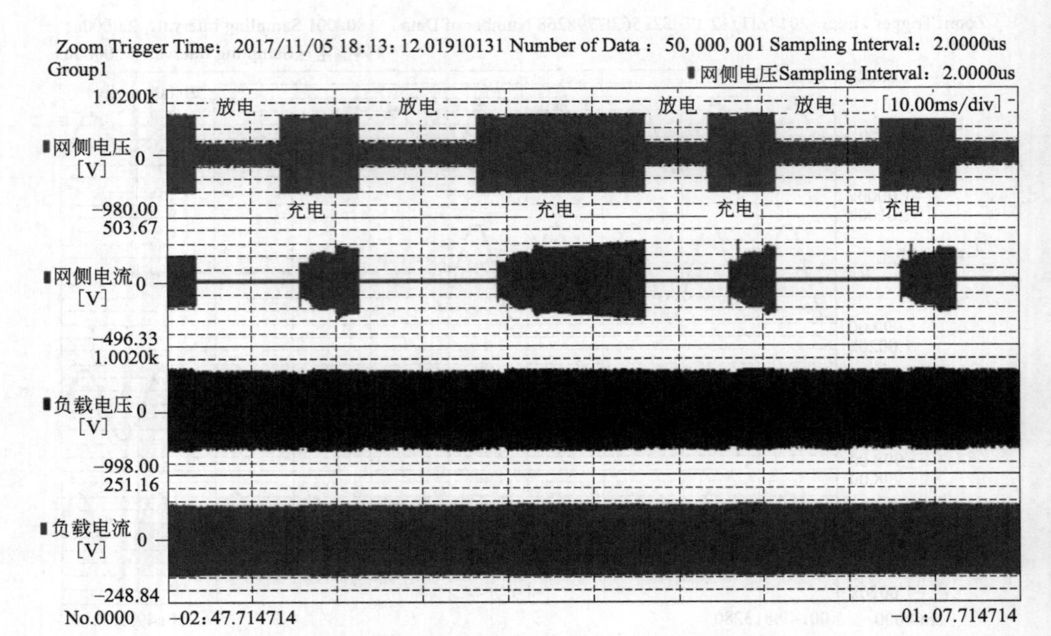

图 8-25 电网频繁故障（放电）与恢复（充电）时电网和负载的电压、电流波形

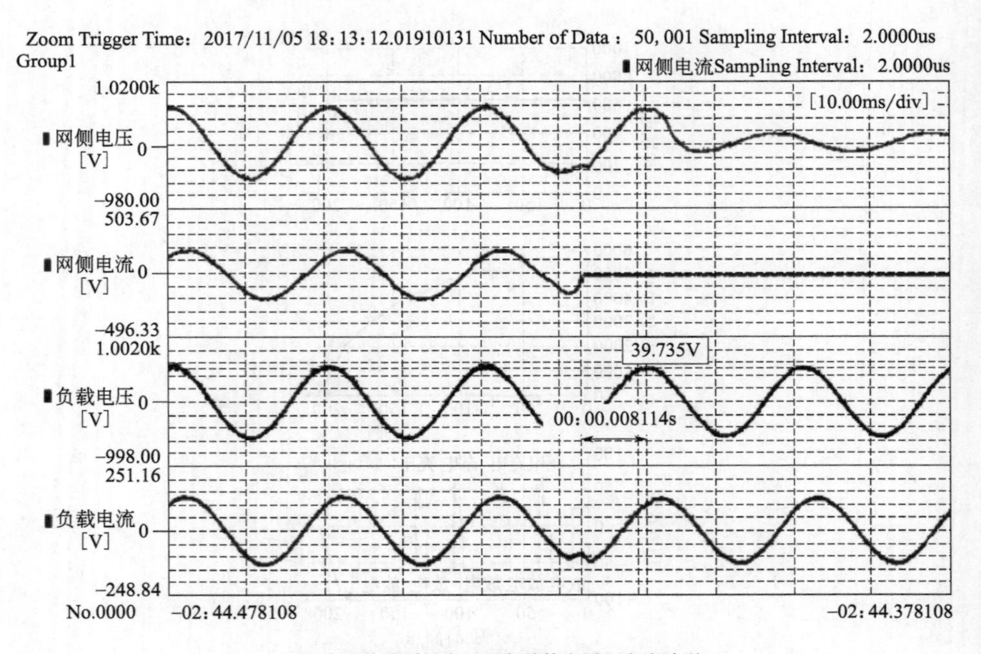

(a) 电网故障瞬间电网和负载的电压与电流波形

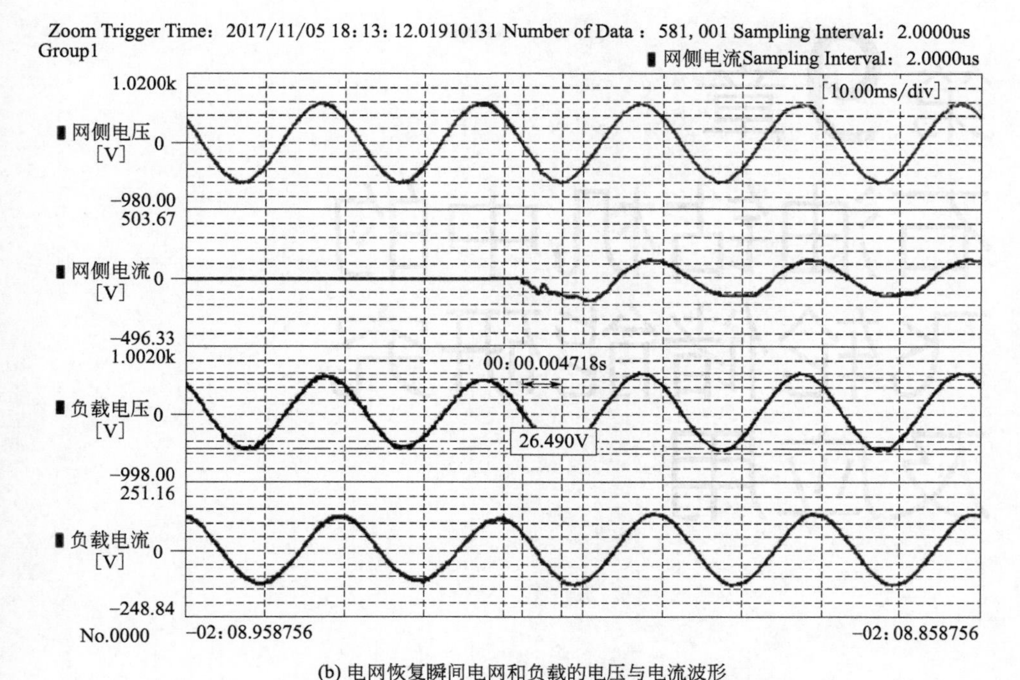

(b) 电网恢复瞬间电网和负载的电压与电流波形

图 8-26　电网故障与恢复切换瞬间电网和负载的电压与电流波形

从图 8-24～图 8-26 中可知，当电网故障时，飞轮储能 UPS 系统可以快速检测出电网故障信号，同时投入发电并供电给负载；当电网恢复正常后，飞轮储能 UPS 迅速恢复电网给负载供电，同时将飞轮切入充电状态；且当电网发生频繁故障时，无论掉电与恢复速度快慢，飞轮储能 UPS 也能及时响应。实验结果表明，当电网频繁故障与恢复时飞轮储能 UPS 具备快速投切能力。

参考文献

[1]　袁华蔚. 在线交互式多功能飞轮储能 UPS 技术的研究 [D]. 北京：清华大学，2016.

[2]　黄守道. 电机瞬态过程分析的 MATLAB 建模与仿真 [M]. 北京：电子工业出版社，2013.

[3]　Yuan Huawei，Jiang Xinjian，Wang Qiunan，et al. Optimization control of large-capacity high-speed flywheel energy storage systems. International Symposium on Computer，Consumer and Control. Xi'an. China. July，2016.

[4]　BOULGHASOUL Z，ELBACHA A，ELWARRAKI E，et al. Combined vector control and direct torque control an experimental review and evaluation. International Conference on Multimedia Computing and Systems，2011：1-6.

第9章 石油钻机中的飞轮储能研究及应用

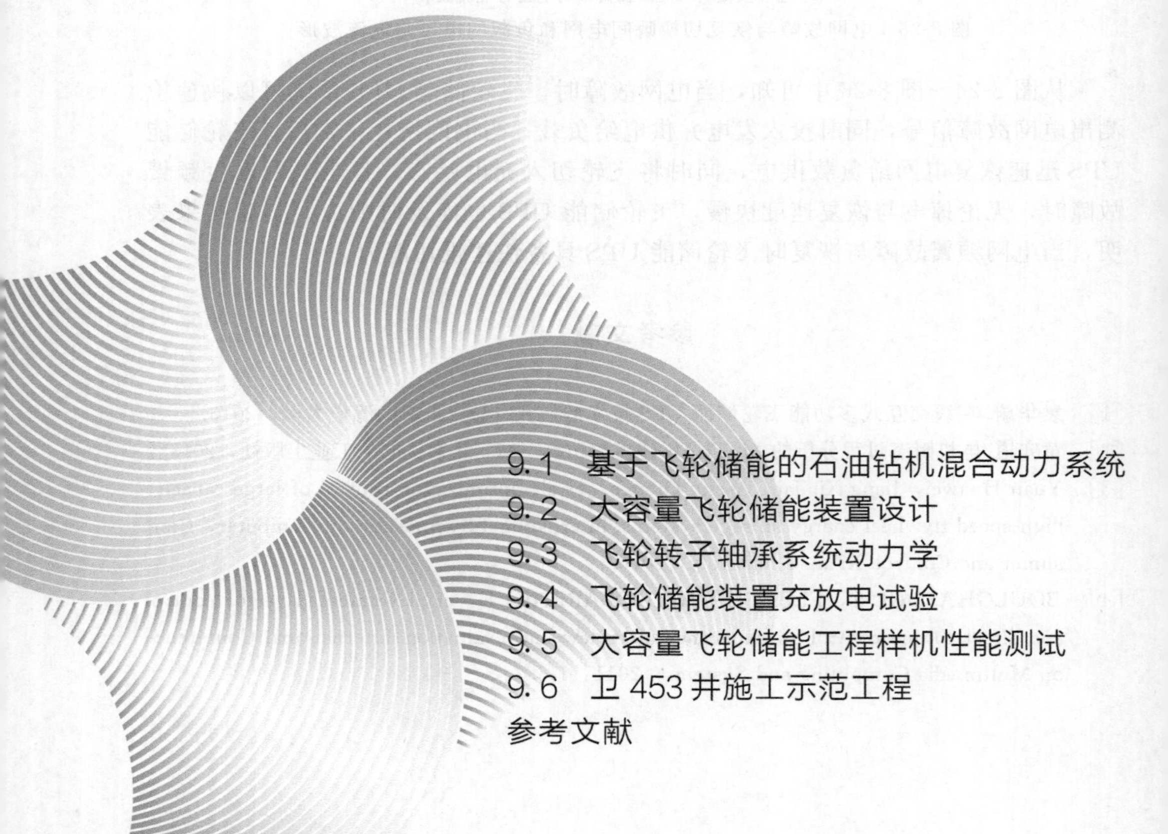

钻机是石油勘探开发的大型关键装备，我国约有石油钻机 2500 台，年消耗柴油 150 万吨以上，节能减排空间巨大。钻机混合动力、先进储能调峰运行新技术能够显著提升钻机应对复杂井况的能力，是解决变工况冲击负荷损害设备、动力过冗余、传动效率低以及卡钻解除能力弱等难题的关键支撑技术。针对已有飞轮储能系统功率、能量、频繁充放电能力以及野外环境适应性不足的问题，发明了高承载力永磁轴承、大储能量变截面合金钢飞轮以及永磁卸载混合支承的双飞轮轴系，突破了兆瓦级高效永磁电动发电机充放电控制技术，研制出了我国首套总储能 60MJ、功率 1000kW 的高效飞轮储能系统；在调峰混合动力钻机的钻井应用中，稳定可靠、高效运行，调峰效果显著。

9.1 基于飞轮储能的石油钻机混合动力系统

9.1.1 石油钻机机械传动系统

石油钻机是油气勘探的主要装备，起升系统、循环系统和旋转系统是钻机的三大工作机组，它们协调工作即可完成钻井作业。为了向工作机组提供动力，钻机需要配备柴油机、交流电机、直流电机等动力设备。机械钻机中，柴油机通过液力耦合器、变速箱、离合器、链条并车装置直接驱动绞车、泥浆泵等工作机，与电动钻机相比有较高的经济优势。

中原石油勘探局钻井三公司在 50605 井队钻井施工中，采用测量柴油机输出万向轴扭矩的方法，测量得到某型机械钻机下钻的负荷工况，如图 9-1 所示。下钻周期为 150～160s，一个周期内有三个尖峰；最高的尖峰负荷为 700～800kW，峰平台宽度为 20s，此时柴油机转速由 1240r/min 下降到 1000r/min，柴油机排烟黑度突增；其余两个小尖峰负荷为 400kW，峰平台宽度约为 10s，低谷负荷为 200～250kW，时间总长 110～120s[10]。

图 9-2 表明，起钻工况负荷周期 220s，高峰负荷为 100s，功率为 450～550kW；功率突增后，呈现台阶上升特性，然后快速跌落；低谷负荷为 120s，功率 100～150kW，其中含有多个小尖峰负荷。

钻机钻具提升、下入工况的断续特征引起的大功率（300～600kW）频繁(周期为 180～300s）冲击负荷十分不利于动力机组的燃油经济性和使用寿命。

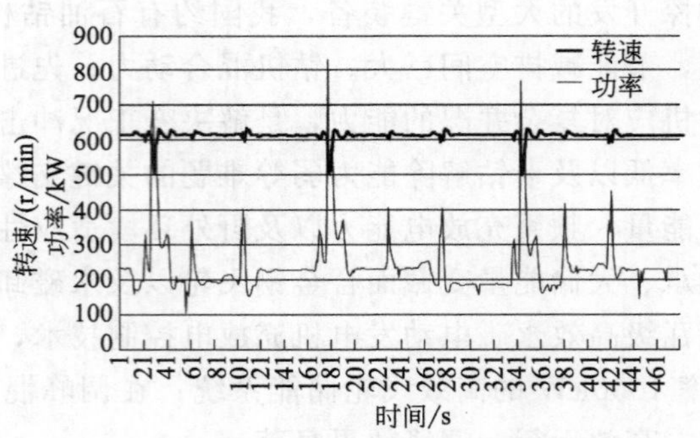

图 9-1　下钻工况功率波动

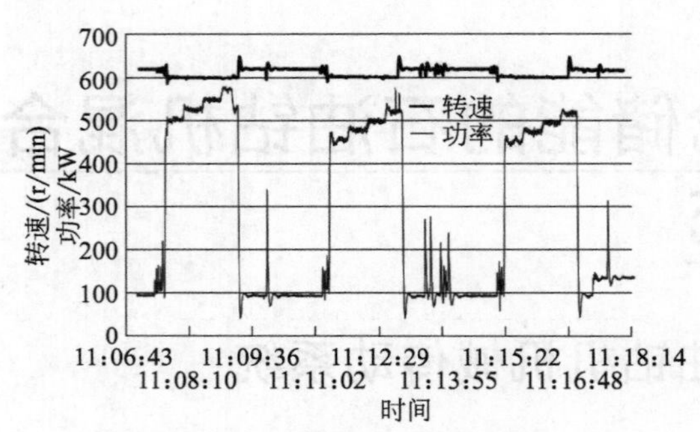

图 9-2　起钻工况功率波动

目前钻机起、下钻工况中机械传动动力系统的缺陷有三方面，一是为满足提升加速功率，动力机组容量配置偏大；二是低负荷条件下，燃油待机消耗量大；三是冲击负荷限制了节能减排的天然气发动机应用[10]。

深井钻机起钻和下钻作业时产生大量的势能，这些能量通过制动系统以热能的形式消耗掉，没能有效利用[1]。5000m 深井钻机起升系统的游车大钩质量为 10t，单次提升上移 28m，势能为 2.7MJ[2]。3000～5000m 钻杆重达 100～140t，重心下降 1500～2500m（分段下降，每次下降 28m），可用势能约为 420～1000kW·h[3]。按回收利用系数 0.6 计算[4,5]，3000～5000m 钻进过程中平均需要 15 次下、起钻，因此总回收利用能量为 6750kW·h，每年回收利用能量 27000～40000kW·h。钻机下钻势能回收及调峰储能运行原理如图 9-3 所示。

钻具下降中回收的势能不能直接利用，必须先存储在电池、电容或飞轮等储能装置中；在提升空游车时，储能放电，驱动电机带动绞车提升[6～8]。

钻机的能源动力系统配备储能设备后，可以实现调峰运行，即在低负荷工况下，发动机向储能设备供电；高负荷时，储能设备快速放电，与发动机协同运

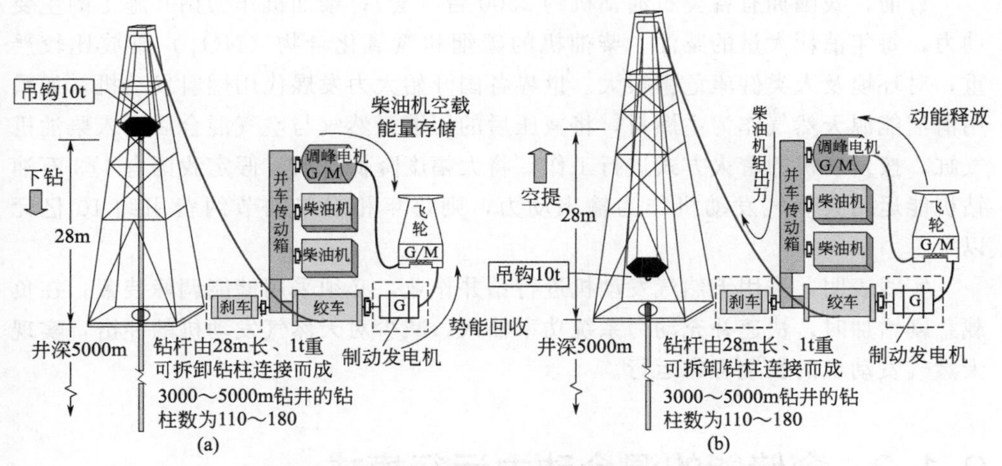

图 9-3　钻机下钻势能回收及调峰储能运行原理

行，从而降低运行发动机的功率配置，实现节能减排[1,9,10]。

如图 9-4 所示，飞轮储能调峰单元由调峰直流电机、飞轮储能机组、动力调峰控制系统三部分组成。调峰运行的基本原理是：动力调峰控制系统检测到负荷处于空负荷或小负荷条件下，柴油机驱动调峰直流电机发电运行，向飞轮储能器充电；当动力系统检测到负荷增加时，发出指令让飞轮储能器放电，驱动调峰直流电机作电动机运行，向传动系统输出扭矩，快速补充柴油机功率平衡负荷上升的不足。

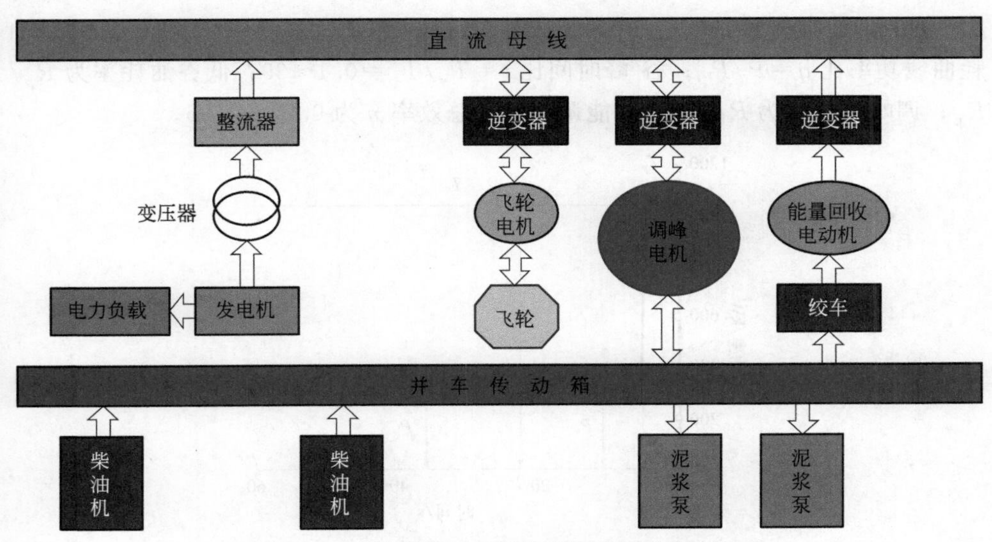

图 9-4　直流母线回收储能调峰动力系统结构

目前，我国拥有各类石油钻机约 2500 台（套）；柴油机作为钻井施工的主要动力，每年消耗大量的柴油。柴油机的碳烟和氮氧化合物（NO_x）排放比较严重，对环境及人类健康危害很大。世界各国开始大力发展代用燃料发动机，如采用清洁能源天然气作为主燃料，将减压后的压缩天然气与空气混合后引入柴油机气缸，按发动机的着火方式进行工作，将大幅度降低排放。假定我国有 1/3 石油钻机能运用天然气发动机作为输出动力，则每年相对柴油节约费用约 10 亿元以上。

实践表明，采用天然气发动机进行钻井作业，必须采用储能调峰装置；在负载急剧增加时，快速补充动力系统功率输入，减少对天然气发动机的冲击，实现天然气发动机的长期可靠运行。

9.1.2 含储能的混合动力运行模式

石油钻机的混合动力模式是指在机械钻机的发动机并车传动箱设置调峰电机，负荷小时，调峰电机作发电机运行，给飞轮储能装置供电；负荷大时，飞轮储能装置放电，驱动调峰电机作电动运行，和发动机协同平衡负荷。

（1）钻机动力系统调峰运行简化模型

基于 V12-190 型柴油机并车的钻机动力系统，建立调峰运行模型（图 9-5），动力系统参数如下：柴油机额定最大功率 800kW；负荷高峰功率 P_p 为 800kW；负荷低谷功率 P_v 为 160～600kW；高峰负荷时间 T_p 为 3～40s；低谷负荷时间 T_v 为 80～117s；负荷周期 $T=T_p+T_v=120(s)$；峰-谷功率比 $p=P_p/P_v=2\sim5$；油耗曲线功率比 $q=P/P_p$；谷-峰时间比 $t=T_v/T_p=0.1\sim39$；低谷油耗率为 R_v/R_p；调峰油耗率为 R_l/R_p；储能调峰单元总效率 η 为 0.75～0.95。

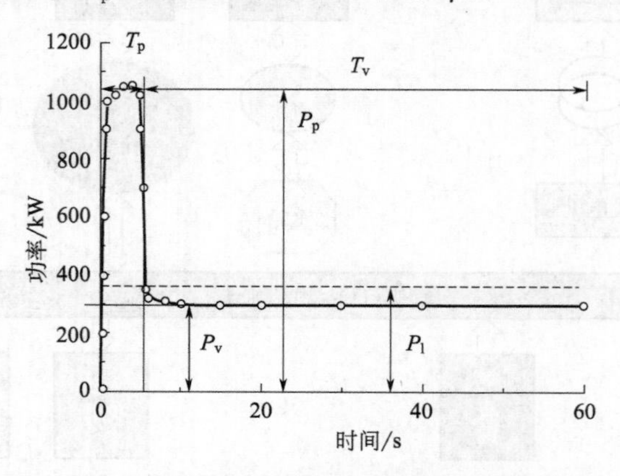

图 9-5　理想高峰-低谷周期负荷功率特点

V12-190 柴油机理论油耗曲线（图 9-6）：由厂家给定的曲线进行归一化处理，得到理论油耗 $r=R/R_p$（$r_t=1.451-0.995q+0.5548q^2$），其中 $R_p=204g/(kW \cdot h)$。假定实际运行情况中低功率输出使油耗率再增加，得到另外一条归一化油耗曲线（$r_r=1.625-1.393q+0.77q^2$）。

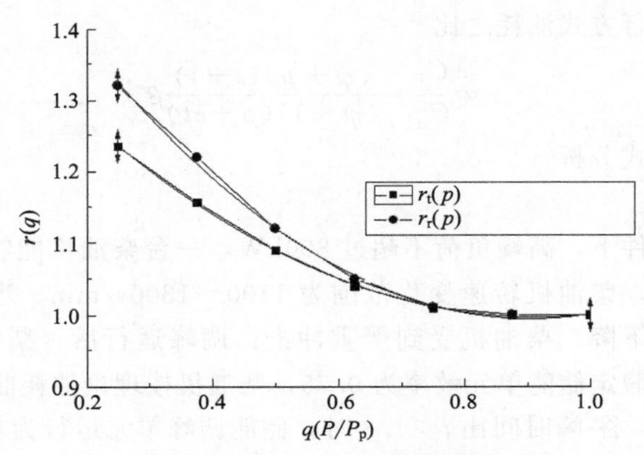

图 9-6　V12-190 发动机油耗率曲线

根据能量守恒，低谷负荷时，柴油机经过调峰电机向飞轮电机储存的能量与飞轮电机释放能量经过调峰电机输入到传动系统的能量相等。

$$(P_l-P_v)T_v\eta=(P_p-P_l)T_p \tag{9-1}$$

于是调峰运行柴油机输出功率 P_l 为

$$P_l=\frac{(\eta t+p)}{(\eta t+1)p}P_p \tag{9-2}$$

储能调峰单元充电功率

$$P_c=P_l-P_v=\frac{p-1}{(\eta t+1)p}P_p \tag{9-3}$$

储能调峰单元放电功率

$$P_d=P_p-P_l=\frac{\eta t(p-1)}{(\eta t+1)p}P_p \tag{9-4}$$

储能单元充放电功率差

$$\Delta P=P_d-P_c=\frac{(\eta t-1)(p-1)}{(\eta t+1)p}P_p \tag{9-5}$$

当 $\eta t<1$ 时，充电功率要大于放电功率，储能调峰单元作为功率缩减器运行；当 $\eta t>1$ 时，充电功率小于放电功率，储能调峰单元作为功率放大器运行。对于油井钻机动力系统，一般为 $\eta t>1$。

调峰运行一个周期（120s）油耗为

$$C_l=P_l(T_p+T_v)R_l=\frac{(t+1)(\eta t+p)}{p(\eta t+1)}\beta R_p P_p T_p \tag{9-6}$$

非调峰运行一个周期（120s）油耗为

$$C_o=P_pT_pR_p+P_vT_vR_v=\frac{\alpha t+p}{p}R_pT_pT_p \tag{9-7}$$

于是两种运行方式油耗之比

$$c=\frac{C_l}{C_o}=\frac{(\eta t+p)(t+1)}{(\eta t+1)(p+\alpha t)}\beta \tag{9-8}$$

（2）调峰模式分析

① 单机模式。

单机运行条件下，高峰负荷不超过800kW，一台柴油机能够满足动力需求；不带调峰单元时，柴油机转速变化范围为1100～1300r/min。当高功率输出时，柴油机转速瞬间下降，柴油机受到严重冲击；调峰运行后，柴油机动力输出稳定，转速不变。假定储能单元效率为0.75，柴油机按理论油耗曲线分析。

因 $\eta=0.75$，谷-峰时间比 $t<1.3$ 时，储能调峰单元运行为功率缩减器；谷-峰时间比 $t>1.3$ 时，储能调峰单元运行为功率放大器。由图9-7看出，随着谷-峰时间比增加，即高峰负荷变窄，向脉冲特性发展，调峰运行与非调峰运行油耗之比先增加后减少，在 $t=2\sim4$ 时达到最大。当峰-谷功率比增加时，最高油耗比显著增加。比如低谷功率为160kW时，调峰运行比非调峰运行最高耗油增加13%（$t=4$），这样的调峰运行能源成本较高；但是，低谷功率为400kW时，调峰运行比非调峰运行最高油耗增加2.5%。对于高的峰-谷功率情况，只有 t 很大时，调峰运行才能不用付出太高的能源代价。

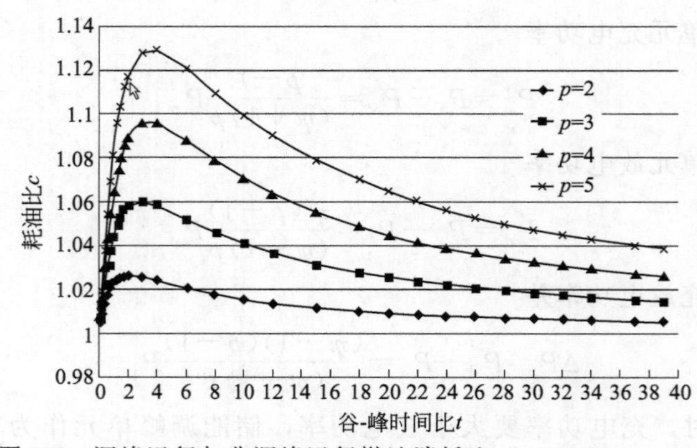

图9-7　调峰运行与非调峰运行燃油消耗比（$\eta=0.75$，$r=r_t$）

因此，单机调峰运行，保证柴油机平稳工作、不受冲击负荷影响付出的代价是增加能源成本。

图 9-8 表明，若低功率油耗增加（采用实际油耗率曲线），对于小峰-谷功率比（为 2～3）情况，调峰运行油耗增加幅度有所减少。与此同时，提高储能单元效率到 0.85（图 9-9）和 0.95（图 9-10），则调峰运行导致的油耗增加得到进一步改善；当峰-谷功率比为 2，效率高于 0.95 时，调峰运行甚至可以获得节油的效果。

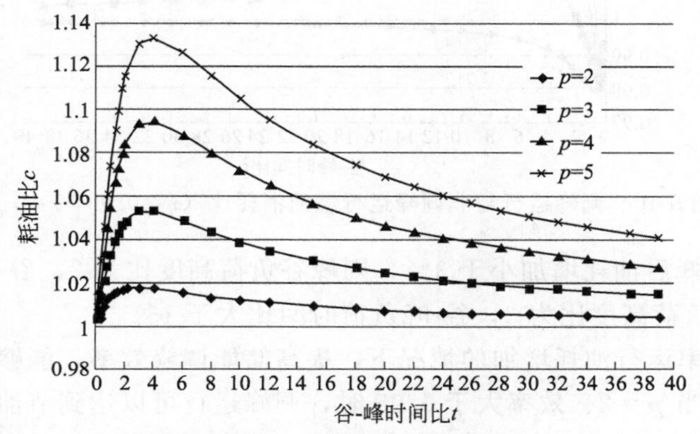

图 9-8 调峰运行与非调峰运行燃油消耗比（$\eta=0.75$，$r=r_r$）

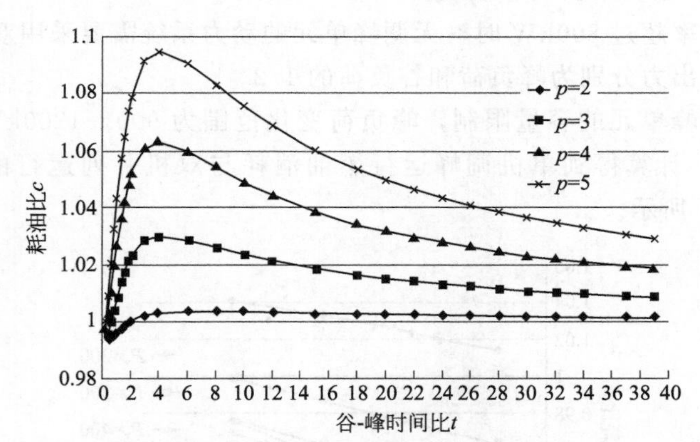

图 9-9 调峰运行与非调峰运行燃油消耗比（$\eta=0.85$，$r=r_r$）

峰负荷幅度不超过单机 800kW，引入调峰单元的动力系统具有以下特征：

a. 柴油机峰功率输出为 0，峰负荷由储能调峰单元补充输出；柴油机恒功率高效率平稳运转，无脉冲工况。

b. 绝大多数情形耗油率有 1%～13%的增加。峰-谷负荷差越大，油耗增加越显著；峰负荷周期变短，油耗增加率减少。

c. 在峰谷负荷比值较小的情况下（$p=2$，3），柴油机低功率工况耗油率增加时，因调峰运行引起的油耗增加相对减少。

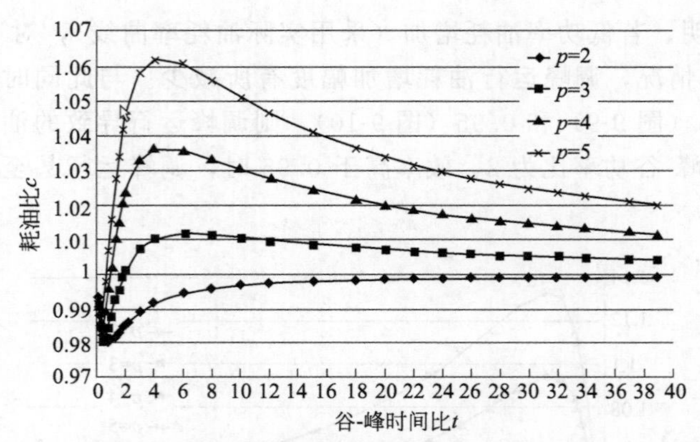

图 9-10　调峰运行与非调峰运行燃油消耗比（$\eta=0.95$，$r=r_r$）

d. 要使调峰后油耗增加小于 3%，则峰谷负荷高度比为 2，谷-峰负荷时间比大于 2；峰谷负荷高度比为 3，谷-峰负荷时间比大于 15。

e. 在低功率运行油耗增加的情况下，提高储能调峰效率，能够降低调峰引起的油耗增加。当 $p=2$、效率大于 0.95 时，调峰运行可以达到节油的目的，这是因为调峰运行损耗的燃油少于柴油机低功率运行导致的油耗增加。

② 双机非调峰-单机调峰模式。

峰负荷功率超过 800kW 时，无调峰单元的动力系统需要采用双机并列运行，每台柴油机的出力分别为峰负荷和谷负荷的 1/2。

考虑到调峰单元的容量限制，峰负荷变化范围为 900～1200kW，谷负荷为 200～600kW。计算得到单机调峰运行燃油消耗与双机并列运行的燃油消耗之比，如图 9-11 所示。

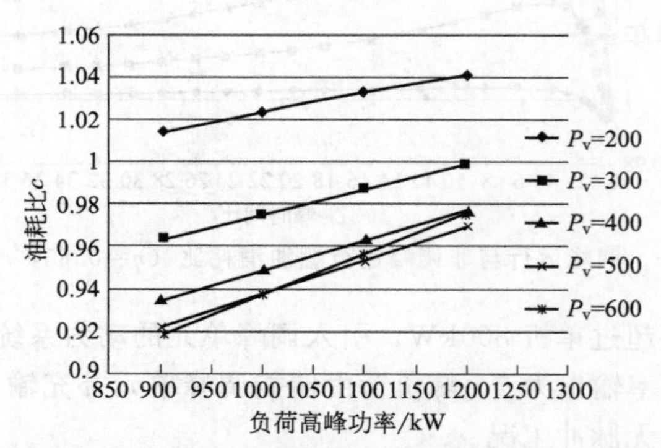

图 9-11　单机调峰运行与双机非调峰运行燃油消耗比（$t=2$，$\eta=0.75$，$r=r_t$）

在谷负荷大于 350kW 的条件下，单机调峰运行不但能够消除冲击，而且燃油消耗比双机运行要节省 1%～8%。

图 9-12 表明，增加谷-峰时间比，节油效果较好；图 9-13、图 9-14 表明，增

加谷-峰时间比和提高储能调峰单元效率，对节省燃油更为有利。从图 9-14 看到，对于短时脉冲负荷（$t=39$），如谷负荷为 400～600kW，峰负荷为 900～1200kW，则燃油节省率为 10%以上（调峰运行功率为 415～618kW，储能调峰单元功率区间为 291～777kW）。

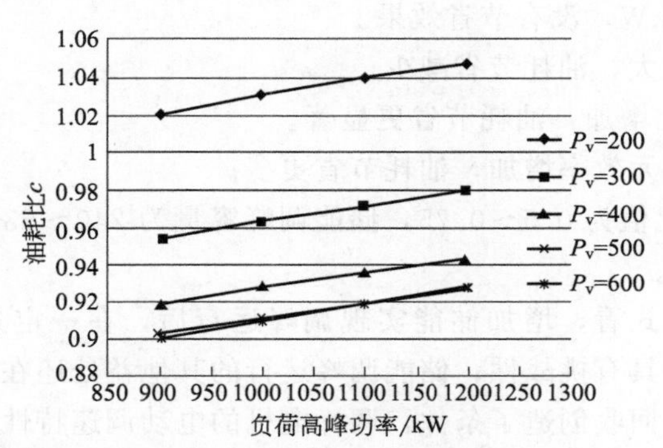

图 9-12　单机调峰运行与双机非调峰运行燃油消耗比（$t=5$，$\eta=0.75$，$r=r_t$）

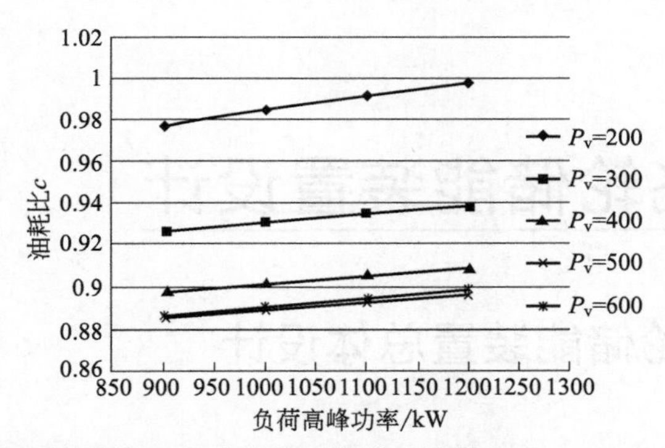

图 9-13　单机调峰运行与双机非调峰运行燃油消耗比（$t=9$，$\eta=0.85$，$r=r_t$）

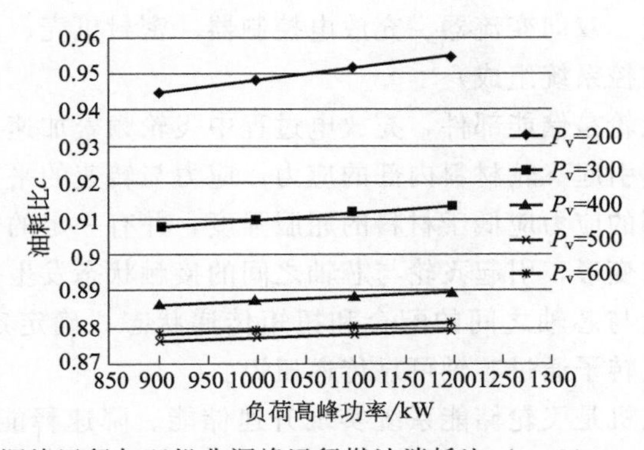

图 9-14　单机调峰运行与双机非调峰运行燃油消耗比（$t=39$，$\eta=0.85$，$r=r_t$）

高峰负荷超过柴油机额定 800kW，不调峰运行，则应配备两台柴油机组平均分担。下面讨论高峰负荷分别为 900kW、1000kW、1100kW、1200kW，低谷负荷分别为 200kW、300kW、400kW、500kW、600kW 的五种情形。

a. 低谷负荷越高，油耗减少越多，P_v＝400～600kW，燃油节省约为 10％。低谷负荷小于 250kW，没有节省效果。

b. 高峰负荷增大，油耗节省减少。

c. 谷-峰时间比增加，油耗节省更显著。

d. 储能调峰单元效率增加，油耗节省更多。

e. 谷-峰功率比值为 0.5～0.75，储能调峰容量为 240～630kW，燃油节省率可达到 5％～10％。

从上述运行模式看，增加储能实现调峰运行后，在一定条件下可以实现节能，实现这些条件具有挑战性；储能调峰运行的其他益处还在于，减少热备机组容量，为下钻势能回收创造了条件，调峰电机的电动调速特性改善了钻机传动系统的特性，具有电动钻机的部分特性。

9.2 大容量飞轮储能装置设计

9.2.1 飞轮储能装置总体设计

根据钻机起、下钻工况测试确定调峰的功率为 500～1000kW，能量为 20～40MJ，提出大容量飞轮储能装置总体方案（由合金钢飞轮、永磁电动发电机、飞轮转子轴承系统、双向变流器、充放电控制器、密封机壳、风冷机组、充氦系统、安装机座、监控系统组成）。

大转动惯量飞轮是储能部件，充放电过程中飞轮频繁加速、减速。飞轮在旋转中，因离心载荷引起飞轮材料内部的应力，应力与转速的平方成正比；在最高转速时，飞轮内部的应力应低于材料的屈服强度，并有一定的安全系数。旋转飞轮还有径向和环向变形，引起飞轮与芯轴之间的接触状态发生变化，因此需要分析旋转状态下飞轮与芯轴之间的配合和扭矩传递状态，确定定位精密、连接紧固，与同轴的电机转子通过芯轴可靠传递扭矩。

大功率永磁电机是飞轮储能系统实现升速储能、降速释能的能量转换部件，其特点是电动、发电双向工作，通常在最高转速与 1/2 最高转速的宽转速范围内高效率运行。飞轮电机轴系通常运行在密封的壳体内，电机转子散热条件不良。电机的电动扭矩或发电扭矩通过芯轴与同轴的大飞轮相互作用，实现升速或降速。飞轮储能系统一般采用中高速电机，以缩小系统体积和重量。

飞轮电机系统高速旋转需要高可靠的轴承系统，飞轮储能轴承的特殊要求是高速、低损耗。常用的包括永磁轴承、主动电磁轴承、超导磁轴承、滚动轴承、流体动压轴承，多种轴承混合使用，可实现高可靠、大承载和低损耗。

电机的驱动依靠大功率高效双向变流器，变流器作变频调速运行，驱动电机实现飞轮电机轴系加速旋转，电能变成飞轮动能存储；变流器作为逆变器运行，将飞轮降速电机发出的交流电整流调整并逆变为交流电输出。变流器的运行需要控制器检测飞轮电机的运行状态，并根据电网、负载的需求实现飞轮储能系统充放电的自动控制。

飞轮储能系统装置还包括飞轮壳体、真空或充氦气系统、散热设备以及监控装置等辅助设施，辅助设施对飞轮储能系统的可靠高效运行具有重要作用。

研制的飞轮储能系统技术参数满足混合动力钻机总体设计要求：

储能/充电功率：100～300kW；

释能/放电功率：500～1000kW；

总储能：60MJ（16kW·h）；

可用储能：45MJ（700kW×60s）；

储能效率：大于92%；

释能效率：大于94%；

待机损耗：小于20kW；

飞轮电机轴系工作转速：1200r/min－2700r/min－1200r/min。

9.2.2 机械设计

9.2.2.1 合金钢飞轮结构设计

钻机混合动力系统对飞轮储能系统的技术要求主要体现在较低成本、高可靠性方面，因此采用成熟的合金钢材料34CrNi3Mo或35CrMoA，设计应力应在屈服强度的70%以下，据此可初步确定飞轮边缘线速度范围为200～240m/s[11]。

考虑到径向滚动轴承的承载力与转速成反比的特点以及锻件制造工艺，将最高工作转速设定在2700r/min，飞轮的外直径确定为1600mm。根据总动能60MJ的设计要求，调整飞轮的轴向高度、截面形状，引入轴向定位、与芯轴传递扭矩等约束条件，进行结构优化的有限元分析，设计出图9-15所示飞轮。飞轮总质量4000kg，转动惯量1500kg·m^2。

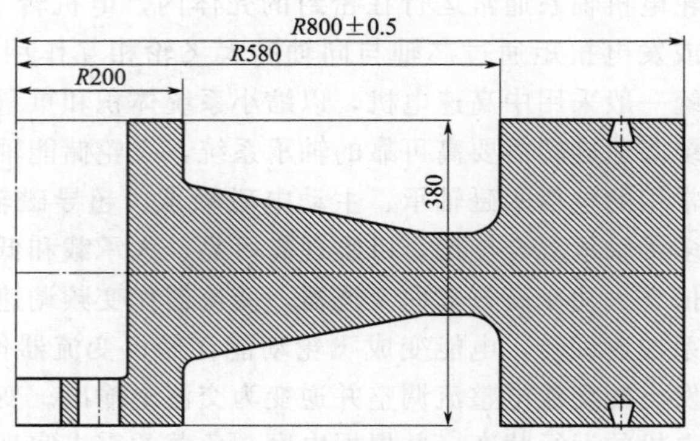

图 9-15　合金钢飞轮截面

9.2.2.2　永磁电机转子

永磁电机的转换效率高，不需要励磁，广泛应用于飞轮储能。永磁电机设计中，在满足电磁学条件下，应尽量降低电机转子的结构应力水平。电机转子除了自身的离心载荷外，还承担镶嵌在其中的永磁磁体的离心载荷（图 9-16）。选定电机转子边缘线速度为 70m/s，结合电磁学设计，转子外径设计为 470mm。

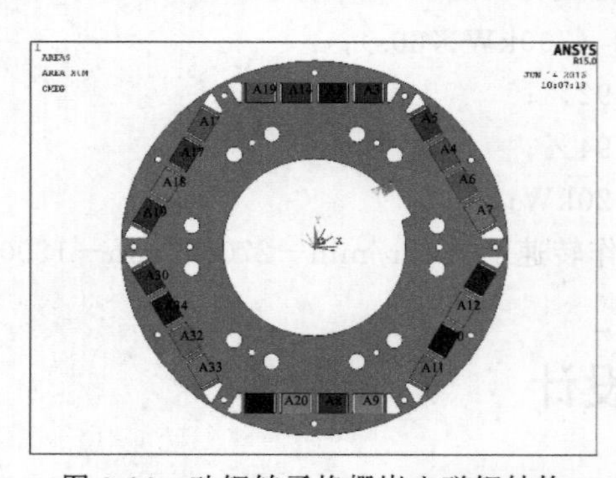

图 9-16　硅钢转子格栅嵌入磁钢结构

9.2.2.3　飞轮电机转子轴系结构

为减少轴承损耗和延长轴承寿命，飞轮电机轴系一般采用立式轴系（图 9-17）[11]，便于采用永磁轴承承担轴系的重量。如第 4 章所述，轴系转速如高于 10000r/min，通常采用电磁轴承；而轴系转速低于 10000r/min，则可以选用较低成本的滚动轴承。

转速 2700r/min、承载 50kN 的止推滚动轴承寿命极短、损耗也大，无法满足飞轮储能机组长寿命设计要求，因此必须采用永磁或电磁轴承承担轴系的重量。而径向载荷主要由轴系的不平衡量产生的偏心载荷，通过高精度的动平衡，将轴承承担的动载荷控制在10kN以内；选用额定转速4000r/min以上、承载能力超过300kN的滚动轴承，就能满足长寿命的要求。

永磁轴承一般采用永磁环、磁轭环和导磁动环组成的闭合磁路结构。导磁动环跟随轴系旋转，在轴向上与永磁轴承永磁环下端面、磁轭环的突缘下端面保持1.5～2.5mm的气隙。经过优化设计，承载力50000N的永磁环内径为300mm，外径为480mm。大型的磁环沿轴向与磁轭环贴合难度较大，因此采用外磁环结构形式。永磁环拼装过程中，设计专门工具实现扇形磁体块的移动导向和向心挤压。经过实测，气隙为2.5mm时，永磁轴承的承载力为5.01kN。

电机转子安装在轴系的中部，采用过盈配合并结合键连接方式定位和传递扭矩。大直径飞轮置于轴系的下端，与电机芯轴的径向同轴定位采用分段小过盈量配合，飞轮与芯轴之间扭矩传递依靠四个直径50mm的销钉。

考虑到动平衡工艺需要，将永磁轴承的导磁动环沿着径向扩大，延展成为一个小飞轮；其侧面设置燕尾槽，可以放置平衡配重块。

轴系上端采用配对的圆锥滚子轴承，实现轴向双向承载。调整永磁轴承的气隙，使得上轴承的载荷为＋/－150N。上轴承采用油脂润滑，设计油脂补充通道，定期补充。

轴系下端使用一个圆柱滚子轴承，其内圈沿轴向可以移动，采用飞溅润滑方式。

9.2.2.4 飞轮储能机组结构

飞轮电机轴系旋转部件及轴承完全密封在飞轮机组壳体内（图9-18）[11]。飞

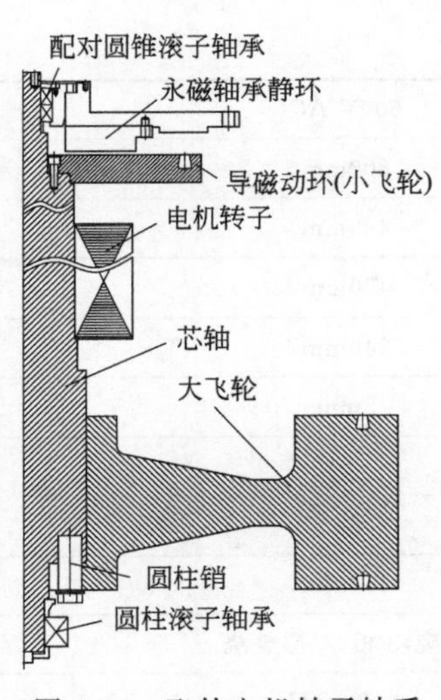

图9-17 飞轮电机转子轴系

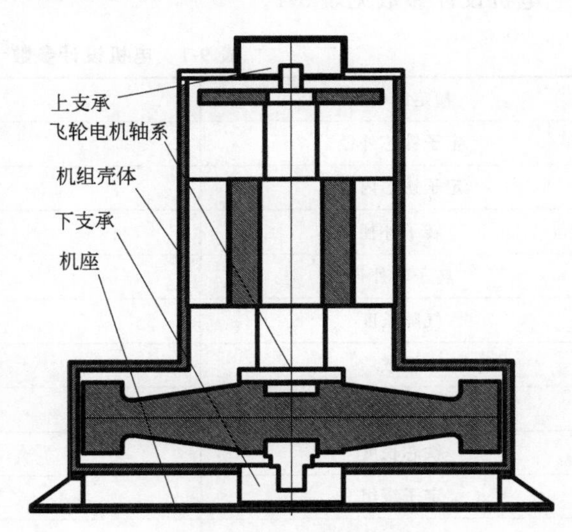

图9-18 飞轮储能机组结构

轮机组壳体主要由上轴承法兰、电机壳体、飞轮壳体、下轴承油箱和机座等5个部件组成。飞轮机组壳体上设置抽真空和充氦气的管道和阀门，先抽空机组内空气，然后充入氦气；氦气压力与环境大气压力相等。

9.2.2.5 机械损耗分析

飞轮电机轴系旋转条件下，机械损耗包括轴承摩擦损耗和飞轮电机轴系与氦气摩擦损耗（风损）。轴承摩擦力矩 M_1 和润滑介质摩擦力矩 M_v 依据 Palmgren 经验公式估计为1100W。据经验公式计算飞轮端面风损为4300W，飞轮圆柱面风损为4700W；加上轴承摩擦损耗，理论预计机械损耗为10.1kW，为飞轮储能机组额定最大发电功率（1000kW）的1%。

9.2.3 电机设计

9.2.3.1 电机电磁参数

飞轮储能电机需要在较宽的转速范围内充电或发电运行，特别是电机工作在发电状态时一般采用较大范围的弱磁控制。因此飞轮永磁同步电机的磁路结构选取内置式，充分利用磁路不对称形成的电机磁阻转矩。

电机设计为3对极，同时综合考虑飞轮电机1.5倍过载能力以及恒功率发电运行中的弱磁控制能力。

电机设计参数见表9-1。

表9-1 电机设计参数[11]

额定线电压	600V AC
定子铁芯外径	800mm
定子铁芯内径	480mm
转子外径	470mm
转子轴外径	240mm
气隙长度	5mm
极数	6
槽数	54
铁芯长度	450mm
定子绕组	Y接,3相,双层叠绕
直轴电感	0.283mH

续表

交轴电感	0.809mH
漏感	0.092mH
总重	1508kg

9.2.3.2 电机转子强度分析

电机转子额定转速：2700r/min；超速速度：3000r/min。

额定转速 2700r/min 时，转子整体的米塞斯应力分布如图 9-19 所示；最大应力点分布在多处倒角倒圆处，幅值为 141MPa，满足强度要求。

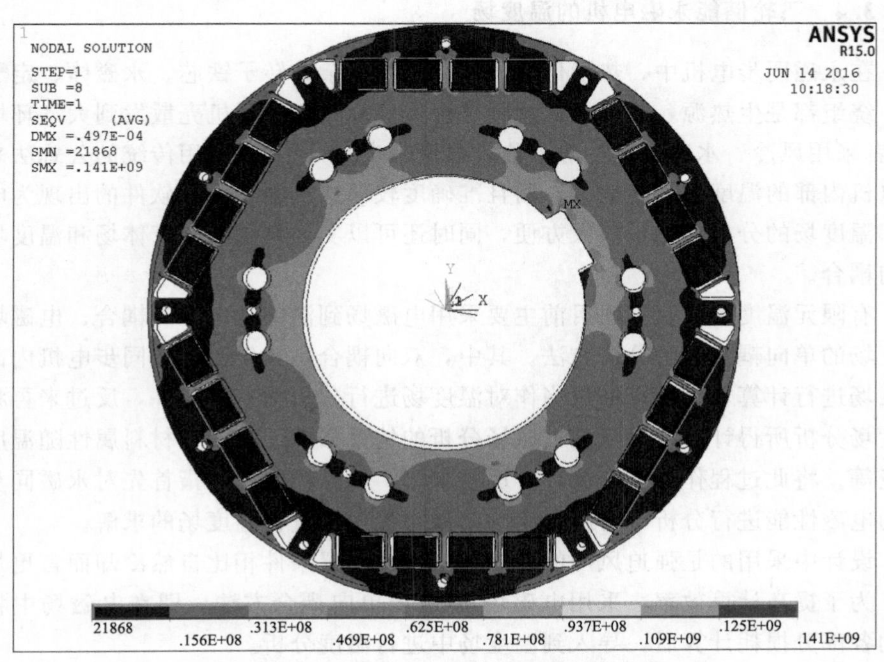

图 9-19 额定转速下转子整体米塞斯应力分布云图

9.2.3.3 电机内流道设计

如图 9-20 所示，在电机密封壳体上设计 4 处密封通道均匀分布，连接电机定子两端的空间，转子上端轴自带叶轮，与飞轮电机同轴旋转，形成压力差，驱动密封壳体内的氦气在定转子气隙中形成流动，将转子的热量传递给定子、壳体，降低转子的温度。电机壳体外部设计风冷流道，强迫风冷电机壳体。

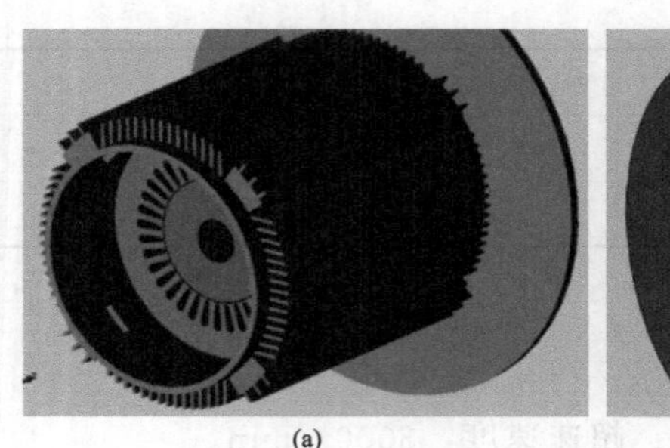
(a)

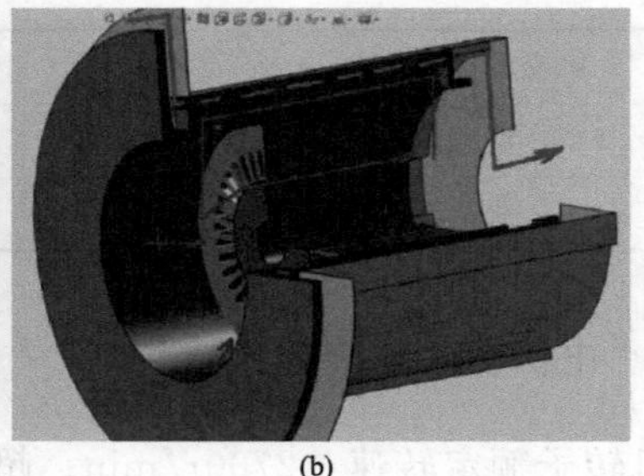
(b)

图 9-20 电机散热结构

9.2.3.4 飞轮储能永磁电机的温度场

在永磁同步电机中，热量传递的过程非常复杂，转子铁芯、永磁体、定子铁芯、绕组都是生热源，热量要从这些热源传给气隙，再到机壳散发到大气环境中(或者采用风冷、水冷、氢冷等方法将热量带走)。因此，利用传统的公式法来分析电机内部的温度场难度较大，而且准确度较低。有限元仿真软件的出现为电机内部温度场的分析提供了极大方便，同时还可以实现电磁场、流体场和温度场等多向耦合。

有限元温度场仿真方法目前主要采用电磁场到温度场的双向耦合、电磁场和温度场的单向耦合两种分析方法。其中，双向耦合是首先对永磁同步电机内部的电磁场进行计算，将计算结果当作对温度场进行分析的前提条件，反过来再将对温度场分析所得计算结果赋到电磁场分析的约束条件上，例如材料属性随温度的改变等。将此过程作为一个循环，反复求解。单向耦合则是指首先对永磁同步电机的电磁性能进行分析，将所得到的结果直接用以进行温度场的求解。

设计中采用的是强迫风冷的冷却形式，其设置条件相比自然冷却而言更加复杂。为了提高计算效率，采用电磁场-温度场单向耦合方法，即在电磁场中将电机的各部分损耗计算后，导入到温度场中进行温度分析。

永磁电机在运行时，其内部温度是瞬时变化的，但是每一个时间节点又可以看作是暂时稳态的。为了方便求解，分析了电机的稳态温度场。

在分析电机内部温度场的时候，只需考虑传导和对流两种传热方式即可。由于本电机采用强迫风冷的传热方式，因此，热对流为主要的传热方式。在该仿真中，样机部件的材料、热导率和比热容如表 9-2 所示。

表 9-2 电机的材料特性参数

电机部件	材料	热导率/[W/(m·℃)]	比热容/[J/(kg·℃)]
定子铁芯	35W270	40	466

续表

电机部件	材料	热导率/[W/(m·℃)]	比热容/[J/(kg·℃)]
转子铁芯	35W270	40	466
定子绕组	铜	400	380
永磁体	40UH	8.9	386
气隙	空气	0.027	1007
转轴	45 钢	43	460
机壳	铝	237.5	900

(1) 定子铁芯和转子铁芯端面的散热系数

在永磁同步电机中，这部分的散热系数通常采用如下公式进行计算：

$$\alpha = \frac{1+0.05v_r}{0.045} \tag{9-9}$$

式中 v_r——转子铁芯外圆的线速度，m/s；

α——对于自然冷却状态，常取 22.22W/(m²·℃)。

(2) 机壳外表面散热系数

当有气体在电机内部循环流动时，机壳外表面与外界空气间的散热系数常根据以下公式进行求解：

$$\alpha = 14(1+0.5\sqrt{v^3})\sqrt{\frac{T_0}{25}} \tag{9-10}$$

式中 T_0——机壳外部周围空气的温度,℃；

v——机壳内部风速，m/s，自然风冷时，$v=0$。

本文采用的自然冷却下的各部件散热系数如表 9-3 所示。

表 9-3 电机各表面的散热系数

表面位置	热导率/[W/(m²·℃)]
定子铁芯端面	22.22
转子铁芯端面	22.22
机壳外表面	12.2

图 9-21 为只考虑自然冷却时电机各部件的温度分布。

从温度场分布来看，在自然冷却条件下，电机的绕组和永磁体温度较高，达到近 120℃；机壳温度最低。

(3) 强制风冷条件下机壳外表面的散热系数

对于处于对流换热方式的电机机壳外表面的散热系数如下式所述：

$$\alpha = \alpha_c(1+k\sqrt{v}) \tag{9-11}$$

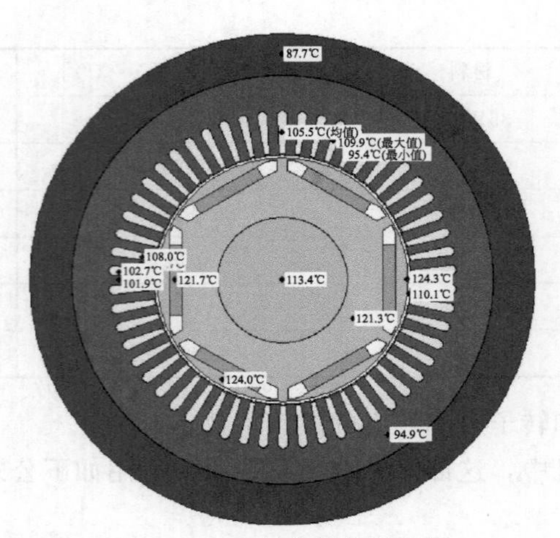

图 9-21　电机各部件温度值

式中　k——空气接触到机壳表面的效率系数；

α_c——机壳外表面在自然风冷条件下的散热系数，W/（m^2·℃）。

对于强制风冷状态下，各部件的散热系数会变大。强制风冷状态下的电机温度分布如图 9-22 所示。箭头表示风的走向。

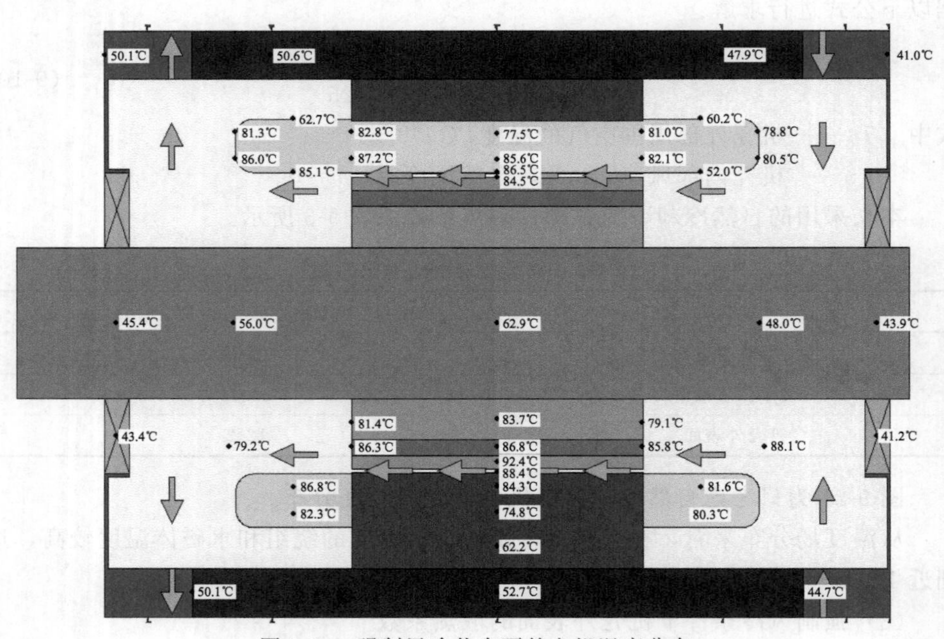

图 9-22　强制风冷状态下的电机温度分布

从各部件的温度分布情况来看，当采用强制风冷后，整体温度大大降低，最高的温度位于定子绕组，为 86℃；与不加强制风冷相比，最高温度降了将近 40℃。

9.2.4 充放电控制系统设计

电机控制变流器是飞轮储能系统储能、释能的控制枢纽，其参数需要与飞轮电机、充电电源和发电负载参数匹配。变流器额定输出电压为 AC 600V，输出电流为 AC 1050A。飞轮储能系统控制器与钻机传动系统中的调峰电机变频器（双向运行）以直流母线相连接，因调峰电机额定电力参数为 AC 600V，其变频器电压输入范围为 DC 600～1000V。飞轮储能电机控制器功率器件耐压等级为 1700V，根据工业设计经验，直流母线电压一般为 850～1020V；考虑到电流较小有利，据此，飞轮储能系统电力控制器的直流母线电压设计为 930V。

9.2.4.1 控制电路结构

飞轮储能系统充放电控制电路包括功率主电路与控制器两部分。图 9-23[11] 中，控制器采取 DSP＋FPGA 的控制模式，DSP 选取 TI 公司适用于电力电子以及电机控制的 DSP28335 芯片，工作频率设置为 150MHz，实现系统采样控制、飞轮电源控制算法以及 SVPWM 调制波的生成；FPGA 选用 Altera 公司的 Cyclone 系列，实现系统不同控制信号的输入输出逻辑控制。

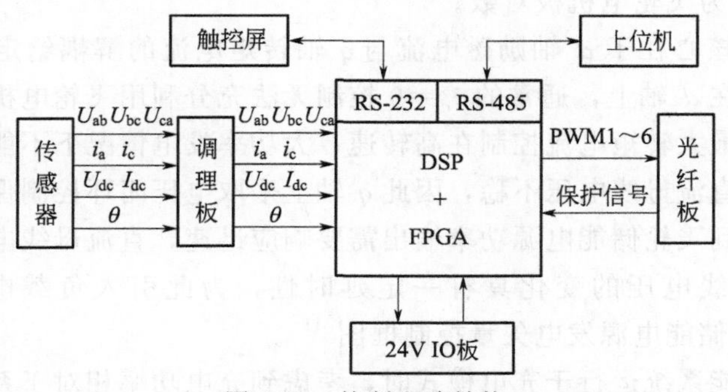

图 9-23 控制电路结构

功率主电路电气连接如图 9-24 所示，功率器件为 IGBT，开关频率为 3kHz，耐压 1700V。图 9-24 中，预充电单元，保证变流器并入系统时的安全；考虑到飞轮电源功率主电路退出运行后飞轮本体的制动保护，设计了制动保护单元，保护触发电压阈值为 1050V。

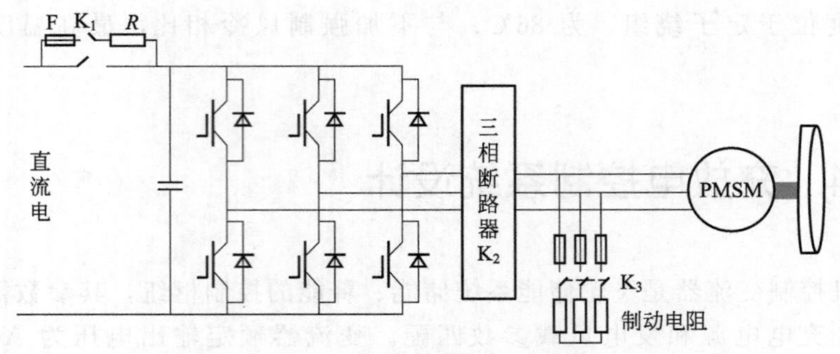

图 9-24　功率主电路电气连接图

9.2.4.2　控制算法

电机控制算法采取矢量控制，控制算法将基于永磁同步电机转子同步旋转坐标系即 d-q 坐标系，d 轴定位于电机转子磁链方向，q 轴超前 d 轴 90°。电机定子电压方程为

$$\begin{bmatrix} u_{\mathrm{d}} \\ u_{\mathrm{q}} \end{bmatrix} = \begin{bmatrix} R_{\mathrm{s}} + pL_{\mathrm{d}} & -\omega L_{\mathrm{q}} \\ \omega L_{\mathrm{d}} & R_{\mathrm{s}} + pL_{\mathrm{q}} \end{bmatrix} \begin{bmatrix} i_{\mathrm{d}} \\ i_{\mathrm{q}} \end{bmatrix} + \begin{bmatrix} 0 \\ \omega \psi_{\mathrm{f}} \end{bmatrix} \tag{9-12}$$

式中，p 为微分算子；R_{s} 为定子电阻；L_{d}、L_{q} 分别为直轴与交轴同步电抗；ω 为转子电角速度；ψ_{f} 为永磁体磁链。

电机电磁转矩方程为

$$T_{\mathrm{e}} = \frac{3}{2} n_{\mathrm{p}} [\psi_{\mathrm{f}} i_{\mathrm{q}} + (L_{\mathrm{d}} - L_{\mathrm{q}}) i_{\mathrm{d}} i_{\mathrm{q}}] \tag{9-13}$$

式中，n_{p} 为飞轮电机极对数。

矢量控制核心在于 d 轴励磁电流与 q 轴转矩电流的解耦给定。飞轮运行于发电模式时，在 d 轴上，通常的 $i_{\mathrm{d}}=0$ 控制无法充分利用飞轮电机凸极特性产生的磁阻转矩，最大转矩电流控制在高转速、大功率发电情况下不能保证电压方程的平衡，以致直流母线电压不稳，因此 q 轴上采取电压闭环控制保持直流母线电压稳定。考虑到飞轮储能电源功率输出需要响应迅速，直流母线电容较大，功率波动时直流母线电压的变化具有一定延时性，为此引入负载电流前馈控制。图 9-25 为飞轮储能电源发电矢量控制框图[11]。

在飞轮储能系统运行于充电模式时，考虑到充电功率相对于系统发电运行功率较低以及弱磁控制相对较强，d 轴电流采取 $i_{\mathrm{d}}=0$ 控制策略；q 轴则直接采取速度闭环控制。启动阶段采用恒转矩控制，给定 q 轴电流限幅值；飞轮加速进入工作转速范围后，再以恒功率控制电机转矩电流的最大输出。飞轮储能系统电动矢量控制框图如图 9-26[11] 所示。

在图 9-25 与图 9-26 所示的飞轮储能系统电动/发电矢量控制中，准确的转子

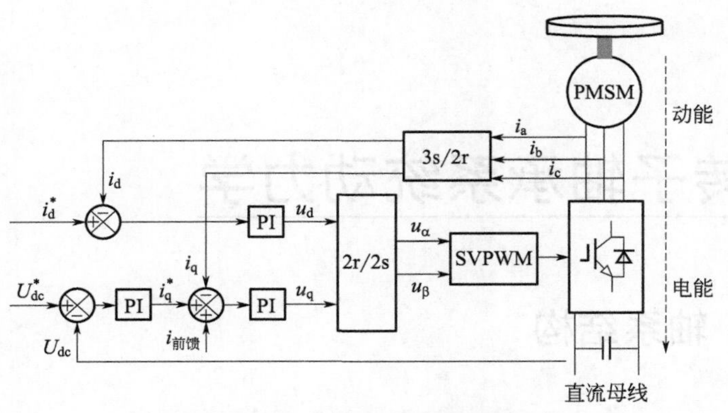

图 9-25　电机发电矢量控制框图

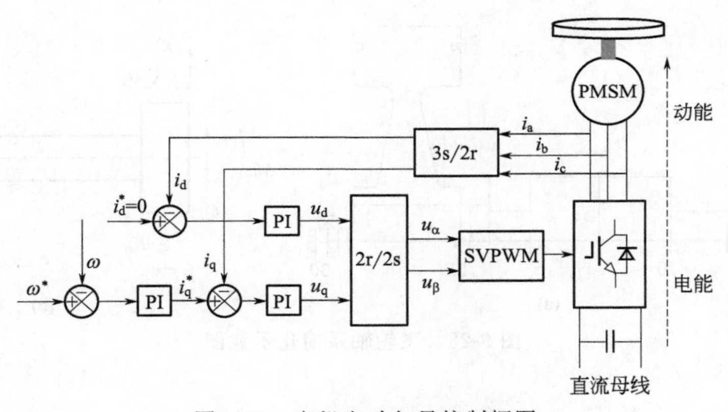

图 9-26　电机电动矢量控制框图

角度信息是 Park 变换的基础，也是电机矢量控制的关键。在本工程研究中采用了两种方式：一是用旋转变压器获得转子的角度信息；二是检测电机的电动势获得转子的角度信息。在第二种模式下，转速低于 180r/min 时，采用非同步启动方式。

飞轮在启动阶段（0～180r/min）对无速度控制精度要求不高，基于此前提，采取了基于转子角加速度积分的无速度控制。其估算控制逻辑框图见图 9-27[11]。

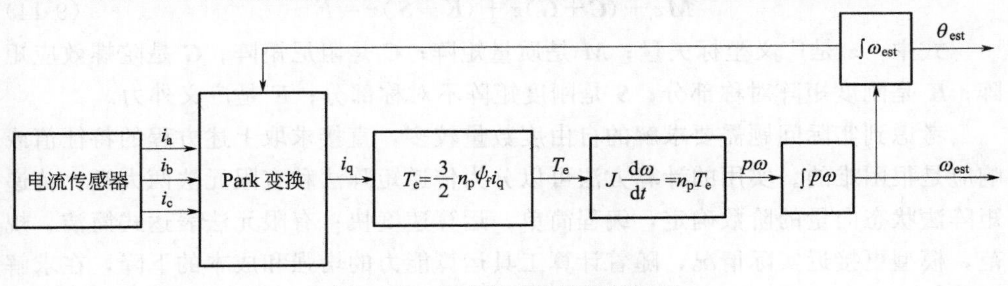

图 9-27　低速启动估算控制框图

9.3 飞轮转子轴承系统动力学

9.3.1 轴系结构

飞轮储能电机轴系动力学结构如图 9-28 所示。

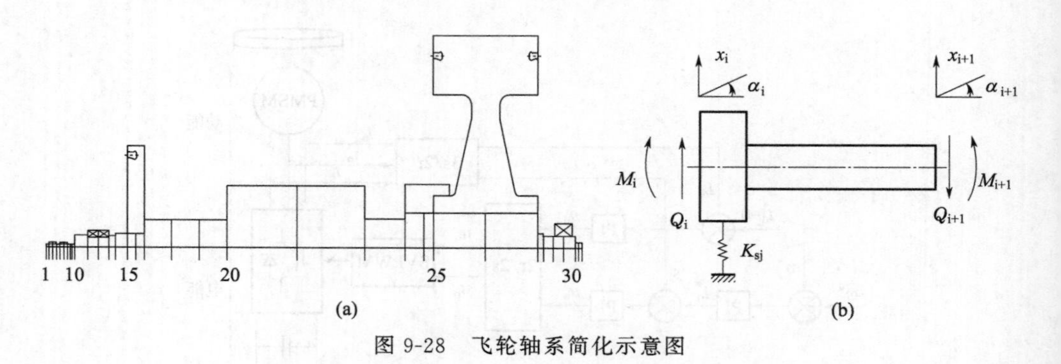

图 9-28 飞轮轴系简化示意图

9.3.2 轴系动力学分析

转子动力学主要包括计算临界转速和动力响应、分析稳定性、动平衡等内容。一般来说，转子系统的运动微分方程[12] 可以写为

$$\boldsymbol{M}\ddot{z}+(\boldsymbol{C}+\boldsymbol{G})\dot{z}+(\boldsymbol{K}+\boldsymbol{S})z=F \tag{9-14}$$

式中，z 是广义坐标矢量；$\boldsymbol{M}$ 是质量矩阵；$\boldsymbol{C}$ 是阻尼矩阵；$\boldsymbol{G}$ 是陀螺效应矩阵；$\boldsymbol{K}$ 是刚度矩阵对称部分；$\boldsymbol{S}$ 是刚度矩阵不对称部分；F 是广义外力。

考虑到实际问题需要求解的自由度数量较多，直接求取上述方程的特征值或响应是很困难的。实用的计算方法可以分为传递矩阵法和有限元法两大类，传递矩阵法状态向量的阶数确定，编程简单，运算速度快；有限元法表达式简洁、规范，模型更接近实际情况，随着计算工具运算能力的增强和成本的下降，在求解复杂系统问题时体现出较大优势。

9.3.2.1 传递矩阵法

飞轮电机轴系是质量连续分布的弹性体，其自由度有无穷多个。为了便于求解，选取轴的端部、轴颈中心、轴的截面突变处和飞轮中心为节点，如图 9-28 所示。使用集总质量法沿轴线把转子质量及转动惯量集总到若干个节点上，各节点间通过无质量等截面的弹性轴段连接，将转子简化为具有若干个集总质量和集总转动惯量的模型。

如第 5 章所述，传递矩阵法的计算原理为：使用力学方法建立圆盘、轴段、支承等典型部件两端截面的状态矢量传递关系式，利用连续条件，建立转子任一截面状态向量与起始截面状态向量的传递关系，通过边界条件搜索满足剩余量条件的涡动频率，就可以得到转子的各阶临界转速。

传递矩阵法中典型组合构件如图 9-28(b) 所示，其传递矩阵为

$$T_{\mathrm{i}}=\begin{bmatrix} 1+\dfrac{l^3}{6EJ}(1-\nu)(m\Omega^2-K_{\mathrm{sj}}) & l+\dfrac{l^2}{2EJ}\left(I_{\mathrm{p}}\dfrac{\omega}{\Omega}-I_{\mathrm{d}}\right)\Omega^2 & \dfrac{l^2}{2EJ} & \dfrac{l^3}{6EJ}(1-\nu) \\ \dfrac{l^2}{2EJ}(m\Omega^2-K_{\mathrm{sj}}) & 1+\dfrac{l}{EJ}\left(I_{\mathrm{p}}\dfrac{\omega}{\Omega}-I_{\mathrm{d}}\right)\Omega^2 & \dfrac{l}{EJ} & \dfrac{l^2}{2EJ} \\ l(m\Omega^2-K_{\mathrm{sj}}) & \left(I_{\mathrm{p}}\dfrac{\omega}{\Omega}-I_{\mathrm{d}}\right)\Omega^2 & 1 & l \\ (m\Omega^2-K_{\mathrm{sj}}) & 0 & 0 & 1 \end{bmatrix}_{\mathrm{i}} \tag{9-15}$$

$$\nu=6EJ/(k_{\mathrm{i}}GAl^2)$$

式中，m 是圆盘质量；Ω 是转子自转频率；ω 是转子进动频率；K_{sj} 是支承刚度系数；I_{p} 是圆盘极转动惯量；I_{d} 是圆盘直径转动惯量；E 是弹性模量；G 是剪切模量；J 是轴的截面矩；A 是轴的截面积；l 是轴的长度；k_{i} 是轴的截面系数。

当 $l=0$ 时，T_{i} 退化为带支承的刚性圆盘的传递矩阵；当 $m=0$ 时，T_{i} 退化为无质量等截面弹性轴段的传递矩阵。

假设飞轮轴系的径向支承是各向同性而且不考虑阻尼，则弯曲振动时其挠曲线在同一平面，因此分析一个平面内的横向弯曲振动就可以得到轴系的临界转速和振型。

如表 9-4 所示，在飞轮储能电源工作范围内使用改进 Riccati 法通过扫频计算得到不同支承刚度下转子的一阶、二阶临界频率。轴承刚度一般为 $5\times10^7\sim2\times10^9$ N/m，包含轴承座刚度的轴系支承刚度计算范围取 $1\times10^7\sim1\times10^9$ N/m。刚度为 1×10^8 N/m 时，绘制相应的剩余量曲线，如图 9-29 所示。

表 9-4 临界转速计算

支承刚度/(N/m)	一阶临界/(r/s)	二阶临界/(r/s)
10^7	8.6	46.3
10^8	25.1	97.8
10^9	54.5	168.5

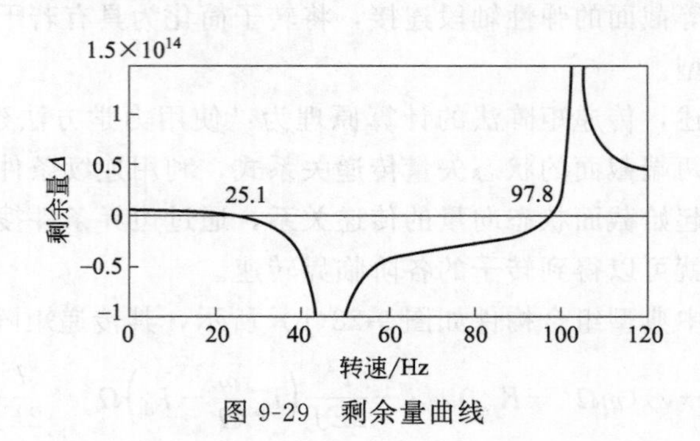

图 9-29 剩余量曲线

扫频范围为 0～300rad/s，在此范围内轴系存在两个临界转速（表 9-4）。求得临界转速后，可以得到起始截面状态矢量的比例解；通过转子任一截面状态向量与起始截面状态向量的传递关系，可求取各截面状态矢量的比例解，进而绘制对应振型，如图 9-30 所示。一阶振型与 0 线没有交点，转子上端位移小，下端位移大；二阶振型与 0 线存在一个交点，交点位于大飞轮附近，转子上端位移大，下端位移小。

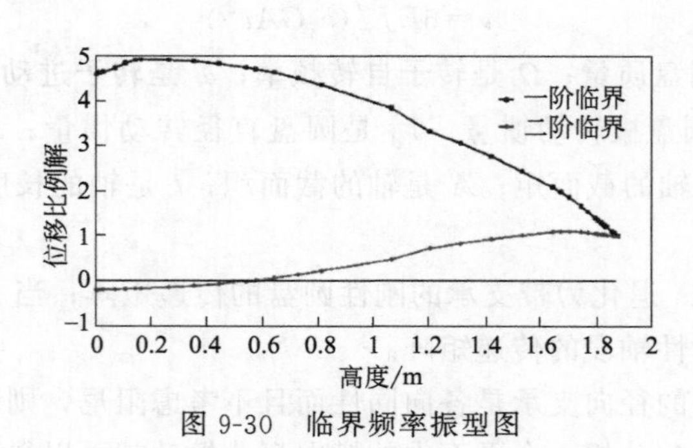

图 9-30 临界频率振型图

9.3.2.2 有限元法

有限元法采用数值分析得到数值解，在满足工程需要的前提下模拟物理现象。ANSYS 求解需要将实体模型离散为有限元模型，选择合适的求解类型，分析计算结果并对模型进行修正和校验。

假设飞轮轴系为线性结构，进行模态分析。建立实体模型后使用可考虑陀螺效应的 SOLID187 实体单元对飞轮转子划分网格；使用 COMBI214 模拟支承特性。飞轮转子支承系统的有限元模型如图 9-31 所示，生成 618818 个节点、417246 个单元。通过 APDL 编程对轴系施加 0～100Hz 转动频率，采用 QR 阻尼法提取前 6 阶模态频率与振型，并绘制坎贝尔图（图 9-32），进而求得飞轮轴系的临界转速与振型。

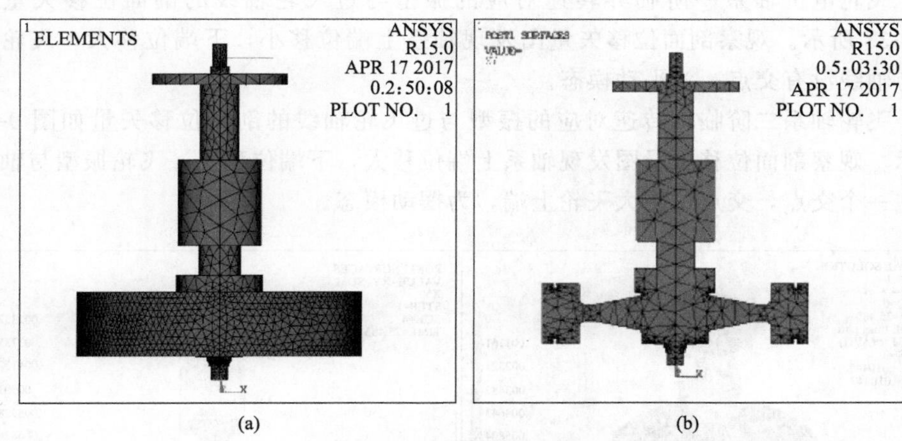

图 9-31　飞轮轴系有限元模型

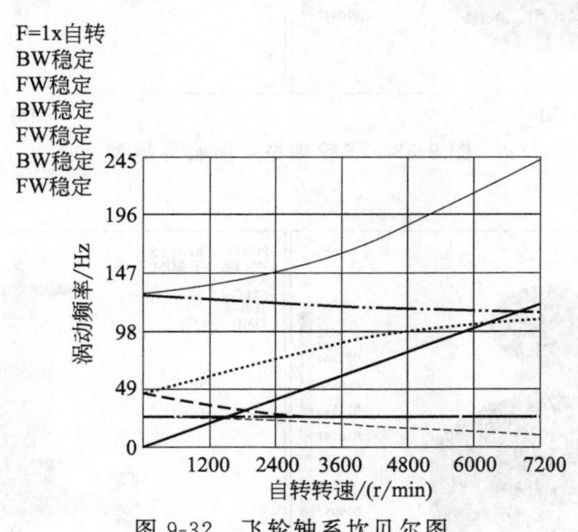

图 9-32　飞轮轴系坎贝尔图

考虑实际工作情况，转子轴系自转与进动方向一致，因此正进动曲线与 45°线的交点为临界转速。如表 9-5 所示，计算得到不同支承刚度下转子的一阶、二阶临界转速。

表 9-5 临界转速计算

支承刚度/(N/m)	一阶临界/(r/s)	二阶临界/(r/s)
10^7	8.6	48.2
10^8	25.5	104.6
10^9	57.4	188.4

飞轮电机轴系一阶临界转速对应的振型与过飞轮轴线的剖面位移矢量如图 9-33 所示。观察剖面位移矢量图发现轴系上端位移小，下端位移大，飞轮振型与轴线没有交点，为平动模态。

飞轮轴系二阶临界转速对应的振型与过飞轮轴线的剖面位移矢量如图 9-34 所示。观察剖面位移矢量图发现轴系上端位移大，下端位移小，飞轮振型与轴线存在一个交点，交点位于大飞轮上端，为摆动模态。

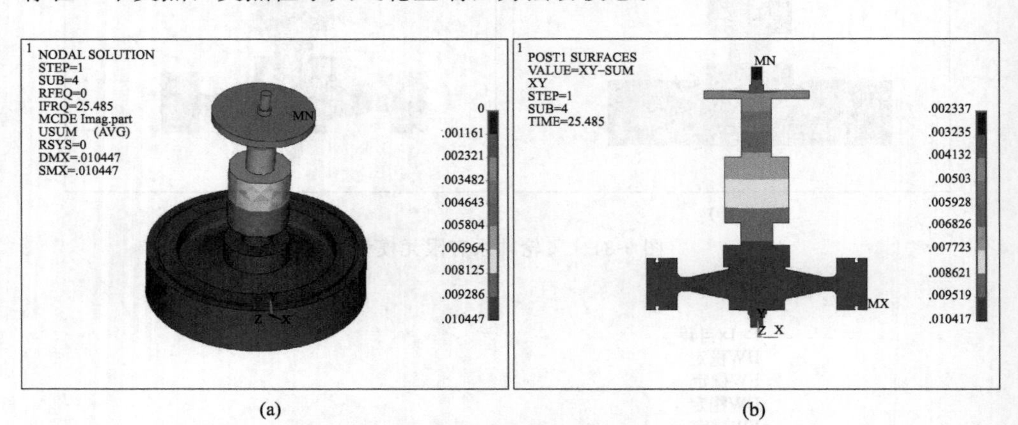

(a) (b)

图 9-33 飞轮轴系一阶临界振型

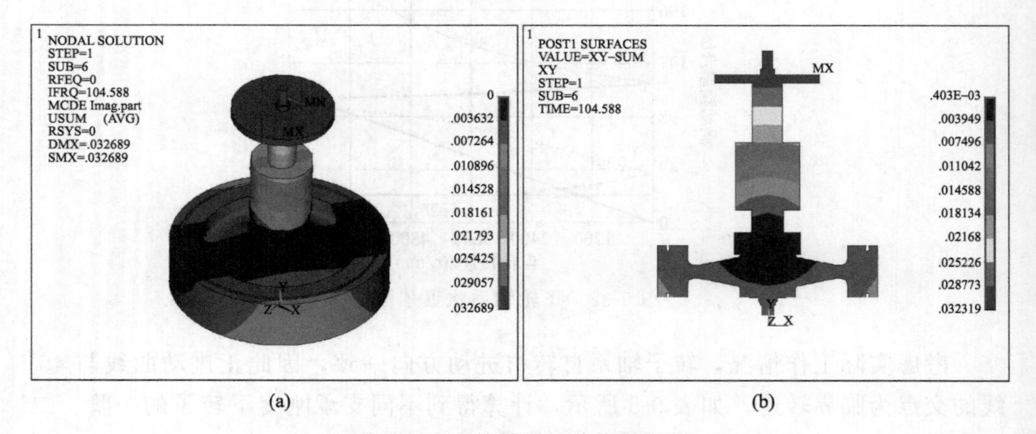

(a) (b)

图 9-34 飞轮轴系二阶临界振型

比较传递矩阵法和有限元法的计算结果，两者基本一致。

9.3.3 轴系和壳体的模态分析

飞轮电机轴系通过轴承安装在壳体上，旋转时激励壳体引发振动，因此需要对轴系和壳体建立有限元模型并分析模态。

使用 SOLID187 实体单元分别对轴系和壳体划分网格，使用 COMBI214 单元模拟轴系与壳体、壳体下端的支承特性，轴系上端轴向支承刚度设为 1×10^{9} N/m，约束壳体底面所有自由度。建立轴系和壳体的有限元模型，生成 1733386 个节点、1134251 个单元，如图 9-35 所示。

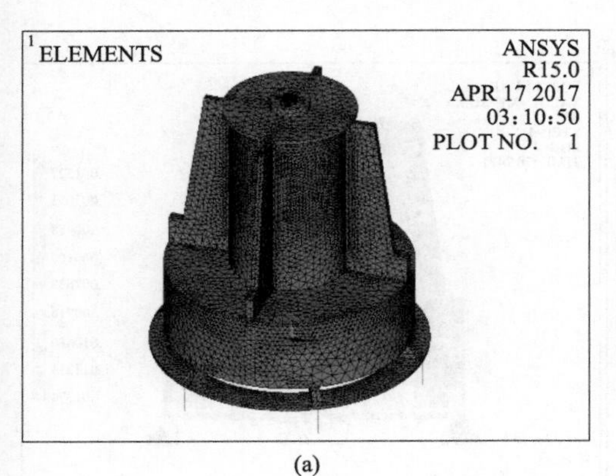

(a)

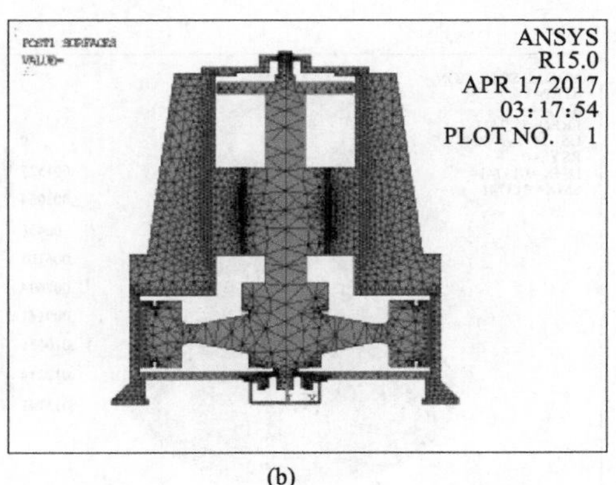

(b)

图 9-35 轴系和壳体有限元模型

轴系非转动情况下，计算不同支承刚度下轴系和壳体的模态频率，如表 9-6 所示。

表 9-6 模态频率计算

支承刚度/(N/m)	一阶模态/Hz	二阶模态/Hz	三阶模态/Hz
10^{7}	8.4	18.0	36.1
10^{8}	24.7	38.7	42.5
10^{9}	41.2	45.4	69.6

考虑到有限元模型为对称结构，将相同的频率合并为一个模态，则支承刚度为 1×10^{8} N/m 时，系统前 3 阶模态频率分别为 24.7Hz、38.7Hz、42.5Hz，其模态振型分别如图 9-36～图 9-38 所示。

观察轴系和壳体的一阶模态振型，发现壳体位移与轴系相比较小，与壳体耦

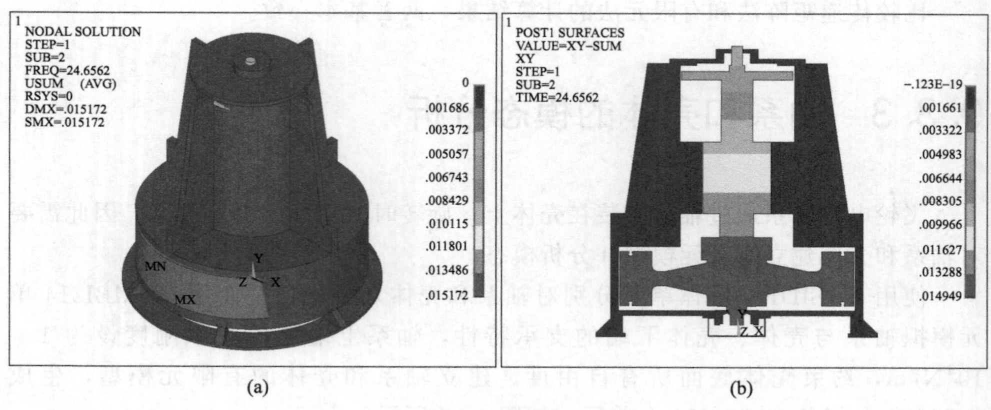

(a) (b)

图 9-36 一阶模态振型

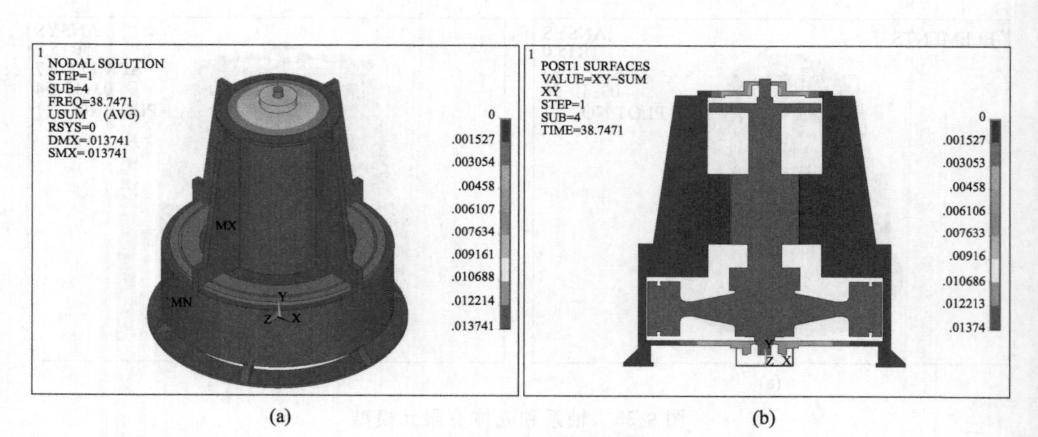

(a) (b)

图 9-37 二阶模态振型

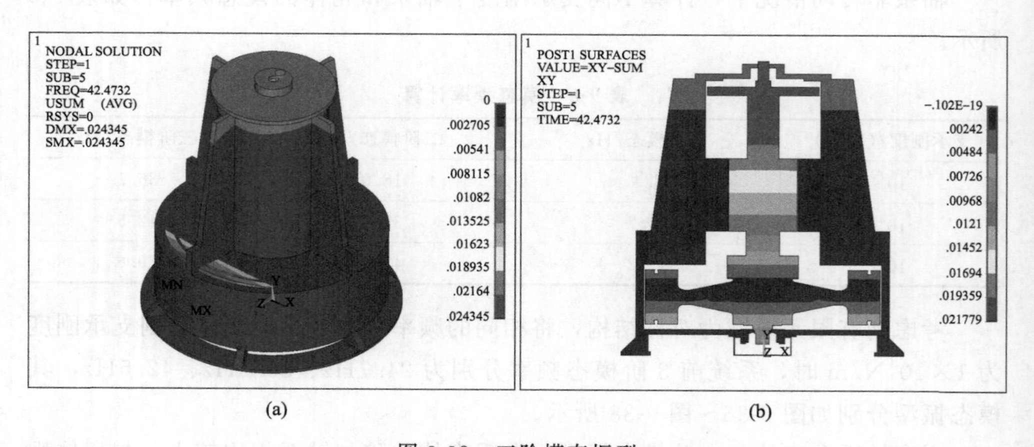

(a) (b)

图 9-38 三阶模态振型

合计算的轴系振型与单独计算的飞轮轴系一阶模态振型相似。

观察轴系和壳体的二阶模态振型，发现壳体位移与轴系相比较小，轴系位移整体较大，是由轴向支承引起的轴向振动。

观察轴系和壳体的三阶模态振型，发现壳体位移与轴系相比较小，与壳体耦合计算的轴系振型和单独计算的飞轮轴系二阶模态振型相似。

9.3.4 试验研究

为掌握该飞轮储能系统的运行特性，验证动力学数值仿真结果，需通过升降速试验进行实时的振动测量。

在壳体上端和壳体下端安装位移传感器测量壳体振动，检测两组飞轮储能系统降速过程中振动的幅频特性和相频特性（通过动平衡仪的同频分量检测）；第一组为飞轮自 2400r/min 降速至 800r/min 处，第二组为飞轮自 2100r/min 降速至 200r/min 处，如图 9-39 所示。曲线 A_1、A_2 分别表示传感器 A 测得的第一组、第二组数据，B_1、B_2 表示传感器 B 测得的第一组、第二组数据。

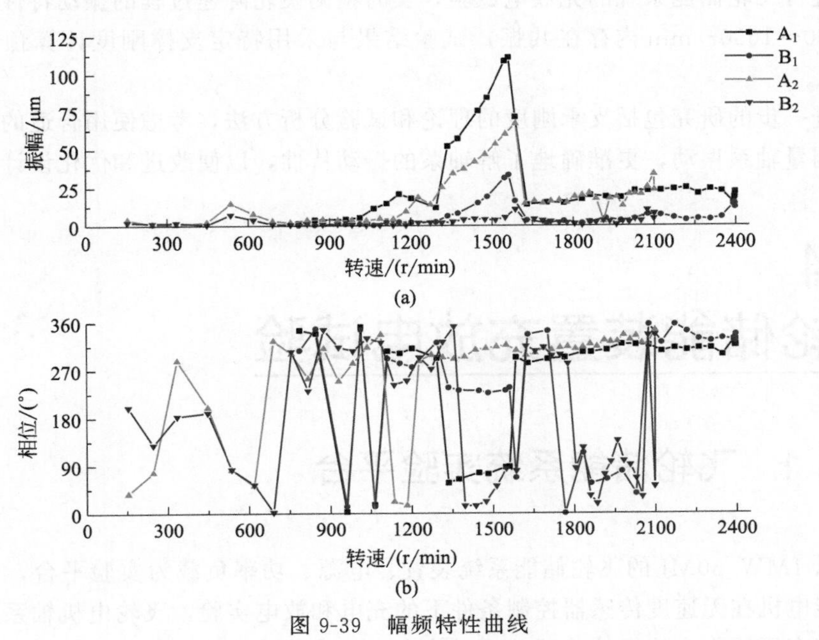

图 9-39 幅频特性曲线

观察第一组实验数据，飞轮自 2400r/min 降速至 2100r/min 过程中，传感器 A、B 测得的振幅波动较小，相位基本同向且无明显改变。观察第二组试验数据，飞轮自750r/min降速至450r/min过程中，传感器A、B测得的振幅随转速降低先增大后减小，期间两传感器的相位基本同向，530r/min处振幅最大。

观察两组实验数据，飞轮自2100r/min降速至1650r/min过程中，传感器A、B测得的振幅波动较小，但是相位经历了同向-反向-同向过程。从1650r/min降速到1300r/min过程中，传感器A、B测得的振幅随转速降低先急剧增大后减小，且A处振幅远高于B处，相位经历了同向-反向-同向过程，表现出通过临界转速的特征，壳体的预测一阶模态频率（支承刚度取1×10^8N/m）位于此共振区间。

从1300r/min降速到900r/min时，传感器A、B测得的振幅随转速降低先增大后减小，且A处振幅高于B处，相位基本同向。

9.3.5 结论

对1MW/60MJ飞轮储能系统轴系分别采用传递矩阵法和有限元法进行动力学建模，计算得到临界转速和振型；并用有限元法对非转动情况下轴系和壳体建立有限元模型，分析了相应的模态频率与振型。

进行飞轮储能系统的充放电试验，实时检测飞轮降速过程的振动特性。在转速1300～1650r/min内存在共振，试验结果与采用特定支撑刚度计算预测结果一致。

进一步的研究包括支承刚度的理论和试验分析方法，考虑使用合适的传感器直接测量轴系振动，更准确地了解轴系的振动特性，以便改进和优化设计。

9.4 飞轮储能装置充放电试验

9.4.1 飞轮储能系统实验平台

以1MW/60MJ的飞轮储能系统装置、电源、功率负载为实验平台，进行飞轮储能电机在无速度传感器控制条件下的充电和放电实验，飞轮电机轴系上安装有旋转变压器作为速度传感器，可以将由无速度传感器控制算法得到的电机转子位置角和转速计算值与实际值进行对比。

实验平台包括调压器、二极管整流的整流柜、飞轮储能电机机组、电机变流器控制柜和大容量负载柜五部分。实验平台的电气连接图如图 9-40 所示。实验中，采用二极管整流柜作为飞轮储能系统充电时的直流电源。从电网引入的 380V 交流电经过调压器升压之后经过整流柜整流得到电压为 930V 的直流电，经过开关 S_1 接入飞轮储能控制柜的直流输入端。飞轮储能机组由飞轮储能系统控制柜控制，实现飞轮储能系统的充电和放电过程。为了模拟飞轮储能系统发电时带负载运行的情况，在飞轮储能系统控制柜的直流输入端经过开关 S_2 接入了直流负载柜。

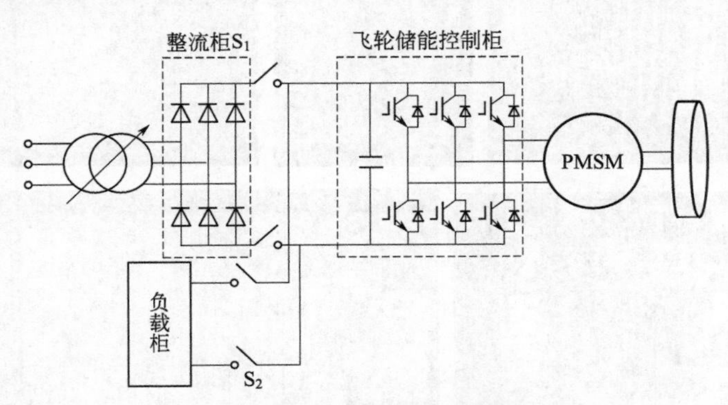

图 9-40　飞轮储能实验电气连接图

飞轮电机充电运行时，开关 S_1 闭合，二极管整流柜作为飞轮储能系统的电源；开关 S_2 断开，直流负载柜从直流母线上断开。飞轮电机加速运行，将电能转化为飞轮转子的动能进行储存。直到飞轮电机转速达到设定值，飞轮储能系统转入待机运行状态。

飞轮电机发电时，开关 S_1 断开，二极管整流柜从飞轮储能控制柜的直流输入端切除；开关 S_2 闭合，直流负载柜接入飞轮控制柜的直流输入端。飞轮储能系统发电，飞轮转速不断降低。直流负载柜模拟飞轮储能发电机组的负载。

飞轮储能系统试验装置直流侧的额定电压为 930V，额定电流为 1100A，最大发电功率为 1000kW，而且具备 1.5 倍过载条件下短时运行能力。飞轮储能机组采用永磁同步电机作为飞轮电机，飞轮储能系统的运行转速区间为 1200～2700r/min，飞轮储能系统能够存储的电能容量为 16kW·h。

飞轮储能系统实验平台设备见图 9-41。

9.4.2　飞轮储能系统充放电实验及结果分析

充放电时采用模型参考自适应无速度传感器控制方法，飞轮待机运行时，采用基于反电势的无速度传感器控制方法。

图 9-41　飞轮储能系统实验平台设备

图 9-42 所示为飞轮充电过程中电机定子电流波形的整体图。充电过程中采用了低速恒转矩、高速恒功率的控制策略，从图中可以看出，在恒转矩阶段电机电流幅值保持不变，在恒功率阶段电机电流的幅值随着转速的升高不断减小。在实验中的恒转矩阶段，功率随着转速升高，当电机转速到达恒转矩阶段和恒功率阶段的切换转速时，此时达到恒转矩阶段功率的最大值。由于此次实验中采用恒转矩阶段的最大功率作为恒功率阶段的设定功率，因此在两个阶段切换时电机电流很平稳地进行了过渡。图 9-43 为飞轮电机充电过程中电流整体图像的局部展开图。从图中可以看出，飞轮电机定子电流为很好的正弦波形。

完成飞轮储能系统的充电实验之后，进行了飞轮储能系统的放电实验验证。飞轮储能发电过程中要求飞轮储能系统控制发出的直流电电压保持不变。这就需要飞轮储能控制系统能够根据负载的变化，实时调整飞轮储能系统的发电功率，以跟踪负载的变化。

为了检验飞轮储能系统在发电时对负载变化的跟踪情况，检验飞轮储能控制系统的动态性能，在飞轮发电的过程当中进行了突然增大负载和突然减小负载的实验，检验负载突变的动态过程中飞轮储能控制算法能否保持直流母线电压的稳定。

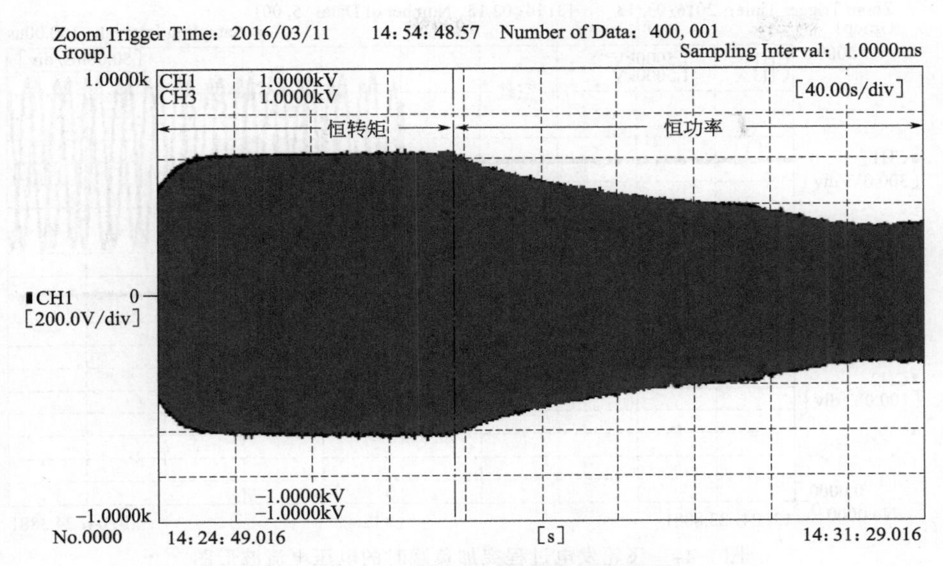

图 9-42 飞轮充电过程电流波形整体图

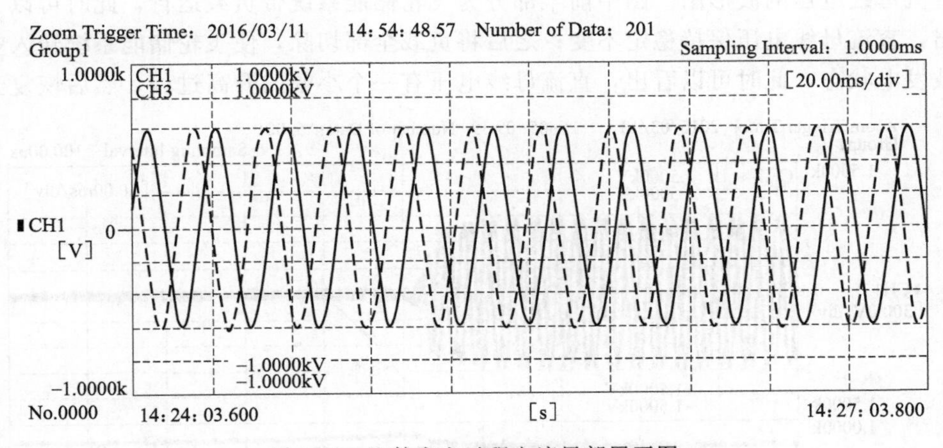

图 9-43 飞轮充电过程电流局部展开图

图 9-44 所示为在飞轮发电过程中突然增大负载时电机电流和直流母线电压变化的波形图。图中前半部分为飞轮储能系统空载发电时的波形图，此时直流母线电压稳定在 930V 左右；当投入负载时，直流母线电压有一个很小的跌落过程，但是很快恢复到了直流电压的额定值，并保持稳定。负载增大之后，飞轮电机电流迅速增大，并随后保持稳定。由此看到飞轮储能发电控制方法能够在负载突然增大时跟踪负载的变化，控制直流母线电压维持稳定。

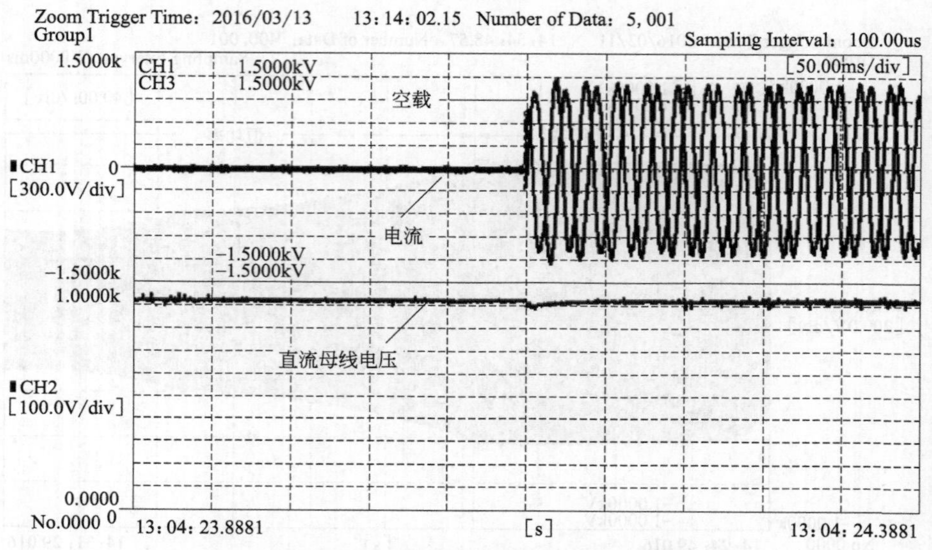

图 9-44 飞轮发电过程突加负载时的电压电流波形图

图 9-45 所示为飞轮储能系统发电过程当中突然减小负载时飞轮电机电流和直流母线电压的波形图。图中前半部分为飞轮储能系统带负载运行，此时可以看出，直流母线电压保持稳定不变；之后将负载全部切除，使飞轮储能系统转入空载发电状态，此时可以看出，直流母线电压有一个小幅的升高过程，然后恢复到

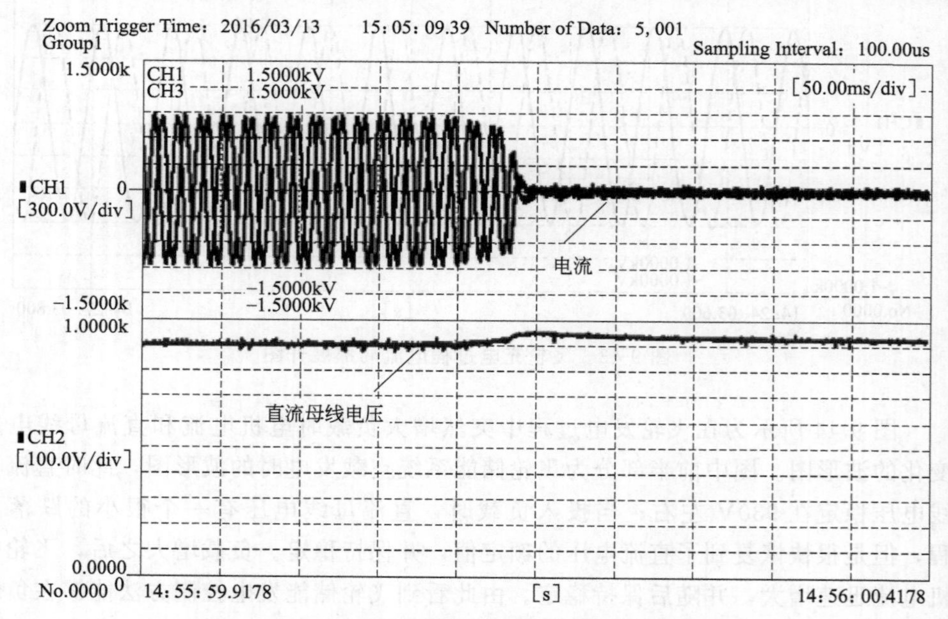

图 9-45 飞轮发电过程突减负载时的电压电流波形图

930V 并维持稳定。电机电流也迅速减小到零。由此可见飞轮储能系统的发电控制算法能够使飞轮储能系统的发电功率跟踪负载的变化，在飞轮发电过程中维持直流母线电压的稳定。

在飞轮储能系统的整个充放电过程都采用了无速度传感器控制的方法。为了检验无速度传感器控制算法估算的转子转速、转子位置与电机转子实际转速和位置，将无速度传感器控制算法得到的飞轮电机转子转速和转子位置与由安装在飞轮电机轴头的旋转变压器测得的转子转速与转子位置进行了对比。

为了对比无速度传感器控制得到的转速与电机实际转速，在飞轮储能系统运行过程中将两个转速通过通信传到飞轮储能系统的触控屏上，用触控屏进行存储。图 9-46 即采用从触控屏中导出的数据绘制的飞轮储能系统在整个运行过程中估算转速和实际转速的关系图线。从图中可以看出在飞轮储能系统的整个运行过程当中，无速度传感器控制算法得出的转速与实际转速都非常接近。

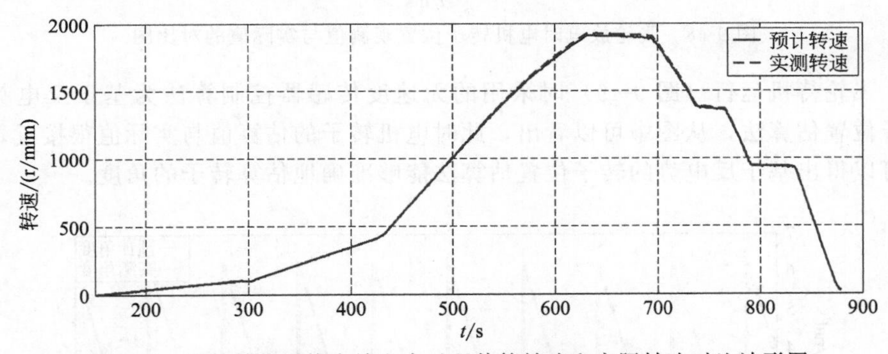

图 9-46　飞轮储能系统充放电全过程估算转速和实际转速对比波形图

为了检验无速度传感器控制算法估算转子位置角的准确性，在 DSP 程序中设置数组保存由无速度传感器控制算法得到的转子位置角和由旋转变压器测量得到的转子位置角，然后利用 DSP 的开发环境软件将数组存储的数据导出。图 9-47、

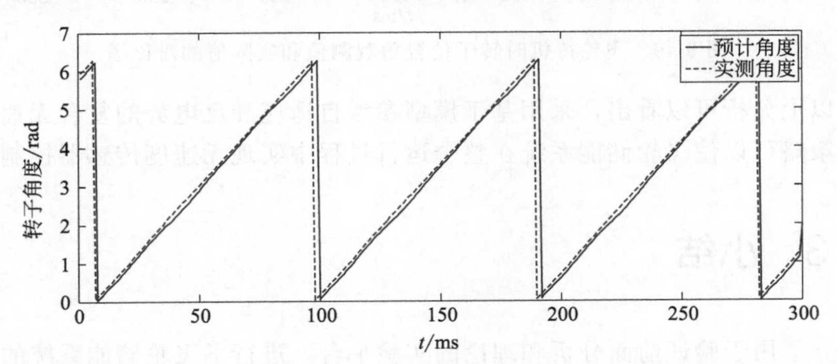

图 9-47　飞轮充电时电机转子位置的观测值与实际值的关系图

图 9-48 即为采用DSP记录的数据做出的不同运行情况下飞轮电机转子位置角实际值与观测值的对比波形图。其中，飞轮充电（图 9-47）和飞轮放电（图 9-48）时采用的无速度传感器控制算法为模型参考自适应算法。从图中可以看出观测值与实际值很接近，说明模型参考自适应无速度传感器控制算法估算的电机转子位置很准确。

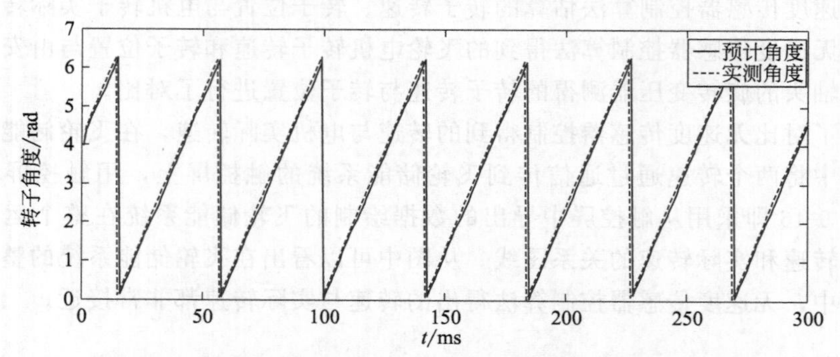

图 9-48　飞轮放电时电机转子位置观测值与实际值的对比图

飞轮待机运行（图 9-49）时采用的无速度传感器控制算法为基于反电势的转子位置估算法，从图中可以看出，此时电机转子的估算值与实际值很接近，由此可以得出基于反电势的转子位置估算法能够准确地估算转子的角度。

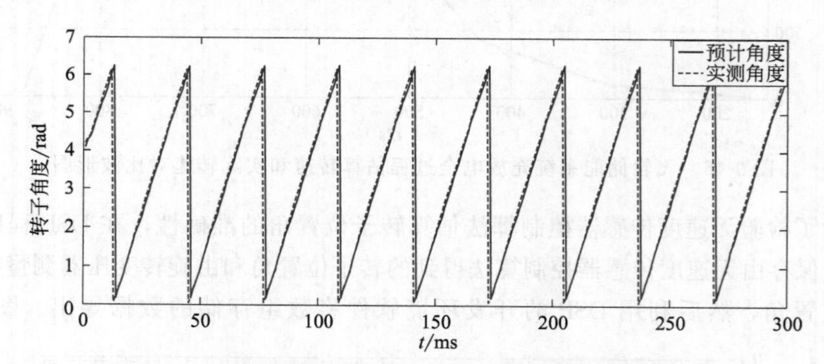

图 9-49　飞轮待机时转子位置角观测值和实际值的对比图

由以上分析可以看出，采用基于模型参考自适应和反电势的复合无速度传感器控制策略可以使飞轮储能系统在整个运行过程中实现无速度传感器控制。

9.4.3　小结

建立了用于验证前面分析和理论的实验平台，进行了飞轮储能系统的充放电实验，在整个运行过程中全部采用无速度传感器控制；验证了飞轮储能系统充电时采用低速恒转矩、高速恒功率控制策略的可行性；检验了在飞轮发电过程中提出的综合优化弱磁控制算法对负载变化跟踪性能和保持直流母线电压稳定的能力；对比了基于模型参考自适应和反电势的复合无速度传感器控制算法在飞轮储能系统整个运行过程中估算得到的转子位置角和转速与实际值的差别，证明了这种复合无速度传感器控制。

9.5 大容量飞轮储能工程样机性能测试

9.5.1 零部件制造总装和调试

飞轮与芯轴由大连重工集团有限公司制造，电机定转子由柳州佳力电机有限公司制造，电机控制器由沈阳远大电气科技有限公司制造，重型永磁轴承结构件由北京联动重型电机有限公司制造。

飞轮储能电源系统完成总装后，进行了低速测试，可以实现低速充放电运行，最高实验转速达到 1200r/min。

9.5.2 飞轮电机轴系装配及动平衡

飞轮电机轴系采用了立式支撑结构，上轴承座支撑在机组壳体上端，壳体上端悬空，通过机组的底部与地基相连；上支撑的刚度引入了壳体的刚度、壳体的质量等动力学影响因素。大质量的飞轮靠近轴系的下端，形成一种带长轴的陀螺结构。陀螺结构、立式机组支撑结构以及壳体的组合连接柔性引入了多种模态振动。同步振动分析表明，模态振型主要有 3 个：机组上端偏振，下端不动；机组上、下端同相位振动；机组上、下端反相位振动。

在轴系设计中，已经考虑动平衡需要，平衡面 A 为永磁轴承动环一体的小飞轮，靠近上轴承；平衡面 B 为大飞轮，靠近下轴承，飞轮储能机组壳体上预留平衡操作工艺孔。

芯轴、电机转子与大飞轮装配后，在平衡台架上先进行低速单平面动平衡，主要平衡飞轮的失衡量；飞轮储能机组总装完成后，开展本机动平衡。通过在 1520r/min、1900r/min、2100r/min 多转速下的动平衡探索，动平衡试验结果表明：2100r/min 转速下的动平衡可以实现，1700～2700r/min 转速区间的振动达到较小的效果。

9.5.3 电动/发电控制

基于上述控制电路以及控制算法，对 1MW 飞轮储能电源样机进行了现场电动/发电测试；测试采取无速度传感器复合控制，实现对飞轮储能电源运行中全工况的可靠切换。飞轮储能系统充电过程的电机定子电流波形如图 9-50[11] 所示，波形采样时间为 1ms（以下同）。充电过程中，在飞轮储能工作最低转速以下区域采取恒转矩控制，电机电流幅值保持不变，当飞轮电机进入储能工作转速区域后采取恒功率充电。

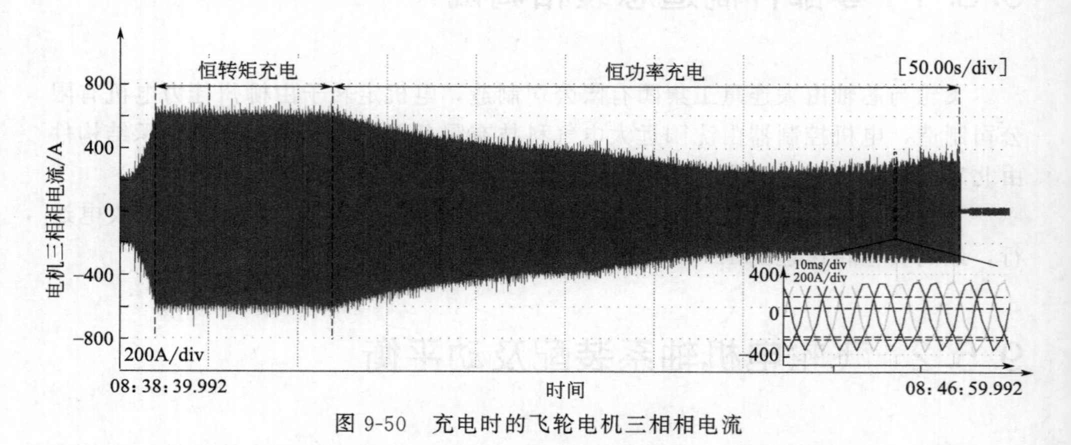

图 9-50 充电时的飞轮电机三相相电流

发电过程中，飞轮储能电源进行了突加 1MW 功率电阻负载的实验，实验波形如图 9-51 所示。实验波形表明飞轮储能电源具有快速响应负载变化的动态性能，在一定转速区域内可以保持恒功率输出。

9.5.4 损耗测试

飞轮电机轴系，不发电降速，测试 2700r/min 降低到 2680r/min，耗时 68s。J 为转动惯量，计算出减速功率为 13.06kW。该减速功率为永磁电机铁损和机械损耗（轴承损耗＋氦气风损）。理论预计永磁电机铁损为 3.29kW，加上机械损耗总的不发电降速运行理论减速功率损耗为 13.59kW。

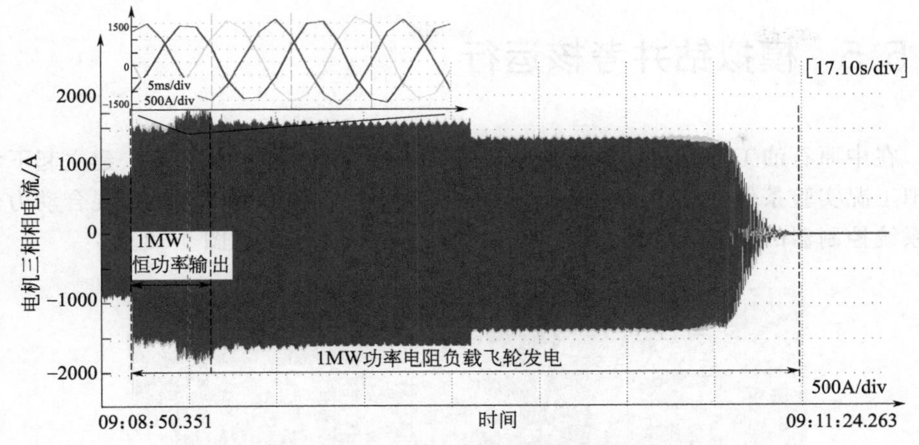

图 9-51 发电时的飞轮电机三相相电流

为克服待机在 2700r/min 转速下运行中的机械损耗、电机损耗、控制电路损耗，直流母线输入电功率为 18kW。

充放电效率测试：在直流母线上接入电能质量分析仪，监测电压、电流并对时间积分，得到发电降速中的输出能量和充电升速中的输入能量，二者之比为充放电循环效率（表 9-7）。

表 9-7 测试数据

试验次序	转速变化范围	充电时间	充电最大功率/kW	充电输入电能/kW·h	放电时间	放电最大功率/kW	放电输出电能/kW·h	充放电循环效率/%
1	A	2min14s	214.4	7.67	0min35s	804.6	6.76	88.1
2	B	5min08s	213.6	15.36	1min05s	807.1	13.23	86.1
3	C	3min36s	213.1	11.15	0min48s	806.4	9.82	88.1
4	B	5min03s	212.9	15.28	0min59s	1006.7	13.24	86.6
5	C	3min32s	212.4	11.19	0min50s	808.5	9.84	87.9
6	B	5min05s	211.9	15.31	1min00s	1029.9	13.29	86.8
7	C	3min34s	211.1	11.18	0min47s	1087.7	9.86	88.2
8	C	3min35s	211.0	11.27	0min46s	1057.0	9.86	87.5
9	C	3min36s	210.4	11.27	0min49s	1056.7	10.10	89.6

注：转速变化范围：A 表示 1200r/min—2100r/min—1200r/min；B 表示 1200r/min—2700r/min—1200r/min；C 表示 1200r/min—2700r/min—1200r/min。

测试表明：充放电循环效率为 86%～88%；充放电终止转速越高，系统工作时间越长，损耗增加，效率降低。

1MW/60MJ 飞轮储能电源在后续与钻机混合动力系统联合模拟钻井实验中，通过了 1200 次充放电考核运行，验证了该新型储能电源的可靠性。

9.5.5 模拟钻井考核运行

在中原石油工程公司钻井三公司钻采设备厂兰考钻机总装场地，建立起下钻模拟工况实验条件，考核飞轮储能、下钻势能回收、调峰电机运行、混合动力传动系统控制器的功能与可靠性。起下钻模拟实验钻井平台见图 9-52。

图 9-52　起下钻模拟实验钻井平台

飞轮储能系统与上位机通信实验，接受控制，上位机命令包括：启动、停止、复位、急停、本地反馈、已准备好、运行、故障等；通信参数包含：电压、电流、转速、功率。直流母线电压低于 795V 后，飞轮充电功率随直流母线电压降低而减小，分段线性化（开环），适应供电电源功率的变化，维持直流母线电压稳定。远程控制飞轮发电，为调峰电机供电，最大功率放电功率 1MW，满足 800kW 调峰要求，直流电压稳定在 930V。

飞轮储能系统总装调试阶段，历时 2015 年 10 月～2016 年 5 月，充放电次数大于 800 次；飞轮储能系统考核运行阶段，历时 2016 年 6～7 月，充放电次数大于 400 次。

9.6 卫 453 井施工示范工程

在卫 453 井示范钻井施工中，飞轮储能机组接收升压整流电源的电能、势能回收发电系统的电能，电机作电动运行，提高飞轮的转速。当调峰电机需要出力时，飞轮储能机组放电运行，向调峰电机的变频器输送直流电能。飞轮储能系统的充电、放电、待机均接受混合动力总控系统调度，快速响应。

飞轮储能示范应用见图 9-53。2016 年 11 月 18 日起钻中飞轮充放电功率特性见图 9-54。

图 9-53　飞轮储能示范应用

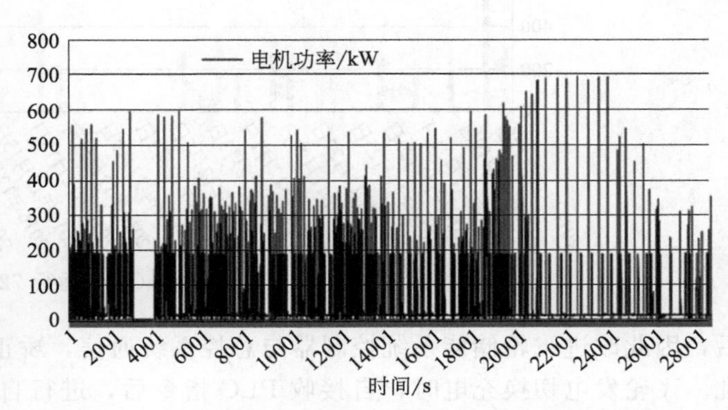

图 9-54　2016 年 11 月 18 日起钻中飞轮充放电功率特性

9.6.1　频繁充放电运转稳定性

从安装完毕充放电测试开始，到钻井示范工程结束，飞轮储能机组单元一直正常工作，实现频繁小功率充电、较大功率发电，未出现过因机组本身原因导致的过流过压保护故障；飞轮机组温度一直低于 60℃，运行中的振动监测数据一直正常，不超过 2.5mm/s。

各次充放电次数见图 9-55。

9.6.2　直流母线电压特性改进

在 1 个小时运行时间段内，40 次充放电，出现了 11 次电压跌落。直流母线电压稳定 800V 以上，是混合动力系统电源可靠性的必要条件。直流母线电压上并联的 4 个电源（负载）之间的投入、切除时序以及电机的时间常数等因素会引起直流母线电压的波动，波动范围过大，会出现各系统保护性退出，使系统不能正常工作。

分析表明，直流母线电压跌落的主要原因是通信时序紊乱，引起发电响应滞

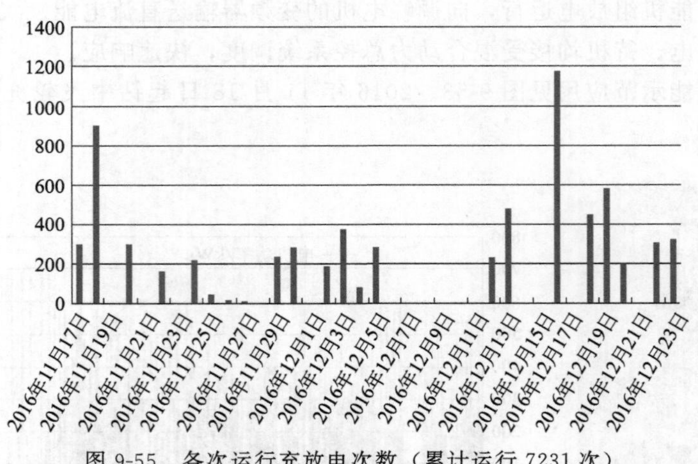

图 9-55　各次运行充放电次数（累计运行 7231 次）

后，因此改进飞轮储能系统控制器与总控系统通信，矫正充电、发电命令时序紊乱。飞轮发电切换充电时，自接收 PLC 指令后，进行自适应延时，以使调峰电机残余大功率依旧由飞轮储能机组发电承担，延时后飞轮储能机组再由发电转为充电。改进控制算法后，直流母线电压稳定在 800V 以上。直流母线电压和功率见图 9-56。

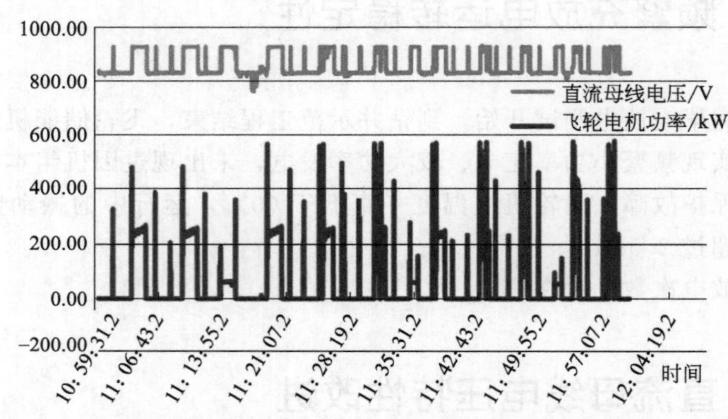

图 9-56　直流母线电压和功率（2016 年 11 月 30 日调峰电机独立起钻）

9.6.3 充电优化控制

充电优化控制目的在于配合势能回收系统，使回收系统以最大回收能力发电运行。在钻井混合动力传动系统中，飞轮运行于充电模式时，直流母线上存在额定功率 240kW、工作电压 840V 的整流柜与最大功率 300kW、发电电压 920V 的势能回收系统。

考虑到其他负载功率需求以及功率备用，回收系统不发电的情况下，飞轮机组充电功率需要不大于 150kW。但是，当回收系统发电运行时，如果飞轮机组的充电功率不能随之增长，在直流母线功率供需平衡的限制下，回收系统发电功率将与飞轮充电功率匹配，不大于 150kW，即无法发挥其最大回收能力。所以需要飞轮充电功率根据母线电压进行一定的优化控制。

另一方面，对于回收能量，飞轮储能系统存在储能上限，按照额定设计参数为 1MW/60MJ，如果飞轮储能系统在回收系统发电之前已储能完毕，将无法再对势能回收系统的回收能量进行储存，造成能源浪费。所以需要飞轮储能系统根据直流母线电压进行 5MJ 的能量预留，在回收系统工作时释放 5MJ 的能量裕度。

充电优化控制解决方法：

（1）充电功率电压反馈可调控制

母线电压 800～840V 之间时，飞轮储能系统充电功率以开机时设定功率值进行恒功率充电。

母线电压 860～950V 之间时，飞轮储能系统充电功率预给定与母线电压成正比；950V 对应充电功率 300kW，860V 对应恒功率充电的功率设定。为防止母线电压振荡，功率预给定值经过滤波后再给定到功率控制环节。

母线电压低于 800V 时，飞轮储能系统充电功率进行下垂控制，避免系统电压崩溃。

（2）储能裕度控制

飞轮储能系统开机设定运行转速时，系统自动识别并预留 5MJ 的转速空间，即：

回收系统不发电，母线电压低于 850V，系统最高转速将低于设定转速；

回收系统发电，母线电压高于 860V，自动触发 5MJ 的裕度空间，系统最高转速将等于设定转速。

通过该阶段实验，飞轮储能系统实现与回收系统的配合，最大能力回收并储存下钻势能，实现节能目标。

9.6.4 混合动力钻井施工节能效益分析

9.6.4.1 各工况用时统计

根据从 2016 年 11 月 13 日至 12 月 26 日内各工况的时长，统计见表 9-8。

表 9-8 卫 453 井各工况时长统计

工况	纯电动/h	混合动力/h	单柴油机/h	双柴油机/h	三柴油机/h	总计/h
钻进		14.5	221.1	198.7	22.9	457.2
起钻	5.9	34.1	82.8	9.7		132.6
下钻	24.0	38.7	68.7			131.4

钻井辅助时间（整改、修理、电测、固井候凝、装封井器等）约 270h，不计算在内。

9.6.4.2 钻进工况燃油消耗统计

按照带液力耦合器和不带液力耦合器设备燃油消耗对比，分为 3 种情况：

(1) 单柴油机燃油消耗量

采样有耦合器的 2# 柴油机和无耦合器的 4# 柴油机单独钻进数据，统计油耗如表 9-9 所示。

表 9-9 单柴油机钻进油耗统计

类型	时刻	时长/h	开始井深/m	结束井深/m	油耗/L	单位时间油耗/(L/h)	平均单位油耗/L	燃油消耗量/L
2# 柴油机	11 月 26 日 19:45	2.58	1496	1524	405	156.8	157.5	34823
	11 月 27 日 01:55	2.33	1557	1579	369	158.1		
4# 柴油机	11 月 25 日 09:00	1.67	1265	1290	208	124.8	128.7	28456
	11 月 26 日 15:50	1.67	1461	1479	221	132.6		

表 9-9 中，单柴油机工作时间以表 9-8 中的 221.1h 计算。

(2) 双柴油机燃油消耗量

由于实验过程中只有 1 台不带耦合器的柴油机，经咨询济南柴油机厂有关专家，可以利用功率关系把多柴油机时间转换成单柴油机时间来计算。

采样统计单、双柴油机功率对比情况如表 9-10 所示。

根据表 9-10 中统计，单柴油机平均功率为 480kW，双柴油机平均功率为 570kW，转换双柴油机时间成单柴油机用时＝(570/480)×(198.7＋14.5)＝253.2(h)；有耦合器的双柴油机燃油消耗量＝157.5×253.2＝39879(L)；无耦合器的双柴油机燃油消耗量＝128.7×253.2＝32587(L)。

表 9-10 单、双柴油机钻进功率对比

类型	时刻	时长/h	开始井深/m	结束井深/m	油耗/L	单位油耗/L	平均单位时间油耗/(L/h)	燃油消耗率/[g/(kW·h)]	柴油机功率/kW	柴油机平均功率/kW
单柴油机	11月26日 19:45	2.58	1496	1524	405	156.8	157.5	277	476	480
	11月27日 01:55	2.33	1557	1579	369	158.1		274	484	
双柴油机	12月01日 19:30	1.00	2528	2533	199	199.0	188.2	271	617	570
	12月06日 14:37	2.00	2877	2887	395	197.5		273	607	
	12月09日 22:45	2.25	3069	3073	378	168.0		290	487	

(3) 三柴油机燃油消耗量

采样三柴油机同时钻进功率，如表 9-11 所示。

表 9-11 三柴油机钻进功率统计

类型	时刻	时长/h	开始井深/m	结束井深/m	2# 柴油机功率/kW	3# 柴油机功率/kW	4# 柴油机功率/kW	总功率/kW
三柴油机	11月19日 5:55	1.0	1012	1015	418	226	477	1121

根据表 9-11 统计求得三柴油机平均功率为 1121kW，转换三柴油机作业时间成单柴油机用时=(1121/480)×22.9=53.5(h)；有耦合器的三柴油机燃油消耗量=157.5×53.4=8411(L)；无耦合器的三柴油机燃油消耗量=128.7×53.4=6873(L)。

综上，有耦合器的柴油机燃油消耗量为 34823+39879+8411=83113(L)，约合 69.8t 柴油；无耦合器的柴油机燃油消耗量为 28456+32587+6873=67916(L)，约合 57t 柴油（柴油密度均按 0.84g/mL 计算）。

钻进工况，去耦合器工作情况下，可节约 12.8t 柴油，节油率 18.3%。

9.6.4.3 起钻工况燃油消耗统计

(1) 飞轮电动和单柴油机对比

采样飞轮电动与单柴油机起钻工况的单位时间油耗数据，如表 9-12 所示。

表 9-12 起钻工况油耗统计（1）

类型	时刻	时长/h	开始深度/m	结束深度/m	起立柱数	油耗/L	单位时间油耗/(L/h)		燃油消耗量/L
飞轮电动	12 月 18 日 20:30	2.75	1200	300	31	220	80.0	79.2	7025
	12 月 20 日 10:45	2.50	1400	500	31	196	78.4		
2# 柴油机	12 月 08 日 16:50	3.00	1650	200	51	248	82.7	89.2	7912
	12 月 13 日 15:45	4.25	3300	1850	52	423	99.5		
4# 柴油机	12 月 12 日 15:30	4.50	3300	1750	52	382	84.9		
	12 月 16 日 21:15	6.00	3400	1450	69	545	90.8		
	12 月 20 日 04:30	6.00	3450	1350	75	555	92.5		
	12 月 24 日 00:55	1.75	1050	200	25	141	80.6		

表 9-12 中，起钻作业时间以表 9-8 中的纯电动＋单柴油机起钻时间之和[82.8＋5.9＝88.7(h)]计算。

（2）混合动力和双柴油机对比

采样混合动力与双柴油机单位时间油耗数据，如表 9-13 所示。

表 9-13 起钻工况油耗统计（2）

类型	开始时刻	时长/h	开始深度/m	结束深度/m	起立柱数	油耗/L	单位时间油耗/(L/h)		燃油消耗量/L
2# 柴油机＋飞轮	12 月 13 日 20:45	3.00	1550	200	48	336	112.0	111.1	4866
	12 月 16 日 05:50	3.75	1750	200	57	429	114.4		
4# 柴油机＋飞轮	11 月 27 日 09:00	0.75	1550	1350	7	84	112.0		
	12 月 12 日 21:45	1.75	1100	200	34	183	104.6		
	12 月 16 日 02:50	2.75	2900	1850	37	306	111.3		
	12 月 23 日 21:55	2.75	2300	1000	43	309	112.4		

续表

类型	开始时刻	时长/h	开始深度/m	结束深度/m	起立柱数	油耗/L	单位时间油耗/(L/h)		燃油消耗量/L
2$^{\#}$柴油机+4$^{\#}$柴油机	12月04日 20:05	2.92	1550	200	49	349	119.7	119.7	5243

表 9-13 中，起钻作业时间以表 9-8 中的混合动力+双柴油机起钻时间之和[9.7+34.1=43.8(h)]计算。

综上，飞轮电动+混合动力起钻燃油消耗量为 7025+4866=11891(L)，约合 10t 柴油；单柴油机+双柴油机起钻燃油消耗量为 7912+5243=13155(L)，约合 11.1t 柴油。

起钻工况，使用飞轮储能机组时，可节约 1.1t 柴油，节油率 9.9%。

9.6.4.4 下钻工况燃油消耗统计

以飞轮电动和单柴油机对比，采样飞轮电动与单柴油机单位时间油耗数据，如表 9-14 所示。

表 9-14 下钻工况油耗统计

类型	开始时刻	时长/h	开始深度/m	结束深度/m	下立柱数	油耗/L	单位时间油耗/(L/h)		燃油消耗量/L
飞轮电动	11月26日 05:25	1.83	200	800	29	137	74.7	70.2	9224
	11月30日 05:00	1.17	300	850	22	78	66.9		
	12月03日 03:00	2.33	300	1350	38	154	66.0		
	12月05日 10:35	1.33	500	1050	21	97	72.8		
	12月13日 03:00	1.75	550	1350	29	109	62.3		
	12月14日 02:35	0.75	550	800	14	53	70.7		
	12月16日 11:00	2.25	200	1400	43	161	71.6		
	12月19日 17:30	1.50	600	1300	25	110	73.3		
	12月22日 13:50	2.00	200	1400	36	147	73.5		

续表

类型	开始时刻	时长/h	开始深度/m	结束深度/m	下立柱数	油耗/L	单位时间油耗/(L/h)		燃油消耗量/L
	12月09日 14:20	3.75	1310	3000	65	292	77.9		
	12月14日 04:35	4.50	1360	3300	73	377	83.8		
$2^{\#}$柴油机	12月24日 07:35	2.25	570	1060	15	215	95.6		
	12月24日 12:20	1.50	1670	2100	12	131	87.3		
	12月24日 16:05	1.75	2730	3190	14	156	89.1	86.8	11406
	12月24日 04:20	3.00	0	570	16	268	89.3		
	12月24日 10:05	1.50	1080	1470	11	131	87.3		
$4^{\#}$柴油机	12月24日 14:05	2.00	2180	2730	16	168	84.0		
	12月24日 18:05	0.75	3270	3450	6	65	86.7		

表9-14中，起钻作业时间以表9-8中的纯电动＋混合动力＋单柴油机下钻时间之和［68.7＋24＋38.7＝131.4（h）］计算。

综上，飞轮电动下钻作业燃油消耗量为70.2×131.4＝9224（L），约合7.7t；单柴油机下钻作业燃油消耗量为86.8×131.4＝11406（L），约合9.6t。

下钻工况，使用飞轮储能机组时，可节约1.9t柴油，节油率19.8%。

9.6.4.5 结论

综上，燃油消耗量汇总见表9-15。

表9-15 各工况油耗统计汇总

工况		飞轮电动/L	混合动力/L	单柴油机/L	双柴油机/L	三柴油机/L	总计/L	总计/t
常规钻井	钻进			34823	39879	8411	83113	69.8
	起钻			7912	5243		13155	11.1
	下钻			11406			11406	9.6

续表

工况		飞轮电动/L	混合动力/L	单柴油机/L	双柴油机/L	三柴油机/L	总计/L	总计/t
去耦合器＋混合动力	钻进			28456	32587	6873	67916	57.0
	起钻	7025	4866				11891	10.0
	下钻	9224					9224	7.7

综上计算：

本井综合节油量＝(69.8＋11.1＋9.6)－(57.0＋10.0＋7.7)＝15.8(t)；

本井综合节油率＝15.8/(69.8＋11.1＋9.6)×100％＝17.4％。

9.6.5 小结

飞轮储能机组公路移运特性良好，在施工井场中，振动特性、温度特性、损耗特性和充放电特性与出厂参数一致，满足钻井示范施工要求。

飞轮储能机组在起钻、下钻和钻进工况中，通过了频繁充放电考核；累计运行 22 段，历时 300h，充放电次数 7231 次。

参考文献

[1] 高迅.石油钻机节能与储能改造技术的研究与应用 [J].科技与创新，2018，14：52-54.

[2] 周波，庞利宝，何浩.轮胎式起重机能耗分析及势能回收研究 [J].港口装卸，2016，06：32-35.

[3] 杜广义，李振智，李海波，等.石油钻机起下钻具能量特性实验研究 [J].储能科学与技术，2017，6 (02)：287-295.

[4] 贺继林，陈毅龙，吴钪，等.起重机卷扬系统能量流动分析及势能回收系统实验 [J].吉林大学学报（工学版），2018，48 (04)：1106-1113.

[5] 李海波，牛跃进，郭巧合.石油钻机起下钻具功率特性实验 [J].储能科学与技术，2016，5 (02)：235-240.

[6] 戴兴建，杜广义，李振智，等.飞轮储能在钻机动力调峰中的应用研究 [J].中外能源，2017，22 (06)：95-99.

[7] 何浩.轮胎式起重机能耗分析及势能回收研究 [D].武汉：武汉理工大学，2016.

[8] 乔飞飞，杨保贵.轮胎式起重机串联式混合动力系统研究 [J].装备制造技术，2014，09：247-248.

[9] 邱方亮，冯晓华，杨成洪，等.基于飞轮储能的起重机势能回收技术研究 [J].建筑机

械，2017，10：68-71.

［10］ 张超平. 基于飞轮储能的钻机节能减排技术应用研究［J］. 石油天然气学报，2013，35（08）：150，156-158.

［11］ 戴兴建，姜新建，王秋楠，等. 1MW/60MJ 飞轮储能系统设计与实验研究［J］. 电工技术学报，2016：1-6.

第10章 飞轮储能阵列在风力发电中应用研究

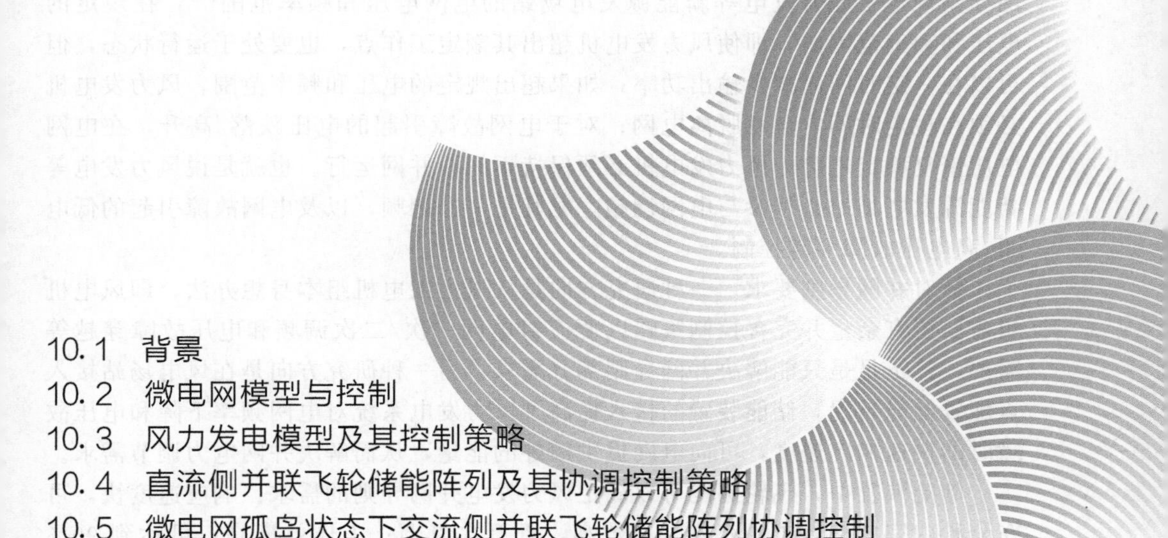

随着可再生新能源发电迅猛发展，电力系统电压和频率稳定问题日趋严重，储能系统，尤其是飞轮储能阵列系统，已成为解决问题最有效的措施之一。本章主要研究飞轮储能阵列在含高比例可再生新能源发电（风力发电）微电网中的应用，包括微电网模型、风力发电模型、飞轮储能阵列模型及其相关控制策略，并进行仿真实验研究；进而讨论在微电网孤岛/并网模式下飞轮储能阵列的协调控制策略，并完成仿真实验研究。

10.1 背景

为了应对全球气候变化、减少碳排放、改善我国能源结构，可再生新能源发电（主要是风力发电和光伏发电）被大力推广。随着技术的进步和制造能力的提高，我国风电建设规模越来越大，截至 2019 年装机总量达到 2 亿千瓦[1]。

随着风电迅猛发展，也迎来了许多挑战。风速的随机性和间歇性特点使得风力发电系统输出功率存在较大波动，导致电力系统电压和频率稳定问题日趋严重。

为此，《风电场接入电力系统技术规定》《电力系统网源协调技术规范》等并网导则规定了风力发电等新能源发电场站的电网电压和频率范围[2]：在规定的电压和频率范围内，即使风力发电机超出其额定工作点，也要处于运行状态，但可以在一定时间内减少输出功率；如果超出规定的电压和频率范围，风力发电机必须在规定时间内自动脱离电网；对于电网故障引起的电压跌落/高升，在电网电压恢复稳定之前，风力发电机必须保持不间断并网运行。也就是说风力发电等新能源发电场站必须参与电网调频，尤其是一次调频，以及电网故障引起的低电压/高电压故障穿越控制。

针对并网导则要求，一种研究方向是从风力发电机组本身想办法，即风电机组需要留有余量并完善控制策略以便应对电网一次/二次调频和电压故障穿越等需要，其不足是只能解决并网导则部分需求；另一种研究方向是在风电场站接入点配置储能装置，储能装置的接入提高了风力发电系统对电网频率下降和电压故障时的快速响应速度，可向电网提供额外的能量，从而解决并网电力调节需求。

储能装置中，飞轮储能可以满足风力发电并网导则的需求：响应速度快，可在分秒内完成充放电；充放电次数高，百万次以上；工作效率高，可达到 90%以上；功率密度高，可实现短时高功率输出；使用寿命长，周期寿命在 20 年以上；环保无污染，机械储能的方式不会产出污染物[3~6]。而且相较于超导储能、大型电容器储能和新型电池储能，考虑储能系统在电力品质、一次调频支持和负载变化三方面的性价比，飞轮储能有极大优势[7,8]。虽然飞轮储能单机容量受材料和技术限制有限，但是通过组合构成飞轮储能阵列，可满足电网容量配置需求。

另外，近年来由分布式电源、储能、负荷及相关控制单元等组成的微电网也受到了广泛关注。与传统的大电网不同，微电网的惯性小、阻尼小，导致其抗干扰能力弱；而且，微电网中接入了大量的间歇性可再生能源，如风力发电、光伏发电等，运行时需要解决外界扰动的问题，维持微电网频率稳定的难度较大。因此，作为微电网中提高稳定性、安全性和改善电能质量的关键部分，储能装置可以通过迅速吸收或者释放能量，改变功率分布，维持电网能量平衡。微电网通常有孤岛和并网两种工作模式，微电网孤岛运行模式就是微电网独立运行；微电网并网运行模式就是微电网接入大电网运行，即传统的大电网运行模式。

10.2 微电网模型与控制

10.2.1 微电网拓扑结构

微电网系统拓扑结构如图 10-1 所示，主要由飞轮储能阵列、风电场和负载等组成，各单元交流侧连接在公共交流母线上。根据多个飞轮储能单体并联到同一直流母线或交流母线方式不同，可分为：

① 多个飞轮储能单体并联到同一直流母线构成直流侧并联飞轮储能阵列；

② 多个飞轮储能单体并联到交流母线构成交流侧并联飞轮储能阵列。

其中，直流侧并联飞轮储能阵列是由多个飞轮储能单体分别通过 AC/DC 变换器连接到直流母线上；交流侧并联飞轮储能阵列是由多个飞轮储能单体分别通过 AC/DC 和 DC/AC 变换器直接连接到电网侧交流母线上，或者由多个直流侧并联飞轮储能阵列单元分别通过 DC/AC 变换器连接到电网侧交流母线上。

对于组成飞轮储能阵列的各个飞轮储能单元，需要研究其协调控制策略，保持其荷电状态（SOC）值趋向一致，从而保证飞轮储能阵列的稳定、安全和高效运行，保证各个飞轮储能单元的功率及能量合理分配，进而保障电网电能质量及其电压和频率稳定性。

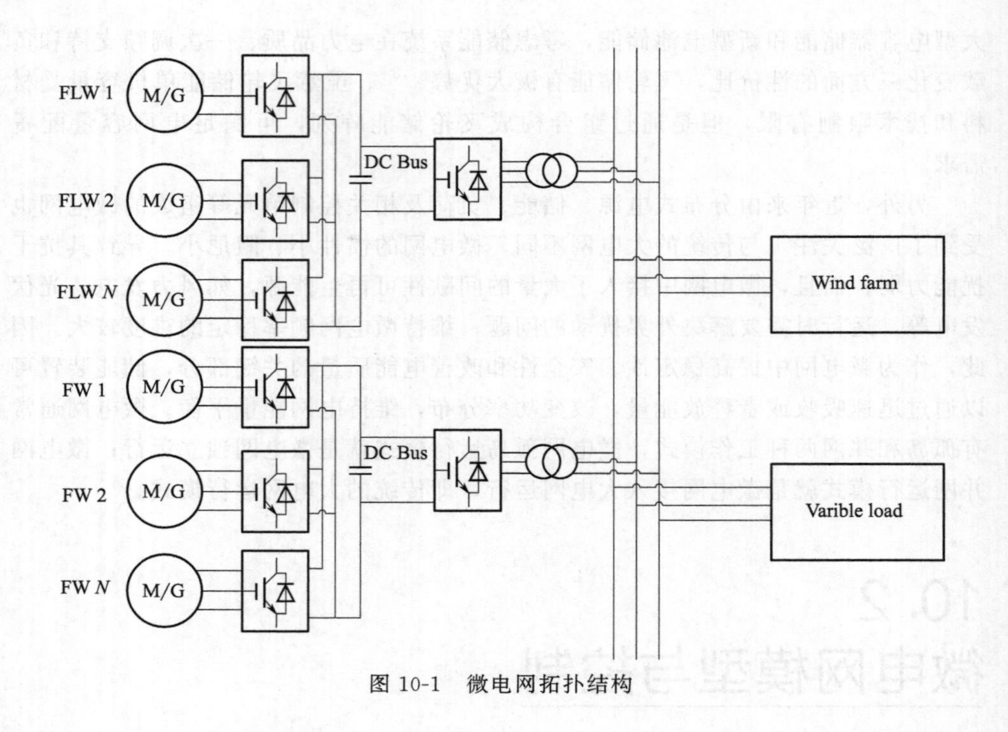

图 10-1 微电网拓扑结构

10.2.2 微电网控制方式

（1）微电网工作模式

微电网是一种分布式电力系统，通常有如下两种不同的工作模式：

① 微电网孤岛运行模式；

② 微电网并网运行模式。

其中，在微电网孤岛运行模式下，它独立运行，并且具有自我控制、自我管理和自我保护等功能；在微电网并网模式下，它作为大电网中的可控单元响应大电网指令。

（2）微电网组网运行协调控制方式

通常微电网组网运行协调控制有：主从控制、对等控制及分层控制三种方式[13]。

① 主从控制。

主从控制[14]结构是指将单个的微电源作为主控单元，采取电压-频率控制（V-f 控制）支撑微电网的电压幅值和频率，维持微电网系统内的功率平衡；其他微电源作为从控单元，采取功率控制（P-Q 控制）。主从控制较为简单可靠，目前得到了较为广泛和成熟的应用；缺点在于对主控单元要求较高，需要有较大的功率和容量裕量，来维持微电网功率平衡。

② 对等控制。

对等控制[15~17] 结构是指微电网中的各个单元不分主从，地位平等。可以根据各个单元之间有无通信分为有通信线的对等控制和无通信线的对等控制。有通信线的对等控制是各个单元之间通过高速通信传递同步信号和功率指令等信息，各个单元以电压源的特性协调运行，共同承担负荷和功率波动。具体控制方式包括：集中控制、平均电流分配控制和 3C 控制等。

③ 分层控制。

分层控制结构是指微电网中各个单元在保留自主控制的同时，接受上级的调度指令，从而实现微电网系统层面上的协调控制。以欧洲的“More Micro-grid”项目为例[18,19]，将微电网的控制结构分为三层：顶层从电力市场和配电的角度对大电网中的多个微电网进行整体调度，实现经济运行；中层针对单个微电网接受上层控制，与上层控制进行通信，对单个微电网进行调度，并接受下层控制信息，保证单个微电网中的电能质量稳定、功率平衡等，保障单个微电网的安全和稳定运行；底层针对微电网中的具体分布式电源和负荷等进行控制，与中层控制进行通信，接受其调度并上传本地运行状态。这一控制方式对于通信系统的要求要低于集中式控制，安全性和经济性也有所提高。

（3）微电网网侧变流器接入控制方式

为了协调控制微电网内部多种分布式电源及储能装置，优化控制微电网之间、微电网与大电网之间的能量交换，提高能源利用效率，并改善电能质量，通常微电网中各网侧变流器对外呈现的控制方式有：恒功率控制、恒压恒频控制、下垂控制三种[9~11]。

① 恒功率控制。

恒功率控制就是电网有功和无功控制（简称 P-Q 控制），一般应用于微电网并网变流器控制中，控制可调度的分布式电源或分布式储能，按照给定的有功和无功指令输出功率，通过电压矢量定向控制，解耦变流器输出的有功及无功功率；通过调节其输出电压矢量 dq 轴分量的大小，来调节电压矢量的相角和幅值，从而实现功率的控制。

② 恒压恒频控制。

恒压恒频控制就是电网电压和频率控制（简称 V-f 控制），一般用于微电网孤岛状态下的主从控制中，将调度的分布式电源或者分布式储能作为主控单元，给微电网提供电压幅值和频率支撑，保证微电网在孤岛状态下的正常运行。对分布式电源或分布式储能要求有一定的功率裕度，以提供一定的调节范围。

③ 下垂控制。

下垂控制是一种模拟传统电网中同步机一次下垂特性的控制策略，在多电源变流器并联的情况下自动分配功率。传统的同步机一次下垂特性如式(10-1)所示。

$$\begin{cases} f^{*}=f_{0}-k_{\mathrm{f}}(P-P_{0}) \\ V^{*}=V_{0}-k_{\mathrm{V}}(Q-Q_{0}) \end{cases} \tag{10-1}$$

式中，f^{*} 为根据下垂控制策略得到的参考频率；V^{*} 为根据下垂控制策略得到的参考电压；P、Q 分别为实际的有功及无功功率；f_0 为额定频率；V_0 为额定电压；P_0、Q_0 分别为额定有功及无功功率；k_{f} 为有功下垂系数；k_{V} 为无功下垂系数。

传统的下垂控制自动根据系数分配有功及无功功率。

10.3 风力发电模型及其控制策略

风力发电是将风的动能转换为电能的可再生新能源发电。风力发电系统包括风机、变速箱、发电机和功率变流器等部分，变速箱传动系统将风机捕捉到的机械能传递给发电机，通过变流器控制输出电能。目前大多数变速风力发电系统采用双馈异步发电机或永磁同步发电机，下面以双馈异步风力发电机系统为对象进行讨论。

10.3.1 双馈异步风力发电系统数学模型

风机决定了机组的出力特性，其捕获风功率的大小取决于风速、风机转速和叶片桨距角等。风机的数学模型[12] 如下：

$$P_{\mathrm{m}}=\frac{1}{2}\rho AC(\lambda,\beta)V_{\mathrm{w}}^{3} \tag{10-2}$$

$$\lambda=\frac{R\Omega}{V_{\mathrm{w}}} \tag{10-3}$$

$$C(\lambda,\beta)=c_{1}\left(\frac{c_{2}}{\lambda_{\mathrm{i}}}-c_{3}\beta-c_{4}\right)^{-\frac{c_{5}}{\lambda_{\mathrm{i}}}}+c_{6}\lambda \tag{10-4}$$

$$\lambda_i=\frac{1}{\frac{1}{\lambda+0.08\beta}-\frac{0.0035}{\beta^3+1}} \tag{10-5}$$

式中，P_m 为捕获风功率；ρ 为空气密度；A 为叶轮的扫风面积；$C(\lambda,\beta)$为风功率系数，λ 为叶尖速比，β 为桨距角；V_w 为风速；R 为叶轮半径；Ω 为风机转速。

传动链数学模型如下：

$$\begin{aligned}2H_w\frac{d\omega_r}{dt}&=T_w-K_s\theta_s-D_s(\omega_r-\omega_{gen})-D_w\omega_r\\ \frac{d\theta_s}{dt}&=\omega_s(\omega_r-\omega_{gen})\end{aligned} \tag{10-6}$$

式中，H_w 为风机惯性时间常数；D_s 为风机及发电机之间的阻尼系数；D_w 为风机自身的阻尼系数；K_s 为传动链的刚度系数。

电机为双馈异步发电机，定子绕组直接连到交流母线，转子绕组通过 AC/DC-DC/AC 变流器连接到交流母线。双馈异步发电机定转子的电压方程、磁链方程和转矩方程[12] 为：

$$\begin{aligned}u_{sd}&=R_si_{sd}+p\psi_{sd}-\omega_s\psi_{sq}\\ u_{sq}&=R_si_{sd}+p\psi_{sq}+\omega_s\psi_{sd}\\ u_{rd}&=R_ri_{rd}+p\psi_{rd}-\omega_{sl}\psi_{rq}\\ u_{rq}&=R_ri_{rq}+p\psi_{rq}+\omega_{sl}\psi_{rd}\end{aligned} \tag{10-7}$$

$$\begin{aligned}\psi_{sd}&=L_si_{sd}+L_mi_{rd}\\ \psi_{sq}&=L_si_{sq}+L_mi_{rq}\\ \psi_{rd}&=L_mi_{sd}+L_ri_{rd}\\ \psi_{rq}&=L_mi_{sq}+L_ri_{rq}\end{aligned} \tag{10-8}$$

$$T_e=p_nL_m(i_{sq}i_{rd}-i_{sd}i_{rq}) \tag{10-9}$$

10.3.2 双馈异步风力发电系统控制策略

双馈异步风力发电机通过转子侧变流器实现发电运行控制，变流器采用 AC/DC-DC/AC 结构，分为网侧变流器和机侧变流器。网侧变流器实际上是电网侧 PWM 变流器依据电网电压定向矢量控制原理进行控制，实现有功、无功功率分别控制，如图 10-2 所示；机侧变流器实际上是发电机侧 PWM 变流器依据双馈发电机定子磁场定向矢量控制原理进行控制，实现发电机电磁转矩和转子励磁之间的完全解耦控制，如图 10-3 所示[12]。

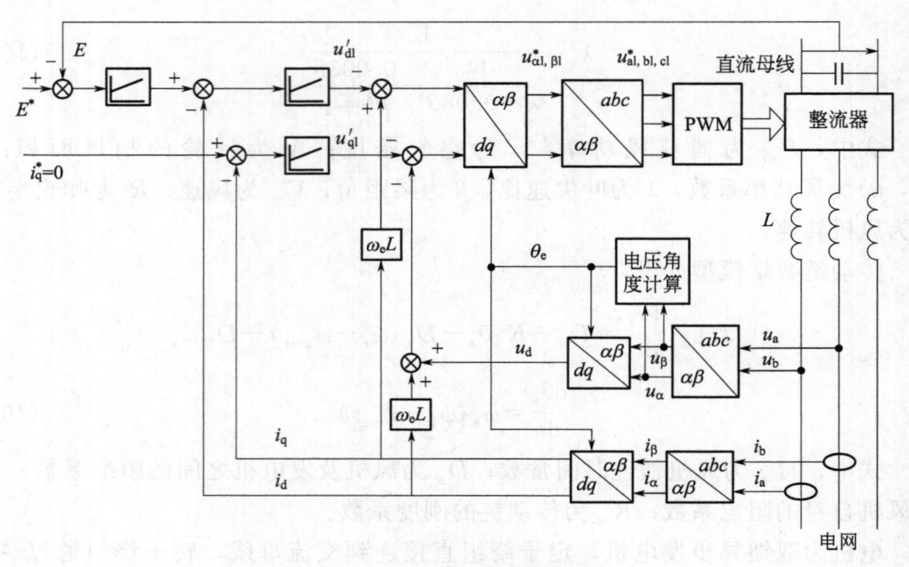

图 10-2　网侧变流器控制框图

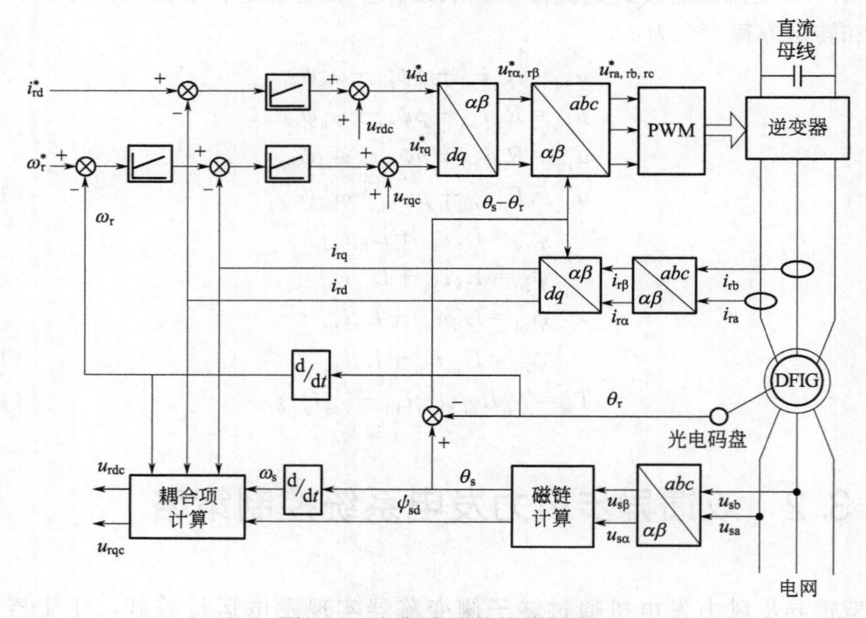

图 10-3　机侧变流器控制框图

10.3.3 风力发电仿真模型

在 Matlab/Simulink 中搭建双馈异步风力发电机组仿真模型[19]，如图 10-4 所示。

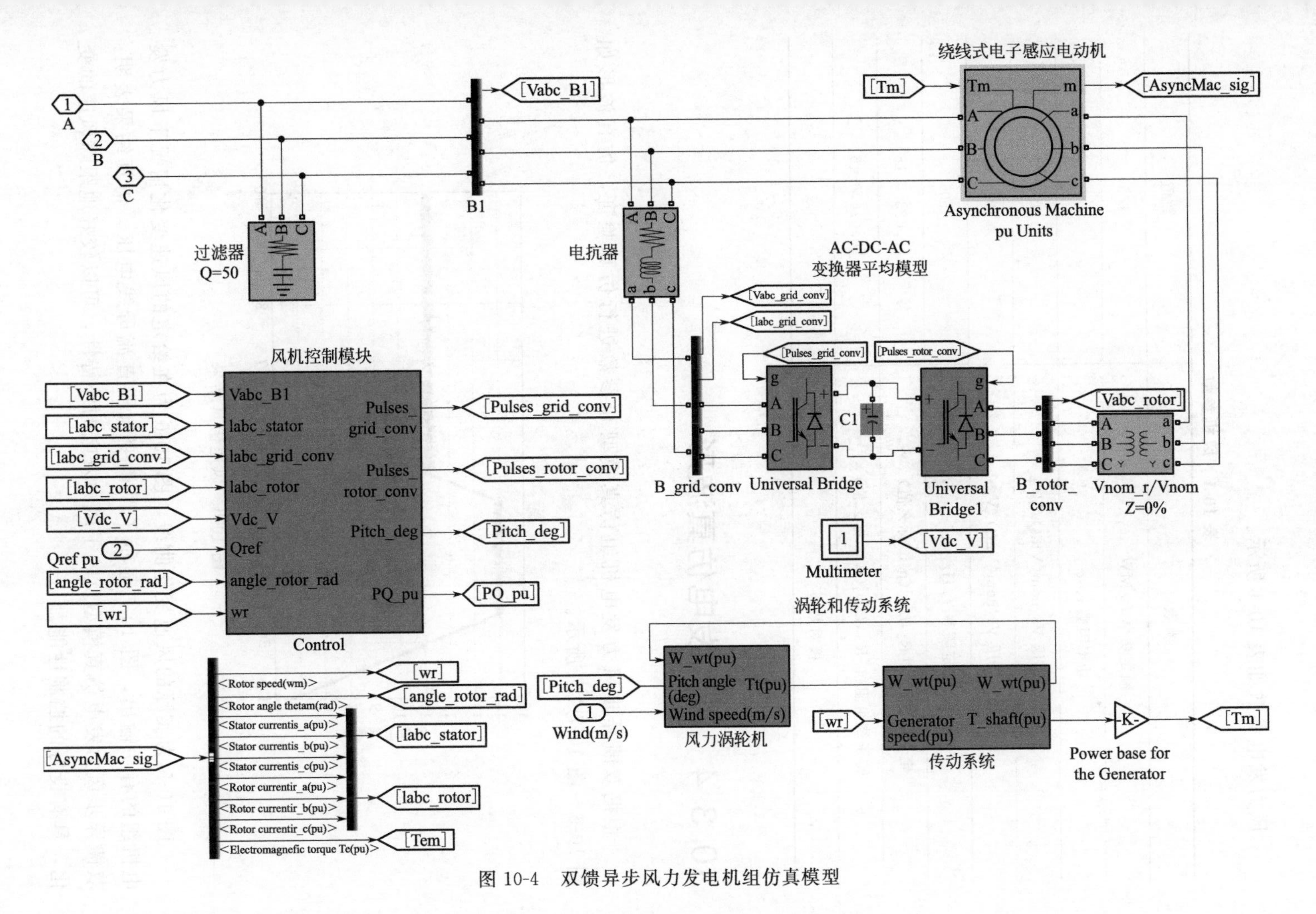

图 10-4 双馈异步风力发电机组仿真模型

风力发电参数如表 10-1 所示。

表 10-1　风机参数

参数	数值
额定功率 P/MW	1.5
功率因数 $\cos\varphi$	0.95
定子额定电压 Vs_nom(Vms)/V	690
转子额定电压 Vr_nom(Vms)/V	1975
额定频率 f/Hz	50
定子绕组阻抗$[R_s, L_{ls}]$(p.u. 标幺值)	[0.023,0.18]
转子绕组阻抗$[R_{r'}, L_{lr'}]$(p.u. 标幺值)	[0.016,0.16]
极对数 p	3

10.3.4　风力发电仿真波形

根据双馈异步风力发电机组仿真模型和参数进行仿真验证，仿真波形如图 10-5～图 10-7[19] 所示。

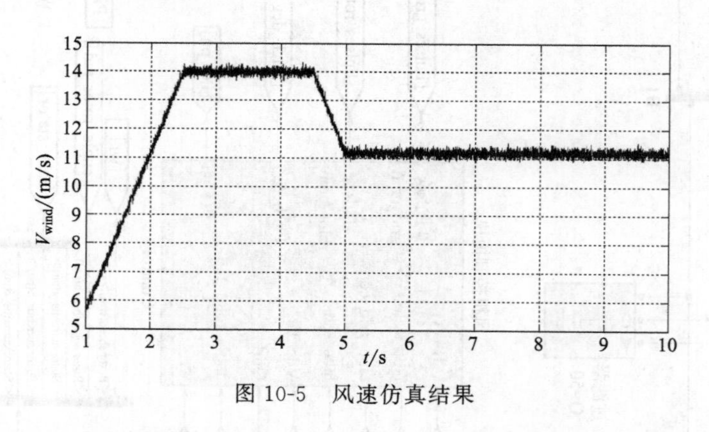

图 10-5　风速仿真结果

图 10-5 为实际的风速变化曲线，图 10-6 为在给定的风速变化情况下风力发电机组的有功输出，图 10-7 显示了风机变流器直流母线电压。仿真结果表明：双馈异步风力发电仿真模型反映了风力发电的外特性，可以较好地跟踪风速的变化，具有良好的控制性能。

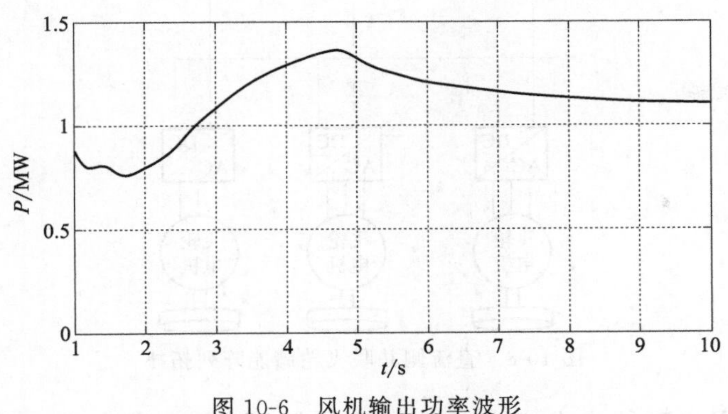

图 10-6　风机输出功率波形

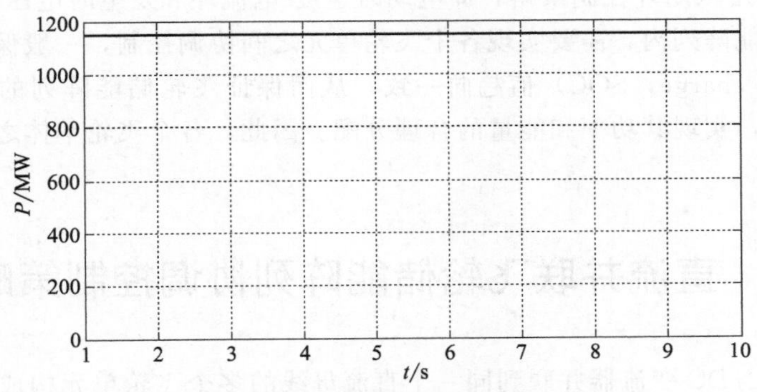

图 10-7　风机变流器直流母线电压

10.4 直流侧并联飞轮储能阵列及其协调控制策略

10.4.1 直流侧并联飞轮储能阵列拓扑

为了进一步提高飞轮储能的功率及储能量，m 个飞轮单体通过 AC/DC 变流器并联到直流母线，构成一个直流侧并联飞轮储能阵列，如图 10-8 所示。

飞轮储能单体包括飞轮本体、轴承、电动机/发电机、变流器以及辅助系统，

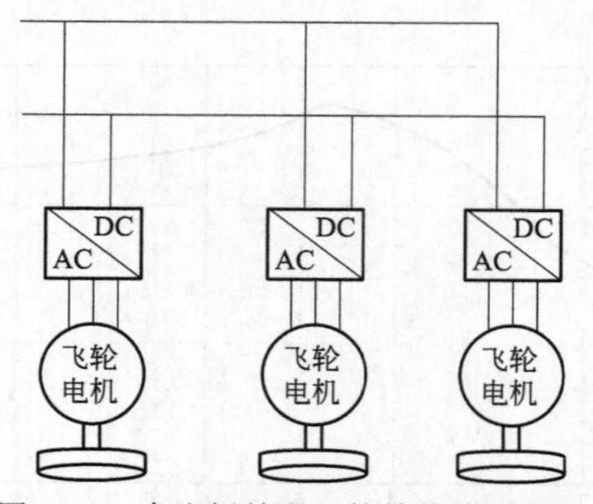

图 10-8 直流侧并联飞轮储能阵列拓扑

飞轮电机采用永磁同步电机，实现电动和发电功能；变流器（可逆 AC/DC、DC/AC）采用双闭环控制策略，即电动时速度-电流环和发电时电压-电流环。在并联飞轮储能阵列内，需要实现各个飞轮单元之间协调控制，一般保持其荷电状态（state of charge，SOC）值趋向一致，从而保证飞轮储能阵列的稳定、安全和高效运行，实现其功率和能量的合理分配。因此，各个飞轮单体之间的协调控制十分重要。

10.4.2 直流并联飞轮储能阵列协调控制策略

通过 AC/DC 变流器并联到同一个直流母线的多个飞轮单元构成直流侧并联飞轮储能阵列。在直流侧并联飞轮储能阵列内，需要实现各个飞轮单体之间协调控制，保持其荷电状态（SOC）值趋向一致，实现其功率和能量的合理分配；同时维持直流母线电压的稳定，为交流电网侧变流器控制等提供支撑。

飞轮储能单元输出功率和转矩为：

$$P_e=\omega T_e \tag{10-10}$$

$$T_e=\frac{60P_e}{2\pi n} \tag{10-11}$$

根据需求不同，直流侧并联飞轮储能阵列通常采用如下三种功率协调控制策略：等功率控制、等时间长度的功率控制和基于等转矩的功率控制。从所需要的充放电时间角度考虑，等功率控制策略最少；从控制策略的复杂程度考虑，基于等转矩的功率控制策略相对简单可靠。为此，针对三种功率控制策略下的 SOC 变化率[20] 进行研究。

（1）等功率控制策略下 SOC 值变化率

等功率控制策略的工作原理[20] 如图 10-9 所示，其控制目标是使得各个飞轮输出相同的电磁功率。控制分为上下两层：上层控制根据直流母线电压采样值

U_{dc} 和参考值 U_{dc}^* 经过 PI 环节，计算得到目标电磁功率 P_e^*；将目标电磁功率 P_e^* 均分到每台飞轮，得到给定的输出电磁功率 P_e^*；再根据每台飞轮的实际转速，计算得到各个飞轮的电磁转矩指令值，最后给飞轮单元（FESSN）。

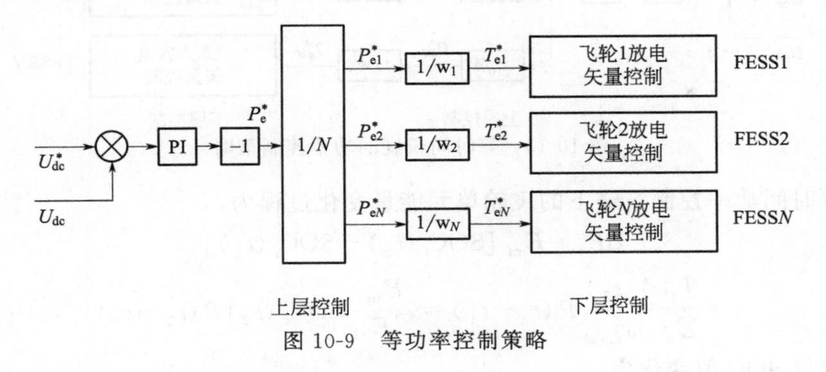

图 10-9　等功率控制策略

等功率控制策略下飞轮单元的能量变化过程为：

$$\Delta E_i = E_{ni}[\mathrm{SOC}_i(t_2) - \mathrm{SOC}_i(t_1)] = P(t_2 - t_1) \tag{10-12}$$

得其 SOC 值变化率：

$$\frac{\mathrm{dSOC}_i}{\mathrm{d}t} = \frac{\mathrm{SOC}_i(t_2) - \mathrm{SOC}_i(t_1)}{t_2 - t_1} = \frac{P}{E_{ni}} \tag{10-13}$$

式中，$\mathrm{SOC}_i(t)$为第 i 个飞轮在 t 时间的荷电状态值；P 为给定的并联到同一直流母线的飞轮的总功率；E_{ni} 为第 i 个飞轮的最大能量。

等功率控制下，P 由前级控制给出，与 SOC 值无关，因此，对于等功率控制策略，其 SOC 变化率不受 SOC 大小的影响。

(2) 等时间长度功率控制策略下 SOC 值变化率

等时间长度功率控制策略的工作原理[20] 如图 10-10 所示，其控制目标是使得各个飞轮充放电时间达到速度下限（或上限）的时间相等。等时间长度功率控制策略的能量分配是按照可释放能量（可储存能量）之比来进行的。其控制策略如下：首先将直流母线电压采样值 U_{dc} 和参考值 U_{dc}^* 作差，经过 PI 环节，计算得到飞轮储能单元目标电磁功率 P_e^*；然后将总的电磁目标功率按照可释放能量（可储存能量）的比例分配给各个飞轮，以放电的情况为例，计算方法如式(10-14) 所示；再根据每台飞轮的实际转速，计算得到各个飞轮的电磁转矩指令值，最后给飞轮单元（FESSN）。

$$\begin{cases} \Delta_i = J_i(\omega_i^2 - \omega_{\min i}^2) \\ \Delta = \sum \Delta_i \\ P_{ei}^* = \dfrac{\Delta_i}{\Delta} P_e^* \end{cases} \tag{10-14}$$

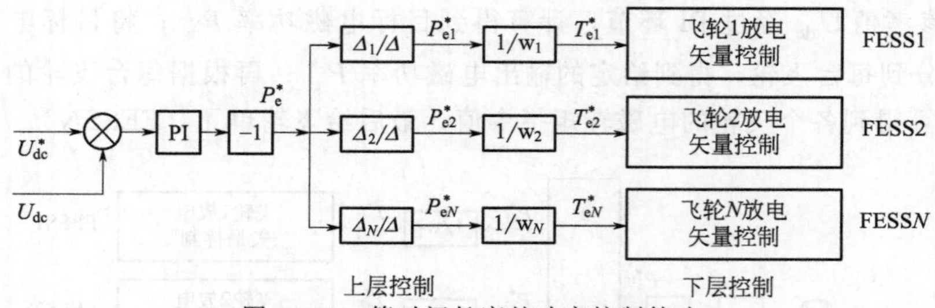

图 10-10　等时间长度的功率控制策略

等时间功率控制策略下的飞轮单元能量变化过程为：

$$\Delta E_i = E_{ni}\left[\mathrm{SOC}_i(t_2) - \mathrm{SOC}_i(t_1)\right]$$

$$= \frac{J_i \omega_i^2(t_2)}{\sum J_k \omega_{\max k}^2} P(t_2 - t_1) = \frac{E_{ni}}{\sum E_{nk}} \mathrm{SOC}_i(t_2) P(t_2 - t_1) \tag{10-15}$$

推得 SOC 值变化率：

$$\frac{\mathrm{dSOC}_i}{\mathrm{d}t} = \frac{\mathrm{SOC}_i(t_2) - \mathrm{SOC}_i(t_1)}{t_2 - t_1} = \frac{P}{\sum E_{nk}} \mathrm{SOC}_i(t_2) \tag{10-16}$$

式中，J_i 为第 i 个飞轮的转动惯量；E_{ni} 为第 i 个飞轮的最大能量；$\omega_{\max k}$ 为第 k 个飞轮的最大转速。

对于等时间长度的功率控制策略，短时间内 P 可以视作定值，因此，其 SOC 变化率随 SOC 增大而增大，并与定值$\frac{1}{\sum E_{nk}}$相关。

(3) 基于等转矩功率控制策略的 SOC 值变化率

基于等转矩功率控制策略的工作原理[20]如图 10-11 所示，其控制目标是使得各个飞轮的电磁转矩相等，从而进行各个飞轮之间的功率分配。其控制策略如下：将得到的直流母线电压采样值 U_{dc} 和参考值 U_{dc}^* 作差，经过 PI 环节，计算得到总目标电磁转矩 T_e^*；并将总目标转矩 T_e^* 平均分配到各个飞轮单元，计算得到各台飞轮的电磁转矩指令值 T_{ei}^*，最后给飞轮单元（FESSN）。

基于等转矩功率控制策略下飞轮单元的能量变化过程为：

$$\begin{cases} \Delta E_i = E_{ni}\left[\mathrm{SOC}_i(t_2) - \mathrm{SOC}_i(t_1)\right] \\ = P_i(t_2)(t_2 - t_1) = T_e \omega_i(t_2)(t_2 - t_1) \\ \omega_i(t_2) = \sqrt{\dfrac{2\mathrm{SOC}_i(t_2) E_{ni}}{J_i}} = \omega_{\max i}\sqrt{\mathrm{SOC}_i(t_2)} \end{cases} \tag{10-17}$$

推得 SOC 值变化率：

$$\frac{\mathrm{dSOC}_i}{\mathrm{d}t} = \frac{\mathrm{SOC}_i(t_2) - \mathrm{SOC}_i(t_1)}{t_2 - t_1} = T_e \frac{\omega_{\max i}}{E_{ni}} \sqrt{\mathrm{SOC}_i(t_2)} \tag{10-18}$$

式中，T_e 为按照基于等转矩功率控制策略分配到每个飞轮单体的电磁转矩；

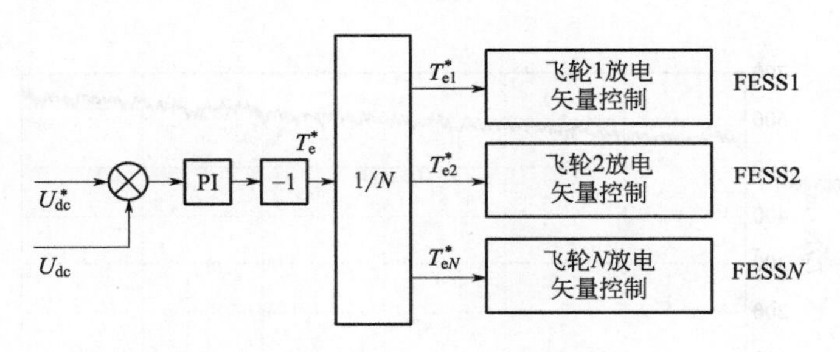

图 10-11　基于等转矩的功率控制策略

$\omega_{\max i}$ 为第 i 个飞轮的最大转速；E_{ni} 为第 i 个飞轮的最大能量；J_i 为第 i 个飞轮的转动惯量。式中电磁转矩实际随时间改变，但由于采取等转矩功率控制策略，所以控制周期内可以视作为定值。

进一步积分推导得到 SOC 值关于时间 t 的函数：

$$\begin{cases}\dfrac{\mathrm{d}t}{\mathrm{dSOC}_i}=\dfrac{t_2-t_1}{\mathrm{SOC}_i(t_2)-\mathrm{SOC}_i(t_1)}=\dfrac{E_{ni}}{T_e\omega_{\max i}}\dfrac{1}{\sqrt{\mathrm{SOC}_i(t)}}\\ t=\dfrac{2E_{ni}}{T_e\omega_{\max i}}\sqrt{\mathrm{SOC}_i(t)}+a_i\\ \mathrm{SOC}_i(t)=\left(\dfrac{T_e\omega_{\max i}}{2E_{ni}}\right)^2(t-a_i)^2=k_i(t-a_i)^2\end{cases} \tag{10-19}$$

求导得到最终 SOC 值变化率表达式：

$$\frac{\mathrm{dSOC}_i}{\mathrm{d}t}=2k_i(t-a_i) \tag{10-20}$$

式中，$k_i=\left(\dfrac{T_e\omega_{\max i}}{2E_{ni}}\right)^2$，仅与飞轮本体参数有关；$a_i$ 可以由 $\mathrm{SOC}_i(0)$（初始时间）计算得到。当 $k_1=k_2$ 时，其 SOC 变化率随 SOC 增大而增大，即当 $\mathrm{SOC}_1(0)<\mathrm{SOC}_2(0)$，则 $\dfrac{\mathrm{dSOC}_1}{\mathrm{d}t}<\dfrac{\mathrm{dSOC}_2}{\mathrm{d}t}$，符合 SOC 值趋向一致的目标。

10.4.3　直流侧并联飞轮阵列协调控制仿真

对直流侧并联飞轮储能阵列协调控制策略进行仿真，选择 3 个飞轮为例，其单元参数相同，但 SOC 值不同。以基于等转矩功率控制策略为例进行仿真验证，仿真结果如图 10-12～图 10-14[20] 所示。其中，飞轮额定转速 3600r/min、转动惯量 205kg·m^2，采用三相永磁同步电机模型，直流母线电压取 750V。

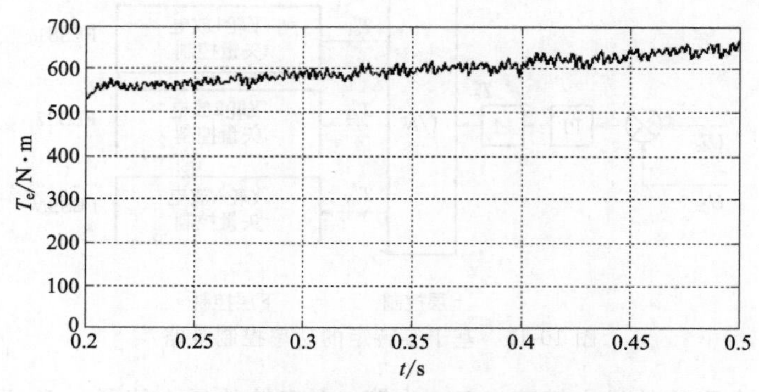

图 10-12　等转矩控制下飞轮阵列电磁转矩

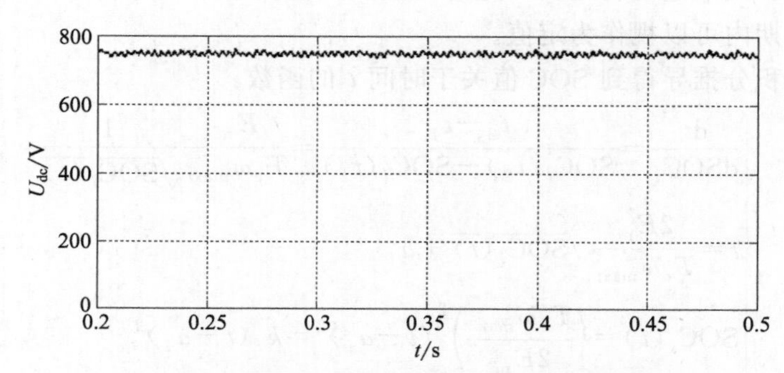

图 10-13　等转矩控制下飞轮阵列直流母线电压

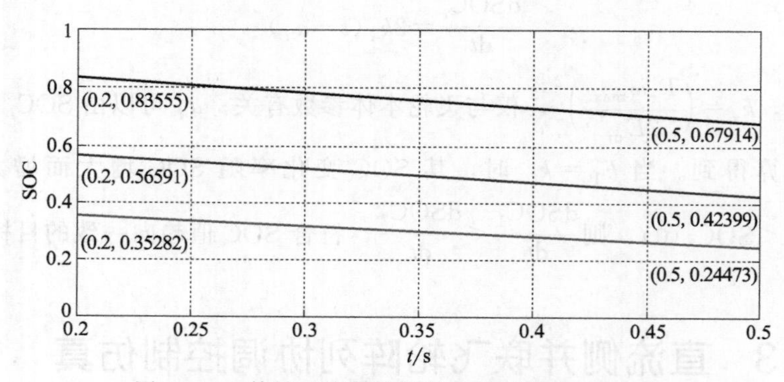

图 10-14　等转矩控制策略下飞轮阵列各 SOC 值

从图 10-12～图 10-14 仿真结果可知，等转矩控制策略能够维持直流母线电压的稳定，并且实现各个飞轮给定转矩相同。分析各个飞轮单体 SOC 值的变化，$SOC_1 > SOC_2 > SOC_3$，SOC 值越大的飞轮其 SOC 值减小速度越快，说明储存能量多的飞轮单元释放更多的能量。

10.5 微电网孤岛状态下交流侧并联飞轮储能阵列协调控制

10.5.1 传统的下垂控制策略

对于并联到微电网交流母线的多个直流飞轮储能阵列单元构成的交流侧并联飞轮储能阵列，其协调控制策略一般采取下垂控制。传统的下垂控制自动根据系数分配有功及无功功率，在负载或者风电场功率发生变化时，各个飞轮储能单元将迅速共同承担所需的有功及无功功率，并可以维持微网交流母线电压幅值和频率的稳定；但其缺点是功率分配无法灵活改变，未考虑到微电网线路的阻抗特性，并且电压的幅值和频率存在一定静态误差。

另外，考虑到 f-P 和 V-Q 下垂控制需要采样电网的实际电压幅值和频率，以计算得到需要输出的无功及有功功率的参考值，因此对于电压幅值和频率的精度要求较高；而 P-f 和 Q-V 下垂控制是采样微电源的实际输出有功及无功功率，只需采样电压电流即可计算，较为简单。因此，一般考虑采用 P-f 和 Q-V 下垂控制。

通常微电网中储能系统控制采用改进下垂控制策略，克服上述不足。

10.5.2 引入线性补偿的改进系数下垂控制策略

针对飞轮储能阵列中各储能单元间功率分配问题，实现各个储能单元 SOC 值趋向一致目标，避免出现个别单元 SOC 值过高或过低，导致无法正常运行。根据原来的下垂控制方程式(10-1)[21] 可知：

$$\Delta f_1^* = -k_{f1}\Delta P_1 \tag{10-21}$$

$$\Delta f_2^* = -k_{f2}\Delta P_2 \tag{10-22}$$

$$\Delta f_1^* = \Delta f_2^* \tag{10-23}$$

$$\Delta P_1 : \Delta P_2 = \frac{1}{k_{f1}} : \frac{1}{k_{f2}} \tag{10-24}$$

对此，提出对下垂系数进行改进的功率控制策略，改进后各个单元下垂斜率计算式为：

$$k_{f1}SOC_1=k_{f2}SOC_2=L=k_{fi}SOC_i=\Delta f_{max} \tag{10-25}$$

此时其功率分配比例为：

$$\Delta P_1:\Delta P_2:L:\Delta P_N=\frac{1}{k_{f1}}:\frac{1}{k_{f2}}:L:\frac{1}{k_{fN}}=SOC_1:SOC_2:L:SOC_N \tag{10-26}$$

由此可知：储存能量更多的单元，其 SOC 值大，下垂系数小，将发出更大的功率，而储存能量少的单元会发出更小的功率。

同时，考虑交流侧并联飞轮储能阵列需要维持微电网电压幅值和频率稳定，为了对电压引起的静态误差进行补偿，引入线性补偿的改进系数下垂控制策略，如图 10-15[21] 所示。

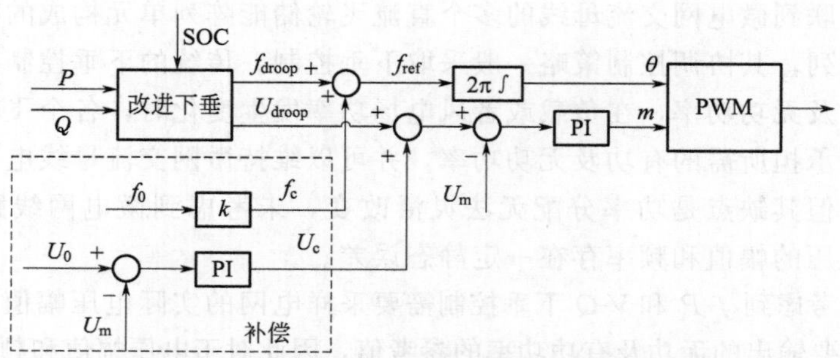

图 10-15 引入线性补偿的改进系数下垂控制框图

10.5.3 改进系数下垂控制下飞轮储能阵列仿真

对交流侧并联飞轮储能阵列的改进系数下垂控制策略进行仿真验证。两个 SOC 状态不同的交流侧并联飞轮储能阵列，仿真工况为带可变负载放电，负载在 2s 时增加 200kW，50kVar，在 3s 时增加 200kW。仿真结果如图 10-16～

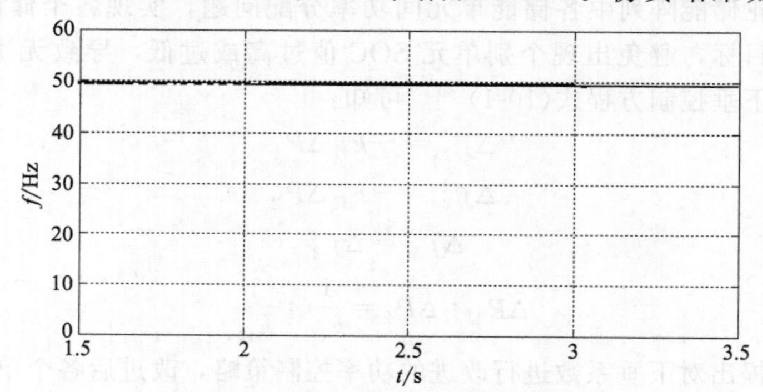

图 10-16 改进系数下垂控制的交流母线电压频率仿真波形

图 10-21[21] 所示。

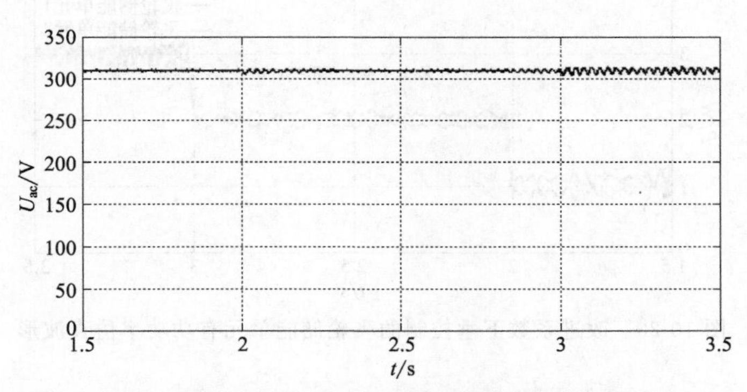

图 10-17 改进系数下垂控制的交流母线电压幅值仿真波形

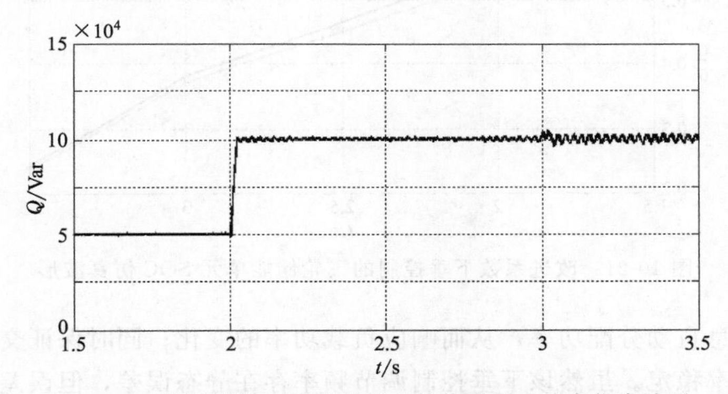

图 10-18 改进系数下垂控制的飞轮阵列无功功率仿真波形

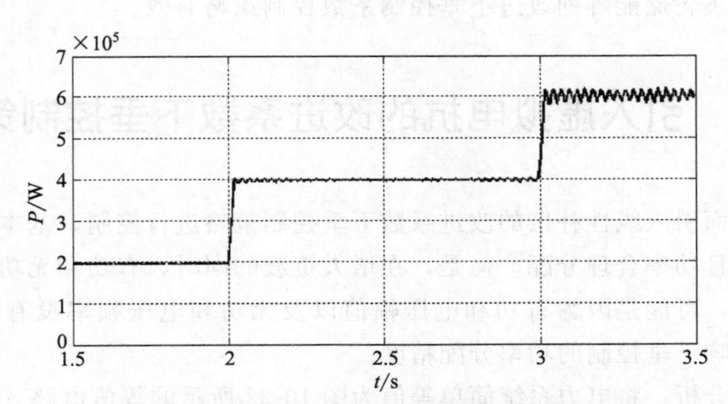

图 10-19 改进系数下垂控制的阵列有功功率仿真波形

从图 10-16～图 10-21 可知，飞轮储能阵列通过改进下垂控制策略能够迅速

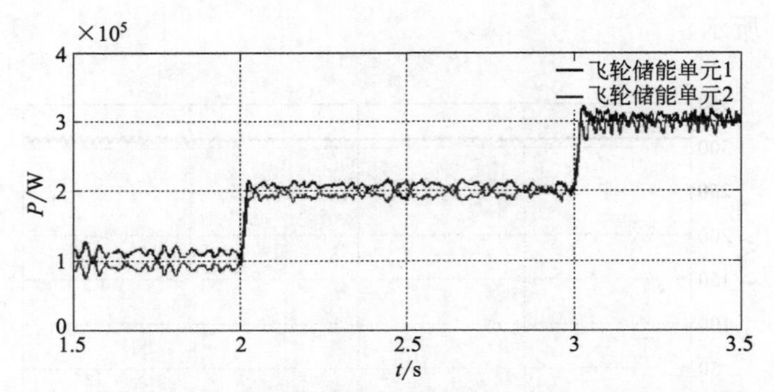

图 10-20 改进系数下垂控制的飞轮储能单元有功功率仿真波形

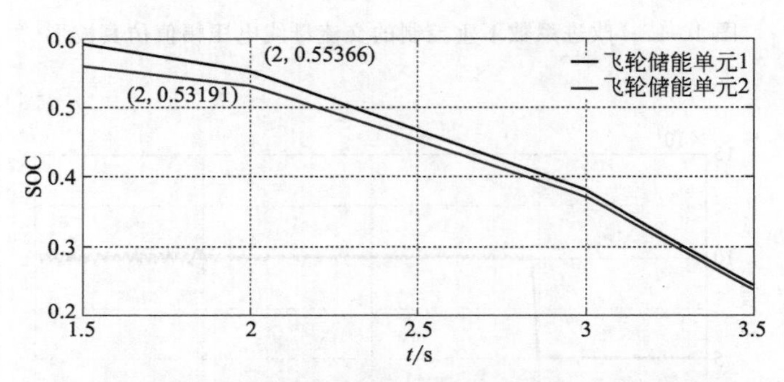

图 10-21 改进系数下垂控制的飞轮储能单元 SOC 仿真波形

根据本地信息自动分配功率，从而响应负载功率的变化；同时保证交流母线电压的幅值及频率稳定。虽然该下垂控制调节频率存在静态误差，但误差在允许范围内。并且，两个飞轮储能单元的 SOC 值大的下降更快，SOC 值趋向于一致。仿真结果表明飞轮储能阵列改进下垂控制系数控制策略有效。

10.5.4 引入虚拟电抗的改进系数下垂控制策略

根据前面引入线性补偿的改进系数下垂控制策略进行控制，基本上能够实现控制目标，且功率合理分配。但是，在增大负载的同时，有功和无功功率的波动都有所增大，可能是因为有功和电压幅值以及无功和电压频率没有实现完全解耦，从而影响下垂控制的功率分配精度。

进一步分析，将电力系统简单等值为图 10-22 所示的等值电路。发电机等效为电压 $E\angle\delta$ 的电压源，交流母线电压为 $U\angle 0°$，R、X 为发电机到母线之间的等效电阻和电抗。

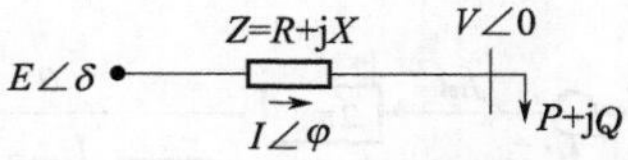

$E\angle\delta$ — $Z=R+jX$ — $V\angle 0$; $I\angle\varphi$; $P+jQ$

图 10-22 简单电力系统等值电路

可以计算得到流入母线的功率 $P+jQ$：

$$P=VI\cos\varphi=-\frac{V^2}{\sqrt{R^2+X^2}}\cos\alpha+\frac{EV}{\sqrt{R^2+X^2}}\cos(\alpha-\delta) \tag{10-27}$$

$$Q=VI\sin\varphi=-\frac{V^2}{\sqrt{R^2+X^2}}\sin\alpha+\frac{EV}{\sqrt{R^2+X^2}}\sin(\alpha-\delta) \tag{10-28}$$

式中，$\alpha=\arctan(X/R)$。

传统高压线路中，满足 $R\ll X$，则可以化简为：

$$P\approx-\frac{EV}{X}\sin\delta \tag{10-29}$$

$$Q\approx-\frac{V^2}{X}+\frac{EV}{X}\cos\delta \tag{10-30}$$

进一步求偏导：

$$\frac{\partial P}{\partial\delta}=\frac{EV}{X}\cos\delta \tag{10-31}$$

$$\frac{\partial P}{\partial E}=\frac{V}{X}\sin\delta \tag{10-32}$$

$$\frac{\partial Q}{\partial\delta}=-\frac{EV}{X}\sin\delta \tag{10-33}$$

$$\frac{\partial Q}{\partial E}=\frac{V}{X}\cos\delta \tag{10-34}$$

因此，需要满足功角 δ 较小，且 X 较大，即满足 $\frac{\sin\delta}{X}\approx 0$ 时，才能实现 Q 与 δ、P 与 E 的解耦，进而实现下垂控制。

而在实际的微电网中，一方面，由于电压较低，一般输电线路为阻感性，甚至是纯阻性；另一方面，飞轮储能阵列输电线路长度较短，从而导致输电线路阻抗幅值较小，甚至接近于零。因此，无法满足 $\frac{\sin\delta}{X}\approx 0$ 的条件，改进系数的下垂控制存在一点不足，从而影响功率控制性能。为此，需要适当增大输电线路的阻抗幅值，并使线路尽量为感性。因此，在改进下垂系数控制中引入纯感性的虚拟电抗，对改进系数下垂控制策略进行补偿，则引入虚拟阻抗的改进系数下垂控制框图如图 10-23[21] 所示。

图 10-23 中，P、Q 分别为实测的有功及无功功率；U_m 为实测电压；SOC

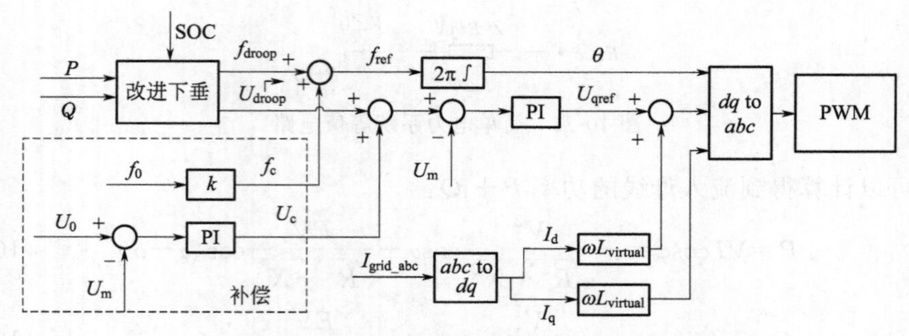

图 10-23 引入虚拟阻抗的改进系数下垂控制

为模块的荷电状态；f_0 为额定频率；V_0 为额定电压；I_{grid_abc} 为网侧三相电流。

10.5.5 引入虚拟阻抗的改进系数下垂控制仿真

对交流侧并联飞轮储能阵列引入虚拟阻抗的改进系数下垂控制策略进行仿真验证。仿真工况同前面，两个飞轮储能单元构成的飞轮储能阵列带可变负载放电，负载在 2s 时增加 200kW，50kVar，在 3s 时增加 200kW。仿真结果如图 10-24～图 10-29[21] 所示。

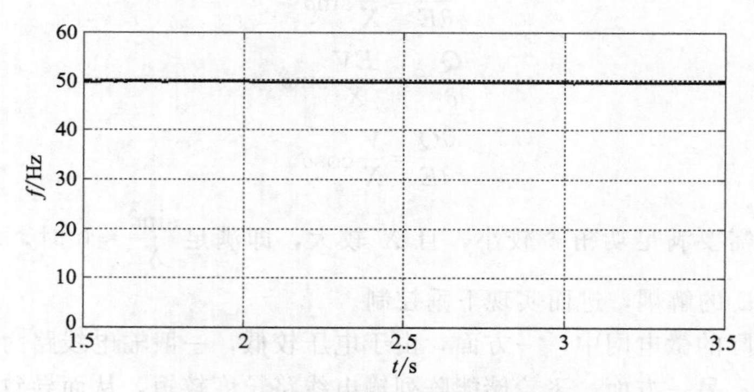

图 10-24 交流母线电压频率仿真波形

从图 10-24～图 10-29 可知，交流侧并联飞轮储能阵列引入虚拟阻抗的改进系数下垂控制策略能够迅速根据本地信息自动分配功率，从而响应负载功率的变化；同时保证交流母线电压的幅值及频率稳定，并消除了频率静态误差。而且两个飞轮储能单元的 SOC 值大的下降更快，SOC 值趋向于一致。仿真结果表明飞轮储能阵列引入虚拟阻抗的改进下垂控制系数控制策略有效。

进一步，对飞轮储能阵列引入/未引入虚拟阻抗的改进下垂控制系数控制策

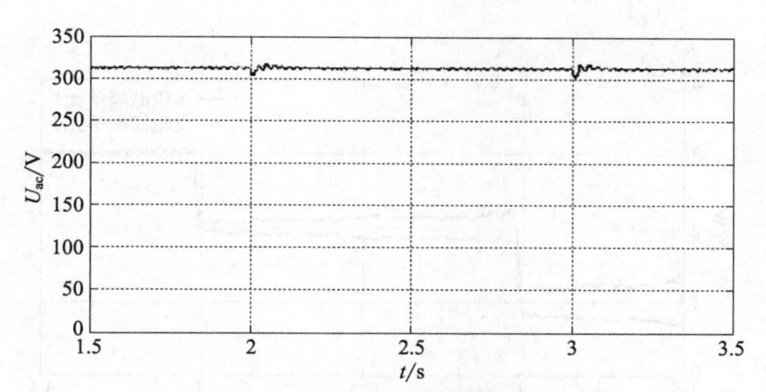

图 10-25　交流母线电压幅值仿真波形

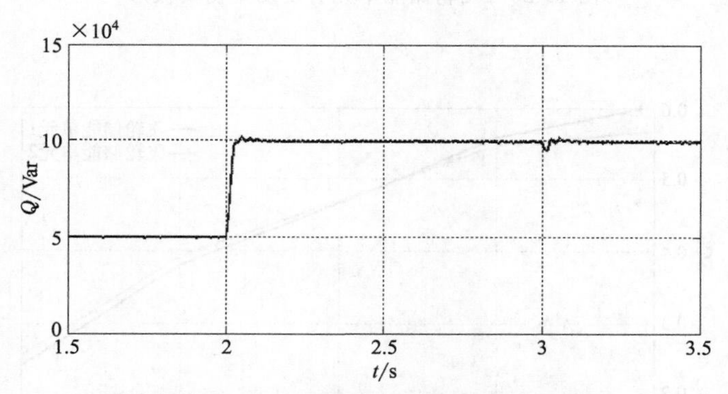

图 10-26　飞轮储能阵列无功功率仿真波形

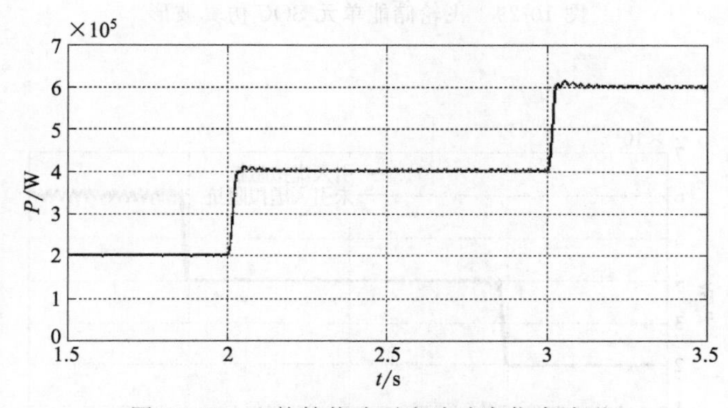

图 10-27　飞轮储能阵列有功功率仿真波形

略进行了对比仿真，仿真结果如图 10-30、图 10-31 所示。从对比图中可知，引入虚拟阻抗后，明显减小了有功功率输出的波动，从而有效改善了功率分配精度及其稳定性。

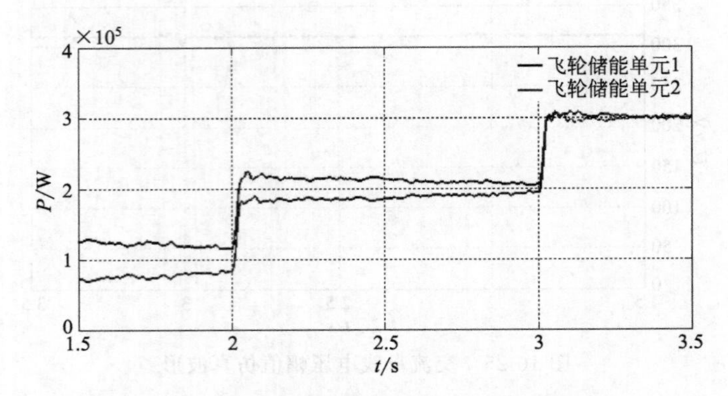

图 10-28　飞轮储能单元有功功率仿真波形

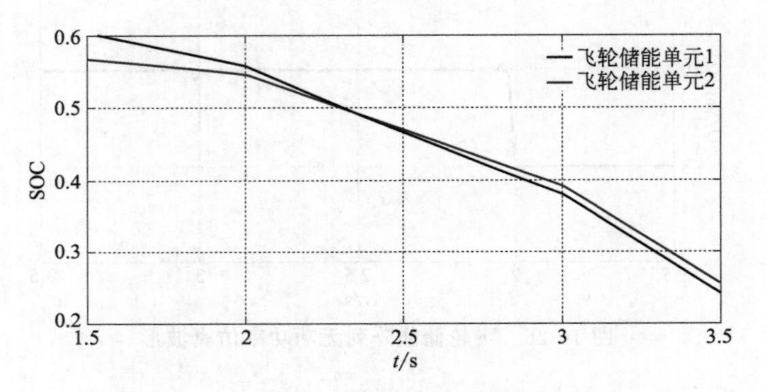

图 10-29　飞轮储能单元 SOC 仿真波形

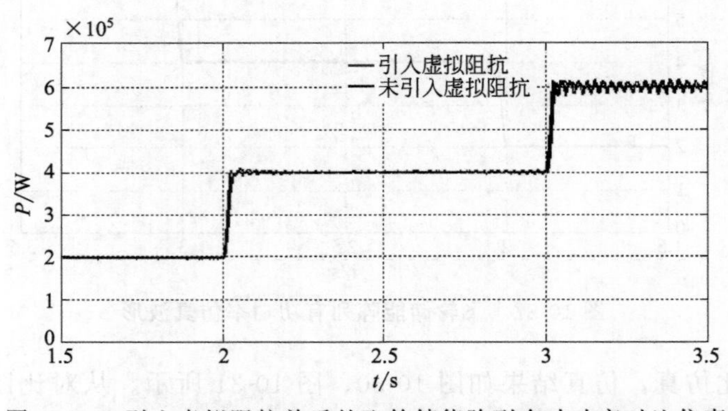

图 10-30　引入虚拟阻抗前后的飞轮储能阵列有功功率对比仿真

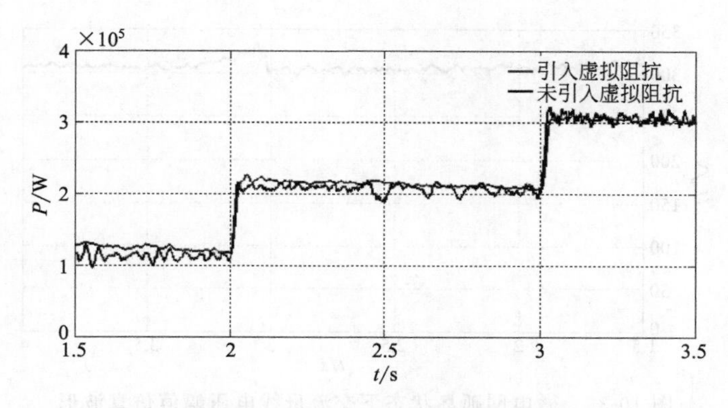

图 10-31　引入虚拟阻抗前后的飞轮储能阵列单元有功功率对比仿真

10.5.6 微电网孤岛状态下交流侧并联飞轮储能阵列仿真

根据图 10-1 所示的微电网系统，对微电网孤岛状态下飞轮储能阵列改进系数下垂控制策略进行仿真验证，仿真结果如图 10-32～图 10-34[21] 所示。

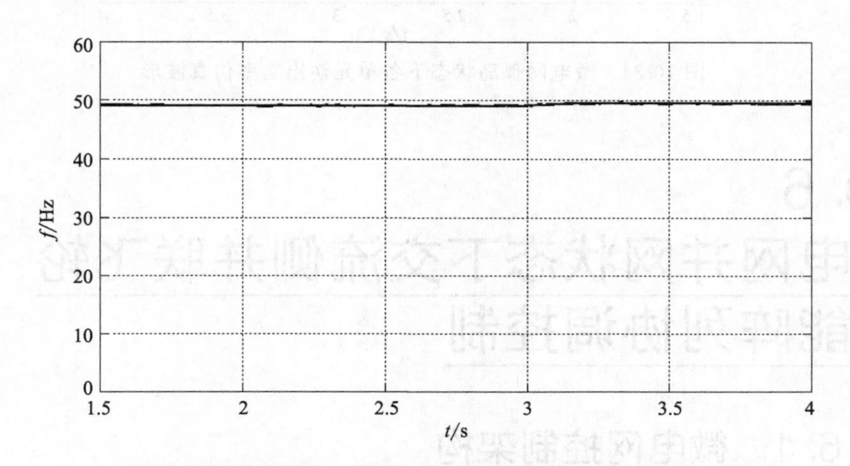

图 10-32　微电网孤岛状态下交流母线电压频率仿真波形

由图 10-32～图 10-34 所示的微电网孤岛状态下运行仿真结果可知，飞轮储能阵列改进系数下垂协调控制策略能够实现微电网内功率的平衡，并且获得较为稳定的交流母线电压，适用于风储微电网孤岛状态下的运行。

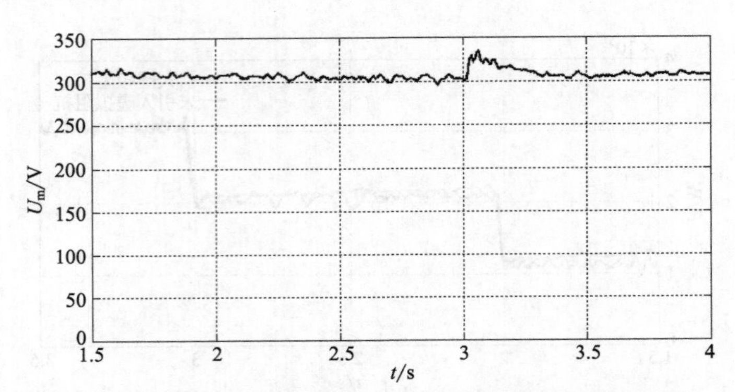

图 10-33　微电网孤岛状态下交流母线电压幅值仿真波形

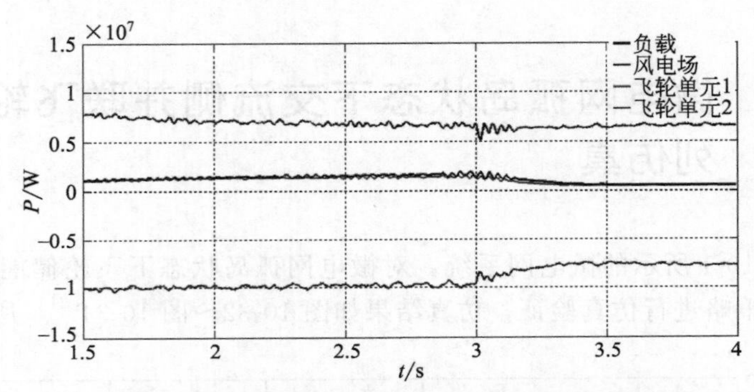

图 10-34　微电网孤岛状态下各单元输出功率仿真波形

10.6 微电网并网状态下交流侧并联飞轮储能阵列协调控制

10.6.1　微电网控制架构

并联到电网交流侧的飞轮储能阵列，一般采用集中控制和分散控制相结合的分层控制，使飞轮储能阵列能快速响应电网的一次调频需求，解决高比例可再生电网的频率稳定性问题，提高电网可靠性，并使得储能装置起到即插即用的作用。

在微电网孤岛状态下，无需上级电力系统的调度指令，微电网内部通过飞轮储能阵列协调控制自动调节功率平衡；在微电网并网状态下，需要完成微电网和大电网之间的功率交换，飞轮储能阵列需要接受电网的调度，调节出力。因此，微电网并网状态下飞轮储能阵列的控制结构如图 10-35 所示[19]。

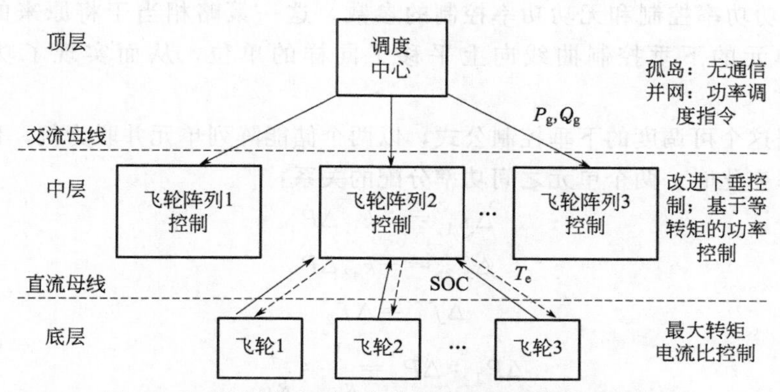

图 10-35　并网状态下飞轮储能阵列分层控制拓扑结构

并网状态下，一般由配电网支撑系统电压幅值和频率，故不需要考虑电网的电能质量问题。在这种情况下，储能阵列的作用主要是作为一个受控单元，配合可再生能源运行；根据调度指令，向配电网输出需要的有功及无功功率。考虑到需要接收调度指令，需要对储能阵列下垂控制进行改进，在原有的下垂控制基础上增加联络线功率控制，以便接受上层的调度。例如，当配电网突发故障导致系统频率不稳时，需要储能阵列自动投入参与一次调频控制，类似孤岛状态下的协调控制，这里不再重复。

10.6.2 可调度的飞轮储能阵列协调控制

根据本章前面应用于孤岛状态下的改进系数下垂控制策略，增加并网状态下接收上级调度指令控制，推导公式[19] 如下：

$$\Delta P_g = P_g^* - P_g \tag{10-35}$$

$$f_0' = f_0 + \left(k_{Pp} + \frac{k_{Pi}}{s}\right)\Delta P_g \tag{10-36}$$

$$f_i^* = f_0' - k_{f_i}(P_i - P_{0i}) \tag{10-37}$$

$$\Delta Q_g = Q_g^* - Q_g \tag{10-38}$$

$$V_0'=V_0+\left(k_{\mathrm{Qp}}+\frac{k_{\mathrm{Q}i}}{s}\right)\Delta Q_{\mathrm{g}} \tag{10-39}$$

$$V_i^*=V_0-k_{\mathrm{V}_i}(Q_i-Q_{0i}') \tag{10-40}$$

式中，P_{g}^*、Q_{g}^* 分别为给定的对微电网调度指令的有功及无功功率；P_{g}、Q_{g} 分别为此时微电网实际输出到配电网的有功及无功功率；k_{Pp}、$k_{\mathrm{P}i}$、k_{Qp}、$k_{\mathrm{Q}i}$ 为有功功率控制和无功功率控制的参数。这一策略相当于将原来的多个飞轮阵列单元的下垂控制曲线向上平移了同样的单位，从而实现了功率的再分配。

根据这个可调度的下垂控制公式，以两个储能阵列单元并联为例，仍然可以得到功率变化时，两个单元之间功率分配的关系：

$$\Delta f_1^*=-k_{\mathrm{f1}}\Delta P_1 \tag{10-41}$$

$$\Delta f_2^*=-k_{\mathrm{f2}}\Delta P_2 \tag{10-42}$$

$$\Delta f_1^*=\Delta f_2^* \tag{10-43}$$

$$\Delta P_1:\Delta P_2=\frac{1}{k_{\mathrm{f1}}}:\frac{1}{k_{\mathrm{f2}}} \tag{10-44}$$

为了满足飞轮储能阵列的运行要求，其各个飞轮储能阵列单元的 SOC 值状态应趋向一致，从而避免出现个别单元 SOC 值过高或过低，无法正常运行的情况。类似本章前面对下垂系数进行的改进，改进后各个飞轮储能阵列单元下垂斜率的计算式如下：

$$k_{\mathrm{f1}}\mathrm{SOC}_1=k_{\mathrm{f2}}\mathrm{SOC}_2=L=k_{\mathrm{f}i}\mathrm{SOC}_i=\Delta f_{\max} \tag{10-45}$$

各个飞轮储能阵列单元功率分配如下：

$$\Delta P_1:\Delta P_2:L:\Delta P_N=\frac{1}{k_{\mathrm{f1}}}:\frac{1}{k_{\mathrm{f2}}}:L:\frac{1}{k_{\mathrm{f}N}} \tag{10-46}$$
$$=\mathrm{SOC}_1:\mathrm{SOC}_2:L:\mathrm{SOC}_N$$

储存能量更多的单元，其 SOC 值大，下垂系数小，将发出更大的功率；而储存能量少的单元会发出更小的功率。因此，飞轮储能阵列可调度的改进系数下垂控制策略如图 10-36 所示。

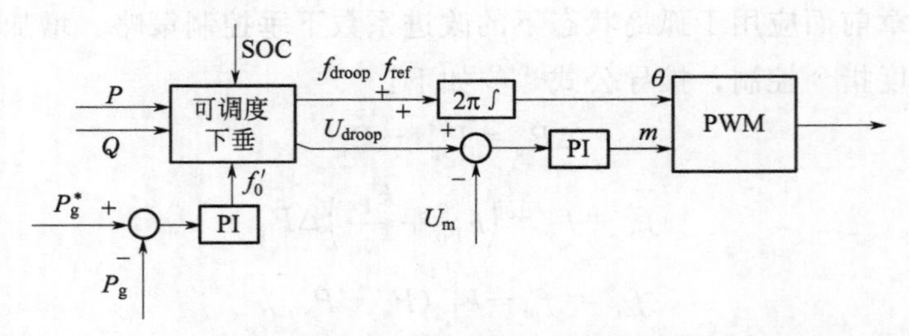

图 10-36 并网状态下飞轮储能阵列可调度的改进系数下垂控制框图

10.6.3 并网状态下飞轮储能阵列可调度协调控制仿真

针对并网状态下飞轮储能阵列可调度的改进系数下垂控制策略进行仿真验证，仿真工况为两个飞轮储能阵列单元在含风电微电网中运行。1.5～3s 调度指令向配电网输出 200kW 的功率，3～4s 调度指令向配电网输出 400kW 的功率；1.5～2s 微电网负载为 1MW，2～4s 微电网负载变为 1.2MW。结果如图 10-37、图 10-38[19] 所示。

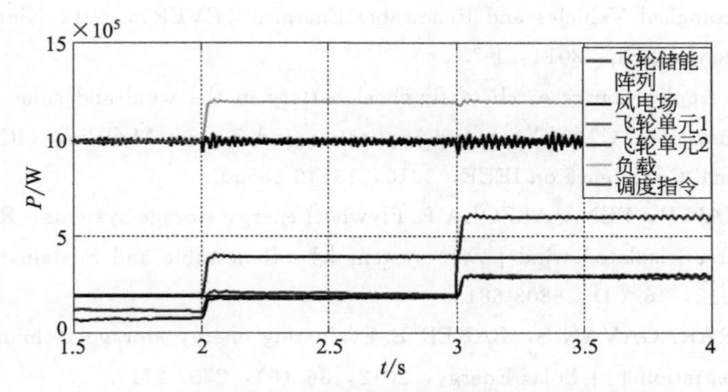

图 10-37 并网状态下微电网各部分输出功率仿真波形

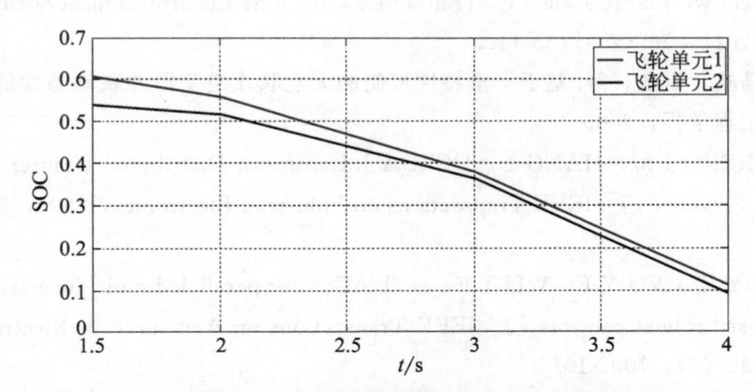

图 10-38 并网状态下飞轮储能阵列各单元 SOC 值仿真波形

从图 10-37、图 10-38 可知，并网状态下微电网中飞轮储能阵列和风电场等能够有效地分配功率，并向配电网输出给定的有功及无功功率；同时，各个飞轮储能阵列单元实现了 SOC 值趋向于一致，有利于其长期、高效地在线运行。仿真结果表明微电网并网状态下飞轮储能阵列可调度的改进系数下垂控制策略具有可行性。

参考文献

［1］ 魏鲲鹏，汪勇，戴兴建. 飞轮储能系统在风力发电中应用研究进展［J］. 储能科学与技术，2015，4（02）：141-146.

［2］ QIAO W，HARLEY R G. Grid connection requirements and solutions for DFIG wind turbines［C］//Energy 2030 Conference，2008 IEEE，2008：1-8.

［3］ 李文圣，王文杰，张锦程，等. 飞轮储能技术在风力发电中的应用［C］//中国电源学会第 18 届全国电源技术年会论文集，2009：582-583.

［4］ SOURKOUNIS C. Energy management for short term storage systems in wind parks［C］//Ecological Vehicles and Renewable Energies（EVER），2014 Ninth International Conference on IEEE，2014：1-7.

［5］ QIAN X. Application research of flywheel battery in the wind and solar complementary power generation［C］//Computer Application and System Modeling（ICCASM），2010 International Conference on IEEE，2010，13546-13550.

［6］ SEBASTIÁN R，PEÑA ALZOLA R. Flywheel energy storage systems：Review and simulation for an isolated wind power system［J］. Renewable and Sustainable Energy Reviews，2012，16（9）：6803-6813.

［7］ SUNDARARAGAVAN S，BAKER E. Evaluating energy storage technologies for wind power integration［J］. Solar Energy，2012，86（9）：2707-2717.

［8］ Dai Xingjian，Deng Zhanfeng，Liu Gang，et al. Review on advanced flywheel energy storage system with large scale［J］. Transactions of China Electrotechnical Society（电工技术学报），2011，26（7）：133-140.

［9］ 张尧，马皓，雷彪，等. 基于下垂特性控制的无互联线逆变器并联动态性能分析［J］. 中国电机工程学报，2009.

［10］ GUERRERO J M，HANG L，UCEDA J. Control of Distributed Uninterruptible Power Supply Systems［J］. IEEE Transactions on Industrial Electronics，2008，55（8）：2845-2859.

［11］ CHEN Y K，WU Y E，WU T F，et al. ACSS for paralleled multi-inverter systems with DSP-based robust controls［J］. IEEE Transactions on Aerospace & Electronic Systems，2003，39（3）：1002-1015.

［12］ 苑国锋. 大容量变速恒频双馈异步风力发电机系统实现［D］. 北京：清华大学，2006.

［13］ HSIEH H M，WU T F，WU Y E，et al. A compensation strategy for parallel inverters to achieve precise weighting current distribution［C］//Industry Applications Conference，2005 Fourtieth Ias Meeting Conference Record of the IEEE，2005，2：954-960.

［14］ 黄杏. 微电网系统并/离网特性与控制策略研究［D］. 北京：北京交通大学，2013.

［15］ 章健，艾芊，王新刚. 多代理系统在微电网中的应用［J］. 电力系统自动化，2008，32（24）：80-82.

[16] 周龙，齐智平. 解决配电网电压暂降问题的飞轮储能单元建模与仿真 [J]. 电网技术，2009 (19)：152-158.

[17] LIU W，TANG X，ZHOU L，et al. Research on Discharge Control Strategies for FESS Array Based on DC Parallel Connection [C] //Power and Energy Engineering Conference. IEEE，2012：1-5.

[18] 唐西胜，刘文军，周龙，等. 飞轮阵列储能系统的研究 [J]. 储能科学与技术，2013 (3)：208-221.

[19] 金辰晖. 应用于微电网的飞轮储能阵列协调控制 [D]. 北京：清华大学，2018.

[20] Jin Chenhui，Jiang Xinjian，et al. Research on coordinated control strategy of flywheel energy storage array for island microgrid [C] //Conference on Energy Internet and Energy System Integration. IEEE，2017：1-6.

[21] 金辰晖，姜新建，戴兴建. 微电网飞轮储能阵列协调控制策略研究 [J]. 储能科学与技术，2018，7 (5)：835-840.